Lógica na Realidade

Lógica na Realidade

Joseph E. Brenner

Tradução de
Dimas David dos Santos Silva
e Vera Prada Maluf

TRIOM

Centro de Estudos Marina e Martin Harvey
Editorial e Comercial Ltda
1ª edição - São Paulo - 2013

Título original: *Logic in Reality*

Tradução: Dimas David dos Santos Silva e Vera Prada Maluf
Revisão: Ruth Cunha Cintra e Vitoria Mendonça de Barros
Revisão técnica: Emanuel Dimas de Melo Pimenta
Revisão gráfica: Adriana Cunha Cintra
Capa, editoração eletrônica: Casa de Tipos

Edição patrocinada por Vitoria Mendonça de Barros

Dados Internacionais de Catalogação na Publicação (CIP)
(Câmara Brasileira do Livro, SP, Brasil)

Brenner, Joseph E.
Lógica na realidade / Joseph E. Brenner; tradução de Dimas David Santos Silva e Vera Prada Maluf. -- São Paulo: TRIOM, 2013

Título original: Logic in reality.
ISBN 978.85-85464-99-8

1. Lógica I. Título.

13-01859 CDD-160

Índice para catálogo sistemático:
1. Lógica: Filosofia 160

Agradecimentos

Este livro é o resultado de meu encontro improvável com o físico teórico Basarab Nicolescu em 1998, pois foi ele quem me introduziu à lógica filosófica de Stéphane Lupasco. Devo muito a Nicolescu e ao historiador da arte e da mídia René Berger, cofundador, com Lupasco do **Centre International des Recherches et Études Transdisciplinaires** (Centro Internacional de Pesquisas e Estudos Transdisciplinares), de Paris, por suas lembranças pessoais de Lupasco, além do acesso a documentos que, de outra forma, não poderiam estar disponíveis.

O próximo estágio no processo foi o encorajamento que recebi para desenvolver minhas interpretações das ideias de Lupasco em um livro. Neste ponto, recebi muito apoio e respostas a minhas questões, insistentes por vezes, do ontologista Roberto Poli e dos logicistas Jean-Yves Béziau e Graham Priest, que continuam até hoje. Desde o início do período de cinco anos de gestação deste livro, muitas das minhas mais importantes discussões foram com John Symons, Professor de Filosofia da Universidade do Texas, em El Paso. Sua crítica pertinente de uma versão anterior foi uma contribuição essencial para a estrutura e ênfase da versão atual deste livro. Esta gestação, contudo, mostrou-se mais difícil do que o esperado, e sou muito grato a Johanna Seibt, Professora de Filosofia da Universidade de Aarhus, pela sua colaboração solícita a este projeto que durou quase dois anos. Durante a execução do manuscrito, agradeço em particular a muitas discussões com os logicistas e filósofos de escolas brasileiras Ítala D´Ottaviano, Walter Carnielli, Décio Krause e Otávio Bueno, que foram muito úteis na formalização do meu sistema.

Mais informalmente, quero agradecer o apoio e encorajamento de minha família e amigos, inclusive de meu professor de química da Universidade de Wisconsin, Eugene van Tamelen. Ele está na posição única de poder apreciar a distância conceitual entre minha tese para ele e a tese central deste livro.

Também quero agradecer a Jean-Paul Bertrand, antigo editor das edições du Rocher, Paris, pela permissão de reproduzir as fórmulas dos cálculos de Lupasco contidas nas edições das obras de Lupasco, e a Décio Krause pela permissão de reproduzir citações da obra de Niels Bohr publicadas em um de seus artigos. Finalmente, os leitores notarão que fiz uso extenso dos artigos de SYNTHESE e de verbetes da Stanford Encyclopedia of Philosophy, e eu gostaria de expressar meu agradecimento aos editores dessas competentes fontes "sintéticas".

Joseph Brenner

Prefácio do Autor à edição brasileira

Nos quatro anos que se passarm desde que este livro foi publicado em inglês, não surgiu nem mesmo uma crítica parcial ou refutação à tese nele apresentada. Pelo contrário, alguns novos resultados científicos e *insights* filosóficos parecem tê-la confirmado. Para o leitor desta versão brasileira, portanto, este livro permanence como uma introdução válida e, eu espero, valiosa, para o novo sistema lógico aqui descrito, Lógica na Realidade – LIR.

Esta lógica, assim como a do filósofo franco-romeno Stéphane Lupasco, na qual ela é baseada, não é fácil de ser apreendida na primeira leitura. Minha experiencia com a versão em inglês me faz crer que são sinceras as pessoas que disseram não ter entendido tudo. Mas, estou menos certo sobre as pessoas que disseram não ter entendido nada. A meu ver, qualquer um que teve a experiência de aprender alguma coisa, tendo até então ignorado tudo sobre ela, ou quem se lembrou de um fato após tê-lo esquecido, tem a possibilidade de perceber o movimento mental entre os dois estados, uma confirmação precedida por uma potencialidade, ou o inverso. É bem possível que LIR possa, assim, oferecer tanto uma nova maneira de raciocinar quanto indicar os domínios para sua aplicação.

Este livro tenta mostrar que esse movimento é algo fundamentado na estrutura fixa do nosso mundo, e que a mesma estrutura lógica se aplica aos dois. Com certeza, esta ideia será recebida por cada leitor, ou leitora, no contexto do seu próprio campo de conhecimento e especialização. Ele, ou ela, pode, portanto, ter vontade de ler somente os sumários e conclusões dos primeiros capítulos, que discorrem sobre a Lógica na Realidade como um sistema formal, e podem escolher pelo índice ou sumário os assuntos com os quais estão mais familiarizados.

Outra sugestão é que o leitor, ou leitora, comece com a seção, na Conclusão, intitulada "O Novo Ceticismo". Essa seção resume não só os temas principais do livro numa linguagem não técnica, como também "permite" ao leitor o não julgamento, ou, como diz Husserl, colocar entre aspas as noções padrão do que é a lógica e e daquilo que ela pode fazer. O leitor poderá, então, retornar aos capítulos que mais lhe interessarem com esta ferramenta conceitual em mãos.

A edição em inglês foi muito bem recebida por cientistas e filósofos que trabalham no campo da informação. Estou convencido que isto é devido ao reconhecimento geral da incapacidade da lógica padrão e das teorias matemáticas da informação de descreverem adequadamente suas complexas capacidades e propriedades interativas. Já está em andamento um trabalho que trará à tona mais explicitamente a complexa abordagem cibernética de Lupasco em relação à informação.

Outros progressos têm acontecido na epistemologia associada à Lógica na Realidade e suas implicações para a ética, em particular a ética relacionada à emergente Sociedade da Informação. Novos modelos sociais que enfatizam os deveres assim como os direitos individuais estão surgindo também na China, nos países da antiga União Soviética e no Brasil. A Lógica na Realidade traz uma lógica que é um planejamento dialético científico não marxista para a discussão destes modelos das complexas interações na sociedade. Minha esperança é que os leitores desta versão em português possam contribuir com suas próprias perspectivas sobre todos esses tópicos de maneira a levar, entre outras coisas, a uma nova teoria democrática da sociedade.

Joseph Brenner
Outubro de 2011

A Realidade de Joseph Brenner

Emanuel Dimas de Melo Pimenta

"Mente e aquilo a que as pessoas buscam é apenas uma única coisa".

Huang Po (século IX)

Este é um livro importante. Aliás, o mais acertado seria dizer, logo de início, que este é um livro *essencial*. É relevante dizer isso porque aquilo que Joseph Brenner trata é a natureza primeira, a essência da *realidade* e, talvez mais que isso, da existência concreta de tudo, para além do próprio pensamento. Assim, trata-se de uma espécie de tratado sobre a própria existência de tudo.

Isso pode soar pretensioso, mas não é. Na verdade, trata-se, paradoxalmente, de uma postura quase oriental face às *relações de existência*.

"Realidade", aquilo que nos cerca, aquilo que somos, é a sua matéria-prima – da mesma forma que o é para um artista, para um arquiteto, para um músico, um poeta ou um astrofísico.

A palavra "realidade" lança suas remotas raízes indo europeias na partícula **r*, que indicava a ideia de avançar, de alcançar algo. Transformou-se no *res* latino, que significa *coisa*. Passou ao sânscrito *ruc*, que tem o significado de *brilhar*, e ao latino *lux*. Essas duas curiosas transformações indicam a importância da visão para a nossa concepção concreta das coisas.

É a visão que estabelece a ideia de *limite*, e nela encontramos – como ensinava Pitágoras – o número *dois*, ainda na condição de qualidade e não de quantidade.

A palavra "realidade" surgiria apenas no século XIV, nas celas dos mosteiros que se abriam para o Renascimento – pois ela surge antecipando Gutenberg, é contemporânea do início da produção de papel no Ocidente, da onda de produção de espelhos na Europa, de Giotto e, talvez ainda mais acentuadamente, de Brunelleschi e a tecnologia da *perspectiva plana*. Uma palavra que nasce com o surgimento da articulação intensiva da visão, do papel e do alfabeto fonético.

Joseph Brenner lida com a realidade, em todas as suas dimensões, pois trata de lógica, dos princípios de ordem ou, se quisermos, dos elementos de diferenciação.

Trata-se do mundo sem pensamento, mas também da mente humana – porque apenas a diferença produz a consciência.

Ainda assim, pode-se perguntar qual a razão de um arquiteto e compositor escrever um prefácio para um livro de lógica. Há muitos e surpreendentes pontos de ligação.

Em 1992, nos meus cursos de estética na Fundação Calouste Gulbenkian de Lisboa, cujos textos acabariam por ser reunidos em *Kosmos-X*, escrevi: "realidade: palavra cunhada durante a Idade Média, lança as suas raízes etimológicas no latim *res*, que significa "coisa". Isto é, 'realidade' é algo diretamente relacionado com aquilo que consideramos existir. Assim, lógica poderia ser compreendida não como ciência da mente, como defendia Boole, mas *como ciência da realidade*, incluindo, como não poderia deixar de ser, a mente".

Então, eu ainda não conhecia os brilhantes trabalhos de Joseph Brenner. Iríamos nos encontrar e ficaríamos amigos apenas em 1998, pelas mãos de um querido amigo comum, o filósofo suíço René Berger.

Edgar Morin, que eu conheceria também pelas mãos de Berger, afirmaria – numa conversa com Castoriadis – que a vida não obedece à lógica. Mas, a que lógica ele se referia?

Em termos universais, a realidade é lógica ou, em outra ordem, a lógica é a realidade. Para quem trabalha com arquitetura e música, espaço e tempo, isso me pareceu sempre claro. Chega a ser surpreendente considerar que ainda possam existir pensadores para quem a lógica é produto exclusivo da linguagem verbal!

Naquele ano de 1998, Brenner estava colaborando com Berger – com quem eu também colaborava – junto ao *Observatoire pour l'Etude de l'Université du Futur*, um projeto da UNESCO, na Suíça. Joseph Brenner tinha organizado um magnífico encontro na universidade do arquiteto Mário Botta, em Lugano. Foi então que nos conhecemos. Ficamos todos num pequeno e delicioso hotel à beira do lago. Lá fora tudo estava coberto de neve. Nesse encontro também estava Basarab Nicolescu, com quem eu me encontrava regularmente, todos os anos, desde os anos 1980. Assim, eu já tinha penetrado pelas searas da transdisciplinaridade e do fascinante pensamento de Stephanne Lupasco. Para além disso, eu tinha sido aluno de Décio Pignatari e de Roti Nielba Turin – com eles, durante muitos anos, dediquei-me intensamente à obra de Charles Sanders Peirce.

Assim, embora eu seja arquiteto e músico, encontrar Joseph Brenner foi como reencontrar um velho irmão.

Contei toda essa história porque a dimensão humana do pensador me parece ser algo tão importante quanto tão frequentemente esquecido.

René Berger o admirava muito.

Lembro-me de quando, antes da publicação da primeira edição deste livro, Brenner e eu passamos uma deliciosa tarde na sua casa nas montanhas suíças, conversando sobre lógica e sobre Charles Sanders Peirce.

Este livro, que penetra na essência da realidade, é, em muitos sentidos, a vida de um filósofo. Joseph Brenner abandonou o mundo e foi morar no alto das montanhas, na Suíça, onde dedicou todos os minutos da sua vida a refletir sobre as mais profundas questões da realidade.

Brenner é um cientista na área da investigação química, formado pela Universidade de Chicago em 1953, com mestrado nessa mesma Universidade e doutoramento em Química Orgânica pela Universidade do Wisconsin em 1958. Realizou pós-doutoramentos pelo *Instituto Federal Suíço de Tecnologia*, em Zurique; e pelo não menos conceituado *MIT Massachusetts Institute of Technology, em* Cambridge. Durante mais de três décadas foi pesquisador na área da química para a Du Pont.

Mais tarde, tornou-se colaborador de Basarab Nicolescu para o Centro Internacional de Investigações e Estudos Transdisciplinares, CIRET, em Paris. Tem vários papers publicados e se tornou uma autoridade mundial na área da transdisciplinaridade.

É membro da Academia de Ciências de Nova York, da Sociedade Americana para o Progresso da Ciência, da Associação F. Gonseth assim como da Sociedade Suíça para a Lógica e a Filosofia da Ciência.

E é uma pessoa que, num determinado momento, foi para as montanhas para se dedicar integralmente a um grande projeto, comparável, num certo sentido, aos trabalhos orientados à unificação das físicas quântica e relativísticas.

Algumas das suas afirmações são especialmente marcantes e elucidadoras: "Os recentes progressos que visam a unificação da teoria quântica e a gravidade na relatividade geral tendem a confirmar o papel de relações como as do quadro LIR", ou "Todo este livro se refere à eliminação de um corte ou separação como referência à existência na realidade de uma interação contraditória", ou ainda, "Se LIR fosse apenas a reafirmação da intuição da prevalência de forças opostas no mundo, e dos fenômenos cíclicos na natureza e nos fatos humanos, ela não teria muito valor explicativo novo. A contribuição essencial de LIR é que ela demonstra que esta intuição tem base científica, alicerçada na física do universo, que pode ser formalizada como lógica ou teoria lógica".

Escrito de forma clara e facilmente compreensível a pessoas das mais diversas áreas, este é um livro que nos faz lembrar Yoka Daishi, que morreu no ano de 713 e que foi discípulo de Hui-neng, quando dizia: "uma realidade, totalmente abrangente, contém dentro de si todas as realidades".

Emanuel Dimas de Melo Pimenta
Locarno 2013

Prefácio

Este livro é tão difícil quanto gratificante, propiciando uma nova perspectiva sobre a lógica e a realidade, basicamente em termos de mudança e de estabilidade, da existência e do devir. E, o que é muito importante, ele exemplifica um modo de fazer filosofia da ciência que parece ser um bom caminho, pois sai do foco tradicional dos argumentos puramente analíticos. O autor trata da ontologia, da metafísica e da lógica como se oferecesse um certo número de maneiras de construir a descrição da realidade; além disso, existe o objetivo de aprofundar o relacionamento entre essas áreas de um novo modo. Ao ir além dos meros aspectos abstratos e formais da análise lógica, ele oferece uma nova arquitetura da lógica que contempla não só os "processos racionais" que pertencem à primeira disciplina do grupo – a ontologia – mas também aqueles diretamente concernentes a entidades, eventos e fenômenos estudados pela segunda disciplina – a metafísica. É objetivo do livro elaborar uma lógica construtiva, oferecendo ao mesmo tempo uma visão lógica da estrutura da realidade de um modo geral e uma diversidade de modelos capazes de abarcar suas implicações com a ciência.

Ao passar de uma consideração puramente formal para uma análise construtiva da lógica, Brenner supera as limitações da lógica dos conceitos linguísticos, de maneira que ela se torna não só uma lógica "da" realidade mas também "na" realidade, que é basicamente caracterizada por várias dualidades fundamentais (observador e observado, self e não-self, interno e externo etc): realmente, a análise da contradição desempenha o papel principal no livro. Sob esta perspectiva, a lógica também tem suas raízes na realidade física, como é concebida pelos físicos modernos: "de acordo com estas ideias, minha lógica não é só uma lógica a respeito de teorias da realidade conceitualizadas na filosofia e na metafísica. É também um conceito científico, ou quase científico, até o ponto em que, como, por exemplo, na simetria, seus princípios são um reflexo da estrutura do universo que jaz abaixo da estrutura física, independente da experiência humana que, não obstante, deriva dela".

Brenner tem muito a dizer a respeito dos aspectos desta lógica "da/na" realidade que se relacionam com padrões lógicos e com outras disciplinas: I) a centralidade de axiomas e a importância de construir sistemas abertos, que não sejam formalmente interpretados, e que sejam potencialmente capazes de levar em conta entidades, propriedades e dinamismos com processos reais (Capítulos 1 e 2); II) o papel de uma ontologia interpretada de maneira rigorosamente formal como uma "ontologia processual" (Capítulo 3), e III) sua relação com o campo quântico equivalente à energia (Capítulo 4).

Os Capítulos 6, 7 e 8 reconsideram, em termos tanto de "lógica na realidade" quanto de "ontologia de uma nova energia", os problemas da Gestalt e da teoria da catástrofe, metafísica (também o problema da naturalização da fenomenologia é levado em conta com muito resultado) e física, onde uma nova relação entre a lógica e o tempo/espaço é sugerida. Dando outro exemplo, um conceito de "identidade relativa" é apresentado para reunir as características que a identidade clássica não consegue levar em conta no caso de entidades quânticas. Contudo, o que é mais importante para o leitor, é a estrutura da estratégia de argumentação geral que o autor segue.

Na obra de Brenner está implícito um compromisso com a interdisciplinaridade, muito raro nas atuais pesquisas sobre lógica e epistemologia: a lógica é fundamentada de várias maneiras, porém, para Brenner, essencialmente, ela extrai sua base racional de sua participação nas mais importantes conquistas da cultura e da ciência atuais. É este *insight* que conduz o texto restante, que inclui diversos exemplos de modelos lógicos que tiveram sucesso; e, dentro do contexto desta prática bem sucedida, o autor expande o poder tradicional da lógica de várias maneiras significativas. Ele usa um tempo considerável na análise de muitos exemplos de lógica não clássica, abduções, física quântica e relativista, filosofia de Hegel, problemas filosóficos que são tradicionalmente debatidos tratados por análises fora dos padrões atuais, tais como a distinção entre analítico e sintético, determinismo e indeterminismo e os conceitos de "causalidade" e de "explanação científica".

O texto de Brenner é extremamente complexo; é cheio de informações a respeito de uma vasta gama de assuntos que são importantes para seus estudos. Ele tem apresentações complexas e críticas de diversas áreas de campos atuais do conhecimento filosófico, cognitivo e científico. Isto representa um grande problema para o leitor. Visto que sua argumentação é baseada em numerosos exemplos de estratégias cognitivas parcialmente bem sucedidas, e ele vê esse sucesso parcial como justificativa para seu projeto, o livro submerge o leitor em um mar de referências. É claro que, se o leitor estiver adequadamente familiarizado com a vasta literatura que Brenner coloca como bibliografia, as referências a particularidades podem ser vistas como informação muito profunda. Os que não estiverem incluídos neste grupo precisam confiar no peso dos exemplos, extremamente informativos e epistemologicamente gratificantes. Brenner oferece esse caminho, e é a conexão entre as ideias e os exemplos que, no final das contas, dão a sua obra o poder de retratar uma nova perspectiva sobre a "realidade". Seu cuidado com a prática real da lógica ajuda-o a ver as raízes da realidade na manipulação da ampla rede interdisciplinar a que me referi acima. Brenner oferece uma contribuição verdadeiramente nova para o problema da realidade, buscando amplamente seus aspectos relacionais dentro do completo contexto da lógica, da teoria de grupo, da metafísica, ontologia, física e biologia, e não estreitamente como na lógica tradicional e nos enfoques analíticos.

Este livro, excelente e provocativo, abre as portas para uma atitude profundamente informada na lógica e na epistemologia, exigindo que os filósofos façam mais do que simplesmente analisar conceitos, exigindo que se familiarizem com a riqueza do conhecimento real que reune práticas disponíveis em diversas disciplinas. Isto não é para substituir a descrição pela normatividade, mas, pelo contrário, reconceitualiza quais são os graus da normatividade. O autor nos dá uma ótima contribuição para o renascimento da pesquisa lógica, que tem por objetivo elucidar o antigo conceito filosófico de "realidade".

Lorenzo Magnani

Departamento de Filosofia da Universidade de Pavia,
Pavia, Itália

Departamento de Filosofia da Universidade Sun Yat-sen,
Guangzhou, República Popular da China

Fevereiro de 2008

Sumário

Capítulo 4 – AS CATEGORIAS DE LIR 129

Capítulo 5 – A TESE CENTRAL DE LIR: ESTRUTURA E EXPLANAÇÃO 183

Introdução

1 – REALIDADE E LÓGICA

Este é um livro a respeito de uma teoria da realidade – sobre uma teoria de mudança e estabilidade, de existir e de transformar-se. Os seres humanos são únicos na capacidade de vivenciar a realidade e de conseguir representá-la e registrá-la através de símbolos, sendo que os registros das representações simbólicas se constituem em conhecimento humano organizado em disciplinas científicas, filosóficas, artísticas e religiosas. Estas disciplinas têm se desenvolvido como uma tentativa de explicar e de compreender os fenômenos da existência em toda sua diversidade e complexidade. Inúmeros modos, mais ou menos formais, foram desenvolvidos tentando organizar e dar um sentido aos processos, às propriedades, relações, estruturas, ações, pensamentos, interações, em suma, às entidades físicas e mentais que constituem a realidade da existência e da experiência humana de cada dia. É possível olhar para os sujeitos e objetos do conhecimento e para os métodos de seus estudos em uma escala entre a realidade em si e as suas representações mais abstratas, a linguagem e a matemática. Todos os modelos da realidade, por serem modelos, requerem um certo grau de abstração. Se, neste momento presente excluimos as representações não linguísticas da realidade tais como a arte, todo o conhecimento é, então, constituído por conjuntos de afirmações de algum tipo. Vendo pelo lado da linguagem, a última que é excluída da realidade, as afirmações consistem em proposições sobre entidades abstratas e ideais; descrições ou modelos de processos racionais; descrições filosóficas ou metafísicas da realidade; e, finalmente, descrições da realidade baseadas no experimento, o domínio da ciência. Aumento nos conhecimentos relacionados com afirmações ou crenças a respeito da realidade estão envolvidos nos processos linguísticos tais como a criação de argumentos, inferências e julgamentos. A ciência envolve aumentos no conhecimento a respeito da realidade em si, aos estados dos sistemas reais, físicos ou não físicos.

O propósito deste livro é reexaminar as relações entre as diferentes disciplinas relacionadas com a descrição da realidade: (1) a ontologia, que é o estudo da existência, daquilo que existe, como um enfoque sistemático para a construção de modelos da realidade; (2) a metafísica, que se ocupa com a estrutura fundamental da realidade como um todo[1]; e (3) a lógica. Tanto a ontologia quanto a metafísica se aplicam a qualquer conhecimento e razão.

Considera-se, no entanto, que a lógica se aplica de uma maneira formal ao primeiro grupo de processos racionais, mas não ao segundo, ou seja, limita-se essencialmente aos domínios linguísticos e matemáticos, não às entidades, eventos ou fenômenos estudados pela metafísica e pela ciência. Apesar do grande número de importantes aplicações práticas da lógica padronizada, por exemplo, na ciência da computação e da inteligência artificial, a base da lógica não sofreu maiores modificações na direção de uma visão *lógica* da estrutura da realidade de um modo geral e de suas implicações para a ciência. As razões disto são basicamente históricas: a lógica tem sido considerada como o estudo da razão e a construção de (1) descrições adequadas e formais dos modos de raciocinar, como por exemplo, a dedução, a indução e a abdução, e (2) das operações lógicas, tais como a implicação, que a caracterizam. A lógica moderna foi desenvolvida com o objetivo de modelar o raciocínio matemático de uma maneira tão geral quanto possível, sem limitações do que poderia ser considerado realidade. Devido a sua complexidade, diversificação e ao seu aparente acaso, ou, pelo menos, comportamento caótico, tais fenômenos têm sido geralmente considerados fora dos propósitos da lógica.

Em contraste com as abstrações que têm constituído a lógica, os fenômenos reais se relacionam *diretamente* com a observação e a racionalização humanas, e a introdução de considerações lógicas nas correspondentes disciplinas, fenomenologia e epistemologia, mostrou-se extremamente complicada. A lacuna entre a realidade – as entidades reais – e as proposições a respeito da realidade permanece como fonte de um grande número de problemas metafísicos. Falar a respeito da lógica da ou na realidade pode, portanto, ser considerado uma contradição, ou uma vaga metáfora, referindo-se,

---

[1] "Metafísica é uma disciplina universal na qual tudo, inclusive o status e a validade da ontologia e da própria metafísica, é um objeto adequado de estudo." (Lowe 2002)

informalmente apenas, a algumas das regularidades que se pode observar na natureza e na ciência.

Não existe, contudo, qualquer razão teórica pela qual isto deveria ser assim. Uma tese deste livro é que a limitação da lógica a conceitos linguísticos, que não se aplicam, nem podem aplicar-se de fato, a entidades reais, deveria ser excluída. A discussão também pode, e talvez até deva, centrar-se em mudanças não abstratas e geralmente conflitantes que caracterizam as entidades ou os fenômenos reais como objetos de análise, visto que retém as vantagens da estrutura formal, o rigor e a generalidade do enfoque lógico. Uma reflexão melhorada da realidade é, em resumo, aquilo que elejo minha lógica proposta da ou na realidade (que passo a chamar de LIR) para trazer à discussão.

Parto de uma visão da realidade que não é nem idealista nem reducionista/materialista. Identificarei estruturas e princípios nessa visão de realidade que não são projetadas para analisar ou garantir o valor de verdade ou o padrão de inferência de um conjunto de proposições, mas que tem, apesar de tudo, força explanatória equivalente e autoridade categorial. Por exemplo, a realidade parece ser caracterizada e/ou constituída por um certo número de dualidades fundamentais: existe a realidade que está acessível aos nossos sentidos e outra que não está; as dualidades entre observador e observado, entre self e não-self, entre interno e externo, e assim por diante. Os princípios da teoria que proponho, os quais considero princípios lógicos, se referem, contudo, tão diretamente quanto possível, a estas dualidades e às relações entre elas como proporcionadoras de um quadro coerente da realidade, da experiência humana e dos mecanismos de mudança. Considero que o sistema de pensamento ou a disciplina que detém melhor estes princípios é ainda uma lógica que tem sua origem nas características da realidade física, assim como é concebida por físicos modernos, embora seja obviamente dependente dos processos humanos mentais e linguísticos ao descrever estas características.

Assim, minha lógica não é só uma lógica a respeito de teorias da realidade, como é conceituada na filosofia e na metafísica. É também um conceito científico ou quase científico, até o ponto em que, como na simetria, por exemplo, seus princípios são um reflexo da estrutura física subjacente do universo que é independente da experiência humana, da qual, contudo, se origina. No decorrer deste livro, quando falo a respeito da estrutura física do mundo, quero dizer que todos os conceitos metafísicos, filosóficos e lógicos devem ser compatíveis com os conceitos da física fundamental. Portanto, um conceito lógico/metafísico que se enquadra neste critério também implica em uma mudança na maneira pela qual alguém percebe o papel que a lógica teve na organização de nosso raciocínio. É preciso começar sendo sensível aos atalhos que foram construídos na análise da razão devido à ubiquidade dos princípios essencialmente clássicos da lógica de predicados padronizados, intuitiva e paraconsistente.

2 – O OBJETIVO E O PLANO DE "LÓGICA NA REALIDADE"

O título deste livro, "Lógica na Realidade" (LIR)* pretende demonstrar que (1) o princípio de mudança, de acordo com o qual a realidade opera, é um princípio lógico que se enquadra com a lógica na realidade; e (2) que aquilo que a lógica realmente é, envolve este mesmo princípio físico – metafísico mas também lógico. O primeiro objetivo deste livro é, portanto, construir esta lógica da e na realidade. Uma vez que esta lógica e sua respectiva ontologia estejam disponibilizadas, mostrarei que as mesmas podem proporcionar alguns *insights* importantes dos aspectos da realidade que permaneceram no nível da intuição. Particularmente, estarei em posição de definir a base e a estrutura de uma relação necessária entre a realidade e a aparência. Também mostrarei que muitos posicionamentos na filosofia e na ciência foram bloqueados por descrições das lógicas clássicas do domínio dessas teorias e as consequentes ontologias clássicas, isto é, as categorizações que são feitas dos domínios.

Começo o Capítulo 1 com uma caracterização axiomática informal da LIR e com algumas indicações iniciais sobre os motivos pelos quais estes axiomas foram escolhidos. O cálculo não clássico a ser usado será apresentado. Resumidamente, então farei uma revisão da estrutura e dos principais componentes da lógica padrão, mostrando quais componentes podem e quais não podem ser aplicados à LIR, ou quais reinterpretações significativas devem ser aceitas. Os principais grupos aparecerão na sequência: o grupo dedutivo; o paraconsistente; o quantum; o indutivo/probabilístico.[2] O

---

[2] A sequência reflete o lugar da lógica na "linha" mencionada no parágrafo 1: cada lógica tem aspectos que levam, de alguma maneira, a maior proximidade da realidade. LIR pode, portanto, ser vista como uma continuação deste processo.

* NT: em inglês LOGIC IN REALITY = LIR

capítulo é concluido com uma axiomatização mais formal baseada em um modelo de lógica probabilística. As diferenças entre meu sistema lógico e as lógicas clássica e não clássica se tornarão rapidamente aparentes, mas as paralelas que permanecem serão parte da justificação para a consideração de LIR como uma lógica.

No Capítulo 2, discuto LIR como um sistema formal não interpretado, incluindo detalhes do cálculo não clássico aplicado às operações lógicas da implicação, conjunção e disjunção. Nesta teoria, valores como verdades padrões são substituídos por valores lógicos que refletem as variações de estado do fenômeno estudado de uma maneira nova.

O Capítulo 3 desenvolve LIR como uma ontologia formal e um sistema formal interpretado, com definições dos conceitos críticos da dinâmica, do processo e da propriedade. Predicados ontológicos são introduzidos para construir LIR como uma ontologia em processo ou um modelo de realidade processual – ontológico. Um enfoque de LIR para a questão da existência em relação à realidade é comparado com um recente trabalho que enraíza o ser na lógica clássica, e se discute o conceito de LIR como uma metalógica.

O Capítulo 4 estabelece a noção fundamental e crítica de LIR, ou seja, que seu postulado fundamental é baseado na existência da energia, ou melhor, seu campo quântico teórico equivalente, como a categoria material sem igual. As propriedades e processos associados com esta teoria, assim como suas mais importantes categorias, são desenvolvidas, reconhecendo que o domínio das entidades envolvidas é aquele de todos os fenômenos reais e físicos, da mesma maneira que o das entidades não reais (imaginárias ou ficcionais), *qua* sua criação. O enfoque pelas categorias garante que LIR, como uma teoria ontológica, tem as necessárias correlações com a linguagem e a inferência. O ajuste que defino entre os axiomas de LIR e da Ontologia da Nova Energia (NEO) conclui a primeira parte do livro.

A segunda parte usa LIR e NEO para reexaminar problemas de diversos domínios da filosofia e da ciência. O Capítulo 5 é uma transição que estabelece a essência da tese de LIR e dá ideia de importantes instrumentos filosóficos necessários para seu desenvolvimento. A tarefa de proporcionar uma estrutura adequada para minha categorização da realidade é levada a cabo e comparada com conceitos da teoria da catástrofe e da *Gestalt*. A recategorização ontológica que LIR traz, conduz ao reexame de alguns itens na própria ontologia. Será proposta neste capítulo uma base para a ligação de LIR como metafísica e LIR como ontologia.

O Capítulo 6 discute a relação entre os princípios de LIR e a metafísica e sua aplicação com os principais temas filosóficos da causalidade, determinismo e realismo na ciência. Posicionarei LIR como um sistema aberto, uma metafísica axiomática, para falar a respeito de teorias filosóficas e de processos do mundo real. O capítulo é concluido com uma breve discussão sobre a aplicação de LIR a temas da filosofia e da "naturalização da fenomenologia".

O Capítulo 7 desenvolve a relação entre LIR e a física moderna. Sugiro que LIR pode esclarecer questões de complementaridade, realismo estrutural e de relações metafísicas nas escalas macro e microscópicas, além de propor correspondências entre LIR e alguns conceitos atuais de tempo/espaço e cosmologia. Estes três capítulos sugerem uma convergência da metafísica e da física, LIR estabelecendo uma ponte lógica.

O Capítulo 8 mostra como os princípios fundamentais de LIR podem definir uma emergência e ser aplicados aos fenômenos emergentes nos níveis cada vez mais complexos da vida e da evolução. O livro termina com algumas especulações a respeito das consequências possíveis das aplicações de LIR na filosofia e na ciência, e com a proposta de um papel mais desafiador para esta expansão da lógica no desenvolvimento do conhecimento.

Com base nos argumentos metafísicos a serem desenvolvidos neste livro, muitas questões e muitas hipóteses fundamentais podem requerer um certo grau de redefinição, e a origem das mesmas na natureza e sua justificação podem ser encontradas em algum outro lugar que não seja sugerido comumente. Fiz um esforço para evitar a racionalização de dicotomias padronizadas, tais como o determinismo *versus* não determinismo. Assim, peço ao leitor, mesmo que tenha arraigados pontos de vista sobre temas específicos (sendo o determinismo um bom exemplo), que assuma uma atitude aberta e tolerante em relação aos pontos que possam ser inesperados ou inusitados na minha tese. Digo isto por experiência própria, visto que até a *discussão* de alguma forma de contradição ou de oposição ao que é considerado básico para a natureza, sempre encontra resistência que vai bem mais longe do que um simples debate racional e desapaixonado. Experimentei fazer o mesmo em relação a minhas críticas inevitáveis. No entanto, pode-se considerar uma força (ou uma fraqueza?) da minha teoria o fato de que ela própria explique e integre sua crítica potencial.

Naturalmente, compararei LIR com as teorias existentes, embora minha intenção não seja provar que alguma teoria em particular esteja incorreta, exceto no sentido de que seu domínio de aplicação deveria ser limitado claramente aos sistemas abstratos. Para as teorias, pontos de vista, enfoques etc, que estejam mais próximos de LIR em espírito, meu objetivo será dar suporte a seus *insights* e intuições e mostrar como podem ser melhorados ou generalizados.

Encerro esta introdução com algumas palavras a respeito do ambiente lógico e filosófico em que este livro se localiza. Em sua introdução a um compêndio recente que avalia a filosofia e a lógica atuais (van Benthem 2006), o logicista van Benthem levantou uma questão para um processo natural e respeitável de crescimento da lógica, alinhado com as outras disciplinas, e preveniu contra a mudança ou a competição arbitrárias. Os artigos (que datam de 2002), refletem o seguinte: ninguém vai além dos paradigmas estabelecidos da lógica não clássica aplicados aos aspectos da verdade, da prova, da teoria de categorias e da complementaridade na física, entre outros. Por outro lado, na filosofia, três representantes importantes da tradição analítica anglófona assumem uma atitude menos conservadora. Mulligan e outros (2006) criticam a filosofia analítica por seu erro ao aceitar o desafio de proporcionar um quadro adequado da realidade. A filosofia continental também é criticada por sua falta de rigor e por sua subordinação a agendas políticas, que tornam seu uso de conceitos científicos uma piada. Ladyman e Ross (2007) e seus colegas são também críticos de qualquer metafísica ou filosofia que se baseie na física fundamental. Na sua "naturalização da metafísica" eles propõem um quadro do mundo que estabelece o padrão científico para qualquer teoria que se proponha a descrever e/ou explicar os aspectos da realidade.

A teoria neste livro leva em conta estas várias atitudes. Por exemplo, muito do Capítulo 1 se dedica a mostrar a relação de princípios com a lógica de padrão não clássico até a extensão da lógica que LIR representa. Atentamos para as indicações dentro da lógica padrão que tais extensões possam enfrentar. Portanto, ao fazer novos movimentos para expandir a lógica para a realidade e ao mostrar sua ligação com a metafísica e com a ciência, tentei manter um certo grau de justificação formal que os membros da comunidade filosófica analítica possam aceitar, seguindo a crítica de Mulligan e de outros.

Capítulo 1

LÓGICA NA REALIDADE (LIR) COMO LÓGICA FORMAL

Resumo: este capítulo estabelece a lógica da e na realidade (LIR) como lógica formal, cujos axiomas são dados primeiro de forma padrão. É feita uma discussão inicial da realidade e dos níveis de realidade como base para a extensão da lógica às entidades, fenômenos e processos reais. Propomos uma semântica para LIR e então a comparamos com os conceitos e processos lógicos que são a base da lógica bivalente clássica. São estabelecidas comparações com vários dos principais tipos de lógica clássica e não clássica, incluindo a lógica difusa e modal, para destacar as diferenças críticas que transmitem um afastamento da lógica como sistema linguístico. A íntima relação de LIR com a lógica indutiva, abdutiva e quântica é sugerida, assim como sua probabilidade, e são restabelecidos os axiomas de LIR em termos probabilísticos formais.

1.1 – AXIOMATIZAÇÃO INICIAL: O POSTULADO FUNDAMENTAL

A lógica e a metafísica começaram, na antiguidade, como maneiras de se refletir a respeito da natureza ou da realidade. Contudo, relativamente cedo, a lógica desenvolveu-se simplesmente como um instrumento para determinar a verdade ou a falsidade das proposições. O raciocínio dedutivo por si só era desconectado tanto dos processos de inferência científica quanto da experiência comum. A definição de lógica mais corrente é a de que é uma teoria analítica que pretende formalizar princípios de raciocínio válido, e também de que é uma teoria de inferência válida para proporcionar *insights* sobre os fundamentos da matemática. Afirmava-se que as relações lógicas podem resultar apenas no campo das proposições, não nas entidades concretas, nem nas entidades abstratas que não sejam colocadas em proposições na natureza. Exemplos de lógica padrão são as lógicas de termos clássicos ou silogísticas e suas recentes modificações: a lógica de primeiro predicado e de outras ordens de predicado, a lógica modal e a lógica expansiva e adaptativa. Além disso, a maioria dessas lógicas proposicionais é baseada nos princípios da bivalência, na absoluta falta de contradição e na lei da média excluída. Estes três princípios podem ser resumidos nos correspondentes axiomas da lógica clássica, como segue:

CL1: Identidade: A é (é igual a) A (ou B): A = A A = B[1]
CL2: Não contradição: A não é não-A (não (A e não-A)). Argumentos que possam levar à contradição são falsos *prima facie* (à primeira vista).
CL3: Média excluída: não existe um termo T que seja ao mesmo tempo A e não-A (A ou não-A).

Todas as lógicas padronizadas acrescentam mais axiomas e/ou redistribuem os axiomas indicados em outros termos para tornar a definição da lógica mais completa. O termo lógica clássica bivalente se refere a uma lógica com dois valores, verdadeiro e falso, com um meio termo excluído e uma prova feita por refutação através de redução ao absurdo ou à contradição. Esta forma de lógica fazia, e ainda faz muito sucesso na prática ao descrever uma vasta variedade de fenômenos, de tal maneira que passou a ser considerada *a priori,* correspondendo, de um certo modo, às leis do pensamento e da razão. O prestígio que essa lógica adquiriu desse modo resultou na manutenção da maioria de seus princípios, mesmo entre os principais movimentos de desenvolvimento da lógica dos últimos cinquenta anos, tais como a lógica paraconsistente e a lógica paracompleta (intuicionista). Isto bloqueou um caminho no sentido de um entendimento potencialmente mais profundo dos princípios da lógica bivalente, e ocultou os efeitos negativos de sua falha de aplicação na sociedade.

Em minha opinião, esta situação é a principal força que direciona o desenvolvimento de uma teoria de lógica que possibilite uma descrição melhor e mais direta "do que acontece" na realidade. A lógica padronizada de proposições e predicados, assim como as lógicas mais novas, a paraconsistente e a paracompleta, excluem alguns

[1] É bem sabido atualmente que, de uma lógica formal ou de um ponto de vista prático, esta formulação da identidade absoluta é trivial ou falsa. A identidade deve ser relacionada com algum contexto, ou com predicados particulares, ou com denotações de nomes. O que permanece, muito forte, é a ideia normativa da identidade absoluta como um ideal ou estado preferencial.

aspectos essenciais da realidade. Por exemplo, entre as propriedades mais importantes da lógica na aceitação padronizada, está a de neutralidade tópica. Isto significa essencialmente que não faz diferença o que alguém está pensando ou raciocinando a respeito. Desde que alguém siga as regras da dedução e mantenha fixos os significados de determinados termos gerais, ou seja, as constantes lógicas, a verdade de uma conclusão de premissas verdadeiras está garantida.

Um conceito até certo ponto mais abrangente é aquele em que a lógica é o estudo das características mais gerais ou formas de pensamento e julgamentos (Hofweber 2005). Alguém pode assumir, contudo, que "forma" trata do que se refere um julgamento, ao invés de se preocupar com a própria proposição de julgamento; e alguém pode associar forma com a realidade que está sendo julgada, inclusive o processo mental real que envolve fazer um julgamento. Assim embasada, a própria realidade tem uma forma lógica de estrutura, que implica em uma base para a lógica dos fenômenos do mundo real, e seu uso para sua descrição.

Assim, afirmo que a lógica não só deve mas pode ser estendida à realidade, considerando que se leve em conta e se dê um adequado peso metafísico para suas características que tendiam a ser negligenciadas. Estas incluem os conceitos, presentes desde a antiguidade, da dialética – conflito, mudança e alternância entre os elementos interativos de um fenômeno, diferentes mas intimamente relacionados. A dialética pode ser considerada nada mais, nada menos, do que a generalização e expressão mental de conflitos na natureza e na civilização, e sua resolução, que o homem tem observado desde tempos imemoriais. "Seres e coisas parecem existir e são capazes de existir somente em função de seus conflitos sucessivos e contraditórios." (Lupasco 1979). (Para Heráclito, o conflito não significava a divisão nem a destruição da unidade da realidade, mas sua constituição. O *logos,* a única "coisa que permanece", o princípio regular, de acordo com o qual toda mudança acontece, é um "fator de união". Conflito [*polemos*] e *logos* são a mesma coisa.)

Proponho, assim, que existem pelo menos três grandes papéis que a lógica deve ter: o primeiro, ao qual já nos referimos, é o de uma teoria de formas e de estruturas das relações abstratas entre objetos, pensamentos e conceitos abstratos; o segundo, de uma teoria de formas de relações ainda abstratas, que se mantém entre os itens reais dos quais, essencialmente, as propriedades de mudança foram eliminadas. A teoria estabelecida, a teoria das relações parte/todo (mereologia) e a teoria de grupo são exemplos de lógica neste sentido. Em um terceiro papel, qualitativamente diferente, a lógica é como uma teoria da realidade em que suas estruturas dinâmicas de conflito, mudança e alternância assumem o enfoque central. Neste ponto, a lógica pode e deve "unir forças" com a ciência e a metafísica para dar a melhor descrição possível da respectiva realidade.

Os dualismos clássicos listados abaixo são expressões de algumas dessas estruturas dinâmicas de conflito, mudança e alternância.

Presença / Ausência	Realidade / Potencialidade
Um / Muitos	Identidade / Diversidade
Subjetivo / Objetivo	Interno / Externo
Local / Global	Proximidade / Distância

Estes pares de noções opostas podem ser considerados formas de realidade não só porque articulam formalmente aspectos de nossas experiências, mas também porque nós realmente os vivenciamos.[2] Sendo autoevidentes, são portanto mais racionais para a axiomatização de uma lógica da realidade.

O postulado fundamental de LIR, da "oposição dinâmica", que depende destas noções, é o seguinte: todos os fenômenos continuamente, mas não reflexivamente (isto é, sem uma circularidade perfeita, significando uma volta a exatamente o mesmo ponto de partida), se alternam entre graus de realização e de potencialização de si mesmos e de seus opostos ou "contradições". Conforme a formulação original de Stéphane Lupasco (1987):

> "Para cada fenômeno ou elemento ou qualquer que seja o evento lógico, e conforme o julgamento que o contempla, a proposição que o expressa, até o signo que o simboliza, deve estar sempre associado, estrutural e funcionalmente, um antifenômeno lógico, ou um antielemento ou um antievento e, por conseguinte, um julgamento, uma proposição ou um signo contraditório em tal contexto que o anterior só possa ser potencializado pela realização do último, mas não desapareça, de tal maneira que um ou outro possa ser autossuficiente em uma não contradição independente e, portanto, rigorosa – como em qualquer lógica, clássica ou não, que seja baseada em um absolutismo da não contradição."

O ponto médio entre realização e potencialização é um pon-

[2] Roberto Poli (2003) mostrou a importância filosófica dos dualismos na relação ou na correlação entre seus papéis na lógica (padronizada) e nos pontos de vista atuais da ontologia.

to de antagonismo máximo ou ponto da "contradição" do qual, no caso de fenômenos complexos, emerge um estado T (T significando aqui terceiro termo incluído, "tiers inclus"), que é capaz de resolver a contradição (ou "contra-ação") em outro nível mais alto da realidade.

Como primeiro passo, podemos compreender estes conceitos e este postulado reescrevendo os três axiomas da lógica clássica da seguinte maneira:

LIR 1: Não-identidade (Física): não existe A em um dado tempo que seja idêntico a A em outro tempo. Esta formulação é essencialmente aquela feita por Leibniz.
LIR 2: Contradição Condicional: A e não-A existem ao mesmo tempo, porém só no sentido de que, quando A é essencialmente real, não-A é essencialmente potencial e vice-versa, até um certo limite.
LIR 3: Média (Emergente) Incluída: um terceiro elemento, adicional ou incluído, ou o chamado estado T, emerge do ponto de contradição máxima, no qual A e não-A são igualmente reais e potencializados, mas, em um nível de realidade ou de complexidade mais alto, no qual a contradição é resolvida.[3]

Acrescentei, então, os demais axiomas, em parte expressões redefinidas dos três primeiros, que são necessários para a aplicação proposta para elementos do mundo real, e não apenas em termos linguísticos, proposições ou expressões. São redefinições do postulado fundamental, incluindo o conceito essencial de que nenhum processo real alcança os limites abstratos e idealizados da lógica clássica.

LIR 4: Elementos Lógicos: os elementos da lógica são todos eles representações de entidades reais, físicas e não físicas, nenhuma das quais pode ser totalmente idêntica à outra.

[3] Este axioma tem sido designado como uma "lei da média incluída" e a lógica original de Lupasco como uma "lógica da média incluída", LIM. Este termo o diferencia tanto da lógica clássica da média incluída quanto da lógica intuicionista, nas quais a lei da média excluída não consegue contemplar determinados aspectos da matemática. Entretanto, desde que um estado T seja "incluído" apenas no sentido de ser posicionado conceitualmente entre elementos opostos, considerei que era melhor evitar esta locução que carrega a ideia, obviamente incorreta, de duas coisas que ocupam o mesmo espaço ao mesmo tempo.

LIR 5: Associação Funcional: qualquer elemento "**e**" da lógica real – seja ele objeto, processo, evento – sempre existe em associação, estrutural e funcionalmente, com seu antielemento ou contradição, "não-e"; em termos da física, são variáveis conjugadas. Este axioma se aplica a pares clássicos ou dualidades, por exemplo, identidade e diversidade.[4]

LIR 6: Assintotismo: nenhum processo de realização ou de potencialização de qualquer elemento atinge uma integralidade de 100%.

Em seguida, estes axiomas expressam a *noção* de mudança;[5] o *mecanismo* da mudança; o *produto* da mudança, isto é, a emergência de uma nova entidade ou fenômeno; o *local* da mudança nos elementos da realidade; a *estrutura* da realidade e uma *propriedade* da mudança.[6] A natureza destes elementos do mundo real e a base da sua propriedade serão deixadas em suspenso por enquanto, mas podemos afirmar que os elementos são aquilo que comumente são chamados de "fatos", entidades ou processos extralinguísticos. É mais comum falar atualmente a respeito de "processo e processos" do que falar em "mudança" ou "transformação", mas quero enfatizar a continuidade de um trabalho mais antigo. Farei uma discussão específica do processo nos capítulos 3 e 4. Quanto ao termo "funcional" como é usado em **LIR 5**, espero evitar mal-entendidos possíveis ao dizer agora que não pretendo que o mesmo seja parte de uma teoria funcionalista da mente, mas simplesmente fazer uma implicação de que um elemento não pode existir sem o outro ou, dito positivamente, que um elemento depende do outro para existir.

Os corolários seguintes se referem às noções de contradição ou antagonismo e, em particular, de verdade, sob o ponto de vista da posição central dos valores verdadeiros em qualquer discussão de lógica:

---

[4] A falta, em LIR, de qualquer noção de identidade ou diversidade absoluta dos elementos do mundo real, é um conceito que tem origem diretamente do debate atual a respeito da individuação das partículas quânticas. Sob este ponto de vista, somente um significado condicional e recíproco pode ser dado a estes termos. Os pontos de vista modificados do realismo científico e estrutural, dos sistemas quânticos ou dos sistemas macroscópicos que apresentarei são a consequência lógica desta formulação axiomática.

[5] Esta noção de mudança foi, em certo sentido, antecipada pela leitura de predicados do axioma clássico.

[6] Os axiomas podem ser considerados como uma nova maneira de observar a regularidade da conexão imanente entre os elementos envolvidos na mudança.

CLIR 1: *Contradição*: a contradição nunca pode ser considerada como absoluta, porque nunca acontece entre termos rigorosamente reais, entre elementos absolutamente contraditórios, tais como aqueles da lógica clássica e da matemática. A contradição nunca ocorre, exceto entre dinamismos antagônicos. Alternativamente, nenhum elemento, nenhuma variável ou nenhum evento lógico é rigorosamente não contraditório; ele sempre envolve alguma contradição, de tal forma que, não importando o quanto se tenha desenvolvido, a não contradição é sempre relativa e limitada.

CLIR 2: *Verdade* e *Falsidade*: uma verdade não pode ser absoluta porque nunca pode ser rigorosamente (totalmente) real; uma verdade contraditória (falsidade) pode ser potencializada à medida que alguém queira, teoricamente sem desaparecer por completo na realidade. O conceito LIR de verdade será discutido mais adiante no Capítulo 2.

Pelo meu conhecimento, a teoria desenvolvida aqui é a única em que os três axiomas principais da lógica clássica são modificados de uma só vez. As lógicas padronizadas (clássica ou não clássica) envolvem regras de inferência para determinar a verdade de proposições e formulações linguísticas de crenças etc. Minha lógica envolve regras para inferir ou para determinar o estado dos elementos do mundo real envolvidos em um fenômeno. Para compreender melhor as noções de LIR que derivam do caráter não linguístico de seus elementos, alguns dos seis axiomas iniciais serão novamente descritos adiante neste capítulo de uma maneira que mostrará uma relação com a lógica probabilística.

1.2 – REAL E REALIDADE

A compreensão do axioma de **LIR 3** e da emergência requer um conceito, tanto da realidade quanto de níveis de realidade, que acomode pontos de vista da ontologia, da metafísica e da ciência da física, em especial a física fundamental. Esta última requer uma distinção entre realidade e real. Minha visão de real deve ser entendida como sendo similar, ou melhor, partindo da visão de D´Espagnat (1979), denominada objetividade fraca. Um real independente existe, apesar de nossa incapacidade de defini-lo com precisão (o real velado), ou de dar ao mesmo um significado que seja independente de nossa intuição. Este ponto de vista está relacionado com o princípio chamado de antrópico fraco, que estabelece o fato óbvio que as constantes fundamentais do universo são de tal ordem que observadores, tais como nós mesmos, possam existir. O princípio antrópico forte clama que nossa existência é a explicação de porque as constantes têm os valores que têm, introduzindo a teleologia – isto é, que o propósito do universo foi produzir-nos. Kauffman (1995) parece sugerir isto em seu poético livro:

> "Se somos, de maneiras que não vemos, expressões naturais da matéria e da energia acopladas em sistemas não equilibrados, se a vida em sua abundância estivesse prestes a surgir, não como um acidente incalculadamente improvável, mas como uma realização *esperada* (a ênfase é minha) da ordem natural, então estamos verdadeiramente em nossa casa no universo."

No entanto, esta afirmação também pode ser interpretada como uma descrição de uma ordem natural que nada mais é do que o princípio antrópico fraco autoevidente. Em qualquer evento, o último é suficiente para minha análise e o aparecimento da teleologia pode ser reinterpretado como um fenômeno, não como um princípio fundamental.

Outras teorias definem *realidade* como aquilo que existe, ou aquilo que é feito, nossas experiências, representações, teorias, lógicas, imagens e assim por diante. O real é aquilo que existe, mas aquilo que resiste ao máximo a nossas tentativas de representá-lo ou de vê-lo com clareza. O real nos oferece a possibilidade, por assim dizer, de compreendê-lo por via de um conceito de níveis de realidade e da estrutura e propriedades da realidade fenomênica que conseguimos perceber (a realidade não velada). Rescher (1996) cita Peirce a este respeito: "considerando que a inteligência humana é um recurso desenvolvido através do tempo por criaturas que são, já por si mesmas, uma parte evoluída da natureza, nossa capacidade de compreender o mundo não deveria ser vista com tanta surpresa. O enfoque mais apropriado pode ser manter uma descrição da realidade como sendo tanto velada quanto não velada."[7] (D'Espagnat, 1979)

Aquilo que chamei aqui de realidade não velada é, obviamente, dividido entre os talvez menos poeticamente denomina-

[7] Os objetos das teorias da física e da cosmologia modernas (partículas virtuais, espaço curvo, dez ou onze dimensões fundamentais etc) estão no domínio da realidade, como são os objetos e os conceitos de níveis de realidade nas crenças tradicionais. O problema da realidade dos objetos não existentes é discutido no Capítulo 3.

dos domínios de *observables* (observáveis) e *non-observables* (não observáveis). Quando dizer que uma entidade é não observável porque não é diretamente observável, e em consequência, independe da mente humana, sua realidade e existência estão abertas a discussão; isto é um dos principais temas do realismo científico. A lógica da/na realidade é relevante tanto para a filosofia quanto para a física aplicáveis, como discutirei em capítulos posteriores.

A próxima seção discute os conceitos de níveis de realidade a partir de diversos pontos de vista que serão úteis em subsequentes aplicações de LIR para a ciência. Entretanto, um livro que se proponha a discutir a realidade também requer, como penso eu, um certo grau mínimo de discussão do problema metafísico do que é ser ou existir, a natureza do ser. Sem algumas indicações daquilo que constitui o ser, do que significa para alguma coisa existir e por que alguma coisa existe, ao invés de nada existir, de alguma descrição dos habitantes da existência, como foi apontado por Jacquette (2002), pode ser inconsequente, a não ser que seja, de algum modo, construído independentemente, sem qualquer referência à nossa experiência. Deixarei, contudo, este tópico para o Capítulo 3, pois até lá já terei desenvolvido alguns instrumentos lógicos e ontológicos para sua discussão.

1.2.1 – *Níveis de realidade*

A ideia de que a realidade se divide em níveis que são mais ou menos evidentes e que envolvem graus de complexidade, tem sido proposta sob várias formas desde a antiguidade, mas tem recebido maior atenção desde o advento da mecânica quântica.[8] Embora sempre possa haver, como haverá de fato, argumentos a respeito do número de níveis e de sua estrutura em detalhe, o enfoque neste livro sugere quadros ontológicos e físicos que postulam a emergência e a existência desses níveis, que seguem diferentes leis detalhadas, como uma consequência natural das propriedades fundamentalmente antagônicas da energia.

1.2.1.1 – O enfoque ontológico

Poli (2001) nos deu uma descrição de níveis de realidade e

[8] Depois de Heisenberg, a noção de níveis de realidade, considerada crítica para a *filosofia*, foi introduzida de uma maneira independente por Nicolescu. (1982)

analisou as complexas relações que existem tanto *entre* quanto *dentro* desses níveis. Os passos metodológicos seguintes podem resumir seu enfoque:

> 1 – Distinguir três estratos de realidade, ao invés de níveis: o estrato material, o psicológico e o social (este último englobando todos os fenômenos da história, da linguagem, da ciência, da moral, na verdade incluindo a totalidade dos conhecimentos e ideias da humanidade).
> 2 – Definir as relações hierárquicas de dependência *entre* esses estratos.
> 3 – Definir as relações hierárquicas *dentro* dos estratos, organizados em níveis (ou camadas). As camadas dentro dos estratos correspondem a "níveis de organização", estruturas diferenciadas das mesmas leis fundamentais. (Nicolescu 2002)

Cada estrato tem seus próprios princípios, leis e categorias ontológicas e existem claras descontinuidades entre os estratos. Este enfoque é também realista na medida em que esta ontologia busca extrair as categorias relevantes diretamente dos objetos. Níveis de realidade são radicalmente diferentes de níveis de organização; estes não pressupõem uma ruptura de conceitos fundamentais. Diversos níveis de organização ou hierarquias podem pertencer a um mesmo nível de realidade, isto é, quadros de diferentes estruturas governadas pelas mesmas leis fundamentais.

A lógica que parece ser adequada para esta visão dos níveis de realidade é uma lógica intuicionista, que mantém um princípio imutável de não contradição. Esta lógica é adequada para entidades de ontologias clássicas e suas categorias, mas não descreve completamente as diferenças entre os níveis de realidade. Em minha visão, uma diferenciação também deve ser baseada em considerações metafísicas, por exemplo, que as tendências nos níveis de realidade e entre eles em relação à homogeneidade física ou heterogeneidade biológica não são independentes, mas sim relacionadas, como discutiremos adiante.

1.2.1.2 – O enfoque da ciência física

Para um cientista físico como este escritor, a descrição do mundo em termos de níveis descontínuos de realidade parece natural e rigorosa. No nível humano, ninguém tem contato direto com o mundo dos quanta, ou mesmo das células, mas podemos visualizar o "interior" de um próton, observar a fantástica variedade de vida biológica e estar conscientes da existência da própria consciência. Este quadro dá suporte a uma visão da realidade como sendo constituída por níveis que estão, até certo ponto de sua essência, separados. Também parece natural que diferentes leis científicas se apliquem a fenômenos nestes diferentes níveis. A maior parte das pessoas também concordará que outros tipos de "regras" ilógicas ou alógicas se aplicam nas áreas da afetividade, amor e fé religiosa.

Um conceito de níveis de realidade, contudo, em que, de todos, pelo menos alguns dos mesmos princípios básicos ocorram, sugere um possível isomorfismo das leis da natureza que estão subjacentes. Com finalidade de análise, considerarei que existem seis principais níveis de realidade, que são:

- Microfísico ou nível da mecânica quântica.
- Macrofísico, caracterizado energeticamente por entropia global e homogeneização gradual de seus componentes.
- Biológico, caracterizado por negentropia local e emergência de novas formas (heterogeneização).
- Humano, mental ou psicológico.
- Humano social.
- Cosmológico (universo ou multiverso).

Tal divisão é uma idealização e a realidade é um todo coerente. Assim, independentemente das propriedades que são propostas como base para a locação dos cortes entre os níveis, um princípio adicional parece ser necessário, ou seja, explicar a transição de um nível para o próximo. Isto é, em outras palavras, o problema da emergência, e o axioma LIR 3 sugere um conceito de emergência ou um mecanismo[9] que "emerge" naturalmente da lógica na realidade.

1.2.2 – *Contradição, reação ou "contravalência"*

Há uma discussão interminável na literatura a respeito da diferença entre contrário e contraditório que reporta ao triângulo de Carneade, a árvore de Porfírio e o quadrado da oposição aristotélica. Estes conceitos são úteis para a análise de termos simples, mas fa-

[9] Aqui e subsequentemente, uso o termo "mecanismo" em um sentido descritivo informal, sem fazer implicação de que modelos computáveis existem para todas as transições entre níveis que examinarei. Na verdade, argumento que tais modelos não podem ser construídos para organismos vivos.

lham nos casos de uma análise profunda da semântica e, acima de tudo, dos fenômenos que envolvem a dinâmica, isto é, fenômenos que envolvam algum metabolismo interior de mudança de energia. O enfoque de LIR vai além de uma definição da dinâmica em lógicas padronizadas que fazem referência essencialmente a estados de *inputs* e de *outputs* de informações binárias. São exemplos disto mudanças de crenças e jogos que envolvam jogadores (agentes) mais ou menos ideais, cujo objetivo é obter ganho máximo. Aqui a interação somente acontece dentro de um quadro rígido de regras do jogo.

Na minha opinião, parte da confusão nesta área surge do uso da palavra contradição em si, por Lupasco e outros inúmeros autores, considerando-se sua raiz em *dicere*, que significa falar. Seria preferível substituir essa palavra por um termo que juntasse o caráter essencialmente não linguístico dos estados conflitantes da energia física ou não física, por exemplo, "contra-ação".[10] Outro neologismo possível para contradição – "contra-ser" – deve ser evitado devido à possível confusão com discussões do ser em ontologia, das quais a contradição e/ou a inconsistência possam ser excluídas. Talvez a palavra mais apropriada para descrever a oposição dinâmica de dois termos ou elementos em um determinado fenômeno seja "*contravalor*". Esta palavra tem o mesmo significado de contra-ação, mas acrescentando a ideia de valor presente em sua raiz – *valere* – além da ideia de energia (força). O uso de *contravalor* para descrever o equilíbrio dinâmico do estado T deve ser consoante com o uso de *prevalência* para descrever o processo dominante em pares tais como realização/potencialização e identidade/diversidade. Para simplificar, contudo, o termo contradição continuará a ser usado com o entendimento de que tem esta dimensão a mais.

A estrutura das médias incluídas (estados T) é altamente complexa. Fenômenos de qualquer nível de realidade podem ser caracterizados por realizações diferenciadas de tendências primárias rumo à não contradição (identidade, homogeneidade ou diversidade, heterogeneidade) ou rumo à contradição (emergência de novas entidades). Para distingui-las, chamarei as primeiras de contradicionais e as últimas de contraditoriais. Estas tendências são em si mesmas realizadas ou potencializadas em um nível diferente, mas nunca completamente. Nos elementos emergentes resultantes que entram em outras relações contraditoriais, tanto a homogeneida-

[10] O termo "anti-A" pode ser considerado, mas não deve ser confundido com o mesmo termo usado por Florentin Smarandache em sua lógica difusa (neutrosófica) e por Gabbay (2001): "o objetivo de anti-x é apagar x". A lógica epistêmica resultante é outra lógica coerente (consistente), com aplicações principalmente em AI e no raciocínio automático.

de quanto a heterogeneidade são predominantes, mas a outra está também sempre presente.

1.2.3 – *Os sensos de redução*

Este é um livro que trata tanto de ciência (física) quanto de filosofia, e, em ambas as áreas, usarei frequentemente os termos "redução" e "reducionista". Estes termos, como foram resumidos por Kistler (2006), são usados em sentidos opostos pelos filósofos e físicos.

No sentido usado pelos filósofos, a teoria mais fundamental reduz a teoria menos fundamental: baseada na direção mais acessível (para mim), uma menos acessível como, por exemplo, a termodinâmica, se reduz a uma menos fundamental, a mecânica estatística. No sentido usado pelos físicos, o mais fundamental (ou mais preciso ou mais geral) se reduz a um menos fundamental.

A partir desta definição, usarei exclusivamente o sentido dado pelos físicos. Assim, minha lógica LIR mais fundamental, complexa, ternária, se reduz à lógica binária de padrão fundamental. A lógica binária está presente em LIR sob forma potencial e é o que é realizado para fenômenos simples. Uma lógica da realidade está presente na lógica padrão sob forma potencial? Eu diria que sim, visto que sabemos que a lógica clássica ou padrão se aplica a muitas entidades e/ou processos reais para todos os objetivos e propósitos.

LIR proporciona maior estrutura para a relação epistemológica biunívoca (ou melhor, lógica e epistemológica) envolvida no processo de redução. Se todas as teorias são "mais ou menos fundamentais", isto significa que têm aspectos tanto fundamentais quanto não fundamentais, sendo os primeiros de um nível de complexidade mais alto do que os últimos. O processo de redução, a meu ver, também é governado pelo princípio da oposição dinâmica, isto é, quando aspectos fundamentais são realizados, aspectos não fundamentais são potencializados e *vice-versa*.[11]

Para manter melhor esta distinção na mente, a linguagem do raciocínio assintótico desenvolvido por Batterman (2002) é útil. Os limites da identidade e da diversidade (primazia da não contradi-

[11] É possível dizer, usando-se a definição dos filósofos, que a lógica binária padrão se reduz a uma lógica ternária, mas o problema real pode ser que, neste ponto, a redução tenha perdido todo o significado intuitivo. Alguém poderia perfeitamente dizer que a lógica padrão se torna mais complexa na lógica ternária. Mais discussões da necessidade do sentido filosófico da redução não são críticas para a minha tese, na medida em que se entenda o termo que eu uso.

ção: contradição), em direção aos quais os fenômenos tendem assintoticamente, são instâncias de *regularidade* às quais os princípios da redução e da lógica clássica se aplicam. O "movimento" em direção a uma igualdade de realização e de potencialização de dois elementos opostos resulta em um estado de contradição máxima. Este limite, no qual a emergência é possível, é *singular* (contraditório: estado T). Como Batterman sugere, as características deste estado (ponto crítico) não podem ser compreendidos a não ser que os aspectos estatísticos sejam assintoticamente (sem detalhes) reunidos em processos regulados termodinamicamente. Voltarei a isto na discussão da física da dualidade no Capítulo 4.

1.3 – LIR VERSUS LÓGICAS PADRONIZADAS: DEDUÇÃO

Os axiomas de LIR e as correlatas noções da contradição interativa que envolvem as entidades reais implicam em importantes inovações e modificações da forma e do mecanismo da lógica padrão. Os mesmos sugerem uma forma de lógica que é radicalmente diferente daquelas das lógicas proposicional e predicada, clássica e não-clássica. Neste capítulo e no próximo, afirmarei que este novo conceito de lógica detém as características de uma lógica formal e também que na lógica padronizada podemos encontrar sinais de que tal lógica é concebível.

Uma simples definição de uma típica lógica proposicional clássica (CL) é um conjunto de afirmações (sintaxe) e uma relação de consequência semântica que mostra como estas afirmações devem ser usadas, isto é, como os argumentos devem ser construídos e como as conclusões devem ser tiradas das premissas. O cálculo ou a teoria provada desta lógica consiste em um conjunto de axiomas, de expressões que são permitidas e sua respectiva gramática, e um conjunto de regras inferentes para derivar novas expressões mais complexas ou "fórmulas bem compostas". Regras de inferência são esquemas sintáticos para relacionar as expressões e as afirmações. Os axiomas, que, em termos semânticos, são válidos, autoevidentes afirmações da verdade,[12] são o ponto de partida para a aplicação de regras de inferência e de geração de conclusões. A semântica de uma lógica, que é parte da gramática, toma o sentido das afir-

[12] A caracterização dos axiomas como autoevidentes é atualmente, ao invés de desacreditada, devida, em parte, como era de se esperar do meu ponto de vista, ao uso do ambíguo termo"self", conforme discutirei a respeito de autorreferência na seção 4.8.1.

mações e explica estas características da lógica que são essenciais para esta argumentação, por exemplo, noções de verdade lógica, constantes lógicas – um conjunto de operadores ou conectivos sentenciais e consequência lógica.

A lógica do raciocínio dedutivo é o "mais abstrato" da lógica padrão, na medida em que se ocupa somente daquilo que deriva universalmente de premissas dadas. Na lógica dedutiva, uma inferência é válida somente se não houver nenhuma situação possível em que as premissas sejam verdadeiras e a conclusão seja falsa. Tais lógicas são chamadas de "bivalentes" ou "de dois valores", ou seja, a semântica da linguagem determina o valor de verdadeiro ou falso para cada sentença no sistema. Como geralmente se afirma, a verdade da conclusão é "garantida" se as premissas forem verdadeiras.

1.3.1 – Bivalência: verdade lógica, constantes lógicas e consequências lógicas

Como Béziau (2003) mostrou, o princípio da bivalência leva a uma definição da noção de proposição. Objetos aos quais são atribuidos valores que estejam além de verdadeiros ou falsos não deveriam ser chamados de proposições. Isto leva à primeira diferença conceitual (D) entre a lógica clássica e a lógica proposta por mim (LIR):

> **D1:** As afirmações na linguagem de LIR não são proposições no sentido usual, mas "fórmulas" e suas "oposições" ou "contradições".

O princípio da bivalência implica no segundo e no terceiro axiomas da lógica clássica, expressos como não contradição: uma proposição e sua negação não podem ser verdadeiras ao mesmo tempo, nem sua média excluida: uma proposição e sua negação não podem ser falsas ao mesmo tempo. As correspondentes modificações que LIR introduz neste caso são:

> **D2:** Existem circunstâncias em que uma "fórmula" e sua "contradição" são, ambas, verdadeiras ou falsas, mas não totalmente ao mesmo tempo.
> **D3:** Existem circunstâncias em que uma "fórmula" e sua "contradição" não são totalmente falsas juntas, mas geram um terceiro termo, uma "média incluída", ao mesmo tempo.

A clássica noção de verdade lógica, da forma como é regida pelo princípio da bivalência, se mantém equilibrada nas lógicas de muitos valores, dado que o conjunto de três ou mais valores é reduzido a dois conjuntos, um contendo aquilo que é falso e possível e o outro aquilo que é verdade.

D4: Em LIR, a noção de verdade é definida logicamente pela não contradição e pela contradição. O termo "falso" não é aplicável a processos e entidades reais.

Constantes lógicas são expressões em uma linguagem que, diferentemente das expressões não-lógicas, foram assumidas como se nunca tivessem um *significado* específico próprio, mas tivessem a *função* de determinar a forma lógica ou a estrutura das proposições e dos argumentos. São designadoras de valores semânticos, isto é, funcionais da verdade por direito próprio. Incluem os conectivos, o grupo mais comumente composto de signos para indicar negação, conjunção, disjunção, condicionalidade e, na lógica predicada de primeira ordem, quantificadores – "tudo" e "parte"

A definição de constantes depende de como queremos estabelecer a diferença entre a lógica e a não-lógica. Uma maneira de estabelecer isto é que a primeira é "topicamente neutra", e "neutralidade tópica" significa que necessariamente as proposições verdadeiras – as *verdades lógicas* – são indiferentes ao conteúdo. Contudo, se a lógica é universalmente aplicável à razão a respeito de qualquer assunto, porque está intimamente conectada às condições e processos do pensamento, a neutralidade tópica significa que a lógica está limitada a uma espécie muito comum de inferência válida.

Na verdade, a lógica clássica desenvolveu-se até o ponto em que, em determinados casos, as constantes lógicas podem ter significação independente. Se é assim, então não são mais "constantes" e, desta forma, podem contribuir para o conteúdo não-lógico variável daquela representação em que estão envolvidas. A vaga dicotomia entre as expressões lógicase não-lógica é, por si só, um reflexo do princípio da bivalência. No meu ponto de vista, devemos evitar regras artificiais que se refiram às mesmas coisas, tais como regras inferenciais que envolvam a fixação de valores semânticos, condições de invariância ou noções de necessidade lógica que definam esta dicotomia.

Sob alguns pontos de vista, fazer a distinção entre constantes lógicas e não-lógicas não é essencial para entender sobre o que a lógica trata, e não é o número limitado de expressões e formas de argumento que tenham sido usadas tradicionalmente para este fim que definem o tema que concerne à lógica. Isto não quer dizer que a distinção não exista, mas que nenhum critério de princípios foi encontrado para tanto. Mesmo dentro do restrito domínio da lógica dedutiva, demarcações pragmáticas entre as constantes lógicas e não lógicas estão muito mais próximas em espírito desta pesquisa. Elas começam a partir de uma "descrição de trabalho" da lógica e de uma identificação das constantes como as expressões necessárias para que esse trabalho seja realizado, para servir como um quadro da sistematização das teorias científicas. Nesta concepção, o que conta como lógica pode depender do estado atual da teoria científica ou matemática, mas esta relativização da lógica é menos aceita universalmente do que poderia se afirmar (He e He 2006).

D5: Em LIR, a escolha de con stantes lógicas, complementando as constantes que servem de padrão, pode se tornar relacionada com a noção usada da consequência lógica. (próximo parágrafo)

O próximo conceito amplo de lógica clássica ao qual me referirei aqui é o conceito da consequência lógica. Consequência lógica é a noção de que, em um bom argumento lógico, as conclusões são consequências das premissas ou as seguem necessariamente. O que isto significa exatamente é uma questão crucial no cerne da lógica como uma disciplina filosófica formal.

Análises atuais do conceito de consequência (Beall e Restall 2005) podem ser resumidas como segue: a consequência é necessária ou formal e seus vários aspectos são explicados *via* provas ou modelos. A consequência dedutivamente válida é "necessária", e o tipo da necessidade pode ser metafísico, conceitual ou analítico. A consequência formal se distingue da consequência material; para esta última, o conteúdo é requerido para a determinação da validade em complemento à estrutura ou forma dos argumentos. Finalmente, a distinção entre as regras formais e não formais da consequência lógica (esquemas) está em que a anterior pode ser tomada como topicamente neutra (ver acima) ou abstrata, novamente, do conteúdo semântico dos pensamentos ou argumentos, deixando as regras como a única estrutura semântica. Uma distinção até certo ponto diferente é considerar as regras formais da lógica como normas constitutivas para o pensamento, os quais podem ser associados ou dissassociados para criar novos, independentemente do conteúdo. Isto significa que, sem levar em conta o conteúdo do pensamento, um vocabulário lógico, e as normas que o regulam, podem ser usados para estruturar e regulamentar qualquer tipo de teoria.

D6: A consequência lógica em LIR é uma noção da consequência material, dependendo não só da substância ou reivindicações materiais nas proposições (topicamente dependentes), mas também da *necessidade metafísica* dos eventos ou fenômenos. As regras de LIR também são gerais, sem ser topicamente neutras ou abstratas. Estas regras são não apenas normas constitutivas do pensamento, mas também normas constitutivas de aspectos da realidade.[13] Para os logicistas acostumados a uma distinção absoluta entre regras gerais e regras dependentes dos tópicos, este assunto terá um aprofundamento sobre como atingir a lógica que as implicações de LIR podem ter.

Em geral, as limitações e separações que são implicadas no princípio da bivalência da lógica clássica, de várias formas, formam a base dos argumentos em todas as áreas da filosofia. São exemplos disso as discussões a respeito do papel da geometria e da dinâmica no universo, sobre qual das duas é mais fundamental. É o reducionismo ou o holismo, ou a conexão dessas duas correntes pelas estruturas recursivas, como é descrito no quadro de "laços entrelaçados" de Hofstader, que descreve melhor o mundo? A lógica clássica implica em uma separação absoluta de termos que mostram, por exemplo, discussões de temas universais e particulares, aparência *versus* realidade, e implica também em uma condição de total independência entre os processos internos e externos, e na escolha entre conceitos que se opõem nas teorias científicas. Como veremos em diversas ocasiões neste livro, o fato de que certas interpretações na lógica clássica são explicáveis usando-se princípios da lógica da/na realidade sugere uma continuidade entre a lógica clássica e a extensão da lógica que estou propondo.

O último componente da lógica padrão que requer definição de uma importante diferença conceitual são os conectivos, acima mencionados. Os símbolos da linguagem objeto de um cálculo proposicional incluem uma série de conectivos, entre os quais os mais importantes são a negação $\neg$, a conjunção $\wedge$, a disjunção $\vee$, o con-

[13] Sob este aspecto, assemelham-se às lógicas paraconsistentes, que não estão aprisionadas pela dedução. Esta não é uma modificação inocente. Implica em um ponto de vista de encerramento lógico e biológico que é incompleto ou"que vaza", com consequências para a emergência.

dicional material ⊃, também chamado de implicação material, e a equivalência material ≡. Os símbolos também incluem marcas de pontuação padrão, parênteses e vírgulas. Os conectivos são funções da verdade no sentido de que também são operadores que asseguram a preservação da verdade entre a proposição antecedente e a consequente. As propriedades dos condicionais para proposições de linguagem natural no senso comum não são, de maneira nenhuma, totalmente seguras, mas os problemas que daí surgem não concernem ao nosso propósito aqui.

Os elementos essenciais com que estamos lidando na lógica clássica, padrão, são variáveis proposicionais, linguísticas, junções de símbolos que podem ser gerados a partir delas e conectivos que são chamados de fórmulas ou "fórmulas bem formadas". Há muitas consequências significativas na mudança para elementos que não são definidos linguisticamente pelo conjunto inicial de axiomas de LIR. Em particular, a relação dinâmica, oposicional entre dois elementos sempre será expressa por implicação ⊃. Desta forma, para qualquer elemento **e**, eu escrevo, onde **e** implica, na verdade, em um não-**e** potencial, $\mathbf{e}_A \supset \bar{\mathbf{e}}_P$. Uso a hífem e não ¬ para me referir ao elemento real não-**e** no lugar da negação da lógica clássica.[14]

D7: Os conectivos de implicação, conjunção e disjunção correspondem a operadores reais sobre os parâmetros de elementos reais. Assim, estes operadores são também sujeitos à realização, à potencialização ou a um estado T. Operam não em estados ou proposições teóricas, considerados como o significado abstrato das afirmações, mas sobre eventos, processos e propriedades, até o ponto em que as propriedades também têm o caráter de processos. O cálculo formal de LIR, apresentado no Capítulo 2, desenvolve mais o simbolismo, e os conceitos críticos de propriedade e processo são relatados no Capítulo 3 para o desenvolvimento de LIR como uma ontologia formal.

1.3.2 – Semântica

A semântica de uma lógica é uma construção conceitual complexa para entender-se o significado e o propósito de seus

[14] Também não quero usar o conectivo – que formaliza as negações da linguagem natural na lógica proposicional inconsistente e paraconsistente.

símbolos e princípios. Por esta razão, a construção também é chamada de interpretação. Semânticas ou interpretações existem para qualquer lógica. As diferenças se referem a partes específicas ou às propriedades da lógica. Por exemplo, uma semântica funcional da verdade se refere à preservação da verdade em lógicas dedutivas padrão. Considera-se que as lógicas paraconsistentes (ver abaixo) não têm uma semântica funcional da verdade, no sentido de que as proposições podem ter aspectos de verdade e de falsidade ao mesmo tempo. As semânticas de LIR não são funcionais da verdade, no senso de que seus elementos não são proposições de maneira nenhuma, e o conceito de funcionalidade da verdade [definida como valorações baseadas no homomorfismo (mapeamentos) entre fórmulas e uma álgebra de funções da verdade definida a partir de um determinado conjunto de valores, 0 ou 1 na lógica binária, diferentes valores em lógicas de muitos valores] não deve ser aplicado.[15]

Nas semânticas de LIR, contudo, as sentenças não se parecem com aquelas de uma lógica clássica, e seus padrões inferenciais são diferentes. Na lógica clássica, a função de uma semântica padrão é garantir a preservação da verdade como base para a validade do raciocínio lógico. Entretanto, o significado ou o senso de verdade pode mudar. Vamos então tentar formular os componentes de uma semântica 'dinâmica', ou seja, uma semântica que possa se referir a aspectos dos fenômenos de processo real. As modificações conceituais que são requeridas por LIR podem assim ser ilustradas pela comparação dos elementos de uma semântica possível para ela com os elementos de uma lógica clássica (CL):

1 – Domínio da interpretação
CL: um certo conjunto de proposições, constantes ou entidades do tipo linguagem.
LIR: representações do mundo empírico dos fenômenos físicos, inclusive dos mentais. Qualquer discussão sobre essas representações, obviamente, é através de uma linguagem, o português, que fica na relação de uma metalinguagem para os parâmetros dos elementos reais que constituem o domínio de LIR, nas relações entre quais elementos, na linguagem objeto, são definidos, neste ponto, pelos axiomas acima descritos e pelos conectivos que funcionam como operadores.

[15] Para discussão destes temas, inclusive as semânticas não funcionais da verdade de Kripke, conforme Béziau (2006).

Comentário: alguns leitores podem objetar que, pelo menos na área da lógica dedutiva, uma semântica pode lidar somente com proposições e com seus valores verdadeiros padronizados, proposições que tenham a possibilidade de serem combinadas através dos conectivos padrão em proposições mais complexas. Concordo com isto em parte, mas também sinto que a relação entre a lógica clássica e "o que a proposição quer dizer" é muito mais complexa, como já mostrei.[16]

2 – Símbolos da linguagem objeto dos cálculos

CL: um número infinito de parâmetros ou variáveis proposicionais, os conectivos e as marcas de pontuação.

LIR: um número transfinito de parâmetros da realidade que correspondem a entidades, processos e eventos do mundo real (fenômenos) e suas contradições reais e potenciais que os acompanham, $\mathbf{e}_{0A}$, $\mathbf{e}_{1A}$..., não-$\mathbf{e}_{0P}$, não-$\mathbf{e}_{1P}$..., os conectivos de *LIR* e as marcas de pontuação, a sequência de números reais 0, 1... que se referem à primeira, à segunda e às seguintes instâncias dos pares de variáveis ou parâmetros. A e P aqui representam a realização e a potencialização respectivamente dos parâmetros da realidade, por meio das quais a outra sequência, em que e e não-e estão invertidos, é compreendida.

3 – Fórmulas

CL: as (bem formadas) fórmulas da linguagem compreendem as correntes de símbolos que podem ser gerados recursivamente dos parâmetros proposicionais pela seguinte regra: se A e B são fórmulas, então também são $\neg A$, $(A \wedge B)$, $(A \vee B)$, $(A \supset B)$, $(A \equiv B)$.

LIR: as fórmulas da linguagem compreendem as correntes dos símbolos que podem ser gerados dos conectivos indicados em D7, os sinais para indicar o que é real, potencial ou estado T, isto é, os parâmetros da realidade. As regras de inferência resultantes são que, onde **e** é qualquer elemento do mundo real, $\mathbf{e}_A$ (**e** real) implica em não-$\mathbf{e}_P$ (não-**e** potencializado) e vice-versa; ambos implicam em

[16] Na verdade, a lógica clássica lida com relações lógicas que envolvem valores da verdade e da falsidade mutuamente exclusivos e dificilmente unidos. Isto não significa, no entanto, que as proposições, quando são interpretadas, realmente provêm tais valores (Iacona 2005). A realidade do pensamento como processo se espreita mesmo no cerne da lógica clássica.

que a contradição é potencializada e a não contradição realizada; o parâmetro $\mathbf{e}_R$ implica em não-$\mathbf{e}_R$, que implica em que a contradição é realizada e a não contradição potencializada.

4 – Interpretação da linguagem

CL: uma função v, que determina a cada parâmetro proposicional se é verdadeiro (1) ou falso (0).

LIR: uma função *Rl*, que determina para cada par de parâmetros da realidade A e Pa um valor que seja maior do que 0 e menor do que 1, embora a soma dos valores seja igual a 1. As fórmulas na interpretação não têm valores de verdade que sejam diferentes dos valores dos parâmetros da realidade. Estes valores da realidade *são* os valores da "verdade".

5 – Premissas e conclusão: consequência

CL: para cada conjunto de fórmulas (as premissas) ***S*** e ***A***, a conclusão é uma consequência semântica de ***S*** se e somente se não existir nenhuma interpretação que torne todos os membros de ***S*** verdadeiros e ***A*** falso; ou seja, que qualquer interpretação que torne todos os membros de ***S*** verdadeiros torne ***A*** também verdadeiro.

LIR: nenhum conjunto de fórmulas pode ser considerado como um conjunto de premissas independentes que permitam uma conclusão como uma consequência semântica (ou não-consequência) por dois motivos. Um é a relação de oposição entre **e** e não-**e**. O segundo é que ninguém está lidando com premissas e conclusões linguísticas. É claro que uma fórmula pode derivar em outra, mas, em LIR, este *p* que implica em *q* significa que isto acontece na realidade. Mais do que isso, a consequência do material *dinâmico* de **e** e não-**e**, sendo igualmente realizada e potencializada, é um estado T (ver o axioma **LR3** acima), o resultado emergente de uma interpretação que deu a cada um dos parâmetros da realidade o valor de ½.

6 – Verdade lógica (tautologia)

CL: Muitas lógicas clássicas (mas não todas) fazem extensivo uso de tautologia, que é definida como uma afirmação que é sempre verdadeira, conforme o axioma **CL1**. Tautologias são conclusões (afirmações) para as quais não existem premissas.

LIR: o conjunto vazio de premissas não existe nesta lógica (não existem premissas nem conclusões), e a verdade lógica como a tautologia é metalogicamente sem sentido. O conceito de tautologia só tem sentido quando a identidade e a não contradição são absolutas, conforme os axiomas **CL1** e **2**.

Reafirmando o principal aspecto da semântica de LIR, posso dizer que o sentido de verdade que a semântica proporciona é o estado dinâmico do evento, fenômeno, julgamento etc, estando o evento em andamento, mais ou menos, conforme o caso, entre sua realização e a potencialização de sua contradição. Deixando de lado estas considerações, existe uma certa indicação de que o princípio de Frege, que afirma que proposições gerais têm valores e condições de verdade fixos, não seja sempre válido. Pode ser determinada uma referência pelo senso, que é significado, conceito e contexto considerados conjuntamente.

Não existem provas em LIR no sentido semântico. As demonstrações estão mais próximas às da ciência. Embora não se baseie no experimento, elas propõem descrever e explicar de maneira coerente processos e mudanças que estejam ocorrendo ou já ocorreram, tomando por referência um modelo dos elementos envolvidos e suas inter-relações. LIR sempre mostrará, portanto, aspectos que são ao mesmo tempo lógicos, científicos e metafísicos ou ontológicos.

1.3.3 – A lógica dos predicados de primeira ordem (FOL)

Frege, Russell e Whitehead ampliaram o termo (ou a silogística ou a afirmação) sistema de lógica dedutiva resumido acima no final do século XIX e no início do século XX. O propósito deles era apresentar argumentos dedutivos válidos também na matemática e na ciência, cuja validade dependesse apenas da estrutura lógica dos argumentos envolvidos. A lógica dos predicados de primeira ordem tem um cálculo que consiste em quantificadores, variáveis e constantes com predicados, em complemento às anotações – símbolos, conectivos, pontuações etc, da lógica da afirmação. Os axiomas são aqueles da lógica proposicional mais os quantificadores das variáveis, dos quais os mais usados são: "para todos" $\forall$ e "pelo menos um" $\exists$. Em FOL, existem dois tipos de axiomas: um se refere à razão que envolve as afirmações quantificadas, o outro descreve o tema envolvido tais como conjuntos na teoria de conjuntos.[17]

Existem duas maneiras de se ver qualquer lógica, isto é, como ela é construída e como é usada. Por exemplo, uma teoria de primeira ordem, no caso da matemática, é uma teoria formal pela qual o cálculo predicado de primeira ordem é suficiente como base lógica. Lógicas predicadas de segunda ordem permitem essencialmente a quantificação sobre as quantificações das variáveis predicadas de primeira ordem. Em todas essas lógicas, contudo, os elementos são variáveis proposicionais ou matemáticas de algum tipo, permanecendo imutáveis os conceitos da lógica clássica sobre a verdade e a bivalência. Não existe nenhuma implicação de que eventos reais possam ser representados; o poder expressivo da lógica de segunda ordem pode ser ligado à complexidade da computação, não à complexidade dos fenômenos. Ordens maiores de lógica, por extensão, não são menos abstratas.

A lógica predicada de primeira ordem padronizada tem a curiosa característica que valida a equação $(\exists x)x = x$ mas não $(\exists x)(\exists y)x \neq y$. Isto se deve ao fato de que, em FOL, requer-se que o domínio do discurso não seja vazio, isto é, que tenha, pelo menos, um elemento. Isto o torna uma verdade lógica de que existe uma coisa, pelo menos, mas não que existam pelo menos duas coisas, isto é, um elemento e seu contraditório conjugados, e isto é, por conseguinte, uma verdade lógica. Em lógicas livres, por outro lado, admite-se que os termos gerais não tenham importância existencial, ou seja, nenhuma referência real, ainda que se possa ser introduzido um predicado de existência à parte. As lógicas livres têm aplicações interessantes na matemática e na ciência da computação, mas isto não é objeto de nossas considerações aqui. A "existência" envolvida é apenas existência lógica no sentido clássico (Leblanc 1971). As variáveis em LIR, os "valores da realidade", não se originam dos quantificadores existenciais e universais de FOL. Por conseguinte, problemas devidos à gama de valores, não sendo os mesmos para dois quantificadores, não são levantados: este conceito de quantificação não é aplicável.

1.4 – LÓGICAS NÃO CLÁSSICAS

Propus acima uma lógica não proposicional da e na realidade

[17] O desenvolvimento subsequente da FOL básica é imensamente complexo; por exemplo, as tentativas de evitar paradoxos via uma metamatemática e a demonstração da incomplementaridade ou inconsistência dos sistemas formais por Gödel.

que mostra diversas características, inclusive mudanças nos axiomas básicos, que a tornam bastante diferente da lógica binária clássica. Contudo, outros novos sistemas de lógica foram desenvolvidos durante o século XX, particularmente em resposta à necessidade de tratar de determinados problemas que surgiram na base da matemática e de situações que envolvem dados incompletos ou inconsistentes. Estes sistemas lógicos incluem a lógica intuicionista, a lógica paraconsistente, as lógicas de multiplos valores e a lógica difusa, as lógicas modal e de relevância. Todas estas lógicas, pelo menos a um determinado limite, reconhecem a existência de aspectos da realidade que não são levados em conta pela lógica clássica ou por sua extensão, a FOL. Estas precisam ser examinadas para determinar-se até que ponto alcançam o objetivo que estabeleci para LIR.

1.4.1 – Lógica intuicionista, paraconsistente e paracompleta

The major logical developments of the 20th century involved the demonstration, by da Costa and others, that rigorous logics could be constructed by rejecting the universal application of the second and third classical axioms: logics in which the axiom of non-contradiction does not apply but that of the excluded middle does are called paraconsistent; in the opposite case they are paracomplete. It is in this sense that Béziau has described them as 'duals'.

1.4.1.1 – Lógica intuicionista e paracomplementaridade

O exemplo mais significativo de uma lógica paracompleta é a lógica intuicionista. Brouwer (1951) e Heyting estavam prestes a desenvolver a lógica intuicionista como base para o raciocínio matemático a respeito de conjuntos infinitos. Brouwer dizia que a lei da média excluída não pode ser aplicada à matemática, "uma vez que tenha sido reconhecida como uma atividade interior autônoma que, ainda que possa ser aplicada a um mundo exterior, não depende, nem na sua origem nem em seus métodos, a esse mesmo mundo". Assim, ele rejeitava a aplicação à matemática de uma lógica binária clássica de "verdadeiro e falso", e o conceito de verdade como uma relação entre a linguagem e uma realidade extralinguística. Entretanto, não existe nenhuma indicação nesta obra de uma base (ou necessidade) para aplicar tais princípios fora da matemática.

Aparentemente, ele não formulou nem mostrou a necessidade de uma lei da média incluída. Suas formulações contêm diferenças e processos idealizados que se aplicam somente à matemática. Como a lei da não contradição é mantida, contudo, como é demonstrado por Priest e outros, a lógica intuicionista permanece intimamente relacionada (congruente) com a lógica clássica.

Outro aspecto de interesse, no entanto, se relaciona ao conceito da intuição como tal. O conceito de Brouwer (Largeault 1993) dos aspectos não matemáticos do intuicionismo, apesar da rejeição da média excluída, tem um parentesco filosófico com a ideia deste livro de um *status* lógico tanto da intuição quanto do conhecimento: "a lógica intuicionista, apesar de seu interesse matemático, não é a parte mais forte nem mais essencial do intuicionismo. Um subproduto das construções matemáticas (ou das impossibilidades de construção), não tem nenhum valor por si só. " Paracompleta implica em uma incomplementaridade fundamental em um sistema lógico. Nenhum desses dois elementos é considerado verdadeiro por si só, e novos conceitos precisam ser introduzidos para fechar a distância entre eles. Considero isto como uma forma de uma média incluída, como foi definida anteriormente, e a lógica aplicável deveria ser a LIR. Contudo, como veremos em LIR2, LIR também é paraconsistente, mas em um novo sentido.

1.4.1.2 – Lógica paraconsistente

O objetivo pelo qual a lógica paraconsistente foi introduzida, foi conseguir controlar a contradição. Uma vez que se tenha reconhecido que tanto uma proposição quanto sua negação podem ser deduzidas de um determinado conjunto de hipóteses, o conjunto deve permanecer sem trivialidade, ou seja, não requerer a dedução de nada. As características da negação devem, portanto, não ser muito fortes, e, ao mesmo tempo, não podem ser muito fracas, de modo que as contradições em questão não são puramente ilusórias.

Priest nos deu o quadro mais completo até o momento de uma alternativa rigorosa, a lógica paraconsistente, baseada na existência de dialeteias, contradições verdadeiras, na semântica e na matemática (teoria dos conjuntos), ciência empírica e contextos sociais (Priest 1987). Uma lógica em que a inferência de A e não-A em qualquer conclusão arbitrária (explosão) não é válida é chamada de paraconsistente (Priest 2000). Priest disse que o fim da reverência para a lógica de Aristóteles pode levar a uma importante revolução no pensamento humano e a importantes novos tipos de teoria dentro da própria ciência. Por outro lado, LIR é baseada na contradição entre A e não-A, dando origem a uma resolução específica (em outro nível de realidade). Além disso, a concepção paraconsistente é que A e não-A, ou verdadeiro e falso, são reais ao mesmo tempo, a partir da contradição. Em LIR, se A é predominantemente realizada, não-A é (predominantemente) potencializada e vice-versa, eternadamente, sem que nenhuma das duas desapareça por completo. LIR não deve, portanto, ser considerada paraconsistente da mesma maneira, e eu defini esta lógica em outro trabalho (Brenner 2006) como *transconsistente*.

A dialética e a lógica do paradoxo (LP) propostas por Priest, que envolvem modificações do segundo axioma da lógica clássica como já foi demonstrado, proporcionam uma base sólida para compreendermos as contradições semânticas e das teorias de conjuntos (paradoxos) em termos de verdadeiro ou falso de certas sentenças ou fórmulas, e um nexo (ponto nodal de uma transição) que é tanto verdadeiro quanto falso, mas em um único nível da realidade. É, portanto, uma lógica correta para aspectos da linguagem e da matemática isoladas, com níveis únicos ou autorreferências bidimensionais. Priest analisou algumas mudanças reais nestes termos, tais como o simples movimento (ao qual os paradoxos eleáticos se aplicam) e a aparente passagem do tempo, na qual as contradições que surgem são consideradas deste tipo. Contudo, os conceitos de verdadeiro e falso, como são usados por Priest, não diferem fundamentalmente daqueles usados pelos estudiosos da lógica clássica, e ele não proporciona qualquer discussão que sujira a possível resolução das contradições "energéticas" em outro nível de realidade. O princípio da oposição dinâmica foca a dinâmica dos processos pelos quais as mudanças atingem a realidade, em termos de suas alternativas: realização (A), potencialização (P) e o nexo aqui – o estado T – que é um terceiro termo incluído em outro nível de realidade ou complexidade.

Outros logicistas paraconsistentes importantes, especialmente Da Costa e seus alunos da escola brasileira, estenderam seus sistemas lógicos para explorar aspectos da realidade que envolvem temas essenciais nas bases da ciência (Béziau e Krause 2007). Estes incluem relações interteóricas, a individualidade de entidades e raciocínios quânticos, entre outros. Contudo, partilham o problema das restrições impostas pelo conceito da lógica como uma classe de sistemas matemáticos e seu instrumental formal correlato, especialmente a teoria de conjuntos padrões. Voltarei a me referir a alguma dessas extensões na minha discussão da estrutura e física nos Capítulos 5 e 6, e a mostrar como os princípios de LIR podem criar extensões para o domínio da aplicação dessas lógicas.

1.4.2 – *Lógica difusa e de muitos valores*

A importância da lógica difusa e a de muitos valores para esta discussão é que elas proporcionam três ou mais valores de verdade. Dado que elas reconhecem alguns aspectos da realidade, estas lógicas são certamente representações melhores da mesma. Por que então não é a LIR simplesmente outra lógica difusa ou de muitos valores? Minha resposta é que tais lógicas ainda são aplicáveis somente às entidades essencialmente idealizadas, abstratas, de sistemas proposicionais aos quais faltam, quase completamente, interações dinâmicas.[18] A única semelhança entre as lógicas de muitos valores e LIR é que ambas lidam com valores múltiplos de "alguma coisa". O resumo seguinte dá alguns exemplos:

Talvez a primeira lógica de três valores que continha um valor diferente de 0, falso, F e 1, verdadeiro, e T, associado com um valor médio, intermediário ou desconhecido, foi aquela de Peirce (Hammer 2002). De forma semelhante, na lógica de três valores de Lukasiewicz, sentenças podem assumir como valores verdadeiros 0, ½ e 1. Supõe-se que isto possibilite a descrição do estado vago ou de incerteza que existe na falta do conhecimento completo, evitando-se a dicotomia entre verdadeiro e falso (Priest 2001). Atribuir qualquer significado real para o terceiro termo, *i*, provou ser muito difícil: pela lógica de Lukasiewicz e pela lógica do paradoxo (LP) de Priest, esse significado é "verdadeiro e falso"; no sistema de Kleene, K_3, *i* significa "nem verdadeiro nem falso"; nem a lei da identidade nem a lei da média excluída são válidas e não existem verdades lógicas. Finalmente, nas lógicas difusas, sentenças podem assumir qualquer valor de verdade *i* entre e inclusive 0 e 1.

[18] Por outro lado, é impossível ignorar um grande número de aplicações práticas que as lógicas difusas descobriram. De fato, sem elas seria difícil imaginar o gerenciamento da real incerteza na tomada de decisões econômicas e técnicas no mundo inteiro, os "sistemas de computação" e a engenharia do conhecimento, assim como outras áreas em que a ciência da computação é essencial, tais como a inteligência artificial e as redes neurais. Livros sobre a programação baseada em lógica difusa e lógica difusa aplicada em negócios, finanças e gerenciamento são *bestsellers*.

Smarandache (2003) fez uma generalização da lógica difusa intuicionista que é relevante para este estudo, apesar da manutençao de definições (neo-) clássicas de verdade[19] e falsidade. Sua "Lógica Neutrosófica" (NL) proporciona um quadro muito geral para a descrição de muitas, se não de todas, as lógicas, clássicas e não clássicas. Envolve uma combinação do formalismo da análise matemática fora de padrões, a ideia de verdade tripartida (verdadeiro T, falso F e indeterminado I), aplicada à evidência e à crença, e a generalização de conjuntos vagos, assumindo valores menores do que 0 até maiores do que 1. Este esquema proporciona um modelo de raciocínio humano que busca capturar a imprecisão do conhecimento e a falta de exatidão linguística, a incerteza devida à imprecisão e ao conhecimento incompleto, a falta de contornos claros ou limites dos fenômenos mentais.

Discute-se que a NL pode também descrever contradições verdadeiras no mundo real (por exemplo, as dialeteias). Elementos opostos são chamados de A, anti-A e neut-A, que têm os valores de T, F e I, respectivamente. Neut-A corresponde a alguma coisa que é neutra (daí o nome, lógica neutrosófica) no que diz respeito a A e anti-A, mas não corresponde a qualquer contradição (ou contra-ação).

Contudo, a oposição dinâmica, que é a fonte da emergência da média lógica incluída (estado T), não está presente neste sistema. Mesmo assim, enquanto isso acontece com outras lógicas, operadores modais podem ser aplicados ao intervalo ou campo do termo 3, e as lógicas temporais e deônticas neutrosóficas podem ser construídas de acordo, NL é um instrumento basicamente estático para medir os valores verdadeiros (estáticos) de A, anti-A e neut-A.

A existência da verdade que vem em níveis múltiplos ou contínuos, como preconiza Priest, não é suficiente para resolver os paradoxos de Sorites (por exemplo, o ponto em que uma criança se torna um adulto). Neste esquema, existe um ponto na transição de Sorites em que as mudanças de valor passam de *completamente verdadeiro* para *menos do que completamente* verdadeiro, e a existência desse ponto parece ser intuitivamente problemática. Isto sugere que existe algo fundamentalmente errado, ou, pelo menos, não suficientemente geral, com os conceitos e propriedades

[19] Smarandache faz uso das noções de Leibnitz da verdade absoluta e relativa (a verdade em todos os mundos e a verdade em pelo menos um mundo, respectivamente).

do verdadeiro e do falso que continuam a ser usados. Os valores verdadeiros parciais das proposições relacionadas na lógica de Lukasiewicz e seus seguidores não mudam suas características basicamente binárias.

Em LIR, os valores de verdade intermediários são substituídos por valores que correspondem aos níveis de realização e de potencialização dos fenômenos em si ("valores da realidade"). A continuidade desses valores não propõe um problema, visto que, no ponto de máxima contradição, qualquer descontinuidade emergente envolve outro nível de realidade.[20]

1.4.3 – *Lógica modal*

Lógicas modais são métodos para avaliar formalmente intuições que acompanham grande parte do pensamento humano dedicada a situações não reais, representadas pelas expressões "é necessário que" e " é possível que", aplicadas aos processos físicos e ao desenvolvimento e revisão das crenças. Operadores modais que correspondem a estas expressões qualificam, principalmente, as proposições, os juízos e outras fórmulas de linguagem. A lógica temporal e a lógica deôntica (da obrigação) também são incluídas no grupo das lógicas modais. Operadores modais também podem ser aplicados a proposições em outras lógicas, por exemplo, as lógicas intuicionistas, paraconsistentes e quânticas. Em vista do papel central da potencialidade (não-realidade) como uma propriedade das entidades e dos processos reais em LIR, parece razoável examinar a estrutura e as propriedades das lógicas modais para ver até que ponto refletem a dinâmica da realidade.

Saindo das lógicas não-modais para as modais, vamos de uma interpretação de uma sentença *de dicto*, em que o operador modal se aplica geralmente, para uma interpretação da mesma sentença *de re*, que examina um indivíduo em particular. Esta diferença, devido às ambiguidades da linguagem, é ainda a fonte de muita discussão, como se pode observar de um ponto de vista sintático, semântico ou metafísico. Em todos os casos, contudo, o que está em foco são os tipos de crenças na verdade das afir-

[20] O termo'ortogonal'para esta situação, contudo, não seria adequado, pois implicaria na falta de uma relação entre o estado T e seus precursores.

mações ou atribuições, não os estados dos objetos de crença em si mesmos.

Minha conclusão é que lógicas modais padronizadas não são adequadas para fazer o trabalho de dar um quadro da realidade. As observações na seção anterior sobre valores da verdade continuam válidas, com pequenas modificações no sentido de terem seus próprios sistemas de cálculos para as lógicas modais. Entretanto, as noções básicas de interesse, por exemplo, da verdade, não mudam nesses sistemas, neoclássicos ou não.

Lógicas não modais caracterizam a diferença entre argumentos válidos e não válidos, usando uma semântica formal que proporciona uma definição de validade, caracterizando o comportamento da verdade das sentenças do sistema com o uso de tabelas de verdade padronizadas. Uma semântica para lógicas modais pode ser definida pelo conceito de "mundos possíveis", um enfoque formal para examinar diferentes valores de verdade das sentenças que estão sendo levadas em consideração. Priest (2001) descreveu os problemas envolvidos na tentativa de conferir um certo significado *físico ou metafísico* a mundos possíveis como "conjuntos de proposições". Não fica claro se devem ser vistos como mundos com seu próprio tempo/espaço ou se apenas como entidades abstratas, existentes ou não. Para evitar uma longa digressão sobre se os objetos de um mundo podem não existir em outro, considerarei somente a relatividade do mundo ou a interpretação realista,[21] e assumirei que, mesmo que o domínio da quantificação mude de mundo para mundo, preciso estar preocupado somente com as entidades que realmente existem *neste* mundo.

As dificuldades associadas com interpretações de possíveis mundos da lógica modal já motivaram o abandono de algumas regras clássicas a favor de uma lógica livre. A importância do desenvolvimento de lógicas livres (FL) para LIR é que elas nos levam mais perto do mundo real via suas regras diferentes para os quantificadores. Isto é feito adicionando-se ao quantificador universal e existencial um predicado '**E**' que significa 'realmente existe'. Deve-se notar, contudo, que a quantificação permanece, como em toda a lógica aqui discutida, sobre fórmulas da lógica de predicados comuns. Considera-se uma *objeção* a FL que **E** pareça ser um predica-

[21] A alternativa, a interpretação "possibilista", assume um domínio único, fixo, de quantificação que contém todos os objetos possíveis.

do da existência, e o argumento usado é que essa existência não é legítima. LIR, como uma lógica na/da realidade, proporciona uma base certa para tal predicado ontológico.

A maneira de manter o valor do enfoque modal, a meu ver, é abandonar o conceito clássico subjacente da não contradição que se aplica a tudo. Seguindo o axioma básico da Contradição Condicional, os fenômenos não podem ser considerados nem totalmente necessários nem totalmente contingentes, mas sujeitos a um certo grau de realização e de potencialização da necessidade e da contingência que seja quantificável. É razoável considerar valores de LIR definidos por um operador 'da realidade' (ver seção 1.7 sobre a 'função da realidade'). Concordo com a declaração de Frege que noções da possibilidade e da necessidade devem inevitavelmente referir-se ao conhecimento humano, mas não concordo, seguindo o mesmo conceito, que o lugar dessas noções seja fora da lógica.

Resumindo, LIR apoia a noção de uma realidade modal objetiva, isto é, uma realidade em que os termos de necessidade e probabilidade expressem aspectos da natureza reais e científicos, mas não concorda com os dilemas associados à reinterpretação de suas dinâmicas e ao estabelecimento de suas interações. Discutirei mais adiante por que, na minha extensão da lógica para a realidade, a probabilidade é preferível à possibilidade como descrição de contingência.

1.4.4 – *Lógicas de relevância e natural*

Existem dois caminhos para a lógica proposicional que envolvem mudanças na função do conceito de verdade. Chamo atenção aqui a eles não porque o conceito de verdade em si esteja modificado, mas porque eles são respostas a inadequações percebidas da lógica clássica.

1.4.4.1 – Lógicas de relevância (ou relevante)

Estas lógicas foram desenvolvidas simplesmente seguindo a observação que, na lógica clássica, pode-se fazer inferências em que a conclusão parece não ter nada a ver com as premissas: essas inferências são *irrelevantes*. O mesmo problema existe para certos paradoxos da implicação lógica. Um desenvolvimento subsequente levou a métodos formais de resolver tais paradoxos que não serão discutidos aqui. No processo, entretanto, o *insight* incial, de que as premissas *deveriam*, de algum modo, ser relevantes para as conclusões, geralmente se perdia.

Uma linha de ação é interessante, pois envolve o conceito de uma relação ternária, mesmo que seja não dinâmica, segundo minha terminologia. Envolve o conceito de uma relação de acessibilidade **R** a três mundos possíveis. A condição da verdade para implicação desta semântica é dada por Mares (Mares 1998), mas são as interpretações que têm interesse aqui. Uma interpretação é que o mundo contém elos de informação tais como as leis da natureza; por exemplo, se duas coisas são materiais, carregam a informação de que se atraem mutuamente. Um ponto de vista semelhante é que aquilo que é necessário para uma implicação ser verdadeira é: o antecedente carrega a informação que o consequente obtém. O antecedente deve ser informativamente relevante para o consequente.

No meu ponto de vista de LIR, nas relações complexas de causa e efeito no mundo real, as relações causais são dinamicamente relevantes; a causa é relevante para o efeito, mas também vale *vice-versa*. Pode-se mostrar que nem todas as relações relevantes são causais, mas, de um modo geral, o enfoque da relevância parece implicar em uma relação entre elementos que é algo como um princípio da oposição dinâmica, interativa. É a existência e funcionalidade desta relação que é explicada em LIR.

1.4.4.2 – Lógica natural

Considera-se que a linguagem geralmente tem sua própria lógica, mas uma lógica com suas regras próprias, muito mais vaga e difícil de ser formalizada e axiomatizada, apesar de seu caráter como ação. Como uma disciplina, a lógica natural foi um braço da Lógica operativa (logique opératoire) de Piaget. Seu objetivo era capturar aspectos do raciocínio humano não formal, e é definido muito simplesmente (Grize 1996) como uma lógica usada espontaneamente[22] para raciocínio costumeiro feito por meio da linguagem cotidiana. O ponto nesta teoria que a relaciona com uma lógica da/na realidade envolve uma esquematização de operações "lógico/discursivas" em que aquilo que é essencial não é um texto ou um discurso como tal, mas a atividade subjacente (pretexto), a realidade

[22] Observe-se a resistência em admitir uma possível origem dinâmica para esta lógica natural, como se ela ficasse fora da natureza, conforme o Capítulo 5 sobre falhas de explanação.

da linguagem em uso. Uma distinção é feita no domínio da aplicação da lógica natural – para experiências na primeira pessoa – e da lógica formal – para observação científica.

A lógica natural está, portanto, sempre situada em um contexto social e não é neutra, nem sujeita topicamente. A lógica clássica, formal, e a visão formal de raciocínio foram especificamente criticadas por Grize por acontecerem em um domínio fechado, elaborado até certo ponto a partir de fatos, mas sem maior relação com a realidade. Um conceito absoluto da verdade está implícito em que as premissas são montadas dessa maneira e seu estabelecimento não é requerido, e a única regra de dedução é *modus ponens*. Referimo-nos à lógica natural, por outro lado, não só como uma "lógica de sujeitos", mas também como uma "lógica de objetos", e tomamos cuidados em diferenciar a lógica natural da lógica formal, também designada como uma física ou lógica de "qualquer objeto antigo". Esta ideia confere a particularidade do contexto aos objetos e dá origem a seu status ontológico, por assim dizer. Na lógica da oposição dinâmica, sujeito e objeto são dialetica e contraditoriamente relacionados, conforme os axiomas **LIR2** e **LIR5**. LIR, assim, proporciona um campo para a lógica natural que, penso eu, seus praticantes considerarão aceitável. Em particular, a falha de tentativas anteriores em relacionar a lógica natural com as lógicas de ação tais como aquelas de von Wright, de acordo com meu ponto de vista, ocorreu porque tais lógicas não descrevem adequadamente a ação e a mudança.

1.4.5 – A metalógica, a lógica imaginária e a lógica empírica de Vasiliyev

A lógica proposta por Vasiliyev[23] (Poli 1993) é de interesse aqui porque dá um apoio maior à posição singular de LIR. Vasiliyev propôs um sistema lógico "universal" e "não aristotélico", universal porque foi em parte mais geral do que as lógicas clássicas padronizadas e neoclássicas, não aristotélica porque rejeitava em parte o axioma da não contradição (ao qual Vasiliyev se referia geralmente como a lei da contradição). Vasiliyev tem sido considerado de várias maneiras como o precursor das lógicas de muitos valores da escola

---

[23] Agradeço ao Professor Roberto Poli e a Jean-Yves Béziau por suas sugestões sobre a importância de Vasiliyev para este trabalho. Muito pouco do trabalho de Vasiliyev tem sido traduzido do russo, e devo ao Professor Poli o acesso a uma revista com a biografia e a reprodução de um dos principais artigos de Vasiliyev.

polaca, bem como das lógicas paraconsistentes de Priest, Routley e outros. Contudo, ele não foi um precursor de uma lógica de média incluída. De fato, ele ampliou a lei da média excluída ou do terceiro termo para englobar um primeiro, segundo e quarto excluídos.

O sistema de Vasiliyev consistia em uma revisão da lógica aristotélica, referindo-se ao mundo real, mais uma lógica imaginária, que era concernente a mundos imaginários, mundos mentalmente criados ou imaginados. O que era novo nesse trabalho era a ideia de que as leis da lógica podem variar em tais mundos, antecipando aspectos das lógicas modais, normais e não normais (Priest 2001). A "metalógica" de Vasiliyev é também de interesse, pois Vasiliyev afirmava que era, ao mesmo tempo, a mais simples e mais geral das lógicas, caracterizada como a "base de nossa lógica", "uma lógica de cognição perfeita, sem proposições negativas", "aquilo que é comum a todas as lógicas", " uma ciência formal da lógica" e assim por diante. Ao invés de seguir em detalhes a apresentação de Vasiliyev, deixem-me listar as principais caracterísitcas dessas lógicas. (Quadro 1.1)

Quadro 1.1 – As lógicas de Vasiliyev

Lógica	Proposição	Leis	Significado essencial
Metalógica	Afirmativa	2ª excluida	Pura teoria, sem significado prático; nenhuma relação com a realidade
Lógica	Afirmativa e negativa	3ª excluida	Conglomerado de pura lógica e ciência natural; significado prático; produzido por um processo de vida e esforço; a lógica serve à cognição, a cognição serve à vida, portanto a lógica serve à vida.

Lógica Imaginária	Afirmativa, negativa e indiferente (ao mesmo tempo)	4ª excluida	Lógica de um mundo imaginário; negação da lei da da autocontradição (= lei da diferença absoluta entre a verdade e a falsidade)

Vasiliyev tentou quebrar a limitação da lógica aristotélica clássica introduzindo a contradição a *alguma coisa,* se bem que de uma forma diametralmente oposta a LIR. Para Vasiliyev, "a lei da (não-)contradição se refere ao mundo e aos objetos e às afirmações em que a contradição não pode ser compreendida. Ela não aceita a contradição externa, a contradição nos objetos; a lei da (não-)autocontradição, a lei da absoluta diferença entre a verdade e a falsidade, não admite contradição interna, contradição em um sujeito." Como já vimos antes, tais distinções entre verdade e falsidade, sujeito e objeto, continuam sendo as características das lógicas clássicas padronizadas.

A lógica imaginária de Vasiliyev, no entanto, tem diversos aspectos de interesse, não porque proporcione uma lógica da realidade ou da existência – por definição ela não faz isto – mas porque faz referência indiretamente a tal possibilidade. São os seguintes os pontos de ligação sugeridos:

- Uma proposição da contradição é permitida, por exemplo, S é e não é A ao mesmo tempo, como em LIR, não como em Hegel e outros logicistas da dialética.
- Tais proposições, rejeitadas pelos "logicistas terrestres", têm uma substanciação factual, um substrato real (percepções e ideias).
- O mundo imaginário é o mundo das noções compreendidas.
- A lei da 4ª excluída correlaciona a lógica imaginária com a lógica "terrestre" da proposição de conceitos (sem coordenadas do tempo/espaço). Esta última difere das proposições de fatos (momentos específicos do tempo/espaço). Este ponto faz paralelo com a conexão de dois níveis de realidade pela *média incluída.*

Apesar das referências ao esforço e à vida, não existe qualquer dinâmica em nenhuma dessas lógicas proposicionais. Vasiliyev dá um exemplo textual do estado ontológico de segunda classe geralmente atribuido à heterogeneidade e à diversidade quando ele define "ambíguo" como oposto de "homogêneo". Mas ele faz uma afirmação em uma nota de rodapé que realmente vale a pena reportar (a ênfase é minha):

> "Agora só falta dizer que a lógica imaginária, *sem* a lei da contradição, é baseada na introdução da negação direta, na "percepção da ausência". *A lógica imaginária seria real em um mundo que tivesse sensações negativas, em um mundo que tivesse dois tipos contraditórios de seres.*"

Esta é, quase nas mesmas palavras, minha descrição do mundo em que realmente vivemos! Vasiliyev encerra dizendo que todos os movimentos contemporâneos na lógica são uma rebelião contra Aristóteles. "Esta rebelião progride lentamente, passo a passo, ora aqui, ora em outro lugar. É difícil prever o futuro." "...as gerações do futuro decidirão se este movimento contemporâneo na lógica foi um ataque contra Aristóteles ou uma revolução científica" (Poli 1993). Deixo a cargo do leitor posicionar o trabalho de Vasiliyev, e a LIR, nesta escala.

1.5 – LÓGICA INDUTIVA E LÓGICA ABDUTIVA: PROBABILIDADE

Quero lembrar que o principal objetivo de LIR era relacionar as características dos fenômenos reais como uma lógica, e que isto envolvia não apenas um conjunto de três valores reais (realidade, potencialidade e estado T) mas também uma explanação da origem e evolução de seus surgimentos. O contraste que faço entre LIR e as outras lógicas é determinar se e/ou até que ponto qualquer um desses valores realmente descreve a realidade.

Enquanto as lógicas dedutivas padronizadas, como foi mostrado na seção anterior, não conseguem fazer isto, outras candidatas tentam fazê-lo. As lógicas indutivas, que aceitam valores intermediários, qualitativos ou quantitativos, de validade dedutiva, parecem referir-se a aspectos de situações reais. Nas duas próximas seções, chamarei a atenção para as diferenças conceituais entre a lógica indutiva e LIR, do mesmo modo que fiz anteriormente para a lógica dedutiva padronizada. Demonstrarei que a noção de probabilidade subjacente à lógica quântica, que pode ser capturada em LIR, proporciona um quadro da realidade que nem a lógica indutiva nem a lógica abdutiva relacionadas são capazes de fazer.

Classicamente, a dedução era um raciocínio que partia do geral para o particular e a indução era do particular para o geral. Uma formulação moderna simples da relação entre a dedução e a indução é a seguinte: existe apenas uma forma de argumento lógico, ou seja, um conjunto de proposições, uma das quais é a conclusão e as restantes são premissas. A lógica dedutiva oferece garantias estritas de que a conclusão parte ou não das premissas. A lógica indutiva (IL) aceita valores intermediários, qualitativos ou quantitativos, de validade dedutiva. Na formulação de Carnap, dada uma hipótese *H*, esta pode ser sustentada pela evidência *E* que só se refere a ela parcialmente, por dedução. Carnap chamou esta afirmação de uma teoria da probabilidade lógica ou grau de confirmação (Carnap 1947).

A primeira diferença conceitual **D** entre IL e LIR é a mesma de antes:

D1: As afirmações na linguagem de LIR não são proposições no sentido usual, mas 'modelos da realidade' e seus 'opostos' ou 'contradições'. Não existem premissas nem conclusões.

O conceito de probabilidade, entretanto, é o cerne da IL moderna. A probabilidade (Pr) é uma função que surge sob duas formas, a probabilidade incondicional de que uma proposição *p* seja verdadeira, e a probabilidade condicional de que uma proposição *p* seja verdadeira se outra proposição *q* for verdadeira.[24] O grau de confirmação C é o grau de 'força indutiva' de um argumento, que mede até que nível as premissas dão suporte à conclusão.

D8: Os modelos de LIR têm valores energéticos reais. A referência a 'força' no parágrafo anterior é sugestivo. Apesar da ausência de uma referência específica ao processo de raciocínio envolvendo energia, existe talvez uma intuição disto subjacente à metáfora.

[24] A diferença entre probabilidade condicional e a probabilidade do condicional material (implicação) não é relevante, visto que se aplica somente a proposições, e eu estou usando a lógica indutiva apenas como um *modelo* para LIR.

Na axiomatização de Kolmogorov, uma função de probabilidade é uma função de medida de proposições (ou sentenças na mesma linguagem formal) tirada de uma álgebra de Boole,[25] para o intervalo da unidade [0,1], de modo que, para quaisquer elementos X e Y ocorram os seguintes:

KIL1: $Pr(X) \geq 0$
KIL2: Se X é uma verdade logicamente necessária, então $Pr(X) = 1$.
KIL3: Se X e Y são mutuamente exclusivos, então $Pr(X \vee Y) = Pr(X) + Pr(Y)$

KIL3 leva ao conceito de proporção para a probabilidade condicional, em que $Pr(Y) \neq 0$, $Pr(X \mid Y) = Pr(X\&Y) / Pr(Y)$.

Introduzo estes axiomas[26] por causa de sua relação com o conceito de probabilidade que é essencial para a construção da axiomatização formal de LIR. Realmente, que os valores de realização, potencialização e estado T, que são as consequências do conjunto inicial de axiomas de LIR, podem ser vistos como análogos à probabilidade e formalizados de acordo com isto.

D9: Em LIR, a função é R1, uma função 'da realidade' como se fosse uma probabilidade, uma função da medida que usa uma álgebra de fórmulas não proposicionais de realização, potencialização e estado T.

Os axiomas formais relevantes para LIR estão indicados abaixo, seguindo a discussão da lógica quântica. A razão é que o 'modelo de realidade', que corresponde ao modelo de probabilidade, aqui é baseado em uma álgebra que não é de Boole e em um cálculo de probabilidade que não é de Kolmogorov, e é mais próximo daquelas situações quânticas que envolvem os elementos sentenciais que não se comutam.

Na interface entre a indução e a probabilidade, Jaeger (2005)

---

[25] Uma álgebra de Boole é um conjunto *B* de coisas, com duas operações, geralmente + e -, que satisfaz os axiomas quanto ao efeito de que as operações são comutativas e distributivas; nela existe um elemento de identidade 1 para + e 0 para -; para cada x existe um elemento complementar x', de modo que $x + x' = 1$ e $x - x' = 0$.

[26] Outro conjunto de axiomas pode ser escrito para a lógica indutiva probabilística, que considera a probabilidade como uma função 'que dá suporte' à conclusão. Combinações de lógica e probabilidade (por exemplo, na abdução de Horn) foram desenvolvidas para combinar o raciocínio evidencial (abdução) com o raciocínio causal (predição) em aplicações de AI.

usa distribuições de probabilidade não padronizadas para descrever estados de conhecimento ou crença que não são nem verdadeiros nem falsos, chamados de probabilidades *subjetivas*. O objetivo é aceitar que termos, tanto da probabilidade estatística quanto da probabilidade subjetiva, sejam interpretados no domínio das estruturas semânticas. Embora a lógica da inferência estrita usada seja ainda baseada na lógica de predicados de primeira classe, a presença neste sistema de duas probabilidades novamente reflete, no meu ponto de vista, que é também relacionada ao sistema dinâmico modelado em LIR.

O interesse da lógica indutiva, além de ser um modelo para LIR, está em algumas de suas implicações epistemológicas. Como se viu, a probabilidade lógica, como um grau de confirmação potencial, foi considerada por Carnap como sendo distinta da probabilidade estatística. Ele usou uma definição para esta última como "um limite da(s) frequência(s) relativa(s) em uma série infinita de provas", mas isto se pode demonstrar que é compatível com um ponto de vista estatístico tradicional, ou seja, uma descrição do mundo real. Tanto a frequência quanto a extensão e são concorrentemente envolvidas na determinação da probabilidade geral, mas não é um grande passo daqui até a ideia de que sejam contraditoriamente envolvidas. Na discussão das lógicas não clássicas de Dubucs (2000), a escolha de um método indutivo não pode por si depender de argumentos indutivos: "*é preciso se resignar a ver no valor da extensão e de Carnap um elemento irredutívelmente subjetivo e pessoal, a medida da 'inércia indutiva' de cada um de nós, ou seja, a intensidade (em ambos os sentidos) de nossa repugnância à mudança de nossas ideias à luz da experiência* (a ênfase é minha)". Esta afirmação aponta na direção do que o ponto de vista dinâmico da lógica indutiva poderia conter, qual referência ao envolvimento humano ela não precisa ser automaticamente excluida.[27]

1.5.1 – *Inferência e lógica abdutiva*

O termo inferência foi usado acima sem definição, mas é necessário estabelecer o que poderia significar para elementos reais, especialmente como a noção de inferência será essencial para a

[27] Carnap sentiu que tanto as lógicas dedutivas quanto as indutivas eram independentes de nossas crenças subjetivas."Assim como a lógica dedutiva não descreve a maneira pela qual nós realmente raciocinamos, a lógica indutiva não tem o objetivo de representar o nível de confiança que damos pessoalmente a determinadas afirmações com base em determinados fatos."

consideração de LIR como uma lógica formal. Inferência é um processo limitado ao pensamento e ao raciocínio humano. Geralmente observamos a estrutura e as propriedades dos estados mentais e seus constituintes, e até que ponto os papéis desses constituintes estão conforme suas referências às sentenças. Contudo, desde que eu troque os referentes da inferência às sentenças por aspectos ou modelos de fenômenos reais, quais serão as consequências? Posso ainda falar legitimamente de inferência e/ou padrões de inferência?

Afirmo que posso. As inferências que faço vêm do estado de uma entidade que é principalmente realizada em uma certa estimativa de sua potencialidade ou potencialização futura. A análise envolve o exame de quais processos interativos, antagônicos, de atração e repulsão ou associação e dissociação, estão envolvidos, assim como os caminhos contraditórios na direção da homogeneidade ou heterogeneidade. Detalhes das estruturas e das inferências desses processos dependem do nível de realidade que está sendo considerado, mas o padrão de inferência será substancialmente aquele indicado. Nisto, LIR se parece com as lógicas padronizadas que são caracterizadas por um número limitado de padrões de inferência.

O conceito de abdução proporciona um suporte maior para este ponto de vista. Se a indução é definida como um processo de geração de novas hipóteses, na maioria dos casos a abdução é um processo de avaliação, explanação e, se possível, quantificação das hipóteses cuja origem pode muito bem ser uma indução. Eu infiro conhecimento a respeito de propriedades que não são imediatamente observáveis, com o objetivo de explicar mais do que prever. A razão para mencionar aqui a abdução é que o processo de raciocínio usado para desenvolver LIR como uma teoria é originalmente abdutivo. Explicações indutivas não proporcionam nenhum *insight* sobre por que as coisas são como são. A abdução dá explicações apenas relativas a uma teoria dada, mas isto é tudo que peço. A concepção original de Peirce sobre abdução, citada por Flach e Kakas (2000), enfatiza seu caráter não algorrítmico, que é compatível com LIR. Complementando, contudo, "... a abdução é a inferência lógica tendo uma forma lógica perfeitamente definida". Sob meu ponto de vista, embora não constituída por proposições, LIR tem uma forma lógica, definida pela axiomatização acima e no final deste capítulo.

A abdução é como a indução, em que os resultados do processo, ou seja, seus valores como verdade, não são garantidos. Como foi sugerido por Wang, a indução e a abdução são duais. Na terminologia de LIR, os dois sistemas se assemelham, no que se refere a proposições, aquilo que observamos em relação a processos reais. Eles iniciam uma 'estrutura' de alternação de aplicações e, com certeza, a abdução geralmente segue uma 'boa' indução e vice-versa, de maneira muito semelhante à sequência do tipo referido no axioma LIR2.

Peirce viu a origem da abdução na intuição, mas isto não deveria ser visto negativamente. Na minha teoria sobre LIR, a intuição é um processo de pensamento relacionado dialeticamente ao conhecimento, e tem um *status* lógico e ontológico não trivial. Uma discussão mais ampla sobre a inferência e a explanação é apresentada com a construção ontológica nos Capítulos 4 e 5.

Foi necessário fazer as comparações acima de LIR com vários tipos de lógicas padronizadas – dedutivas, indutivas e abdutivas – para mostrar os pontos de contato que garantem que LIR, como um sistema organizado de pensamento, não apenas compartilha muitas das mesmas características, mas representa uma extensão válida dessas lógicas para a realidade. Além disso, que a afirmação de que a lógica da/na realidade se reduz à lógica padronizada binária no caso de simples fenômenos não é vazia de sentido. Será correta em todos os casos em que a interação entre duas entidades desapareça, como quando dois indivíduos se recusam a um diálogo, ou a interação nunca existiu, como nos termos dos dilemas e paradoxos clássicos.

1.6 – LÓGICA QUÂNTICA

Na teoria apresentada neste livro, os fenômenos normais são essencialmente considerados como sistemas não-clássicos ou que têm aspectos não-clássicos importantes que ainda não foram explicados. Para estabelecer a lógica da/na realidade como uma lógica formal, em vista das diferenças assinaladas com a lógica clássica, devemos primeiro aceitar que uma lógica pode existir através de sistemas não clássicos. A lógica quântica, a lógica dos elementos da realidade estudada pela mecânica quântica, fornece tal modelo formal de um sistema físico não-clássico.

Existe um debate que ainda está acontecendo sobre o que é preferível: se uma interpretação realista da mecânica quântica (QM), que não requer uma noção primitiva de medida, ou um ponto de vista operacional, que interpreta a QM como uma teoria de medida. Defendo que a lógica da/na realidade é uma lógica do tipo quântico, com as probabilidades quânticas da estrutura lógica quântica substituídas pelos valores em princípio mensuráveis, estatisticamente determinados A e P, dos estados dinamicamente contraditórios que alternam realização e potencialização. Como na lógica probabilística, os valores também não incluem os limites 0 e 1, mas são reciprocamente determinados entre maiores do que 1 e menores do que 0 (os limites são apenas aproximados, assintoticamente).

Em 1968, Putnam escreveu que a mecânica quântica requer uma revolução em nosso entendimento da lógica por si. "A lógica é tão empírica quanto a geometria... Vivemos em um mundo com uma lógica não clássica." A mecânica quântica (Wilce 2003) pode ser vista como um cálculo de probabilidade não-clássico baseado em uma lógica proposicional não-clássica. Entre outras coisas, a lógica quântica se foca no problema da impossibilidade de medida de duas quantidades dependentes ao mesmo tempo. Os estados da mecânica quântica correspondem a medidas de probabilidade definidas em distribuições de projeção adequada de operadores em um espaço matemático complexo (espaço de Hilbert). Esta distribuição requer uma lógica não clássica, que não seja a de Boole, pela sua descrição, que pode ser estendida a outros tipos de distribuição, por exemplo, das propriedades do sistema. Na QM toda proposição que se apoia na probabilidade tem a forma "o valor da quantidade física A está na fila B" e, como foi demonstrado (Aerts e outros, 2003), a estrutura matemática que é constituida por estes valores pode representar algumas das propriedades dos sistemas físicos macroscópicos suficientemente complexos.

Mostrar que o conceito de uma distribuição de projeção não distributiva é aplicável ao enfoque de LIR, requer mais trabalho. Entretanto, não é um problema que uma semântica funcional da verdade não possa ser fornecida para os conectivos de LIR, dada a noção da verdade como realidade que é desenvolvida para LIR como um sistema formal no próximo capítulo. Em qualquer evento, vimos, pela comparação de LIR e outras lógicas clássicas e não-clássicas, as principais mudanças no significado de seus componentes, tais como os conectivos, que devem ser feitas quando passamos para elementos extralinguísticos que são descritos por LIR.

Por outro lado, é possível enfocar uma lógica de entidades quânticas e seu comportamento do ponto de vista das proposições a respeito delas. O uso da lógica paraconsistente foi estudado muito recentemente por da Costa e Krause, especialmente em relação à interpretação do conceito de complementaridade entre as partículas e as propriedades das ondas introduzido por Bohr. Voltarei à comparação do sistema de LIR com este discurso epistemológico no Capítulo 7. No momento, eu simplesmente apresentarei a relação que existe com um formalismo quântico que considero adequado para a axiomatização de LIR.

1.6.1 – *O formalismo quântico de Aerts*

O formalismo desenvolvido por Aerts e outros (2000) converte a mecânica quântica em um sistema que pode ser aplicado a fenômenos macroscópicos, inclusive o tempo/espaço, e a emergência da forma biológica e cognição humana. O ponto chave é que situações ou entidades que são intermediárias entre lógica puramente clássica e lógica puramente quântica não apenas são possíveis, mas seus aspectos clássicos e quânticos combinados podem ser descritos por diferentes tipos de estruturas matemáticas generalizadas. Nesta relativamente nova forma de lógica quântica, conectivos padronizados assumem significado novo, não-clássico, sugerindo que, como em LIR, existe uma estreita relação entre a lógica e a física quântica.

Discutirei a importância do formalismo de Aerts para as teorias da física de LIR e a emergência depois que os aspectos formais próprios de LIR forem estabelecidos. Neste ponto, entretanto, quero enfatizar que, apesar da possível aplicabilidade deste formalismo, percebo (pois não existe ainda nenhuma literatura a respeito), que há diferenças fundamentais entre o programa de Aerts e o meu, para as quais o leitor deve estar preparado. Primeiro, não há comprometimento ontológico em relação às características funcionais das partículas e campos subjacentes. Seus modelos formais não estão diretamente pautados no ser, ou seja, na existência de substratos que originem entidades em estruturas e em processos reais. Sua teoria é uma teoria de 'ações no mundo' (Aerts e Aerts 2004). Este enfoque não insiste na importância do contexto em que uma entidade se desenvolve, e a relação entre a entidade e o contexto; refere-se a uma realização do potencial dirigida pelo contexto (CAP) (Gabora e Aerts 2005). (Nos sistemas macroscópicos simples escolhidos como exemplos, as desigualdades de Bell são violadas, como são por partículas quânticas que demonstram falta de localidade.) As interações entre sistema e contexto podem, desta maneira, ser controladas prontamente pelo modelo matemático. Os critérios de análise que se desenvolvem a partir da aplicação das desigualdades de Bell permitem uma investigação da estrutura probabilística e lógica dos dados disponíveis. No entanto, falando a respeito de tais violações das desigualdades de Bell na linguagem, Aerts diz que não só elas não são ligadas à contradição, mas "a contradição *per se* não tem importância" (Aerts e outros 2005). Aerts assim exclui um papel essencial daquilo que defini acima como contradição (ou contra-ação), isto é, a interação dialética. Algo como o formalismo de Aerts para LIR pode, mesmo assim, ser desejável, apesar da diferença nas posições metafísicas, e sua teoria ajudará a iluminar diversos aspectos da essência de minha tese.

1.7 – AXIOMATIZAÇÃO FORMAL DE LIR

Um dos principais conceitos da lógica da/na realidade, como também já foi desenvolvido na análise da lógica indutiva e quântica, é que seus valores lógicos têm as características de probabilidade. Deste modo, reescreverei seus axiomas como se eles se seguissem a um simples esquema de Kolmogorov.

Para qualquer X e Y, se X e Y não são mutuamente exclusivos, R1 é a função da realidade e A, P e T são as medidas de realização, potencialização e estado T de X e Y.

LIRF1: $R1(A_X) > 0$ e < 1

LIRF2: $R1(P_Y) > 0$ e < 1

LIRF3: $R1(A_X) + R1(P_Y) = 1$

LIRF4: $R1(A_X) = R1(P_Y) = ½ = R1(T_{X,Y})$

Em LIR, visto que nenhum termo individual é uma identidade, ou seja, desconectado de outros termos, um tem a mesma relação como aquele entre um termo e o contexto que o perturba. Tanto a lei comutativa da lógica padrão,

$$(a + b) + c = a + (b + c) \tag{1.1}$$

quanto a lei de distribuição entre a conjunção e a disjunção

$$(a \vee b) \wedge c = (a \wedge c) \vee (b \wedge c) \tag{1.2}$$

não se mantém. Qualquer formalismo aplicável não é, desta maneira, nem Abeliano nem Booleano, e as distribuições de probabilidade resultantes não são Kolmogorovianas. A matemática detalhada fica para ser trabalhada para a descrição de LIR dos valores da realidade como 'propensos a probabilidades'.[1] Entretanto, como mostrarei na discussão da física quântica no Capítulo 6, o formalismo de Aerts é necessário, mas não suficiente, para caracterizar por completo os processos e relações reais em que a relação entre os elementos e sua reciprocidade "em contradição" são, pelo menos, tão importantes quanto os próprios elementos.

Estes axiomas definem os valores relativos de A e P. Em estados de qualquer sistema real, o grau de realização e potencialização serão mais ou menos constantes ou estarão em um processo de mudança mais rápida ou menos rápida, seguindo e precedendo um período de relativa estabilidade. A descrição desses estados dinâmicos requer algum sistema matemático que proporcione uma representação estrutural das interações envolvidas. Narens (2005) estudou uma lógica não-clássica de eventos que modela propriedades chave de verificabilidade e refutabilidade na ciência. Ele aplica uma função de probabilidade Kolmogoroviana a uma série de proposições Booleanas em que, no entanto, todos os conectivos são aqueles usados na lógica clássica. Estas noções podem assim não ser usadas para LIR, visto que suas constantes e seus conectivos lógicos não são clássicos. Deste modo, proponho que os sistemas reais descritos por LIR possam ser modelados por um esquema nem Booleano nem Kolmogoroviano.

A descrição de LIR do sistema físico pode seguir as regras da lógica quântica, a saber: alguém define uma lógica de construções abstratas chamadas espaços de teste **B**, e os sistemas físicos são representados por modelos probabilísticos, compostos pelos espaços **B** e o conjunto de estados identificados com os pesos das probabilidades Δ. Para sistemas quânticos, as propriedades a serem testadas formam uma álgebra de conjuntos não Booleanos.

LIR afirma que entidades reais, macroscópicas, envolvendo uma interação antagonística nos níveis biológico e mental, não podem ser descritas pela lógica clássica e pela física clássica. Embora as entidades da mecânica quântica não sejam diretamente envolvidas nos processos de nível mais alto, das quais elas são as componentes superiores, é necessária uma descrição do comportamento das mesmas usando-se algo como os valores das probabilidades dos sistemas quânticos.

A concepção de LIR de uma semântica dos valores da realidade não é incompatível com qualquer tipo de medida deles. Como

[1] Estes valores são como probabilidades objetivas que não indicam limites do conhecimento, mas são mais ou menos as propriedades que as coisas objetivamente têm.

Dressing (2006) mostrou em sua discussão da aplicação da teoria de medida para proposições, as expressões linguísticas que podem ser estruturadas algebricamente expressam o conteúdo proposicional, mas são, ao mesmo tempo, dependentes da linguagem, lógica e conceitualmente. Embora as proposições da teoria de medidas sejam entidades abstratas, elas as medem semanticamente. Como a declaração de um valor utilitário para uma comodidade C que reflita a relação preferencial entre C e outros (não-C), LIR reflete as relações móveis entre termos que são relativa e reciprocamente reais e potenciais. A semântica teorética da medida ancora proposições em uma distribuição global de inferência; a teoria de decisões ancora utilidade em uma distribuição global de preferências; a semântica de LIR ancora processos em uma distribuição global de mudança. Quero incluir a possibilidade dos valores de realização e de potencialização da realidade serem medidos em alguns casos macrofísicos. Exemplos podem ser tendências nos fenômenos sociais ou políticos, o equilíbrio do poder, ou as mudanças de opinião pública, ou, em outro nível, o *status* de um livro passando por revisão. No momento, contudo, não existem 'protocolos' para fazer essas medidas.

Todos os sistemas físicos e não físicos envolvidos na mudança são dissipativos, isto é, estão sujeitos, como sistemas materiais, à segunda lei da termodinâmica, de acordo com a qual envolvem uma degradação de energia a partir de um nível mais alto para outro mais baixo. Ao mesmo tempo, nos sistemas materiais de interesse para LIR, um *feedback* não linear está presente, que envolve, como eu propus acima, álgebra não Booleana e probabilidades não Kolmogorovianas para o estado dinâmico de seus elementos. O axioma da média incluída, **LIR3**, proporciona a base lógica para a emergência de novos fenômenos, cuja base física está em um princípio de diferenciação equivalente mas oposta à da termodinâmica, isto é, o Princípio de Exclusão de Pauli para elétrons e outras partículas com propriedades similares (conforme o Capítulo 4).

O conjunto dos seis axiomas informais em suas versões não Kilmogorovianas será a base para o desenvolvimento de LIR como um sistema formal mas não interpretado no próximo capítulo.

Referências

Aerts, Diederik e Sven Aerts, 2004, Towards a General Operacional and Realistic Framework for Quantum Mechanics and Relativity Theory. Em *Quo Vadis Quantum Mechanics? Possible Developments in Quantum Theory in the 21st Century*, edições A. C. Elitzur, S. Dolev e N. Kolenda, Berlim: Springer.

Aerts, Diederik, Ellie D'Hondt e Liane Gabora, 2000. Why the Logical Disjunction in Quantum Logic is not Classical. *Foundations of Physics* 30: 1473 – 1480.

Aerts, Diederik, Jan Broekaert e Liane Gabora, 2003. A Case for Applying na Abstracted Quantum Formalism to Cognition. Em *Mind in Interection*, ed. R. Campbell. Amsterdam: John Benjamins.

Aerts, Diederik, Marek Czachor e Bart D' Hooghe, 2005. Towards a Quantum Evolutionary Scheme Violating Bell's Inequalities in Language. Em *Evolutionary Epistemology, Language and Culture*, eds. N. Gontier, J. P. van Bendegem e D. Aerts, Amsterdam: John Benjamins.

Betterman, Robert W. 2002. *The Devil in the Details. Asymptotic Reasoning in Explanation, Reduction and Emergence*.Oxford: Oxford University Press.

Beall, J. C. e Greg Restall, 2005. Logical Consequence. Em *The Stanford Encyclopedia of Philosophy (Spring 2005 Edition)*, ed. Edward N. Zalta. http://plato.stanfor.edu/archives/spr2005/entries/logical-consequence/

Béziau, Jean Yves, 2003. Bivalence, Excluded Middle and Non-contradiction. Em *The Logical Yearbollk 2003*, ed. L.Behounek, Prague: Academy of Sciences.

Béziau, Jean Yves, 2006. Many-Valued and Kripke Semantics. Em *The Age of Alternative Logics*. Dordrecht, The Netherlands: Springer.

Béziau, Jean Yves and Décio Krause, 2007. New Trends in the Foundations of Science. *SYNTHESE* 154: 345 – 347.

Brenner, Joseph E. 2006. A Transconsistent Logic for Model-Based Reasoning. Em *Proceedings of the 2004 Pavia Conference – Model-Based Reasoning in Science and Engineering*, ed. L. Magnani, London: King's College Publications.

Brower, Luitzen E. Jan, 1951. *Cambridge Lectures on Intuitionism*. http://home.mira.net/~gaffcam/phil/brower.htm

Carnap, Rudolf, 1947. *Meaning and Necessity*. Chicago, IL/London: The University of Chicago Press.

D'Espagnat, Bernard, 1979. *A la recherche du Réel*. Paris: Gaulthier-Villars.

Dressner, Eli, 2006. Measurement Theoretic Propositions. *SYNTHESE* 153: 1 – 22.

Dubucs, Jacques-Paul, 2000. *Logiques Non-classiques. Encyclopedia Universalis*. Paris: Encyclopaedia Universalis.

Flach, Peter A. and Antonis C. Kakas, eds. 2000. On the Relation Between Abduction and Inductive Learning. Em *Abductive Reasoning and Learning*, Dordrecht, The Netherlands: Kluwer.

Gabbay, Dov, 2001. Anti-formulas, Anti-elements and the Logic of Deletion. *Computational Linguistics Colloquium*: Winter 01, Saarbrucken: Saarland University.

Gabora, Liane and Diederik Aerts, 2005. Evolution as context-driven actualization of potencial. *Interdisciplinary Science Reviews* 30: 69 – 88.

Grize, Jean Blaise, 1996. *Logique naturelle et communications*. Paris: Presses Universitaires de France.

Hammer, Eric, 2002. Peirce's Logic. *Stanford Encyclopedia of Philosophy* (Winter 2002 Edition), ed. Edward N. Zalta. http://plato.stanford.edu/archives/ sum2005/entries/logic-ontology/

He, Hua-can e Zhi-tao He, 2006. *Philosophy Significance of Universal Logic*. Xi'na, China: Northwestern Polytechnic University of China Press.

Hofwebwe, Thomas, 2005. Logic and Ontology. Em *The Stanford Encyclopedia of Philosophy* (Summer, 2005 Edition), ed. Edward N. Zalta. http://plato.stanford.edu/archives/ sum2005/entries/logic-ontology.

Iacona, Andrea, 2005. Rethinking Bivalence, *SYNTHESE* 146: 283 – 302.

Jacquette, Dale, 2002. *Ontology*, Montreal, Canada: McGill-Queen's University Press.

Jaeger, Manfred, 2005. A Logic for Inductive Probabilistic Reasoning. *SYNTHESE* 144: 171 – 180.

Kauffman, Stuart, 1995. *At Home in the Universe*. New York/Oxford: Oxford University Press.

Kistler, Max, 2006. Reduction and Emergence in the Physical Sciences: Reply to Rueger. *SYNTHESE* 151: 347 – 354

Leblanc, Hughes, 1971. Truth-Value Semantics for a Logic of Existence. *Notre Dame Journal of Formal Logic* XII: 153 – 168.

Largeault, Jean, 1993. *La logique. Que sais-je?* Paris: Presses Universitaires de France.

Lupasco, Stéphane, 1979. *L'Univers Psychique*. Paris: Denöel-Gonthier.

Lupasco, Stéphane, 1987. *Le principe d'antagonisme et la logique de l'énergie.* Paris: Editions du Rocher (originalmente publicado em Paris: Éditions Hermann, 1951).

Mares, Edwin, 1998. Relevance Logic. Em *The Stanford Encyclopedia of Philosophy (Summer 1998m Edition)*, ed. Edward N. Zalta. http://plato.stanford.edu/archives/ sum1998/entries/logic-relevance/

Narens, Louis, 2005. A Theory of Belief for Scientific Refutations. *SYNTHESE* 145: 397 – 423.

Nicolescu, Basarab, 1982. Sociologie et mécanique quantique. *3º Millénaire 1*: March--April. Republicado em *Nous, la particule et le monde*. Editions Le Mail: Paris (1985).

Nicolescu, Basarab, 2002. *Manifesto of Transdisciplinarity*. Albany, NY: State University of New York Press.

Poli, Roberto, 1993. Vasil'ev, Nicholas A., Logic and Metalogic. Imaginary (non--Aristotelian) Logic. *Axiomathes* 3: 325, 329, 351 – 353.

Poli, Roberto, 2001. The Basic Problem of Levels of Reality. *Axiomathes* 12: 3 – 4.

Poli, Roberto, 2003. Descriptive, Formal and Formalized Ontologies. Em *Husserl's Logical Investigations Reconsidered,* ed. D. Fisette. Dordrecht, The Netherlands: Kluwer.

Priest, Graham, 1987. *In Contradiction*. Dordrecht. The Netherlands/Boston/Lancaster, U.K., Martinus Nijhoff Publishers.

Priest, Graham, 2000. Paraconsistent Logic. *Handbook of Philosophical Logic,* eds. D. Gabbay and F. Guenthner. Dordrecht, The Netherlands: Kluwer.

Priest, Graham, 2001. *An Introduction to Non-classical Logic*. Cambridge: Cambridge University Press.

Rescher, Nicholas, 1996. *Process Metaphysics*. Albany, NY: State University of New York Press.

Smarandache, Florentin, 2003. http://www.gallup.unm.edu/~smarandache/eBook--neutrosophics2.pdf

Wilce, Alexander, 2003. Quantum Logic and Probability Theory. *The Stanfor Encyclopedia of Philosophy* (Spring 2003 Edition), ed. Edward N. Zalta. http://plato.stanford.edu/ archives/spr2003/entries/qt-quantlog/

Capítulo 2

LIR COMO UM SISTEMA FORMAL

Resumo: A definição de LIR como um sistema formal neste capítulo está baseada em um cálculo que define os valores de realização, potencialização e estados T da realidade, axiomaticamente estabelecidos no Capítulo 1, que são equivalentes em LIR aos valores tidos como verdade nas lógicas padronizadas. O aspecto mais essencial é uma visão da implicação lógica como um processo dinâmico, isto é, uma estrutura formal aplicável à realidade física. Estes aspectos operacionais do cálculo de LIR relacionam estes valores às entidades do processo real que são os elementos de LIR como sistemas de sistemas de processos, mostrando os caminhos ou tendências dessa cadeia de elementos em direção à contradição ou não contradição. Outras propriedades de LIR como uma lógica são discutidas, inclusive as definições de LIR de conjunção e disjunção, e uma tabela de classificação para seus conectivos. Uma breve comparação é feita para cálculo de eventos e relações.

2.1 – O CÁLCULO NÃO CLÁSSICO DE LIR: IMPLICAÇÃO

Neste ponto, LIR é formalmente um sistema não interpretado. Mais tarde, apresentarei os componentes por categoria da teoria que será a base de sua interpretação *ontológica*. Apesar disso, como fica implícito acima, as modificações feitas nas ideias padronizadas de uma lógica nada têm a ver com um contexto lógico clássico. Tais modificações foram feitas com referência aos processos e eventos reais, complexos, em particular aqueles que estão presentes nos níveis de realidade quânticos, macroscópicos, biológicos e cognitivos. Diferenças básicas entre LIR e as lógicas padronizadas, por exemplo, foram destacadas, tanto no significado de implicação quanto as condicionais.

Entretanto, ainda não introduzi nenhum símbolo para a linguagem de LIR, a não ser **e** (e **não-e**) para um elemento arbitrário.

As observações que passo a fazer foram desenvolvidas por Lupasco e, até onde eu saiba, usadas apenas por ele (Lupasco 1987). Os axiomas **LIR2** e **LIR3** podem ser escritos como segue. Admitindo-se que **e** seja qualquer elemento do mundo real envolvido em algum processo de mudança; $\mathbf{e}_A$ significa que **e** é predominantemente real e implica que $\bar{\mathbf{e}}_P$ significa que **não-e** é predominantemente potencial; $\bar{\mathbf{e}}_R$ e $\mathbf{e}_T$ significam que **e**, em um **estado T**, implica que **não-e** está em um **estado T** (em que o estado T, como indicado, é o elemento da média incluída que emerge do ponto de máxima interação entre **e** e seu associado **não-e**); e $\bar{\mathbf{e}}_A$ significa que **não-e** é predominantemente real, implicando em $\mathbf{e}_P$, ou seja, que **e** é potencial.

$$e_A \supset \bar{e}_P,\ e_T \supset \bar{e}_T,\ \bar{e}_A \supset e_P \qquad (2.1)$$

Incluindo o conceito de contradição, o **C** representa contaminação.

$$(e_A \supset \bar{e}_P) \supset \bar{C}_A \supset C_P$$

$$(\bar{e}_A \supset e_P) \supset \bar{C}_A \supset C_P \qquad (2.2)$$

$$(e_T \supset \bar{e}_T) \supset \bar{C}_P \supset C_A$$

Nesta notação, **e** real implica em **não-e** potencial que implica em **não contradição** real $\bar{C}_A$, que, por sua vez, implica em que a contradição é potencial C_P; de maneira similar, **não-e** implica em **e** potencial que também implica em **não contradição** real e **contradição** potencial; o **estado T** implica em que o **não-estado T** implica em **não contradição** potencial, $\bar{C}_P$, e implica em **contradição** real C_A.

O símbolo ⊃ é normalmente usado como uma 'função da verdade' para o condicional material simples do português (ou implicação material) 'se → então'. Infelizmente, é fácil mostrar que a simples definição não funciona em muitos casos, isto é, leva a conclusões obviamente falsas ou sem sentido. Ao invés de entrar nos detalhes destas demonstrações, simplesmente sugiro que implicação no sistema LIR é sintático, visto que depende somente da sintaxe ou da gramática da linguagem de LIR. Como é indicado, isto envolve elementos dinâmicos da realidade a serem definidos. Em contraste, a implicação semântica depende de fórmulas bem formadas da linguagem como sendo verdade. Uma fórmula bem formada é sintaticamente válida se e somente se houver uma dedução da mesma sem premissas. LIR como uma estrutura formal não tem premissas a que regras padronizadas, dedutivas ou indutivas, possam ser aplicadas. Alguém começa com uma contribuição do estado de um sistema dinâmico, e a implicação se refere a quem pode inferir a respeito de estados sincrônicos ou diacrônicos. Este processo é sintático, o que permite uma interpretação dinâmica do mesmo 'implicando como um processo' em maior discussão do cálculo.

2.2 – VALORES DA VERDADE, VALORES DA CONTRADIÇÃO E DA REALIDADE

A ideia de que a realidade pode ser considerada composta de alguns valores de realização, potencialização e estado T é crítica para todas as discussões sobre LIR como um cálculo, como a aplicação do postulado fundamental aos fenômenos resulta em um afastamento radical das noções padronizadas de verdadeiro e falso. Este postulado, como foi formulado por Lupasco (1987), é que a noção de verdadeiro se refere ao *status* da interação dinâmica, contraditória entre um elemento real e seu oposto, **e** e **não-e**. Em outras palavras, o que é verdadeiro a respeito de dois elementos é que cada um deles está em algum estado de realização e de potencialização comparado ao outro. Alguém pode procurar aqui uma analogia com a intuição original de Aristóteles, que fica subjacente às coisas que tornam uma afirmação verdadeira, como discutirei adiante em relação à teoria correspondente da verdade, mas LIR se concentra na implicação de Aristóteles de que estas 'coisas' eram logicamente estruturadas. Contudo, Aristóteles também definiu fatos e coisas como contingentes, por oposição com a necessária verdade das proposições, assim prejulgando uma visão indeterminista do mundo real. Como veremos, o relacionamento da oportunidade e da necessidade recebe outra interpretação no meu sistema.

Em LIR, existem assim quatro 'verdades'. Para evitar confusão com o estado T, usarei o símbolo V como um operador sentencial significando a 'verdade' do termo ou do elemento **e** e os subscritos se referem à sua realização e potencialização: Ve_a, $Vnão\text{-}e_a$, Ve_p, $Vnão\text{-}e_p$. Um objeto, um processo, uma proposição verdadeira ou uma verdade no sentido acima, como um fenômeno predominantemente realizado, nunca é encontrado isolado. Para cada realização, daquilo que é verdade, como uma consequência dessa realização, sempre existe uma potencialização correspondente, também verdadeira, como consequência do elemento contraditório, dando origem à verdade contraditória da potencialização. O termo verdade deve ser preferido à validade, visto que este último implica mais ou menos em uma existência real dos estados respectivos, e pode ser confundido com as noções teóricas que servem como prova da validade na lógica proposicional comum.

Aquilo que é verdade, é verdade como uma função das realizações e potencializações possíveis em um processo real; visto que cada um destes é relativo (sendo o total no máximo 1, pelo axioma **LIRF3**), os quatro termos verdadeiros (verdades) do quádruplo também são relativos, como as não-contradições parciais, das quais se originam. Desta maneira, para cada realização de algo, de uma proposição, do que quer que seja, existe com certeza a verdade contraditória ou negativa da potencialização existencial. Isto significa que à potencialização deve ser dado o *status* equivalente e ontológico como realização. Uma formulação alternativa é que existem duas verdades que podem se revezar em realização e potencial, a primeira sendo positiva e a segunda negativa: V_a e V_p, nãoV_a e nãoV_p. Nesta expressão, V agora é o valor desta verdade como uma variável, o 'valor da realidade' da verdade, ao invés de um operador. O conceito de uma verdade contraditória 'negativa' não implica em alguma espécie de relativismo cultural desenfreado. Pelo contrário, é uma expressão existencial de uma contingência em qualquer processo real de raciocínio.

Lupasco designou o termo 'falso' para aquilo que é contraditório e afirmou que é a contradição que logicamente define uma 'falsidade' neste sentido. 'Falso' é assim substituído pelo estado T = 1 /2 A// 1/2P, o estado de uma semirrealização e semipotencialização de ambos os elementos. Isto produz uma contradição real (verdadeira) Fe_T, em que F significa 'falso' e potencializa a não contradição Fnão-e_T. Isto deve ser lido como: "é falso que **e** não esteja em um **estado T**".

Existem portanto duas verdades, uma positiva ou afirmativa ou 'verdade da identidade', e a outra negativa ou 'verdade da não identidade', atribuídas aos próprios valores lógicos (elementos), **e** e **não-e**, respectivamente. Dado que estes podem ser respectivamente reais, potenciais ou nenhum dos dois, sob as condições indicadas acima, a noção de falsidade como tal desaparece, como se pode notar: as duas verdades produzem não contradição quando uma delas é real e a outra potencial. Esta não contradição pode ser considerada como uma não contradição relativa verdadeira ou como uma verdade de uma relativa não contradição. As mesmas duas verdades produzem contradição quando se inibem reciprocamente (pelo axioma **LIR3** da Média Incluída) e evitam a própria possibilidade de realização completa, de uma em relação à outra, uma contradição que aparece (ou emerge) em consequência como uma contradição relativa (não absoluta). Aquilo que é entendido como 'falso' na lógica clássica é redefinido assim como a verdade da (existência da) contradição.

Uma verdade não pode ser absoluta, porque nunca pode ser rigorosamente (completamente) realizada; a verdade contraditória pode ser potencializada tanto quanto se queira sem nunca desaparecer completamente na realidade. Repetindo, o que estou fazendo é juntar as consequências da aplicação dos axiomas **LIR2**, **5** e **6** da Contradição Condicional, da Associação Funcional e da assintoticidade respetivamente às verdades consideradas como fenômenos. A não contradição que está presente, então, nunca poderá ser absoluta e sempre incluirá uma quantidade irredutível de contradição. De forma similar, a contradição nunca pode ser considerada como absoluta, porque nunca acontece entre dois elementos rigorosamente reais e absolutamente contraditórios. A contradição nunca ocorre, exceto entre dinamismos antagonistas que provoquem um ao outro. Visto que são dinamismos, não importa o quanto estejam distantes de seus estados potenciais, ainda assim inibem um ao outro na sua total manifestação e, portanto, o elemento predominantemente potencializado possui uma margem residual irredutível de realização. A contradição é real, ou se realiza relativamente quando resulta em **estados T**, como já vimos, e como potencial, quando a não contradição relativa dos estados A e P a reprime. Assim, alguém pode escrever a fórmula abaixo, considerando **C** como a contradição, **T-s** como o **estado T,** e **V** como a verdade positiva e negativa no sentido acima, ou em um estado T, $V_{T\text{-}S}$. Eliminando a noção de 'falsidade', temos:

$$(+V_A \cdot -V_P) \supset (\bar{C}_A \cdot C_P);\ (-V_A \cdot +V_P) \supset \supset (\bar{C}_A \cdot C_P);\ (+V_{T\text{-}S} \cdot -V_{T\text{-}S}) \supset (C_A . \bar{C}_P) \tag{2.3}$$

Alternativamente, dado que as implicações são recíprocas:

$$(\bar{C}_A \cdot C_P) \supset [(+V_A + \cdot -V_P) \vee (-V_A \cdot +V_P)]: (C_A \cdot C_P) \supset (+V_{T\text{-}S} \cdot V_{T\text{-}S}) \tag{2.4}$$

Isto pode ser dito como segue: se existe a não contradição, mais precisamente a não contradição real e a contradição potencial, então existem duas verdades contraditórias das quais uma se realiza às custas da outra, que é potencializada em consequência. Se existe uma contradição, então existem duas verdades contraditórias que se reprimem reciprocamente e que mutuamente evitam o estado de acontecimentos, isto é, uma é completamente real e a outra completamente potencial. Esta formulação das propriedades da contradição se constitui na regra fundamental da metodologia contraditorial, como veremos no decorrer deste livro.

Vamos agora buscar um formalismo maior que siga a partir da substituição dos valores de Verdadeiro e Falso nas tabelas de verdade conforme a lógica padrão por valores que meçam o grau de realização, potencialização e estado T. Começando com (2.6), o símbolo **T** se refere exclusivamente ao **estado T**, a média lógica incluída definida pelo axioma **LR3**.

$\underline{e}$	$\overline{\underline{e}}$	$\underline{e}$	$\overline{\underline{e}}$	
Verdadeiro	Falso	A	P	
Falso	Verdadeiro	T	T	(2.5)
		P	A	

A tabela seguinte combina a tabela acima com o conceito de contradição: quando existe realização e potencialização de elementos lógicos, sua não contradição é sempre parcial, incompleta, e quando dois elementos contraditórios não são nem realizados nem potenciais, a não contradição é potencializada, como em (2.6).

$\underline{e}$	$\overline{\underline{e}}$	$\overline{\underline{C}}$	$\underline{C}$	
A	P	A	P	
T	T	P	A	(2.6)
P	A	A	P	

Essa contradição, contudo, não pode acontecer entre dois termos clássicos que sejam rigorosa ou totalmente realizados ou absolutos, isto é, onde o axioma da não contradição aconteça absolutamente.

A consequência é que nenhum elemento, nenhuma variável ou evento lógico pode ser rigorosamente não-contraditório; ele sempre contém uma quantidade irredutível de contradição.

Entretanto, a contradição também, não importando quanto seja desenvolvida, é sempre relativa e não-absoluta, dado que esta lógica é direta de elementos em oposição dinâmica, e não uma lógica da linguagem, ou seja, uma teoria linguística e ontológica da verdade.

2.2.1 – *Outras teorias da verdade*

Existe, é claro, uma vasta literatura sobre o assunto da verdade. Em vista da dramática modificação feita na noção de verdade nas últimas seções, é importante verificar se qualquer parte dela existe em qualquer uma das outras diversas teorias da verdade, e eu, assim, vou mostrar os contrastes de alguns de seus mais evidentes elementos com a verdade em LIR.

1 – O conceito acima de verdade em relação à realização e à potencialização é claramente não deflacionário. A teoria da deflação da verdade considera a mesma como uma noção semântica, limitada exclusivamente pelas proposições, e a fonte de nenhuma questão lógica ou metafísica. LIR, entretanto, encontra realmente um significado útil para o conceito de verdade fora das proposições. Pode-se, portanto, considerá-la uma teoria inflacionária, uma teoria em que alguma coisa é acrescentada a uma simples noção da verdade (ainda que isto juntasse aí uma série de conceitos da lógica binária que são totalmente fora do contexto).

2 – A verdade em LIR tem, com certeza, as propriedades de uma teoria de correspondência da verdade, isto é, uma teoria em que as verdadeiras condições das proposições, sentenças, juízos etc – as denominadas 'suportes da verdade' – são proporcionadas por uma relação relevante (conforme a discussão de relevância acima) – correspondência, acordo, conformidades – com alguma parte da realidade – fatos, estado de casos, objetos etc – 'criadores de verdade'. Contudo, em LIR, a ênfase é ao contrário: enfoca principalmente os fenômenos dinâmicos e sua evolução e, em segundo lugar, as sentenças que descrevem a atividade.

Em um artigo fundamental, Mulligan e outros (1984) derivam uma noção das entidades que tornam as sentenças verdadeiras da versão de 'momentos' de Husserl. Eles propõem eventos e/ou objetos mais movimentos[2] ao invés de propor fatos como as porções correspondentes da realidade, pois consideram os fatos de forma muito semelhante a sentenças, com o que eu concordo. Entretanto, o enfoque deles para uma teoria da verdade recai, em última instância, nas noções neoclássicas das partes essenciais e do todo e sua completa separação. O programa de Simon resume bem isto na seguinte citação (Simons 2000, 139): "que este ou aquele indivíduo seja uma parte essencial de alguma coisa é objeto da necessidade analítica e não de uma necessidade natural, metafísica ou lógica."[3]

A teoria de produtores da verdade tem sido criticada pelas linhas que são semelhantes na rejeição de LIR quanto a entidades desnecessárias em outros domínios e por outras deficiências, inclusive pela incapacidade de lidar com verdades negativas. (Operações e conceitos negativos têm, em LIR, o mesmo estado ontológico que os positivos. Uma afirmação negativa é verdadeira não porque exista alguma coisa que necessite de sua verdade, mas porque a propriedade está ausente.) Para uma verdade ser consolidada não há necessidade de uma relação binária ficar entre uma proposição e um produtor de verdade. Uma relaçao consolidada consiste na existência de um pensamento subsentencial, de relaçoes mundiais e no fato de que o objeto se insere na propriedade em questão (Dodd 2007).

2.2.2 – *Verificacionismo*

O verificacionismo e as doutrinas verificacionistas são de interesse desta conjuntura porque são áreas de raciocínio em que os conceitos da verdade interceptam conceitos de realidade, e as lógicas convencionais tiveram um papel importante em sua compreensão e avaliação. Existem três exemplos que citarei em ordem crescente de importância para LIR e para o conceito de realismo que deve ser associado com a mesma. Esta rápida pesquisa deve ser vista como outra das diversas tentativas que fiz e que farei de delinear as características específicas e os domínios de aplicação de LIR.

---

[2] LIR vê tanto os objetos quanto as relações como processos, e estes, por sua vez, como concatenações de sistemas de sistemas e/ou classes de classes. Definir propriedades e relações em termos de 'movimentos', isto é, instâncias ou partes de uma propriedade ou relação, e a existência como grupos ou complexos de movimentos, pouco acrescenta a uma descrição da realidade subjacente, e parece reter um pouco do idealismo dos conceitos individuais e universais que se pretendia que os movimentos tornassem óbvios (conforme o verbete "Movimentos" na Enciclopédia de Filosofia de Stanford).

[3] A citação define um domínio interessante da pesquisa filosófica, mas não comentarei sobre a mesma, exceto para dizer que demonstra um exemplo da possibilidade de oposição dinâmica entre as teorias, conforme se trata no Capítulo 5.

1 – Uma versão do verificacionismo afirma que aquilo que é verdadeiro pode ser conhecido – todas as verdades são cognoscíveis. Entretanto, esta posição leva à conclusão lógica que todas as verdades são conhecidas. De acordo com Marton (2006), alguns antirrealistas declaram que, se a lógica clássica prova que o verificacionismo é inevitável, então a lógica clássica deve estar errada. O contador do verificacionismo é invocar a lógica intuicionista e o conceito de algo sendo verdade que é completamente diferente de ser um fato realista. Estes fatos não são verdades, mas são, de algum modo, envolvidos em sua definição. Este ponto de vista, contudo, tem problemas adicionais. Simplesmente, minha conclusão é a mesma de Marton: este tipo de verificacionismo deve ser limitado às áreas teóricas em que não existe preocupação com fatos contingentes (isto é, com nenhuma área da realidade da qual LIR trate).

2 – O verificacionismo, para Dummett (1993), é uma teoria do significado das sentenças que substitui uma teoria de significado condicional da verdade, em que a verdade é a noção central. Isto leva rapidamente à circularidade. Verificacionismo define uma variedade de métodos alternativos que estabelece a sentença como verdadeira, tal como observação ou argumento. A noção de verdade que resulta, principalmente para este estudo, não está sujeita ao princípio da bivalência, visto que a observação que existem sentenças na linguagem que não podem ser nem verificadas nem falsificadas, é uma razão para rejeitar a teoria do significado da verdade condicional. Este estágio permanece como antirrealista (ver o Capítulo 6), visto que declara que, se nossas afirmações e pensamentos não são todos determinadamente verdadeiros ou falsos, a realidade em si é fundamentalmente indeterminada. No entanto, em uma antecipação de algumas das posições deste livro, Dummett sugere que o verificacionista que não estiver satisfeito com este resultado "adote uma teoria semântica que seja produto de uma lógica não clássica – a lógica quântica ou, com maior probabilidade, a lógica intuicionista", sendo LIR, obviamente, minha preferida para este trabalho.

3 – Ladyman e Ross (2007) afirmam que sua metafísica naturalista, uma "combinação dialética de realismo e de empirismo", é equivalente à adoção de uma atitude verificacionista tanto em relação à ciência quanto à metafísica. O verificacionismo desses autores, entretanto, é um verificacionismo a respeito do valor epistêmico derivado da ciência empírica e dos limites do real medidos empiricamente, não tratando a respeito de significado. Os verificacionistas, a meu ver, restringem a aceitabilidade da metafísica a entidades definidas por uma perspectiva física, em oposição a uma perspectiva lógica ou matemática. "Nenhuma ciência empírica é responsável por contraexemplos, tirados de qualquer lugar no espaço das possibilidades permitidas pela *lógica atualmente aceita* (minha ênfase) e pela matemática."

A questão fundamental é, portanto, se LIR tem a capacidade que 'a lógica atualmente aceita' não tem. Até que ponto alguém pode dizer que a lógica na realidade, em contraste com a matemática e a lógica predicada de primeira ordem tem características empíricas que possibilitem que seus 'padrões' sejam verificáveis? Voltarei a esta questão no Capítulo 6, onde compararei o realismo de Ladyman e Ross com o de LIR.

2.3 – IMPLICAÇÃO ENTRE OS LIMITES

O postulado fundamental e seu formalismo também podem ser aplicados a operações lógicas, respondendo uma objeção potencial em que as próprias operações implicariam ou levariam a uma rigorosa não contradição. Da seguinte maneira: **e** (real ou potencial) implica em que **e** (real ou potencial) seja rigorosamente impossível porque **e** também implica em **não-e**, ou, em outras palavras, porque **e** implica em **e** e, ao mesmo tempo, que **e** exclui **e**. Inversamente, **e** excluir **e** é rigorosamente impossível, visto que **e** implica, ao mesmo tempo, em **e**. Assim, escrevo, ao invés de $e_A \supset \bar{e}_P$, a realização de **e** implica na potencialização de **não-e**, sendo o símbolo $\bar{\supset}$ para exclusão ou não implicação, ou, de preferência, em implicações negativas, de modo que:

$$(e \supset e)_A \supset (e \mathbin{\bar{\supset}} e)_P \text{ ou } (e \supset {}_A e) \supset (e \mathbin{\bar{\supset}} {}_P e)\text{. Igualmente,}$$
$$(e \mathbin{\bar{\supset}} e)_A \supset (e \supset \bar{e})_P \text{ ou } (e \mathbin{\bar{\supset}} {}_A e) \supset (e \supset {}_P e)\text{, e para o estado T}$$
$$(e \supset e)_T \supset (e \mathbin{\bar{\supset}} \bar{e})_T \text{ ou } (e \supset {}_T e) \supset (e \mathbin{\bar{\supset}} {}_T e) \qquad (2.7)$$

Dado que a realização e a potencialização assim se aplicam à operação de implicação, **e** pode ser deixado de lado, visto que é qualquer elemento, e as implicações contradicionais recíprocas podem ser escritas como segue:

$$(\supset_A) \supset (\bar{\supset}_P);\ (\bar{\supset}_A) \supset (\supset_P);\ (\supset_P) \supset (\bar{\supset}_T) \qquad (2.8)$$

Deve-se entender isto da seguinte maneira: se uma implicação for realizada, uma exclusão ou uma negação é potencializada; se uma implicação negativa for realizada, uma implicação afirmativa ou positiva é potencializada, e se uma implicação positiva não pode ser nem realizada nem potencializada, uma implicação negativa não pode ser potencializada ou realizada.

Pode-se então proceder, como se fez previamente para elementos, à construção de uma tabela de valores para contradições e não-contradições:

$$\begin{array}{cccc} \bar{\supset} & \overline{\underline{\supset}} & \overline{\underline{\subset}} & \underline{\subset} \\ A & P & A & P \\ T & T & P & A \\ P & A & A & P \end{array} \qquad (2.9)$$

Formuladas, as implicações, as conjunções e disjunções contradicionais são, portanto:

$$\begin{array}{c} \supset_A . \bar{\supset}_P ; \bar{\supset}_A . \supset_P ; \supset_T . \bar{\supset}_T ; \text{ e} \\ (\supset_A \bar{\supset}_P) \vee (\bar{\supset}_A \supset_P) \vee (\supset_T \bar{\supset}_T) \end{array} \qquad (2.10)$$

2.3.1 – *O transfinito*

Neste ponto, preciso introduzir um termo que descreve o comportamento dos processos e sistemas reais. O conceito de LIR de processos reais é que eles são constituídos por séries de séries de séries etc, de realização e potencialização alternadas. Contudo, estas séries não são finitas, pois, pelo axioma **LIR6** da assintoticidade, elas nunca param por completo. Entretanto, na realidade, os processos realmente param. Assim, elas não são infinitas. Conforme Lupasco, usarei o termo transfinito para estas séries ou cadeias, que são denominadas ortodialéticas ou paradialéticas.

O termo infinito se refere a um conjunto de elementos, tais como as integrais, que não têm fronteiras nem limites superiores, ou um conjunto de processos que podem ser repetidos indefinidamente, sem qualquer base para se interromperem. O termo também se aplica à oscilação da mente entre duas afirmações tão semelhantes quanto opostas, como nos paradoxos de autorreferência. A diferença entre finito e infinito tem também recebido um tratamento formal no conceito de programas de computadores idealizados (equipamentos Turing) que respectivamente param e não param.

O termo transfinito tem suas origens em Cantor, que tentou resolver o que ele chamou de paradoxos de infinito absoluto introduzindo um "infinito real crescente" e uma "quantidade indeterminada que é capaz de inumeráveis determinações", em oposição ao conceito hegeliano de um infinito verdadeiro, um infinito completamente gerado. O transfinito de LIR se parece muito com o que Priest cita como tendo sido dito por Hegel, sobre o infinito ser falso ou potencial, ou seja:

> ... o problema de se alcançar o infinito, não a busca real do mesmo; é a geração perpétua do infinito, mas não chega além do quantum (um valor real), nem o infinito se torna positivamente presente.

Priest diz que um infinito potencial, para o qual não foi dada nenhuma definição precisa em qualquer nível da existência, é, em suma, nunca mais do que o finito. Consequentemente, não é verdadeiramente o infinito. Concordo com esta última frase, mas não com a primeira. O transfinito, segundo LIR, parece bem descrito pela afirmação de Hegel, ainda que esta não tenha uma base dinâmica. É claro que o infinito 'de verdade' não existe na realidade. Só pode ser uma 'geração perpétua', que atinge um pouco o valor real.[4]

Os termos em (2.11), portanto, se desenvolvem em uma série transfinita de disjunções de implicações:

$$(\supset_A \bar{\supset}_P \vee \bar{\supset}_A \supset_P) \vee (\supset_A \bar{\supset}_P \vee \supset_T \bar{\supset}_T) \vee (\bar{\supset}_A \supset_P \vee \supset_T \bar{\supset}_T) \tag{2.11}$$

Entretanto, cada implicação leva a uma outra implicação negativa contraditória, de modo que a realização de uma traz em si a potencialização da outra e que a não-realização ou não-

[4] Esta é minha interpretação do que Lupasco quis dizer com sua afirmação lapidar, infelizmente nunca elaborada: "é evidente, também, que as noções de infinito e de transfinito usadas por Cantor precisam ser revisadas". (Lupasco 1987)

-potencialização de uma gera a não-potencialização ou não-realização da outra. Isto nos leva a uma árvore do desenvolvimento de cadeias de implicações, das quais um exemplo é indicado no seguinte diagrama:

$$(\supset_A) \supset (\bar{\supset}_P) \begin{cases} [(\supset_A) \supset_A (\bar{\supset}_P)] \supset [(\supset_A) \bar{\supset}_P (\bar{\supset}_P)] \begin{cases} \text{etc.} \\ \dots \\ \dots \end{cases} \\ \dots\dots\dots\dots\dots\dots \\ \dots\dots\dots\dots\dots\dots \end{cases}$$

Este desenvolvimento em cadeias de cadeias de implicações deve ser finito, mas não ter fim, ou seja, é transfinito, visto que é fácil mostrar que, se a realização das implicações for infinita, chegamos à identidade clássica (tautologia): (e $\supset$ e)

Qualquer fenômeno, seja ele impírico ou diversidade ou negação, isto é, não anexado, não importando quão pouco, a uma implicação qualquer que o identifica, ($\bar{e} \supset e$) suprime-se a si mesmo. Podemos usar este simbolismo lógico para mostrar isto, reduzindo a implicação $(\bar{\supset}_A) \supset (\supset_P)$ para $\bar{e}_A \supset e_P$. Podemos então ver que, se tanto A quanto P são infinitos e, seguindo este raciocínio, P desaparece, sobra apenas $\bar{e}_{A\infty}$, ou seja, uma negação absoluta e definitiva, nada. É um teorema de LIR que, tanto a identidade quanto a diversidade devem estar presentes na existência, considerando que são aspectos dinâmicos opostos dos fenômenos e consequentemente sujeitos a seus axiomas.

2.3.2 – *Ortodeduções*

O primeiro dos três conjuntos de cadeias ilustradas por (2.12) mostra uma realização progressiva de implicação positiva e potencialização de implicações negativas; o segundo mostra a realização progressiva inversa de implicações negativas e potencialização de implicações positivas; o terceiro, uma semirrealização e uma semipotencialização das duas implicações contraditórias. Lupasco chamou isto de ortodeduções, e todas são modelos de aspectos diferentes da realidade, como veremos.

- Ortodeduções positivas

A primeira é orientada para o limite da realização infinita ou absoluta de implicações positivas, que é buscada assintoticamente, ou, em outras palavras, são deduções classicamente positivas e tautológicas. É um modelo para a estrutura da causalidade física e da teoria física clássica e, por extensão, da dedução matemática clássica. Este processo de dedução da ciência clássica deve ser vista como uma atividade, como um processo real e não como a atividade de uma mente exterior aos fenômenos. Em LIR, a dedução positiva é relativa e contraditória, e isto é o que a torna uma dedução real, capturada formalmente pela sequência indicada dos símbolos.

- Ortodeduções negativas

A primeira, como pudemos notar, é familiar, visto que se aproxima das deduções clássicas. A segunda é um dinâmico e transfinito conjunto de implicações contraditórias que são orientadas para o outro limite de implicações negativas infinitas e absolutas, que são também alcançadas assintoticamente. Estas deduções relativas negativas constituem algo de novo na lógica. Podemos imaginar uma cadeia de exclusões, implicações negativas, falta de elos e rupturas se desenvolvendo de um modo não arbitrário, independentemente da psicologia humana. Lupasco considerou isto uma descoberta considerável. Isto corresponde a uma causalidade negativa da diversidade, centrada na estrutura da lógica, uma lógica do irracional. Aquilo que é geralmente considerado irracionalidade, coisas ou ideias sem conexão, indeterminadas, novas, heterogêneas, incoerentes, têm suas causas negativas *lógicas* e estão ligadas a uma dedução negativa que as controla e desenvolve. Longe de serem ilusões, erros ou ausências, devido à limitação do intelecto, fenômenos ilógicos ou alógicos, são os elos na cadeia de uma rede dedutiva negativa. "Esta dedução negativa é relativa e contraditória, isto é, potencializa progressivamente a dedução positiva; é uma atividade, um dinamismo negativo. Devido a isto, diversidades e irracionalidades existem e não podem ser consideradas como se nada fossem."

- Ortodedução contraditória

A terceira ortodedução é a da terceira cadeia de implicações de implicações, de acordo com a qual o estado T, oposto às duas implicações contraditórias (positiva e negativa) que dão origem ao mesmo, também se desenvolve transfinitamente. A dedução correspondente a este conjunto de implicações antagônicas, que se inibem igualmente umas às outras, é a dedução das contradições, ou a dedução da *dúvida*. Esta ortodedução é chamada de contraditória, envolvendo um estado T, e deve ser diferenciada das outras duas, que foram denominadas de contradicionais.

2.3.3 – *Paradeduções*

Já foi indicado o desenvolvimento das três cadeias 'normais' de implicações que vão assintoticamente em direção de três limites absolutos e inatingíveis, dois de não contradição e um de contradição. Existem, contudo, seis outras cadeias 'anormais' de implicações, cada uma das quais também se subdivide em três, que se desenvolvem transfinitamente sem qualquer orientação em particular. Lupasco identificou estas com as múltiplas combinações de ligações e rupturas (ligações negativas) que surgem na armação das diversas configurações dedutivas complexas da experiência, e "tecem a tapeçaria de um grande número de formas existenciais".

As cadeias paradedutivas são, portanto, uma parte integral da lógica. Como se pode derivar da Tabela de deduções, uma oscilação dialética *disjuntiva* é requerida entre as três primeiras implicações das implicações e entre as três implicações das implicações das implicações controladas pela anterior, e assim por diante, do que se tira a primeira sequência:

$$[(\supset_A) \supset (\bar{\supset}_P)] \vee [(\bar{\supset}_A) \supset (\supset_P)] \vee [(\supset_T) \supset (\bar{\supset}_T)] \qquad (2.13)$$

Pode-se ver aqui o real significado da disjunção: é a mecânica das dialéticas: não existe dialética sem a disjunção e *vice-versa*. É a disjunção que é implicada pelo postulado fundamental que permite a dialética, e a dialética implicada pelo mesmo postulado, como princípio do antagonismo que permite e requer a disjunção, o conectivo 'ou'.

No entanto, a própria disjunção, como se discute na próxima seção, também não pode ser absoluta e rigorosa. Paradeduções surgirão sempre junto, até certo ponto, das ortodeduções e *vice-versa*. Enquanto o mundo lógico existir, sempre será através de cadeias de deduções e causalidades que têm um sentido, uma orientação, e aquelas que, pelo contrário, terão um sentido negativo de divergência. Podemos afirmar, de fato, uma existencialidade maior para algumas paradeduções, em que elas não vão na direção de um limite abstrato absoluto.

2.3.4 – *Aspectos operacionais do cálculo de LIR: necessidade lógica*

A série de séries de símbolos acima estão no cerne da representação da realidade de LIR, visto que se relacionam tanto com (1) os níveis de realidade e os processos que são predominantes nos mesmos e (2) os caminhos que descrevi na seção 1.2.2 em relação à não contradição (identidade, homogeneidade ou diversidade, heterogeneidade) ou em relação à contradição (emergência de novas entidades). Assim, a primeira ortodedução positiva representa os aspectos dinâmicos formais da matéria macrofísica, inorgânica, tendendo principalmente para uma *não contradição da identidade,* conforme a segunda lei da Termodinâmica. Ela proporciona uma razão para a existência de objetos físicos (relativamente) estáveis. Considere-se, sob este ponto de vista, que uma identidade, um objeto estável não é necessariamente um indivíduo singular. Pode consistir em um certo número de entidades essencialmente idênticas como grãos de areia, o resultado da degradação de uma rocha, que não têm qualquer relação dinâmica uma com a outra.

A ortodedução negativa descreve a tendência para uma *não contradição da diversidade* que é característica do nível biológico da realidade e proporciona a emergência de novas formas e entidades, baseada em sua origem no Princípio de Exclusão de Pauli para elétrons. Maiores detalhes da física envolvida serão parte do Capítulo 4.

A terceira ortodedução descreve uma dialética contraditorial, o movimento em direção à *contradição,* e a emergência de estados T envolvendo estados altamente organizados de matéria/energia/informação no nível microfísico, e nos níveis cognitivos e sociais mais altos, especialmente os da ciência e da arte; e, talvez, nos níveis cosmológicos de realidade.

O quadro da realidade que é transmitido pelos aspectos transfinitos do cálculo acima é que todos os movimentos dos processos descritos estão em progresso ao mesmo tempo, em um nível maior ou menor, interagindo uns com os outros. Isto significa que qualquer processo deve ser visto como resultante de um conjunto de microprocessos altamente complexo, microprocessos estes que, no entanto, compartilham da mesma estrutura, refletindo o princípio básico da oposição dinâmica e os axiomas de LIR em diferentes escalas, de um modo fractal. A existência destas séries de microprocessos, envolvendo vários caminhos coexistentes, será a base nos capítulos subsequentes, para a discussão das várias aplicações de LIR.

O cálculo da lógica padrão tem seu papel principal na construção de provas de teoremas. Não existem provas do tipo proposicional em LIR, mas, como foi apontado por Kauffman, provas não são essencialmente uma questão de verdadeiro e falso, mas sim de indicação coerente, e este conceito é compatível com os argumentos de LIR. A formulação acima dos processos como deduções serve para lembrar que as transições complexas da realidade podem ser modeladas por um número relativamente limitado de generalizações lógicas que revelam seu trabalho interno. O enfoque seguido por Jacquette, comentado no Capítulo 3, contempla as possibilidades de combinações dos objetos e as propriedades de uma lógica clássica pura, mas não assume comprometimentos com forças e trabalho em exemplares individuais. Em contraste, a 'combinação' de elementos lógicos reais em LIR, os valores da realidade mencionados acima, não é o resultado de uma conjunção ou adjunção de termos ao acaso, como na teoria da categoria, mas uma forma de necessidade que é tanto física (causal) quanto lógica, no meu ponto de vista.

Em outras palavras, se os elementos dos conjuntos (ou classes, ver Apêndice 1) dos processos dos processos seguem a ortodedução como é indicado, e se a ortodedução é uma consequência da operação do princípio do antagonismo energético na realidade, então a concatenação de símbolos que se desenvolvem de uma maneira transfinita de acordo com sua própria dinâmica interna representa *necessidade dedutiva*. Esta é a base metafísica da necessidade lógica em *todas* as lógicas, tanto clássica quanto LIR. Esta é outra afirmação de meu ponto de vista, que a lógica não atinge a metafísica, como se diz ser uma citação de Kripke, mas que a metafísica encontra a lógica.

2.4 – CONJUNÇÃO E DISJUNÇÃO

A rigorosa lógica clássica da não contradição requer uma escolha absoluta de um entre dois termos, por exemplo, identidade ou diversidade, como fundamento. A realização de um dos termos implica na total disjunção da exclusão entre eles. Em LIR, a realidade é descrita pela alternação dialética de uma conjunção contradicional e uma disjunção contradicional da exclusão. Se designamos o primeiro por $\wedge$ e o último por $\vee$, o postulado fundamental pode ser escrito por um elemento **e** e sua contradição (ou uma identidade ***i*** e uma diversidade ***d***). As situações a serem formalizadas são os casos em que a contradição é potencial e a não contradição é real:

$$(e \vee \bar{e})_A \wedge (e \wedge \bar{e})_P \qquad (2.14)$$

e onde a contradição é real e a não contradição é potencial:

$$(e \vee \bar{e})_P \wedge (e \wedge \bar{e})_A \qquad (2.15)$$

Isto significa que a disjunção clássica $e \vee \bar{e}$ só pode ser real ou potencial, porque está ligada contraditoriamente à conjunção contradicional $e \wedge \bar{e}$. Podemos então escrever de outra maneira:

$$(e \vee_A \bar{e}) \wedge (e \wedge_P \bar{e}) \qquad (2.16)$$

Eliminando-se o elemento **e**, chegamos à mesma tabela de conjunções e disjunções quanto a sua implicação, sempre baseada na existência de um ponto T, o estado T de semirrealização e semipotencialização na passagem de **A** para **P** e de **P** para **A**, ou seja, $(\vee_T) \wedge (\wedge_T)$ e $\wedge_T \supset \vee_T$; $\vee_T \supset \wedge_T$

$$\begin{array}{cc} \underline{\wedge} & \underline{\vee} \\ A & P \\ T & T \\ P & A \end{array} \qquad (2.17)$$

O estado T, neste desenvolvimento, corresponde à coexistência, à conjunção de uma conjunção contradicional, ou, de maneira mais geral, de uma contradição e uma disjunção de exclusão, ou uma não contradição. Visto que nenhuma conjunção, tal como esta última, pode ser totalmente real ou potencial (ou nenhuma das duas alternativas), temos a mesma forma de sequência transfinita que vimos acima para implicações.

$$(\vee_A)\wedge(\wedge_P)\begin{cases} [(\vee_A)\wedge_A(\wedge_P)]\wedge[(\vee_A)\vee_P(\wedge_P)]\begin{cases} \dots \\ \dots \\ \dots \end{cases} \\ [(\vee_A)\wedge_P(\wedge_P)]\wedge[(\vee_A)\vee_A(\wedge_P)]\begin{cases} \dots \\ \dots \\ \dots \end{cases} \\ [(\vee_A)\wedge_T(\wedge_P)]\wedge[(\vee_A)\vee_T(\wedge_P)]\begin{cases} \dots \\ \dots \\ \dots \end{cases} \end{cases} \qquad (2.18)$$

Etc... Etc... Etc...

Os valores de **A**, **P** ou **T** de quaisquer dois elementos ou conjuntos que estejam ligados pelas operações $\wedge$ ou $\vee$ podem ser introduzidos nestas fórmulas básicas e desenvolvidos transfinitamente. É fácil demonstrar, como já fizemos previamente, que, se cada operação tende ao infinito, retornamos à disjunção da lógica clássica.

A conjunção e a disjunção da exclusão da lógica clássica são casos particulares limitados, impossíveis e ideais, da lógica dinâmica da realidade.[5]

O leitor notará que, até este ponto, discuti apenas elementos que ficam na relação de opostos ou contraditórios – **e** e **não-e**. Eu defini esta relação como uma Contradição Condicional (axioma **LIR2**). Entretanto, a relação entre dois elementos, eventos ou processos arbitrários, **e** e **u**, podem ser definidos como implicações, no sentido de que ou **e** implica em **u** ou não.[6] Visto que **LIR2** se aplica à operação da implicação, posso dizer que estão ligados por implicação positiva ou negativa, inclusão ou exclusão. Contudo, qualquer laço deste tipo nunca é também absoluto, a realização (parcial, maior ou menor) de um laço positivo potencializa a exclusão e *vice-versa*, como de costume. Dado que estes laços existem em toda a natureza, este enfoque é equivalente a dizer que tudo está conectado com tudo, mais ou menos, transfinitivamente. De fato, a noçao de implicação está também presente na formulação original de um elemento lógico que é definido e existe em relação à sua contradição. A implicação ou exclusão negativa discutida aqui, que caracteriza dois elementos aparentemente independentes, e que é a contradição da implicação positiva, não deve ser confundida com a relação de exclusão entre dois elementos, um dos quais é o antagonista do outro. Esta última exclusão é a relação da própria contradição.

---

[5] De acordo com a dualidade de De Morgan, na lógica clássica a conjunção e a disjunção não são independentes, no sentido de que um operador de complementação tende qualquer proposição a outra similar com a operação e a negativa invertidas. Esta dualidade, no entanto, ainda se refere a entidades abstratas.

[6] A e B podem também ser elementos semânticos, entendendo-se que existe uma certa interação dinâmica entre eles. Jakobson distingue oposições privativas do tipo presença/ausência (A/não A) e oposições quantitativas do tipo A/B na relação com os fenômenos: "(1) cada traço distinto (em um fonema) é definido por oposição com outro traço; e (2) a presença de um traço exclui seu oposto (princípio ao mesmo tempo de exclusão e de participação, de disjunção e conjunção)".

2.4.1 – *Uma tabela de classificação para conectivos*

Podemos caracterizar LIR como uma lógica formal classificando os valores da realização, da potencialização e do estado T (A, P e T) para os conectivos padrões **e** e **u**, como na tabela 2.1.

Tabela 2.1 – Tabela de Classificação de Conectivos

e	**u**	$e \wedge u$	$e \vee u$	$e \supset u$	$e \bar{\supset} u$
A	A	P	A	P	A
T	A	Nada	Nada	Nada	Nada
P	A	P	A	A	P
A	T	Nada	Nada	Nada	Nada
T	T	T	T	A	P
P	T	Nada	Nada	Nada	Nada
A	P	P	A	A	P
T	P	Nada	Nada	Nada	Nada
P	P	P	A	P	A

A = predominantemente real
P = predominantemente potencial
T = estado T (média incluída)

$\supset A \supset \bar{\supset} P$
Implicação positiva realizada implica na implicação negativa potencializada etc.

Estes registros devem ser entendidos como significado, por exemplo, que, quando **e** é (predominantemente) real e **u** também, a conjunção deles é potencial pelo axioma **LIR2** se estiverem ligados por implicações positivas ou negativas. Inversamente, a tabela mostra que, se tanto **e** quanto **u** forem reais, é fato que a implicação positiva é potencial. Além do mais, não é possível, por definição, um ou outro elemento ser real ou potencial e o outro estar em estado T. Entretanto, o fato de ambos os elementos estarem em estado T significa que a conjunção e a disjunção deles está em estados T, a implicação positiva é real e a implicação negativa é potencial. Esta análise demonstra a consistência da notação.

Com isto, termino minha apresentação de LIR como um cálculo não clássico, isto é, como um sistema formal não interpretado. As estruturas deste cálculo, ou seja, as ligações de símbolos, as cadeias de implicações e as tabelas de 'valor da realidade' não são modificadas como na análise de qualquer fenômeno de processo individual (elas mantêm suas posições).

Uma aplicação formal importante do cálculo de LIR está na análise de classes e conjuntos, apresentada no Apêndice 1. A ideia essencial é que os conjuntos e seus elementos não são entidades totalmente independentes, mas que compartilham algumas características, uns dos outros. Estes são alternadamente realizados e potencializados como os elementos em oposição em outros domínios. Eu também usei esta notação na construção da teoria de sistemas (Apêndice 2) que é comparada com a Teoria de Sistemas Gerais.

2.4.2 – *O cálculo de eventos e de relações*

Já houve outras tentativas formais de capturar a existência e as características de mudança. Russell desenvolveu uma lógica de eventos para racionalizar coerentemente a respeito do tempo e para fazer construções lógicas de instantes em um mundo finito e fechado, como foi resumido por Lin (2003). A estrutura de eventos de Russell consiste um conjunto não vazio **E** de eventos juntamente com cinco relações binárias: 'antes', 'sobreposição', 'encontros', 'começando antes' e 'terminando antes'. Um trabalho subsequente refinou determinados aspectos técnicos desta lógica, o que muitas publicações sobre o tópico de lógicas temporais pode atestar.

No entanto, a lógica de Russell permanece fundamentalmente uma lógica binária, baseada em um conceito idealizado de tempo completamente clássico e dando suporte ao mesmo. Isto significa que, até onde posso afirmar, não existe nenhuma indicação de qualquer relaçao dinâmica aqui entre os termos das relações. Mais tarde, Russell, contudo, discutiu relações, em particular aquelas entre as proposições e o significado, que são muito importantes para minha breve discussão da filosofia da mente no Capítulo 6.

O cálculo de LIR é, em certo sentido, somente sobre relação, e tem pouco a ver a respeito de nada além de relações, mas tem pouco a ver com o cálculo de relações que foi proposto em primeira mão por Peirce (Hammer 2002), em que os conceitos simbólicos da álgebra de Boole são aplicados a relações (muito simples). Um desenvolvimento feito por Tarski (Hintikka 2004) seguiu na direção de estruturas algébricas abstratas que transcendem a lógica proposicional. No meu ponto de vista, seguir este curso nos tornaria mais distantes, ao invés de mais próximos da realidade. A aplicação das ideias de Tarski quanto às noções de verdade no mundo real é possível, mas não é em relação aos fenômenos reais, até onde pude concluir.

Shanahan (1999) elaborou um cálculo de evento, um mecanismo lógico do qual se pode inferir o que é verdade quando é dado o que acontece, quando e quais ações acompanham. O mesmo alega proporcionar uma base lógica para um raciocínio dedutivo, indutivo e abdutivo, com aplicações em formação de alguns tipos de diagósticos, planejamento e teoria. É baseado no cálculo predicado de primeira ordem, e é capaz de representar uma variedade de fenômenos que incluem ações compostas (ações que provocam outras ações) e mudanças contínuas.

Pelo sistema de Shanahan, os eventos são objetos que podem ser quantificados e que podem aparecer como argumentos nos predicados. Os eventos são iniciados, terminados e negados axiomaticamente (modelados como não-ocorrências ou não-efeitos). Por exemplo, um símbolo de função & é introduzido para expressar um axioma cobrindo os efeitos cumulativos das ações concorrentes.

O interesse do sistema de Shanahan é seu uso explícito de ações como predicados, isto é, elementos capazes de entrar nas relações lógicas. Entretanto, os tipos de relações envolvidas são limitados aos formais abstratos, com um pouco mais de similaridade com LIR. Sintomaticamente, as fórmulas de cálculo dos eventos não se aplicam à composição de ações que envolvem recorrência, ou seja, ações ou eventos que se envolvam em algo como a dinâmica de *feedback* dos sistemas reais. No cálculo de LIR, todos os elementos são compostos, e, se um novo estado aparece (um estado T), ele pode entrar em um novo sistema de processo recursivamente como um elemento sem requerer afirmações adicionais.

Referências

Dodd, Julian (2007). Negative Truths and Truth-Maker Principles. SYNTHESE 156: 383 – 401.

Dummett, Michael (1993). The Logical Basis of Metaphysics. Cambridge, MA.: Harvard University Press, 314 – 319.

Hammer, Eric (2002). Peirce's Logic. Stanford Encyclopedia of Philosophy (Edição do inverno de 2002), edição Edward N. Zalta. http://plato,stanford.edu/archives/win2002/entries/peirce-logic/.

Hintikka, Jaakko (2004). On Tarski's Assumptions. SYNTHESE 142: 353-369.

Ladyman, James e Don Ross (2007). Every Thing Must Go. Metaphysics Naturalized. Oxford: Oxford University Press.

Lin, Francis, Y (2003). Events and Time in a Finite and Closed World. http://www.hf.uio.no/filosofi/njpl/vol5no1/eventcl.pdf

Lupasco, Stéphane (1987). Le principe d'antagonisme et la logique de l'énergie. Paris: Editions du Rocher (publicado originalmente em Paris: Éditions Hermann, 1951).

Marton, Peter (2006). Verificationists Versus Realists. The Battle over Knowability. SYNTHESE 151: 81 – 98.

Mulligan, Kevin, Peter Simons e Barry Smith (1984). Truth-Makers. Philosophy and Phenomenological Research 44: 298 – 321.

Shanahan, Murray (1999). The Event Calculus Explained. http://www-ics.ee.ac.uk/mpsha/ECExplained.ps.Z

Simons, Peter (2000). Are All Essential Parts Analytically Essential? Em Méréologie et Modalités, Actes du colloque, D. Miéville, ed. Outubro 20-21. Neuchâtel, Suiça: Centre de Recherches Sémiologiques.

Capítulo 3

LIR COMO UMA ONTOLOGIA FORMAL

Resumo: Os componentes de LIR que a constituirão como uma ontologia formal, um sistema formal interpretado, do qual as categorias de LIR serão construídas, estão contidos neste capítulo. Os três componentes são: (1) seus axiomas; (2) a 'linguagem' de LIR e sua semântica incomum; e (3) as constantes e os predicados ontológicos que correspondem a interpretações da linguagem. Seções adicionais tratam de três conceitos que são críticos para o desenvolvimento das categorias de LIR – dinamismos, processos e propriedades. Uma nova definição de propriedades intrínsecas e extrínsecas é sugerida. É feita uma comparação com a lógica clássica em uma seção que faz a revisão das propriedades metalógicas das lógicas clássicas, com aquelas de LIR. O problema da base lógica da realidade – o ser e a existência – é discutido em relação ao princípio fundamental de LIR, a oposição dinâmica, e a posição defendida que a metafísica centraliza a lógica e não o contrário. Uma breve discussão do abstrato ou de objetos que não pertencem ao espaço/tempo conclui este capítulo.

3.1 – REALISMO E ONTOLOGIAS FORMAIS

Antes de prosseguir com o principal desenvolvimento da minha teoria, alguns comentários devem ser feitos a respeito da natureza e do papel de uma ontologia formal e alguns conceitos associados, lógicos e filosóficos, em particular, o realismo lógico e a 'marca' natural do realismo. As ontologias formais são geralmente divididas em três tipos: representativas – um quadro para representar informações introduzidas de um modo matemático tão formal quanto possível; descritivas – com o objetivo de descrever corretamente um certo domínio de entidades; e sistemáticas – teorias de qualquer tipo. Dado que LIR é uma teoria que se pretende que seja não apenas para descrever entidades da realidade, mas também como elas se relacionam, eu a considerarei como uma ontologia sistemática que está ontologicamente comprometida com essas entidades. Em outras palavras, em LIR, elas são reais e LIR é um sistema realista.

Um problema em potencial surge então aqui, dado que o termo ontologia *formal* também é compreendido como uma teoria da *forma* lógica, bem como uma teoria metafísica da estrutura ontológica do mundo. Assim, está sujeito à divisão em outros três tipos, baseados nos três tipos clássicos de predicados dos universos: nominalismo, que se refere apenas ao uso de termos universais na linguagem; conceitualismo e realismo, em que os universos proporcionam os centramentos semânticos para determinar se uma afirmação (expressão predicada) a respeito de coisas reais é verdadeira ou falsa. Conceitos não existem independentemente da capacidade que os seres humanos têm de pensamento e linguagem. O universalismo do realismo tem subjacente a predicação na realidade – estados reais de casos no realismo natural, mas também de proposições que constituem as verdades e falsidades objetivas do mundo, assumindo-se que existem, independentemente da capacidade humana de pensamento e linguagem. O realismo lógico, sob este ponto de vista, é uma forma moderna de platonismo e sua universalidade é aceita como existente independentemente da estrutura causal do mundo (Cocchiarella 1996).

A combinação de lógica e realidade, nas palavras que tenho usado para caracterizar meu sistema lógico, pode levar a um possível engano, que eu gostaria de esclarecer imediatamente. Tenho dito que LIR, a lógica de e na realidade, é uma lógica de entidades reais, e esta última implica que estou falando a respeito de uma metafísica realista. Por outro lado, o termo realismo lógico é geralmente usado para significar que os termos das *lógicas clássicas ou neoclássicas* padronizadas têm características reais. Sob este ponto de vista, as formas lógicas podem proporcionar uma base para as necessidades lógicas, e suas conexões podem acumular-se em 'fatos' lógicos. Isto resultaria em um tipo de realismo lógico, pois estes 'fatos' seriam as bases ontológicas da verdade e da inferência lógicas.

Tal doutrina do realismo lógico (doutrina, não lógica), que poderiam existir alguns fatos ou assuntos de lógica independentemente de os considerarmos verdade, foi criticada por Resnik (1999). Seu argumento é que verdades lógicas (e matemáticas) são obtidas através de provas dedutivas e são isoladas da experiência, mesmo que não sejam imunes a revisão empírica.

O que temos de mais simples para dizer é que a lógica na realidade nada tem a ver com o realismo lógico, devido a ou apesar do fato que o PDO (Principle of Dynamic Opposition), o postulado fundamental de LIR é físico, mas também é metafísico. É independente da psicologia humana etc, da mesma maneira pela qual outros objetos de nossas teorias, mas em outras bases ontológicas, visto que a lógica a que o realismo lógico se refere é a lógica clássica, ideal e abstrata.

Se LIR então pode ser claramente diferenciada do realismo lógico, o que dizer do realismo natural, como no realismo natural conceitual de Cocchiarella? O realismo natural, apesar de seu nome, é simplesmente outro sistema de predicação a respeito de propriedades e relações naturais, com um modo de ser análogo ao de conceitos predicáveis: são parte das capacidades cognitivas humanas de identificar, caracterizar e dar referências a objetos do mundo real. LIR apoia este ponto de vista: o fato de que estas capacidades e conceitos não existem independentemente do pensamento ou da linguagem humana não significa que não são 'objetivos', como se assume no realismo lógico. Pelo contrário, considero estas entidades mais realistas e, portanto, mais objetivas no senso comum do termo.

No conceitualismo, o ser e a existência concreta e real são formais, conceitos 'lógicos', e não propriedades ou atributos que as coisas podem ou não ter. (As citações assustadoras a respeito da lógica são do autor.) A existência de propriedades ou relações naturais, que são o objeto deste estudo, por outro lado, não consiste em ser uma característica de algum objeto em algum momento, mas, pelo contrário, a possibilidade causal da sua existência **in re** – isto é, tendo um modo de ser, desta maneira, dentro da estrutura causal do mundo. Isto é, em outras palavras, o que o desenvolvimento seguinte das categorias de LIR mostrará.

3.2 – OS PREDICADOS ONTOLÓGICOS DE LIR: DUALIDADE

Cocchiarella vê a ontologia formal como 'o desenvolvimento formal, axiomático de todas as formas e modos de ser'. Entretanto, é difícil basearmo-nos apenas na existência formal das entidades desta ontologia, muito menos em qualquer aspecto interativo ou processual (Cocchiarella 1991). LIR, pelo contrário, é uma teoria a respeito de mudanças. Mudança, ou transformação, é, por conseguinte, o predicado ou aspecto categórico ontológico principal que esta teoria está tratando como ontologia formal. Os predicados ontológicos mais significativos de LIR que usarei são dualidades fundamentais que correspondem a noções do senso comum bem definidas, baseadas naquilo que Seibt chamou de experiência e intuição 'agentiva' (Seibt 2001). Os predicados implicitamente definidos pela axiomatização inicial são os seguintes, juntos com as noções às quais correspondem:

• Realização / potencialidade	Presente / ausente
• Homogeneidade / heterogeneidade (diversidade)	Um (identidade) / muitos

Inclui como predicados a realização e a potencialidade que, desde Aristóteles, têm sido consideradas como categorias e não como características categóricas. Eu as deixarei nesta 'categoria' de predicados por enquanto, visto que a ênfase, no axioma **LIR2** da Contradição Condicional, está nos processos que 'são' potenciais ou reais, conforme o caso. Voltarei a este ponto depois da construção da ontologia de LIR.

Poli (2003) mostrou a importância na filosofia dos fenômenos duais, não só na ontologia, mas também na relação ou correlação entre o papel deles na lógica (clássica) e na ontologia. Alguns pares adicionais, que tinham sido objetos de muitas discussões filosóficas, são a matéria e a forma, um e muitos e, em especial, parte e todo. Interno e externo desempenham um papel essencial em qualquer discussão de biologia.

Os predicados ontológicos principais adicionais que receberão uma interpretação em LIR, com base em seus axiomas, são os seguintes:

• Intensidade / extensão	Interno / externo
• Local / global	Vizinhança / distância + extensão parte / todo

Outros predicados que também se autoexplicam são:

- Alternativos
- Recíprocos

Se os axiomas verdadeiramente se aplicam a estes predicados, então devemos aceitar, neste estágio da discussão, que eles mostrarão não só a Contradição Condicional, mas também que as relações da Associação Funcional e os aspectos da Assintocidade Interna de um fenômeno não podem ser totalmente independentes de seus aspectos externos; similarmente, partes e todos não são independentes uns dos outros.

Deve ficar claro neste ponto que nenhuma caracterização destes predicados ontológicos foi dada, exceto que, intuitivamente, todos os predicados mostrados se referem, de alguma maneira, a aspectos dinâmicos da realidade. O que é esta maneira e que relações estão envolvidas, isto tudo emergirá de uma construção maior das categorias de LIR no Capítulo 4.

3.3 – O DOMÍNIO DAS ENTIDADES: NÍVEIS DE REALIDADE

O domínio das entidades que é descrito pelos axiomas, linguagem, constantes e predicados de LIR ,é toda a realidade. Este conceito pode ser feito mais compreensivelmente por referência aos axiomas, de acordo com os quais as entidades e seus opostos podem estar em estados que se aproximam dos limites clássicos da não contradição, em casos em que a lógica bivalente mantém 'para todos os propósitos e intenções', ou em estados que provocam contradição ou oposição entre os dois elementos, eventualmente levando, em determinados casos, à emergência de uma nova entidade (um estado T). As entidades de LIR incluem todos os fenômenos reais, físicos e não físicos, aí estando também aqueles do grupo anterior. De um ponto de vista ontológico formal, as sentenças de LIR são, por conseguinte, interpretadas sobre o domínio de toda a realidade, o domínio do que existe.

3.3.1 – *Complexidade versus níveis de realidade*

A noção de níveis de realidade comentada no Capítulo 1 é útil em uma conexão adicional, isto é, para diferenciar de um modo geral o domínio dos fenômenos que são suficientemente complexos ou, na terminologia usada por Lupasco, têm uma relação 'adequadamente' contraditorial para requerer o uso de LIR e o domínio daqueles que não o são. O ponto chave é que complexidade não é uma função simples de níveis de realidade. Ela vai de grandes valores até o nível quântico, de um nível mínimo a um macrofísico, ampliando-se novamente ao nível biológico e atingindo os maiores valores no nível mental humano e consciente e no nível social.[1] Complexidade é, assim, uma função do grau relativo em que as tendências biológicas, em oposição às tendências macrofísicas em direção à homogeneidade e identidade, estão prevalecendo quanto à heterogeneidade, diversidade e contradição (ou oposição, antagonismo). Domínios existem em toda a realidade, que são consequência do que eu poderia chamar de simplicidade emergente, e é nada além de senso comum dizer que a lógica binária se aplica a eles.

Trocas energéticas são uma condição necessária mas não suficiente para a complexidade. Em um jogo de bilhar, o taco e as bolas trocam energia, mas o local dos processos complexos de interesse estão na mente do jogador (intencionalidade, frustração etc). São sistemas macroscópicos que incorporam alguma forma de representação interna codificada dos processos que estão sendo realizados, que requerem uma lógica de média inclusa.

3.4 – LIR COMO UM SISTEMA FORMAL INTERPRETADO

Uma descrição preliminar da lógica da e na realidade como um sistema formal interpretado pode agora ser feita: é um sistema formal do 'terceiro tipo', que não é nem totalmente clássico nem totalmente não-clássico. Este sistema formal interpretado pode ser designado como uma ontologia formal que pretende estruturar toda a realidade, física e não-física, o domínio da existência. Assim, incorpora os elementos da realidade, tanto das mecânicas clássicas, descritas pela lógica clássica, quanto da mecânica quântica, que requer uma lógica quântica, assim como 'qualquer outra coisa' em todos os níveis de realidade.

Não quero, entretanto, fundir a noção formal de LIR, como uma ontologia formal, isto é, categoria, e LIR como metafísica, visto que uma relação mais produtiva pode ser encontrada entre elas. Smith (2004), por exemplo, define a ontologia como a ciência ou a teoria da existência, do que é e como é, mas ele não faz nenhuma distinção entre a ontologia e a metafísica. Sugiro, complementando, que a metafísica envolve especificamente a especulação a respeito da existência, até mesmo a respeito do que pode haver além do limite das capacidades humanas de perceber e de saber. Todo conhecimento é especulativo até um certo ponto. Prefiro ver a ontologia,

[1] Minha visão dos sistemas quânticos não deve ser tomada como se implicasse em alguma forma de panconsciência.

lado a lado com a metafísica,[2] mas que esta última esteja também tratando de aspectos da realidade que são, até certo ponto, não racionalizáveis e consequentemente ficaram inacessíveis aos procedimentos formais (ou ordenáveis) da lógica. Uma nova correlação entre a ontologia, a metafísica e a lógica é então possível, como se tornará mais claro na discussão da existência na Seção 3.7.

3.5 – TRÊS CONCEITOS CRÍTICOS

A teoria descrita neste livro inclui algumas perspectivas não familiares. Será útil, portanto, neste ponto, proporcionar definições e propriedades operacionais de três termos críticos que serão usados, a saber, dinamismos, processos e propriedades. A análise deste debate sobre a natureza das propriedades nos dá uma primeira ilustração, neste estágio inicial, sobre a operação do PDO de LIR em um contexto filosófico.

3.5.1 – Dinamismos

Proponho, em primeiro lugar, que o termo 'dinamismo' usado para designar intensidade e extensidade significa, combinando as definições dadas pelos dicionários, que são não apenas processos ou mecanismos da operação de energia responsável por seu desenvolvimento e movimento, mas também construções teóricas que descrevem o universo em termos de energia. Esta definição de intensidade e extensidade, conforme esta hipótese, converge para aquela da dinâmica, visto que são forças que, juntas, em relação antagônica ou contraditória (conjunção), provocam movimento, atividade e mudança.

Sendo isto aceito, então quais são as definições e características da realização e da potencialidade, da homogeneidade e da heterogeneidade? Parece que são propriedades intensivas de elementos reais ou entidades às quais poderíamos relacionar valores complexos observáveis. Ao mesmo tempo, entretanto, descrevi a mudança envolvendo realização e potencialização, e a operação de forças homogeneizadoras ou heterogeneizadoras, as quais, como dinamismos, pareceriam ter o caráter de processos. Temos agora o problema da relação entre a realidade e a realização (ou a realização, homogenei-

---

[2] Lowe (2006) desenvolveu uma ontologia formal alternativa como base da metafísica. Este enfoque conserva, contudo, noções padronizadas de categorias e sua lógica de predicados subjacente, o que limita a sua aplicabilidade aos fenômenos reais.

zação etc). Minha resposta preferida para este ponto é, em si mesma, uma ilustração de LIR: os dois termos, o substantivo e as formas verbais, não podem ser considerados como totalmente separados e independentes e um não é mais essencial do que o outro. Existe sempre um certo grau de processo na realizade e de propriedade na realização. Deveríamos poder 'sentir' uma realização em sua repressão de alguma coisa antagônica a ela que seria, se pudesse, causa de mudança, enfraquecimento, quebra, degradação ou desaparecimento, ou uma escala de tempo apropriada definida para cada caso.

Isto agora nos deixa com os dois termos, processo e propriedade, que requerem maior explicação e diferenciação.

3.5.2 – Processos

Processo, assim como nível, é um daqueles termos que são comumente usados sem atenção suficiente para as suas implicações. Processos podem ser definidos simplisticamente como fenômenos que envolvem mudança ordenada, uma série de ações ou operações que visam atingir um objetivo. No entanto, se os processos constituem o mundo da experiência – da natureza para a realidade social, até a percepção e cognição – eles não devem ser representados de um modo reduzido – em termos de seus resultados, pares de *input* e *output*, ou por computação estática ou descontínua, interpretações passo a passo envolvendo identidades estáticas, em que as dinâmicas subjacentes ficam ocultas.

Na minha visão, existem dois trabalhos analíticos relacionados a serem feitos. O primeiro é dar aos processos seu papel conceitual apropriado em descrições teóricas, da natureza via uma classificação ontológica apropriada de tipos de entidades dinâmicas, isto é, afirmações a respeito dos tipos de dinâmicas. Aqui, como em qualquer categoria ontológica, os processos em discussão são entidades teóricas e as dinâmicas envolvidas não se desenvolvem. A segunda tarefa é descrever dinamismos reais ou dinâmicas em termos das propriedades fundamentais daquilo que provoca a mudança, que, em meu ponto de vista, só pode ser a energia, sujeita a uma necessária revisão do conceito de causa. Tal descrição começou acima. Processos complexos, a consequência das interações de processos e processos de processos (sistemas de sistemas, ilustrados pela série de séries de ortodeduções do Capítulo 2) são definidos como o resultado da operação sobre elementos energéticos de operadores lógicos que são em si mesmos dinamismos (por exemplo, a implicação, a conjunção, a disjunção) que envolvem mudanças na energia, isto é, consideradas como ações reais e construtivas.

Para completar a descrição, contudo, temos ainda a necessidade de um melhor entendimento do significado de propriedade e da relação entre propriedade e processo.

3.5.3 – Propriedades

O conceito de propriedades é muito antigo e complexo na filosofia (Swoyer 2000), mas o ponto de introduzi-lo aqui é que o mesmo desempenha um papel central nas discussões da realidade e na descrição da realidade em termos de leis da natureza. Complementando, visto que estou discutindo aspectos de uma variedade maior de entidades que supostamente têm algo em comum, os processos ou dinamismos, de acordo com os quais elas evoluem com o tempo, as propriedades podem nos proporcionar um modo geral de explicação na direção de algum padrão de unificação.

As propriedades podem ser: (1) definidas; (2) sua natureza estabelecida; e finalmente (3) usadas para explicar fenômenos em todas as disciplinas mencionadas, inclusive na metafísica, nas ciências naturais ou 'ontologia naturalista', a filosofia da matemática e a semântica da linguagem natural. Designei vários aspectos dos elementos de meu sistema como 'propriedades', e parece correto dizer que se ajustam a uma teoria geral de propriedades. Uma teoria minimamente aceitável deve incluir o seguinte, reconhecendo que cada um destes pontos em si deu origem a debates, alguns dos quais comentarei mais tarde:

- As propriedades incluem relações, além de atributos, qualidades e características de fenômenos. Processos são iniciados ou exemplificados e as coisas – processos, objetos, relações etc – que exemplificam uma propriedade são instâncias dos mesmos.

LIR: Ser real ou potencial, realizado ou potencializado, são propriedades.

- Propriedades podem ser citadas para explicar ou facilitar mudança, assim como outros fenômenos de interesse filosófico, admitindo-se que uma referência adequada é feita para afirmações adicionais do ambiente ou mecanismos subjacentes, ao invés de apenas estabelecer observações (pele clara ontem, pele vermelha hoje, mas vermelha devido a ficar ao sol durante muito tempo, ao invés de simplesmente mencionar pele clara e vermelha em ocasiões diferentes). Propriedades são entidades intencionais que descrevem os aspectos intencionais dos fenômenos, e este senso proporciona um quadro da realidade que não é 'abstrato'.

LIR: Minha explanação sobre energia no Capítulo 4 em termos de extensidade e intensidade como propriedades é metafísica, visto que tais propriedades são claramente não observáveis, por exemplo, no caso de uma certa radiação eletromagnética, mas também física; dado que são postuladas pelas teorias físicas mais disponíveis, mostrarei mais tarde que LIR apoia um tipo específico de realismo científico. Nenhuma propriedade ou elemento é invocado na definição de propriedades de LIR que esteja fora das leis da física, mas a existência de oposição dinâmica proporciona um elemento adicional de estrutura.

- Propriedades podem explicar sentenças em termos de um conceito de forma linguística lógica, e propriedades compostas podem ser construidas a partir de outras mais simples por operações lógicas equivalentes a conjunção, negação etc.

LIR: Propriedades podem explicar os fenômenos em termos de um conceito de forma dinâmica lógica. Propriedades complexas podem ser construidas a partir de outras mais simples por operadores lógicos vistos como dinamismos.

Uma área de controvérsia é a de instanciação das propriedades. A instanciação tem sido considerada como uma relação, embora não normal: como uma ligação de uma entidade com uma propriedade, que deveria resultar em uma necessidade de uma relação de relações e consequentemente, seria um infinito regresso. Em LIR, uma relação de oposição dinâmica pode ser postulada entre a entidade e a propriedade, de maneira que elas mutuamente se ativam como sistemas dinâmicos reais. São estes sistemas que são os *objetos-na-realidade* que são equivalentes, na minha teoria, para os objetos lógicos da lógica padrão. Não precisamos de conceitos tais como 'laço não relacional', cola metafísica, ou metáforas como elos de uma cadeia. Isto explica a ideia que 'a ativação apenas estabelece relações', ou se adere metafisicamente. Além do mais, a iteração, neste caso de relações reais, se interrompe depois de dois ou três estágios, porque nenhuma informação nova é acrescentada por estágios subsequentes. Um exemplo interessante é a proposta de armazenagem de informações em sistemas quânticos, não na relação entre objetos quânticos, mas na relação entre as relações. Não compartilho do ponto de vista geral que tais movimentos são puras abstrações, pois, de acordo com os princípios de LIR, eles se encaixam na categoria de oposição dinâmica, e a consequente epistemologia proporciona a base necessária para interromper o infinito regresso potencial.[3]

Como um corolário do que foi dito acima, não é necessário chamar as propriedades de fenômenos concretos em oposição a entidades não-espaçotemporais como significados de conceitos. Uma dicotomia completa entre os termos abstrato e concreto em relação às propriedades pode ser evitada vendo-os também como os elementos de uma conjunção dinâmica contraditória (a entidade e seu dual). Assim, as propriedades ou qualidades de um fenômeno, ou associadas a um, são abstraídas do mesmo, não no sentido de um ser-não-real, mas para o objetivo de análise.

Finalmente, LIR resolve o problema das propriedades negativas, visto que nenhuma propriedade real é totalmente positiva ou negativa, e uma propriedade F é uma parte mais ou menos real ou potencial da propriedade negativa 'ser uma não-F'. A contradição absoluta é afastada pela alternativa interativa de realização e potencialização.

Existem, portanto, conclusões a serem tiradas da relação entre propriedades e processos. Vista dinamicamente, uma propriedade, por exemplo, a vermelhidão, é o resultado de uma série de processos e processos de processos em diferentes sistemas que culminam, digamos, no pigmento da casca do tomate e em meu ser posicionado à frente do tomate, que então se apresenta para mim como vermelho. Processos também podem ser vistos não apenas como propriedades, mas também como a consequência de sequências de sequências de propriedades como processos. No entanto, processos e propriedades não precisam ser considerados totalmente os mesmos ou diferentes. Eles reciprocamente se definem de acordo com seu enfoque, ou nos aspectos (relativamente) estáticos ou nos (relativamente) dinâmicos do fenômeno.[4] A definição não é circular, visto que, na realidade,

[3] Basicamente, a ideia de LIR é que os elementos do conhecimento e o conhecimento deste conhecimento estão em uma relação contraditória que exaure o espaço de configuração mental disponível. São autossuficientes, e nenhuma informação nova é gerada por iterações adicionais. É possível imaginar o regresso infinito como um processo que não para, mas, na realidade, algo o interrompe, ou ele mesmo o faz.

[4] Considerações semelhantes se aplicam, creio eu, à categoria e à característica da categoria, particularmente no caso da realidade e da potencialidade (real e potencial). Visto que existem vantagens a ambos os usos, e nenhuma desvantagem óbvia, exceto para a teoria, estou inclinado a assumir uma posição pragmática sobre este assunto.

nem o processo nem a propriedade volta ao mesmo ponto de partida. Processos e propriedades compostos são, portanto, tanto a consequência da exemplificação de séries de propriedades, sendo aquelas que 'estão no fundo', como veremos, da própria energia.

As lógicas propostas até agora como aplicáveis a teorias de propriedades têm sido lógicas padronizadas, consistentes, bivalentes, das quais qualquer princípio de contradição, condicional ou de qualquer outro tipo, está ausente. Tem sido despendido muito esforço para definir condições de identidade em tais enfoques lógicos clássicos em relação às propriedades, da mesma maneira que outras coisas. Estas são substituidas no meu sistema LIR por condições de identidade para todos os objetivos e propósitos, sem o absolutismo da identidade como um princípio metafísico ou lógico *a priori*. Se uma lógica contém a noção anterior das condições da identidade, inevitavelmente será uma idealização, pelo menos até este ponto. A propriedade de ser uma propriedade já é, em si, uma propriedade, mas o enfoque de LIR evita o problema de que a autoativação ou a autoexemplificação de uma propriedade leva a um paradoxo nos sistemas binários: uma propriedade se exemplifica por si mesma, mas, na realidade, não completamente.

3.5.3.1 – Propriedades intrínsecas versus extrínsecas: relações

Todas as propriedades são ativadas por coisas que existem no espaço e no tempo ou, se as propriedades podem por si mesmas ativar propriedades, cada uma é parte de uma cadeia descendente de ativações que podem ou não dar origem a indivíduos. A locação de propriedades exemplificadas se refere ao espaço em que são ativadas no espaço/tempo. O princípio da ativação implica em que as propriedades são localizadas em suas instâncias, mas podem apenas ser de dois tipos, intrínsecos ou extrínsecos. Propriedades intrínsecas são normalmente definidas como sendo aquelas que um objeto pode possuir, independentemente de quaisquer outras coisas que existam. Propriedades típicas são a massa e a carga das partículas na física clássica ou o tamanho e a forma de um ser humano individual. Todas as outras propriedades são extrínsecas ou relacionais: o peso, que depende da presença de um campo gravitacional, propriedades relacionais tais como ser o irmão de, e a locação espaçotemporal. Nos sistemas quânticos, as propriedades intrínsecas são aquelas que não dependem do estado do sistema e extrínsecas são aquelas que dependem.

Os axiomas fundamentais de LIR implicam em uma mudança

muito grande na definição das propriedades intrínsecas e extrínsecas. Nenhuma propriedade de um sistema que esteja envolvido em alguma forma de interação dinâmica, isto é, no nível quântico, biológico e mental, pode ser, de acordo com a Contradição Condicional, separada de suas oposições ou negações. Todas as propriedades são parcialmente intrínsecas e extrínsecas, seus aspectos interno e externo alternadamente realizados e potencializados. Só no nível de objetos macroscópicos é que este nível se justifica para que possamos falar, por exemplo, de uma propriedade espaçotemporal como extrínseca a qualquer intenção e propósito. Isto terá importantes consequências para a ontologia de LIR, isto é, as entidades pelas quais se considera que a realidade é constituida, para a visão conforme LIR do realismo científico e estrutural.

Da mesma maneira que Esfeld (2003), não faço distinções entre relações e propriedades relacionais. Como se observa, relações também são propriedades em que são predicados das coisas, mas, para entidades em relação interativa, relações são as propriedades relacionais. O enfoque de LIR em relação às propriedades mostrará maior aplicação na discussão da metafísica das relações; por exemplo, se requerem propriedades subjacentes sobre as quais as relações passam por cima.

O problema da diferenciação está implícito na discussão acima, em LIR, entre um sistema interpretado e outro não interpretado, e como passa de um domínio para o outro. Na definição costumeira, a primeira se aplica somente aos elementos no domínio das teorias e o último às teorias *per se*. Em LIR, esta estrita separação, que, novamente, é um reflexo do princípio da bivalência, não pode ser mantida.

3.6 – ALGUMAS CONSIDERAÇÕES METALÓGICAS

Deve estar claro agora que aquilo que estou propondo é uma nova maneira de 'ter lógica' que é muito mais radical do que uma mudança na terminologia estabelecida do objeto/processo/propriedade. Esta é uma consideração metalógica, visto que discute a lógica de um sistema lógico e os principais componentes desse sistema, suas regras e relações.

As propriedades metalógicas de uma lógica como um sistema de raciocínio a respeito de proposições, capaz de formalização em uma linguagem simbólica, são geralmente identificadas como sua completude, sua compacticidade, segurança, entre outras. (Sendo ou não um princípio metalógico ainda aceito, a consistência tornou-se, no entanto, um assunto da predileção com o advento das lógicas paraconsistentes.) As propriedades metalógicas são geralmente expressas em uma metalinguagem, que pode ser um português matemático comum, aumentado por alguns símbolos metalinguísticos, em que são dadas contas da validade das inferências feitas na linguagem formal da lógica, o objeto linguagem. As duas noções comuns da validade são semânticas, preservadoras da verdade e prova de teorias, para as quais os símbolos são respectivamente $\vdash$ e $\models$.

Provas de consistência, de completude e de segurança na metateoria da lógica padronizada podem ser encontradas em qualquer texto padrão e não serão reproduzidas aqui.[5]

Ao comparar, por exemplo, as bases da lógica de dois valores, com a aceitação irrestrita do princípio da bivalência, com a lógica de três valores de Lukasiewicz, o número de valores é um princípio metalógico. Em LIR, não é somente o número de valores que é metalógico, mas também suas propriedades como propriedades de processos reais.

As propriedades metalógicas de LIR são, portanto, de uma espécie inteiramente diferente, visto que são baseadas em um ponto de vista da natureza que não leva em consideração entidades fundamentais nem abstratas da lógica puramente proposicional ou matemática clássica ou os conceitos ontológicos antropomórficos da fenomenologia. O princípio metalógico mais fundamental de LIR é o de oposição ou antagonismo, sem o qual, neste ponto de vista, nada pode existir (ver a próxima seção). Isto significa, portanto, ao mesmo tempo, o princípio metafísico mais fundamental de LIR. Nada existe independentemente de algo mais na ontologia formal de LIR.

Uma questão metalógica chave é, se existem diversas lógicas candidatas a uma aplicação em particular, como se pode escolher entre elas? Como foi colocado por Dummett (1991), se alguém tem uma doutrina metafísica resultando em consequências para a lógica, como pode esse alguém decidir (logicamente) a favor ou contra as premissas metafísicas envolvidas? Os conceitos metalógicos acima sugerem a resposta a esta questão a respeito da logicalidade da es-

[5] A metalógica foi exaustivamente usada por Lesniewski como uma forma de verificar quais contradições estavam faltando em uma sequência de raciocínio (Simons 2002). Curiosamente, nos primeiros trabalhos de Lesniewski, ele parecia preocupado que a matemática deveria ser capaz de 'capturar a realidade heterogênea do mundo' e que os sistemas lógicos deveriam reter uma dimensão de ligação com o real (Peeters 2006).

colha da lógica. Se alguém tem uma escolha de lógicas, esse alguém precisa buscar critérios não-lógicos para decidir entre elas. Assim, uma escolha entre duas lógicas é não-lógica em termos clássicos, e podemos dizer que não estamos fazendo uma escolha genuína (lógica). Pelo contrário, se a escolha da lógica é lógica, pode-se dizer que está sendo feita uma escolha?[6] Este problema desaparece na metalógica de LIR, visto que, em LIR, nenhum par de entidades, incluindo os processos dialéticos de escolha, é totalmente separado. Uma conexão interativa envolvendo sua realização e potencialização alternadas (predominantemente, mas não absoluta ou completamente) está presente no nível de seu significado e no nível da existência física de seus referenciais. Qualquer escolha que alguém faça é tanto lógica (no sentido de forçada na direção de uma identidade) e não-lógica (no sentido de ser parcialmente arbitrária, que é uma noção de diversidade), e este é um estado de coisas lógico em LIR. Posso sempre escolher LIR como minha lógica preferida, mas o potencial para minha escolha pela lógica clássica está sempre presente, e, realmente, farei esta escolha em casos aplicáveis.

3.7 – A LÓGICA DA EXISTÊNCIA

Este é um livro a respeito da realidade e de sua lógica, mas o que é a realidade, a respeito da qual estou apresentando uma lógica? Alguns leitores podem sentir que a descrição da realidade e do que é real no Capítulo 1 é demasiadamente vaga. Ela não dá uma definição adequada do que significa para alguma coisa ser ou existir, ou seja, uma resposta à questão da existência e da questão relacionada de por que alguma coisa existe. Quando digo que os limites da lógica clássica, entre outras coisas, não existem na realidade, estou fazendo uma afirmação que me marca como alguém capaz de discernir o que existe e o que não existe, mas minha posição não foi justificada.

Tentativas bem conhecidas de proporcionar respostas às questões da existência são as de Heidegger e Sartre. Heidegger posicionou um conceito da existência na presença irredutível da mente humana no mundo – *Da-Sein*. Sartre (1943) desenvolveu uma ontologia consistente de duas categorias distintas, irredutíveis e mutuamente exclusivas da existência em-si (*en-soi*), essencialmente inconsciente

---

[6] A questão de qual lógica usar para escolher uma lógica por racionalidade e criticismo científicos foi discutida por Bueno e da Costa (2007), que chegaram à conclusão óbvia a favor do pluralismo lógico.

e da existência por-si (*pour-soi*), que é uma característica da consciência. As duas são combinadas ou misturadas nos seres humanos. A característica *em-si* corresponde à matéria física considerada como passiva, inerte e autoidêntica, enquanto a característica *por-si* é dinâmica e não-autoidêntica. É uma não-coisa, o 'néant', uma negação interna ou uma niilização da característica em si. Essas duas visões existenciais são fenomenológicas, requerendo um observador humano, e estão abertas à crítica que a existência, ou a maior parte dela, parece ser independente da observação humana.[7]

Em sua monografia sobre ontologia formal, Jacquette (2002) critica tais enfoques ontológicos como aspectos circulares, usuais a respeito de nós mesmos como seres humanos, ao definir a existência. Ele desafia os metafísicos a responder à questão ontológica puramente filosófica da existência antes de definir suas várias categorias possíveis via uma ontologia científica apropriada. Aceitei este desafio, isto é, para definir cuidadosamente, na medida do possível, um conceito de existência como um assunto da ontologia filosófica (metafísica) antes de desenvolver uma ontologia aplicada dos tipos de coisas no mundo que será consistente com ela.

O trabalho de Jacquette é especialmente relevante para LIR porque ele baseia sua própria resposta à questão da existência na lógica. Jacquette propõe que a lógica clássica pura[8] pode ser usada em uma combinação com referência a objetos lógicos e suas propriedades lógicas, combinadas com todas as possibilidades lógicas possíveis. O conjunto dessa combinação é seguro para incluir uma combinação consistente ao máximo que representa o mundo real em suas contingências lógicas. Deve-se ressaltar que, no entanto, essa posição de Jacquette é que a pura ontologia filosófica, para a qual a lógica clássica oferece um *insight*, é conceitual, perguntando

---

[7] Existem muitas intuições profundas em Sartre a respeito da dualidade e da realização e potencialização que se alternam como pontos fundamentais, por exemplo, quando ele diz que tanto o outro quanto eu mesmo somos corresponsáveis pela existência do outro via duas negações, de tal maneira que eu não posso experimentar uma sem imediatamente mascarar a outra (Sartre 1943). Ele é incapaz, contudo, de evitar a consequência de sua total separação da característica *en-soi* e *pour-soi* e a contradição que resulta no aparecimento da consciência na característica *pour-soi*. LIR pode ser vista como uma explanação desta frase: 'tudo acontece como se o enfoque *en-soi*, em um projeto para descobrir a si mesmo, provocasse a modificação do *pour-soi*'. A metafísica de LIR realmente proporciona uma hipótese para como este 'evento absoluto que coroou a aventura individual que é a existência do ser." O *en-soi* tinha o potencial para o *pour-soi*, em primeiro lugar. Entre outras coisas, meu enfoque evita a necessidade de tentar decidir se ser ou não ser tem prioridade ontológica.

[8] Jacquette também fala de ontologia filosófica pura, mas devo confessar uma aversão ao termo 'pura' usado frequentemente por filósofos do calibre de Husserl e Sartre. Na minha visão, como um termo de absoluta exclusão, ele falha em seu objetivo de reforçar um argumento ou explanação, assegurando apenas que seus termos permaneçam em um domínio de abstrações.

o que significa existir para alguma coisa, ao invés de tentar caracterizar aquilo que realmente existe.

O problema com este quadro é a principal afirmação implícita na declaração de que a lógica clássica está designada para falar de um modo onticamente neutro e não comprometido a respeito de objetos e propriedades. "O que poderia ser mais básico do que algo ter ou não ter uma propriedade?" (Jacquette 2002) A meu ver, a afirmação na questão a respeito de "algo tendo uma propriedade" já implica em que (1) "algo" a que se refere sem qualificação existe de um modo totalmente separado; e (2) "algo" só pode existir com propriedade ou sem propriedade. Isto levanta o espectro de que o mundo real pode não corresponder a essa combinação consistente ao máximo de que se fala acima, se a afirmação estiver incorreta. Os objetos e as relações (as propriedades) lógicas são aqueles da lógica clássica puramente binária, adaptadas do seu uso de formas linguísticas. Se estas não existirem, então nenhuma combinação delas, ainda que exaustiva, incluiria o mundo real e geraria uma descrição significativa a respeito da existência.

Jacquette está ciente de que sua visão das possibilidades e das propriedades lógicas do mundo como existem constituem um comprometimento ontológico, mas acredita que seja mínimo; é lógico que seja ontologicamente comprometido com essas possibilidades lógicas e ficaria em segundo lugar a análise combinatorial que faz uso delas. De fato, o argumento de Jacquette quanto ao por que existe algo, ao invés de não existir nada, é simplesmente uma reformulação desse compromisso ontológico menor (?): "pois, existir algo é um tipo particular de combinação objeto/propriedade que seja logicamente possível. O mundo real, sem nenhuma bagagem fenomenológica, existe como a implicação direta da lógica pura, envolvendo um estado de coisas ou uma combinação objeto/propriedade logicamente possível e consistente ao máximo." A alternativa é triste: visto que a lógica é necessária como uma teoria de possibilidades lógicas e da posse de propriedades pelos objetos, se um não tem possibilidades lógicas, "então precisaremos trabalhar com a falta de lógica" (Jacquette 2002).

Minha conclusão é menos pessimista. Baseado na análise combinatória apenas, se o mundo real é logicamente possível, é logicamente necessário. Nesta concepção, seu *status* modal é logicamente contingente, um assunto de pura oportunidade, uma posição atribuida a Hawking, Heisenberg, Einstein e Dirac, entre outros. Na lógica realista alternativa que proponho, uma nova definição da necessidade lógica e de uma relação contraditorial pode ser encontrada entre a necessidade e a contingência, e os conceitos de LIR e os *insights* de Jacquette parcialmente convergem. Se isto pode não ser possível, com uma ontologia filosófica pura, cuja conceituação e comprometimento ontológico sejam mantidos separados, dizer algo significativo a respeito do mundo e a questão do por que existe alguma coisa ao invés de não existir nada, pode ser mal colocada. A ontologia com certeza requer uma metalógica filosófica correta, mas os princípios de tal metalógica não podem ser totalmente separados da física do mundo, isto é, uma ontologia científica.

Minha primeira resposta lógica à questão da existência, que pode estar de acordo com o critério de não existir qualquer compromisso anterior em relação àquilo que a existência é, é dizer que é diferente da não-existência. O ser existe em virtude dessa diferença em relação ao não-ser. Entender o ser significa para mim não só compreender o não-ser, mas também a relação entre eles.

Ao invés de nos referirmos a objetos padronizados da lógica "pura" para caracterizar melhor o ser, na metafísica de LIR, assumimos que, pelo menos um sistema real existe, composto de, pelo menos, duas entidades processuais, mais a relação antagônica que possibilita a ambas existirem nesse sistema (cf. Anexo 2, para mais detalhes). Assim, afirmo que o ser, como algo fundamental do universo, não pode ser apreendido por uma lógica bivalente, mas pode ser pela LIR. LIR é talvez um sistema menos *a priori* do que o sistema adotado por Jacquette, mas é, na minha visão, o sistema que pode capturar ao máximo o mundo real. Em outras palavras, nenhuma lógica, nem mesmo a lógica da/na realidade, pode centrar a metafísica; a metafísica é que centra a lógica.

A razão é a seguinte: como foi corretamente enfatizado por Jacquette, sem ainda fazer qualquer especificação ontológica daquilo que qualquer coisa no universo seja, noto a existência da dualidade, até mesmo na ambivalência. Outra maneira de dizer isto é que "assim que" exista uma dualidade no universo, o ser e o não-ser têm uma negação, uma coisa não sendo a outra, isto é, pelo menos essa relação entre eles. Notei no Capítulo 1 que a lógica clássica expressa formalmente o requisito de que uma coisa deve existir mas não que duas devam existir. Este aspecto da lógica padrão não deve ser tomada como uma prova de qualquer coisa; chamo atenção para isto simplesmente para comparar com o que acredito ser um ponto de partida mais realista para uma discussão do ser. Tenho discutido meu ponto de vista das propriedades acima. Embora a maioria das pessoas diga que a diferença entre as propriedades da existência e da não-existência é mais ou menos tão grande quanto possível, sinto as duas entidades e sua relação também existindo como uma consequência lógica do postulado fundamental de LIR. Em LIR, contudo, isto não requer que existir é ser consistente com o máximo de predicados.

O problema filosófico, portanto, foca na natureza da relação entre o mínimo de duas coisas no universo: as duas coisas podem ser consideradas ou uma dualidade não conectada ou uma dualidade conectada. As lógicas padronizadas – bivalente, multivalente, intuicionista, paraconsistente etc são, nem mais nem menos, do que expressões da primeira posição. LIR é a expressão da última, nem mais nem menos lógica do que a primeira.

A declaração mais importante feita por Jacquette é que "a lógica seria muito importante se fôssemos interpretar os fatos do mundo, começando com os fatos descritivos e as leis da ciência natural, como um assunto de necessidade metalógica", pois isto requereria, a seu ver, que desistíssemos da lógica e até mesmo da contingência física do mundo real. Ele sente que isto faria entrar em colapso todos os mundos presumivelmente (sic) distintos logicamente no único mundo real *versus* a simples suposição de que é minimamente possível que fatos particulares do mundo real fossem diferentes do que são. A meu ver, contudo, este argumento nada nos diz a respeito do mundo real. É um erro de categoria (ver Capítulo 4), visto que mundos possíveis são totalmente separados do mundo real. O argumento é simplesmente uma reformulação da lógica assumida. Espero que a relação de necessidade e de contingência que proponho reduza o medo de que a contingência desapareça sob o horizonte fenomenológico.

3.7.1 – Objetos abstratos, não reais, não existentes e fora do espaço/tempo

Em diversas ocasiões, já fiz a diferença entre objetos abstratos ou ideais, limites ou relações, e entre objetos reais ou concretos. Visto que agora já tenho um conceito preliminar do ser, estas noções intuitivas podem e devem ser feitas de forma mais precisa, pois os diferentes tipos daqueles que são também chamados de objetos ficcionais ou imaginários, têm sido assunto de intensos debates desde a antiguidade.

Jacquette, em resumo, diz que objetos fora do espaço e do tempo têm existência apenas abstrata, uma categoria separada da existência física ou da existência na ontologia científica abstrata.

Jacquette desenvolve um conceito da existência de entidades abstratas usando o mesmo critério combinatório estratégico: se uma entidade satisfaz o requisito de máxima consistência, consistência predicacional e completeitude, então ela existe em seu domínio. Neste caso, do ponto de vista de LIR, o argumento funciona. Sabemos o que significa para as entidades abstratas existir, ter existência, porque, por definição, são autoconsistentes e completas. Elas se enquadram no critério porque não envolvem energia nem suportam cargas, e seguem os princípios da lógica clássica.

Priest (2005) considera um caso importante que objetos não existentes façam parte de nosso mundo real, usando um conceito ('noneismo') e uma classificação que é consistente com um processo energético mental da criação desses objetos, como é descrito por LIR para qualquer processo desse tipo. Alguns desses objetos não existentes são consistentes, outros são inconsistentes, como se poderia esperar, dada a generalidade da aplicação dos teoremas de Gödel neste domínio.

O ponto de discussão a respeito de objetos não existentes é que eles sejam reais, ou seja, façam parte do nosso mundo real, e, como foi indicado originalmente por Meinong, possam ter propriedades. Podemos ter uma longa lista de candidatos ao *status* de não existentes – objetos abstratos, propriedades, relações, proposições e, acima de tudo, todos os objetos matemáticos e ficcionais. Em primeiro lugar, quero dizer que todos estes são resultados de processos mentais humanos, mas diferem do ponto de vista de LIR em sua capacidade de suportar mudança. Isto é similar ao critério contrafactual usado por Priest, que define um objeto abstrato não existente como um que, se existisse, mesmo assim não interagiria conosco. Um objeto concreto não existente é aquele que, se existisse, interagiria (ou poderia fazê-lo) conosco. Exemplos da primeira categoria são os números, os triângulos etc, e da segunda categoria os de caráter ficcional; no entanto, essa divisão não é absoluta e casos problemáticos não serão aqui motivo de discussão.

Um exemplo de maior interesse é um 'objeto' como uma teoria científica. O objeto abstrato 3, ou uma proposição da lógica clássica, não mudam, mas uma teoria, que, de acordo com o conceito acima, é não existente, parece que suporta mudanças que são diferentes de uma simples iteração, somando 1 a 3 para obter 4 e eventualmente todas as integrais.[1] O conceito de Priest é que uma

[1] A natureza da mudança de uma teoria é um importante subtópico do realismo científico para a qual uma interpretação de LIR será dada no Capítulo 6; ver também Boyd (2002).

teoria contendo fatos a respeito de objetos não existentes pode nos trazer revelações a respeito dos objetos existentes porque existe uma correlação: as propriedades de ambos têm a mesma estrutura, e a ponte das leis ou princípios, que expressa este isomorfismo, nos permite movimentos de retrocesso e de avanço entre objetos matemáticos e estados físicos. Entretanto, o que podem ser estes princípios que funcionam como pontes de tal forma que assegurem suficientemente e de maneira geral que algum tem as propriedades corretas no lugar certo?

Minha conclusão provisória é que, pelo menos em alguns casos, não é possível manter uma separação absoluta entre aquilo que é aparentemente não existente e aquilo que é existente, especificamente uma teoria e seus dados.[2] É a interação entre os dois, expressada pelo princípio de oposição dinâmica de LIR, que assegura a correlação e a coevolução dos objetos nos 'dois mundos'. As teorias, então, assim como as ideias e os conceitos, ainda que não sejam do espaço/tempo no sentido comum, como modelos ou estruturas informacionais, compartilham de algumas das propriedades dinâmicas dos objetos existentes fisicamente.

A conclusão desta discussão é que ambos os enfoques contêm *insights* válidos dentro da complexidade daquilo que é designado como existência e não-existência, com base em qualquer tipo de lógica, clássica ou proposicional paraconsistente. LIR permite axiomaticamente um grau de incompleitude e de inconsistência que é a justificação para sua aceitação como uma teoria da realidade, e os princípios destacados neste capítulo facilitarão o quadro de LIR para a discussão de níveis e relações conceituais no Capítulo 5.

Com isto em mente, construirei agora as categorias que irão constituir a ontologia formal de LIR. Antes de partir para este procedimento, devo ainda tratar de alguns pontos gerais a respeito da ontologia e das categorias, o que começarei no próximo capítulo.

---

[2] Na seção 3.1 discuti o ponto de vista de Cocchiarella a respeito da ontologia formal como 'o desenvolvimento sistemático, formal, axiomático de todas as formas e modos de ser'. Como vimos, é difícil afirmar qualquer coisa mais do que existência formal das entidades desta ontologia, muito menos quaisquer aspectos interativos ou processuais (Cocchiarella 1991).

Referências

Boyd, Richard. 2002. Scientific Realism. Em *The Stanford Encyclopedia of Philosophy* (edição de verão de 2002), ed. Edward N. Zalta. http://plato.stanford.edu/archives/spr2002/entries/scientific-realism/.

Bueno, Otávio e Newton C. A. da Costa, 2007. Quase-truth, Paraconsistency, and the Foundations of Science. SYNTHESE 154: 383-399.

Cocchiarella, Nino, 1991. Ontology, Formal. Em *Handbook of Metaphysics and Ontology*, eds. Barry Smith e Hans Burkhardt. Munique: Philosophia Verlag.

Cocchiarella, Nino. 1996. Conceptual Realism as a Formal Ontology. Em *Formal Ontology*, eds. R. Poli e P. Simon, Dordrecht, Países Baixos: Kluwer.

Dummett, Michael. 1991. *The Logical Basis of Metaphysics*. Cambridge, MA: Harvard University Press.

Esfeld, Michael. 2003. Do Relations Require Underlying Intrinsic Properties? A Physical Argument for a Metaphysics of Relations. *Metaphysica* 4: 5 – 25.

Esfeld, Michael e Vincent Lam. Holism and Structural Realism. Em *Worldviews, Science and Us: Studies of Analytical Metaphysics. A Selection of Topics from a Methodological Perspective*, eds. R. Vanderbeeken e E. Weber, Dordrecht, Países Baixos: Springer (no prelo).

Jacquette, Dale. 2002. *Ontology*. Montreal e Kingston, Canadá: McGill-Queens University Press.

Lowe, E. Jonathan. 2006. *The Four-Category Ontology: A Metaphysical Foundation for Natural Science*. Oxford: Oxford University Press.

Peeters, Marc. 2006. L´oeuvre de jeunesse. Em *Introduction à l´oeuvre de S. Lesniewski. Vol. IV, CdRS*. Neuchâtel, Suiça: University of Neuchâtel.

Poli, Roberto, 2003. Descriptive, Formal and Formalized Ontologies. Em *Husserl´s Logical Investigations Reconsidered*, ed. D. Fisette. Dordrecht, Países Baixos: Kluwer.

Priest, Graham. 2005. *Towards Non-being*. Oxford: Clarendon.

Resnik, Michael D. 1999. Against Logical Realism. Em *History and Philosophy of Logic 20*: 181 – 194.

Sartre, Jean Paul, 1943. *L´être et le néant*. Paris: Gallimard (Paris: telGallimard 1998).

Seibt, Johanna. 2001. Ontological Categories: The Explanation of Categorial Inference. Em *Warrheit-System-Struktur: Auseinandersetzungen mit Metaphysik*. Stuttgart, Alemanha: Olms Verlag.

Simons, Peter. 2002. Reasoning on a Tight Budget: Lesniewski´s Nominalistic Metalogic. *Erkenntnis* 56: 99-122.

Smith, David Woodruff. 2004. *Mind World*. Cambridge: Cambridge University Press.

Swoyer, Chris. 2000. Properties. Em *The Stanford Encyclopedia of Philosophy (Edição do inverno de 2000)*, ed. Edward N. Zalta. http://plato.stanford.edu/archives/win2000/entries/properties/

Capítulo 4

AS CATEGORIAS DE LIR

Resumo: O Capítulo 4 desenvolve LIR como uma ontologia categorial, baseada em uma visão das dualidades fundamentais da energia, e daí da realidade, inerente na descrição dos fenômenos quânticos em um campo quântico efetivo. As categorias de uma Ontologia de uma Nova Energia (NEO) são estabelecidas, inclusive as categorias essenciais da Oposição Dinâmica, do Processo e do Estado T (média incluida emergente), e o Sujeito/objeto que são, ambos, cheios de significado, formal e fisicamente. Mostramos que as categorias se enquadram nos axiomas de LIR e sugerimos a necessidade de considerar-se fenômenos interativos físicos, biológicos e cognitivos mais importantes, como iniciadores da categoria da não-separatividade, relacionada mas não idêntica à existência da não-separatividade no nível quântico da realidade. É feita uma discussão inicial de LIR como um sistema interpretado, que examina adiante a essência da tese de LIR.

4.1 – DEFINIÇÃO E FUNÇÃO DA ONTOLOGIA

Ontologia pode ser definida como o estudo daquilo que existe, quais entidades compõem a realidade e quais são as características e relações mais gerais dessas entidades. Por conseguinte, ela sobrepõe o conceito de metafísica, como sugerimos na Introdução. A noção de ontologia como uma teoria geral em relação a LIR é complicada pelo fato que LIR também se propõe a dizer muito das mesmas coisas a respeito da realidade. Comentários anteriores a respeito da relação entre as lógicas clássicas proposicionais ou predicativas de primeira ordem com a ontologia não ajudam muito, visto que estas lógicas foram restritas ao estudo das formas de pensamento e de julgamento, fora do espaço e do tempo. A lógica clássica assemelha-se à aparente estrutura objeto/propriedade da realidade, e a ontologia clássica reflete esta estrutura. Como Rescher disse, contudo, a lógica de objeto e predicado não prevalece na natureza.

A ontologia descreve quais coisas existem e como elas são. A metafísica questiona (entre muitas outras coisas) por que elas existem, faz algumas afirmações e produz conceitos e teorias a respeito das entidades básicas da existência. A ontologia converte essas afirmações, conceitos e teorias, que são obviamente expressas em alguma linguagem, seja ela natural ou científica, em um campo de conhecimento coerente e geral, via um sistema de categorias. Fala-se, portanto, de teorias ontológicas e esquemas ontológicos de entidades básicas (ou que as contêm), divididas em categorias de diversos tipos. Observamos que as categorias têm descritores, que são definidos, e características, propriedades mais ou menos abstratas, até onde as categorias se propõem. As características podem aplicar-se a mais de uma categoria, mas, na ontologia clássica, duas categorias diferentes não podem ter o mesmo conjunto de características.

Vejo uma ontologia como uma estrutura metódica de descrições de entidades olhando em duas direções: a primeira é 'contra a corrente', em direção à linguagem, como uma teoria de raciocínio e padrões de inferência. Fazendo isto, sigo as sugestões de Seibt (2001) quando ela diz que a ontologia vai muito além de esclarecer e de estipular relações entre expressões linguísticas de uma certa linguagem, natural ou científica: a ontologia descreve 'aquilo que existe', no sentido de proporcionar uma descrição dos criadores da verdade da linguagem.[3] Criadores da verdade são entidades fora da linguística, mas neutras, entre aquilo que é real e construído. Uma ontologia, de acordo com a definição de Seibt, é uma teoria a respeito das entidades que podemos dizer que se referem, quando falamos uma linguagem, a entidades que justificam as inferências que tiramos dessa linguagem.

A segunda direção em que a ontologia segue é 'a favor da corrente', a caminho do domínio de todas as entidades – a realidade – em que uma ontologia é definida pelos itens reais fora da linguagem, descrita por alguma teoria dessas entidades.

A tarefa da ontologia tem sido, portanto, definida em muitas formas diferentes, como denotam tanto os conceitos gerais da realidade e as entidades básicas, maneiras de ser ou aspectos da existência. Por exemplo, Poli (2003) define a ontologia dinâmica como um sistema categórico compreensivo, capaz de coordenação teórica adequada e explicação dos resultados da ciência contemporânea. Minha concepção da ontologia abrange ambos os tipos de categorias, aqueles cuja 'fonte' está na realidade e aqueles cuja 'fonte' está

[3] Ver, contudo, minha discussão a respeito dos criadores da verdade no Capítulo 2.

em nossa conceituação da realidade. Pode-se dizer, em ambos os casos, que as categorias ontológicas são as entidades básicas em um certo domínio **M**, como é descrito por uma teoria desse domínio **TM** ou são os termos básicos da teoria do domínio de **TM**. Não é necessário decidir pelo conceito do termo 'categoria', seja ele 'entitativo' ou 'conceitual'. Em ambas as leituras, as categorias ontológicas são sempre itens teóricos e pode ser realmente falso falar de 'categorias' de uma linguagem natural ou científica.

4.1.1 – Categorias formais e materiais

A noção geral complementar que precisa ser desenvolvida é a diferença, começando com Aristóteles, entre categorias formais e materiais. Apoio um conceito de ontologia, como alguém que se preocupa consigo mesmo, como uma ontologia material, com seus constituintes (indivíduos, propriedades e relações) em um domínio particular ou uma região do mundo, e como uma ontologia formal (Schneider 2002), com a axiomatização das categorias gerais mais penetrantes que a divisão e a realidade da forma como um todo.

A proposta de D. W. Smith (Smith 1999), que ele chama de Unionismo, é que existe um mundo, ordenado e unificado como "natureza", cujas diversas categorias podem ser definidas. O mundo inclui todos os objetos e fenômenos, inclusive as criações artísticas, experiências conscientes etc, nas categorias materiais de Corpo, Mente e Cultura. Estas são ordenadas por diversas categorias formais tais como Qualidade Individual, Estado de Coisas e, principalmente, Relação. "O mundo goza de uma complexidade categórica sem o dualismo da substância. Dos quarks aos quasars, da consciência à volição em relação a instituições culturais, existe uma complexidade ontológica, mas toda dentro deste único mundo."

As categorias formais mais importantes, que diferem até certo ponto daquelas propostas por Husserl, são a Intencionalidade e a Dependência. (As categorias formais de Husserl incluiam o Indivíduo, a Espécie e o Estado de Coisas; suas três categorias materiais são a Natureza, a Cultura e a Consciência.) Intencionalidade é definida por Husserl como estar consciente de *alguma coisa que não seja separada do "Eu"*. Não é uma categoria mas, pelo contrário, uma característica formal de entidades nas categorias da Natureza e da Consciência. Dependência é sugerida como uma categoria que pode governar relações causais materiais, definidas em termos de força física. Na ontologia de Smith, a natureza física das coisas é estruturada pela interação das categorias formais e materiais. "Nesse tipo de ontologia, o mundo tem uma unidade sistemática que consiste na maneira pela qual as entidades enquadradas nas categorias formais são governadas pelas categorias formais que *se entrelaçam de uma maneira ordenada.*" (a ênfase é minha) As principais categorias físicas ou materiais são o Corpo, a Frequência, a Massa, a Força, o Tempo/Espaço, a Gravidade, o Eletromagnetismo, o Campo Quântico e a Onda das Partículas.[4] Veremos em seguida porque escolhi esta lista para discussão entre tantas outras possíveis.

Nenhuma lista de categorias formais e materiais já foi aceita como proporcionadora do quadro da realidade mais adequado.[5] Entretanto, o enfoque metodológico da construção de uma estrutura categorial para uma teoria assim como a LIR é válido para facilitar a discussão. Assim sendo, vejamos quais partes deste quebracabeças estão disponíveis, baseados em meus três primeiros capítulos:

- Um domínio M que é o mundo real e empírico de todas as entidades físicas e não-físicas (mentais) e fenômenos idem, referidos como o domínio existente.
- Uma teoria, LIR, desse domínio, que chamei de uma lógica baseada em suas axiomatizações informais e formais.
- Uma lista de predicados ontológicos principais (conforme a Seção 3.2). As constantes lógicas na Seção 1.2 agora podem ser compreendidas como constantes formais/ontológicas, na medida em que seus significados podem ser caracterizados em termos de operações padronizadas e regras de transição do cálculo de LIR, aplicadas a valores semelhantes aos probabilísticos.

A ontologia formal que proponho é uma teoria que proporciona formulações não matemáticas das propriedades e das relações de determinadas categorias de fenômenos em diferentes níveis de realidade ou complexidade. Pretendemos ser sistemáticos no sentido de estabelecer formalmente pelo menos alguns aspectos daquilo que todas as entidades são, além de relacionar todas as entidades de um certo tipo, uma com as outras.

Entre outras coisas, o enfoque ontológico formal é uma ma-

---

[4] As categorias materiais da Mente e da Cultura aparecem no grupo (ou categoria?) das categorias materiais quotidianas.

[5] Pode-se também falar de categorias de um modo material como sendo semânticas, e de categorias de um modo formal como sintáticas (conforme a Seção 1.5).

neira de ver o que é excluido de LIR. Por exemplo, LIR não se aplica a tautologias da lógica clássica, nem a outras entidades abstratas tais como números e conjuntos. Contudo, LIR está muito focada no processo dinâmico de sua criação pelo lógico ou pelo matemático! O mesmo ponto foi tratado por Hell (1949) ao defender a ideia de que mesmo a lógica padronizada tem uma ontologia e, por uma pesquisa de regras, disse alguma coisa diretamente empírica a respeito do mundo, ou seja, a respeito de processos psicológicos de nível mais alto.

Como é sugerido por Seibt (2004), uma teoria ontológica adequada deve explicar (dando descrições estruturais adequadas) totalmente os padrões inferenciais admitidos por todos os nomes mais comuns da linguagem natural. Para LIR, estes nomes incluem, em complemento da realidade e dos fenômenos, da propriedade, do processo, da mudança, da contradição e oposição, todos estes que estão dentro do domínio da experiência comum. Ao aplicar este conceito à minha teoria, no entanto, deve-se levar em conta que as inferências que são feitas não partem de premissas para as conclusões, mas das mudanças nos estados físicos ou conceituais reais. Uma teoria implica em outra teoria 'contraditória' não apenas abstratamente, mas nos processos conscientes e inconscientes envolvidos, em sua maior ou menor rejeição ou aceitação em relação a considerações.

4.2 – A DEFINIÇÃO E A CONSTRUÇÃO DAS CATEGORIAS

Tanto as considerações metafísicas quanto as físicas informam a seleção, a construção e a descrição de qualquer conjunto de categorias ontológicas preferidas. A construção de um conjunto de categorias é, em geral, carregada com o enquadramento eventual com um conjunto de axiomas na mente, incluindo os princípios metalógicos que incorporam, o que, neste estudo, é o chamado PDO. Esta não é uma ciência exata, portanto, para mostrar melhor o papel destas categorias em relação à minha lógica da/na realidade, distingo três etapas na sua construção:

1. Definição de um ponto de vista filosófico geral incluindo as características inevitáveis, a meu ver, da inconsistência, não integralidade e contradição no sentido dinâmico que dei.
2. Esboço de um quadro físico, atualmente óbvio, do mundo, de acordo com a mecânica quântica.

3. Uma introdução intuitiva, isto é, não axiomática das categorias com base em 1 e 2.

O enfoque que adotei é aquele de Hartmann (1953), que desenvolveu as categorias de sua nova ontologia "passo a passo, partindo de uma observação das realidades existentes". As afirmativas fundamentais de uma ontologia são a respeito da existência, como foi discutido no capítulo anterior, e têm o caráter de princípios constitutivos universais. Estas são as categorias de uma ontologia. Pela minha análise, as realidades que observo são as dualidades diversas da física, da biologia e as dialéticas do pensamento e do comportamento humanos.

Esta formulação levanta a questão de como os dois termos 'constitutivos' e 'princípio' devem ser entendidos. Neste ponto, defino um princípio constitutivo como aquele que estabelece a relação com um objeto de uma experiência, enquanto que, ao mesmo tempo, incorpora o princípio ainda mais fundamental da oposição dinâmica no universo. Desse modo, no Capítulo 6 analisarei com maior cuidado o caráter do PDO de LIR como um princípio científico ou uma lei natural.

Como fez Hartmann, eu também comecei a partir do exame da relação entre possibilidade e realização. Entretanto, com base na visão do ser exposta no Capítulo 3, ao invés de fazer afirmações a respeito de essências ideais preexistentes ou disposições para o desenvolvimento ou transformação (que eu sinto que nada são além de espontaneidade em outros termos), tento focar-me na potencialidade como possibilidades reais, as *Realmöglichkeiten* de Hartmann e a realidade verdadeira, a *Realwirklichkeit*. Como já vimos, tal realidade é o resultado complexo da interação de sistemas de sistemas, e a análise categorial da realidade pode ser, como Hartmann também sugeriu antes do desenvolvimento da lógica modal, um tipo de análise modal. Minha teoria, entretanto, requer considerações adicionais da modalidade, como foi discutido na Seção 1.4.3. As possibilidades de Hartmann parecem os tipos de probabilidades que designo como 'valores da realidade' (conforme as diferenças essenciais em LIR entre a possibilidade e a probabilidade, discutidos na Seção 6.2.6).

4.3 – A FÍSICA DA REALIDADE: AS DUALIDADES FUNDAMENTAIS

Considerando que a estrutura axiomática da lógica da/na realidade inteira depende da energia, é necessário estabelecer um consenso a respeito das propriedades ou características da energia para construir as categorias ontológicas do sistema formal. A física da realidade, e a lógica da física, devem portanto ser descritas em primeiro lugar. Meu programa é, por conseguinte, bem diferente de uma tentativa de desenvolver uma ontologia baseada em um quadro da lógica padronizada, geralmente a lógica clássica. A tese neste livro é uma crítica implícita do fundamentalismo das lógicas consistentes, proposicionais, preferidas pelos pensadores tais como Jacquette como as bases para suas ontologias devido às preocupaçoes a respeito da integralidade, e daí a validade dos quadros da realidade baseada na lógica da inconsistência. Um ponto de vista ainda mais radical é aquele de Froger e Lutz (2007), que descobriram as propriedades de todas as entidades quânticas em uma combinação de lógica ternária com uma quaternária. A meu ver, estas ficam no grupo das lógicas de muitos valores, cujos termos básicos são entidades linguísticas abstratas, apesar das formas adicionais da negação. Em última instância, Froger e Lutz tentam centrar seus termos como "manifestações dinâmicas de uma *ur-structure* (sic) universal que preside cada ato de diferenciação". Nenhuma explanação é feita, contudo, do por que tal "*ur-structure*" deve existir ou em que a mesma consiste.

Na Seção 3.1 listei as categorias materiais de Smith: Corpo, Frequência, Massa, Força, Tempo/Espaço, Gravidade, Eletromagnetismo, Campo Quântico e Ondas das Partículas. A estas deveríamos acrescentar Informação, mas todas estas categorias podem ser vistas como energia física sob várias formas e aspectos. Existem partículas elementares que podem ser mais ou menos bem caracterizadas; fluxos de tais partículas podem aparecer como uma corrente elétrica ou os fótons de um raio de luz; partículas e objetos macroscópicos compostas delas geram campos elétricos, gravitacionais, magnéticos e nucleares que exercem forças uns sobre os outros. Estou concentrado em fundamentar os princípios e as categorias da minha teoria ao nível mais fundamental do universo, e a lista dada refere-se a diversos níveis diferentes. A estrutura da realidade, prescrita por LIR, foi definida axiomaticamente acima pela existência de um princípio de oposições dinâmicas, uma dualidade lógica fundamental no cerne da energia. A energia pode ser considerada como a categoria material mais fundamental e, claramente, ela dá início a algumas dualidades tais como a intensidade e extensidade (ver mais adiante). No entanto, o campo quântico parece ser não apenas mais fundamental, mas parece também proporcionar um conceito muito mais claro da origem da dualidade, da oposição e de uma média incluída, dado que, embora não haja um consenso geral entre os físicos quânticos quanto ao que seja esse campo, existem muitas sugestões, de diferentes enfoques, que (1) esse dualismo existe, e (2) podemos discutir o assunto como se maior e mais completa evidência estivesse disponível.

O que temos, então, é uma mistura de dados, teorias, percepções e intuições que representam o melhor que podemos fazer até este momento. Um bom exemplo é a afirmação de Roger Penrose (1991) que ninguém pode, "de maneira nenhuma, traçar uma linha dividindo claramente aquilo que chamamos 'matéria' ou 'substância' e o que chamamos de 'espaço vazio' ou vácuo. Matéria e espaço não são entidades de tipos totalmente separados". No entanto, não são, também claramente, a mesma entidade.

No nível da física experimental, a relação ou interação dinâmica (ou oposição; os termos são equivalentes na falta de maior conhecimento) entre a energia e o vácuo é expressa pelas constantes físicas fundamentais: a velocidade da luz no vácuo – c; a constante gravitacional – G; a constante de Planck – h, o quantum de ação. Isto define (Alfredo Gontijo de Oliveira, 2005, comunicação particular) uma visão dos processos reais como conjuntos de trajetórias de seus elementos em um espaço de configuração multidimensional, ou melhor, um tempo/espaço. A estrutura de suas relações causais será descrita, de uma forma geral, por dois sistemas de matemática: as trajetórias em si por uma combinação de equações diferenciais e integrais de uma cibernética de segundo grau, e suas dinâmicas subjacentes por uma teoria de estrutura topológica que proporciona uma base para a emergência da forma.

Esta proposta levanta imediatamente o tema da estrutura detalhada desse espaço (a granulação – as unidades de que ela é composta). Esta questão não pode ser respondida definitivamente, mas intuitivamente ela pode seguir as linhas da descrição da entropia feita por Penrose em termos de compartimentos ou subregiões cujo volume está relacionado com a constante de Boltzmann. Conforme a entropia vai diminuindo, contudo, faz pouca diferença onde estão as "fronteiras" entre os compartimentos, levando em conta que a granulação razoavelmente reflete as ideias intuitivas de quando os sistemas são considerados macroscopicamente distinguíveis. A natureza não parece requerer de nós que estabeleçamos uma noção 'absoluta' da entropia, nem, argumento eu, do espaço fásico de LIR (Penrose 2005). O modelo de trajetórias como 'estruturas' pode aplicar-se a duas bolas de bilhar, antes, durante e depois da colisão, e o modelo de processos a uma mudança de crenças. A diferença é de muita complexidade e de graus de interação, como a análise categorial mais adiante tornará bem claro.

A evolução dos sistemas e a emergência de novos, que dão início a estas interações, pode ser vista como processos de quebra de simetria, governados por uma quarta constante, a constante de Boltzmann – B. A equação de Boltzmann descreve como os sistemas evoluem probabilisticamente com o tempo e a assimetria entrópica (a 'flecha' do tempo), mas não esclarece a natureza metafísica profunda do 'próprio tempo'. No trabalho de Lupasco e em alguns pontos de vista atuais dos físicos, aos quais me referirei no Capítulo 7, o tempo é um subproduto dos sistemas de objetos em si e de suas relações causais. Nenhum tempo/espaço de segundo plano precisa ser postulado pela existência como tal, ainda que o problema de descrever adequadamente nosso tempo subjetivo ou epistêmico permaneça.

Este quadro tem consequências imediatas sobre o modo em que a lógica quântica deve ser vista, em relação à lógica bivalente. Algo parecido com a lógica quântica, com seus conectivos não comutativos, deve ser visto como a verdadeira 'lógica do mundo', ao invés da lógica distributiva que descreve as relações entre as proposições. Sklar (1992) comenta que esta visão está aberta à crítica e que essa lógica nova não deve substituir a lógica padronizada, visto que a última também desempenha um papel na primeira. LIR oferece uma saída desta dificuldade; inclui a opção de redução à lógica padronizada. Esta é a lógica que é aplicável aos aspectos binários dos experimentos projetados para reconstruir a descrição quântica do mundo.

4.4 – A CATEGORIA DA ENERGIA

Estou agora pronto para introduzir não axiomaticamente as categorias que considero capazes de capturar os aspectos mais concludentes da física da realidade sugerida antes. Primeiro, é razoável olhar para o sistema LIR como definidor da Energia como a categoria material mais importante, reconhecendo que estou usando 'Energia' para chegar rapidamente à dinâmica do campo quântico definido por alguma forma da teoria eficaz do campo quântico.[6]

Para assegurar-me de que meu sistema incorpora um mínimo de coerência, preciso primeiro mostrar (1) que a energia é dual, ou seja, ela dá início aos predicados ontológicos que introduzi; (2) que esta dualidade é oposicional ou antagonística; e (3) que a dualidade e o antagonismo se traduzem em relações oposicionais por toda a

[6] A descrição da Teoria Eficaz do Campo Quântico estabelece a base na mecânica quântica para a operação de leis da natureza em altas energias que não implicam necessariamente nas mesmas quando se trata de energias mais fracas (Cao 1997).

realidade, incluindo a contradição no nível linguístico. Neste estágio metafísico ou científico/ontológico de minha pesquisa, é necessário assegurar que as dualidades que estou analisando são reais e não, de algum modo, artefatos de enfoques anteriores. Somente se isto for feito poderemos olhar a questão se, dada uma explanação de uma teoria científica com a lógica da/na realidade, ela é superior a uma outra que não siga este tipo de lógica.

4.4.1 – *A dualidade da energia*

As características físicas básicas da energia – as leis da termodinâmica, a equivalência da matéria e energia e o conceito de informação como uma forma de energia – são, por conseguinte, uma consequência da física da realidade discutida acima. Neste nível da análise, é justo falar da natureza e das leis da energia como equivalentes.[7] Além do mais, a maior parte das dualidades da energia existentes são muito familiares:

- Cargas elétricas são apenas positivas ou negativas. Em um átomo, a carga positiva dos prótons é equilibrada pela carga negativa de elétrons em órbita. O pósitron, a 'antipartícula' do elétron, tem uma carga positiva, e, em semicondutores, a carga negativa de elétrons é compensada por falhas ou buracos com carga positiva. Cargas afins se repelem umas às outras, cargas não afins se atraem.
- Os ímãs têm dois polos, chamados por convenção norte e sul. Assim como acontece com as cargas, dois polos magnéticos afins se repelem um ao outro, e polos não afins se atraem, uma iniciação física da dualidade das 'forças'.
- Finalmente, dependendo do nível de energia, existem sempre dois e apenas dois tipos de quarks confinados dentro de uma partícula quântica, aos quais são dados nomes mais ou menos pitorescos (acima e no fundo, atrativos e estranhos etc). As forças entre dois quarks são mediadas por uma terceira partícula, um gluon, e as dinâmicas gerais podem ser consideradas como iniciadoras de um estado T. Neste caso, o gluon é o estado de energia que emerge da interação entre os quarks em outro nível de realidade ou de complexidade.

[7] LIR traz alguns *insights* adicionais para o debate sobre a necessidade e o caráter das leis da natureza. Para uma discussão, ver a Seção 6.8.

O campo quântico efetivo pode ser visto como uma média autossuficiente, autoincluída que não requer um substrato ainda mais subjacente. Realmente, tem-se referido a uma 'autodualidade' iniciadora (Gomez 1995), mas não é fácil ver o que isto significa fisicamente. Uma proposta define essa autodualidade como a estrutura do campo efetivo, e parece envolver dualidades fundamentais entre, por exemplo, a eletricidade e o magnetismo. Suas dualidades podem ser relacionadas com as teorias das cordas (dualidade T), desenvolvidas na 'segunda revolução das supercordas' por Witten, em 1995. Estas teorias envolveram a introdução de novas operações simétricas e conjuntos de dualidades, por exemplo, a dualidade forte/fraco, em que forte e fraco se referem às forças (fortes e fracas) que operam entre as partículas pesadas (nucleares) e partículas leves respectivamente. É ainda impossível dizer atualmente o que o estado físico da teoria das cordas é mas, de um ponto de vista matemático, as dualidades parcem ser extremamente profundas e indicam tipos de estrutura que apontam em direção à oposição dinâmica de LIR.

Outra visão de campos é como se fossem estruturas ou arranjos espaciais de propriedades de intensa densidade e extensa métrica escalar. Botta Cantcheff (2002), em vista da autodualidade dos campos quânticos, dá mais apoio a um conceito metafísico da dualidade fundamental na energia. O argumento é altamente técnico, mas a conclusão é intrigante no contexto de LIR: "Cada dualidade no nível de ação clássica vem de alguma dualidade manifesta entre os campos envolvidos nessas ações". O autor aponta que o papel da dualidade nos sistemas físicos é muito apreciado, mas uma noção bem definida de autodualidade oferece outras opções explicativas que têm analogia com LIR. A descoberta de um conceito unificador profundo vem do reconhecimento de uma estrutura interna bidimensional oculta no espaço dos *potenciais* (a ênfase é minha). No nível da teoria, dois modelos duais representando a mesma física 'se combinam' para produzir uma autodualidade. A autodualidade também pode relacionar-se com campos escalares e vetoriais no nível cosmológico. Em termos da moderna física teórica, estas são as características de extensidade e intensidade atribuidas à energia no postulado fundamental de LIR no Capítulo 1.

Minha intenção neste ponto foi mostrar que LIR proporciona um quadro da realidade 'na ação', no nível mais fundamental possível, que a enfoca mais do que as lógicas clássicas e neoclássicas que se propõem a modelar alguns de seus aspectos. A realidade metafísica que LIR pretende descrever é similar à do campo quântico no sentido de que esse campo consiste em operadores associados com um conjunto de probabilidades. Estes operadores representam, no entanto, não os valores das quantidades físicas, mas aquelas quantidades em si mesmas. Esta é a 'diretiva da representação' que eu vejo em todas as instâncias de uma forte interação (contradição) que leva à emergência (axioma LIR3): não há necessidade de estruturas intermediárias, especialmente nas áreas de causa (e fenômenos mentais).

Não posso discutir em detalhes as tentativas que estão sendo feitas para desenvolver uma teoria unificada da física que efetive a união crítica da teoria quântica com uma teoria da gravidade. Posso, contudo, apontar teorias cosmológicas recentes que descrevem uma autodualidade do campo gravitacional, bem como do campo quântico. A dualidade dos dois domínios em si sugere, então, uma possível relação com LIR e com o PDO neste nível e em outros mais altos. A física matemática pura usada (Majid 2007) definiria autodualidade nos níveis mais baixos, dos quais a dualidade do PDO seria a expressão em níveis mais altos e não quânticos da realidade. Voltarei a este assunto da autodualidade na seção sobre cosmologia no Capítulo 7.

Para meu desenvolvimento subsequente de LIR como um sistema formal, bem como metafísico, interpretado, devemos ter em conta oito aspectos duais mas metafísicos da energia, e os mais fundamentais destes são a intensidade e a extensidade.

4.4.1.1 – Intensidade e extensidade

Eu já tinha reconhecido antes que diferentes formas de energia tinham propriedades que eram, de algum modo, fundamentalmente externas ou internas: um volume de gás *versus* sua pressão; para uma certa quantidade de energia elétrica, a carga total versus o potencial elétrico; para a energia gravitacional, a massa versus o potencial gravitacional; para a energia térmica, sua capacidade de gerar trabalho (entropia negativa) versus a temperatura. Estas propriedades foram descritas como extensidades ou intensidades respectivamente.

Os termos intensidade e extensidade se referem à qualidade de ter intensidade e extensão respectivamente, em um senso diferente de seu uso na lógica clássica (Chalmers 2002).[8] Em linguagem comum, extensão já é dinâmica, envolvendo uma noção de movimento físico, uma tendência para maior desenvolvimento de uma

[8] Carnap dividiu o significado de uma expressão em componentes independentes da extensão ou da denotação e da intensidade ou conotação. O primeiro corresponde a seu entendimento ou compreensão e o último é determinado por investigação empírica.

identidade em direção daquilo que está externo. Esta tendência ou dinamismo opera sobre algo diferente e sobre uma mudança de um tipo diferente, contrário ou contraditório. Intensidade e o adjetivo intenso referem-se a este 'algo' que é interior e que implica na sucessão, no movimento ou na mudança de fora para dentro. O termo intensivo contém a noção de força, de poder por si mesmo, consequentemente, subjetivo (conforme o *pour-soi* de Sartre). Os aspectos dinâmicos de ambos os termos sugerem que se referem a processos e não a estados estáticos. Esta descrição também se aplica às propriedades do campo mencionadas no parágrafo anterior.

O eletroquímico alemão Ostwald[9] analisou em detalhe estas propriedades extensivas e intensivas das várias formas de energias. As 'medidas' das energias intensivas são vetores ou tensores, enquanto que a extensidade sempre implica em uma certa medida em termos de um certo número de unidades idênticas, escalares. Volume em litros, massa em gramas e carga elétrica em coulombs são extensivos. A temperatura é sempre definida por diferença e o potencial gravitacional e elétrico por parâmetros complexos do campo. Ostwald mostrou que uma intensidade e uma extensidade podiam ser ambas reais e potenciais, mas não ao mesmo tempo (ver a próxima seção). Assim, ele nos deu a base filosófica tanto para a alternação da realização e da potencialização, quanto a relação na própria energia da intensidade e extensidade.

Cito a formulação original destas ideias, feita por Lupasco:

> Na verdade, a entidade subjacente nada mais é do que a extensidade. Tudo que é atribuido a ela – a unicidade, a permanência, a homogeneidade, a conservação, etc – caracterizam a extensidade e nada mais. Ao postular a unicidade fundamental da energia, com todas as suas propriedades, postulamos a primordialidade, a substancialidade, o monismo da extensidade sob o aspecto epifenomênico ou acidental da intensidade, e, por conseguinte, de uma dualidade contraditória. É, portanto, incorreto dizer, conforme nossa opinião, que a energia tem dois fatores contrários. Entretanto, podemos dizer que a energia é o conflito de duas ordens energéticas contraditórias, ou uma dualidade lógica antagonística da extensidade ou da intensidade, e decidir depois qual das duas é a base, a essência, e qual é a aparência das coisas. Podemos tentar eliminar a outra cada vez mais, mas então precisamos explicar como uma surgiu e como e onde ela pode desaparecer. (Lupasco 1973)

[9] 1853-1932; prêmio Nobel de 1909.

Esta é a afirmação básica do princípio fundamental do antagonismo, da contradição ou de ser contraditório e oposto, ao invés de apenas oposto ou contrário. O ponto de vista de Lupasco foi que as pessoas tentaram erroneamente aplicar às fontes da intensidade (força, gravidade e potencial elétrico) as características da extensidade, simplesmente porque esta é mais acessível. A importância filosófica destas fontes não foi compreendida, e esta falha de ver uma dualidade oposta das forças em outras áreas do pensamento humano tem se repetido. Ostwald definiu uma 'sucessão de valores' na intensidade que implica na supressão, no desaparecimento e reaparecimento de novos valores através e devido à sucessão e aos próprios processos intensivos. É meu pensamento que esta sucessão ou alternação tem um caráter lógico: alguém pode ver a afirmação na extensidade, em sua existência ou presença óbvia, e a negação na intensidade, em sua provocação da não identidade e mudança em relação a si mesmo.

A menor unidade de energia, a energia Planck, é o produto de uma frequência e de uma constante, denominada constante de Planck. A energia Plank, portanto, dá início à dualidade, pois tem aspectos que são contínuos, visto que as frequências podem assumir qualquer valor, e descontínuos (um valor constante). O fóton tem aspectos tanto de uma partícula (a descontinuidade) quanto de onda (a continuidade). De acordo com o princípio da incerteza de Heisenberg, a energia (o momentum) e a posição de uma partícula, são ambas localizadas e não localizadas no senso que, na medida em que uma se realiza mais precisamente por alguma medida, o valor da outra se torna mais impreciso.

O conceito essencial aqui é que a energia é inerentemente dual e antagonístico, e a implicação é que esta dualidade estará presente em todas as formas de energia mais altas (mais organizadas), embora não seja necessariamente sempre a mesma dualidade. Meu ponto de vista é que a capacidade dos elementos microfísicos fundamentais de levar informações a níveis mais complexos, reside em seu dualismo antagonístico irredutível e constitutivo. A dualidade partícula/onda tem sido observada com moléculas que contêm sessenta átomos de carbono (os fullerenes). "A base desse dualismo não precisa desaparecer à medida que uma destas vá para sistemas complexos ainda maiores. Da maneira como está. contudo não há porque a base deste dualismo deva desaparecer à medida que uma destas vá para sistemas complexos ainda maiores. Como se faz, contudo, o dualismo não é mais analisável em termos de física fundamental. A forma da dualidade dos microssistemas tem sido substituída pela forma da dualidade do macrossistema – os antagonismos dos sistemas vivos e cognitivos que certamente são tão reconhecíveis e potencialmente mensuráveis, se não mais. A visão de LIR implica em um tipo de dialética em todos os níveis da realidade entre os dois termos de qualquer dualidade que esteja sendo considerada.

4.4.1.2 – Identidade e diversidade: homogeneidade e heterogeneidade

O segundo aspecto mais fundamental da energia é expresso pela dialética entre suas propriedades entrópicas e negentrópicas. A energia se move das formas diversas, heterogêneas, de altos níveis, para uma forma única, homogênea e de baixo nível (o calor), governada pela segunda lei da termodinâmica. Vamos designar tal tendência para um estado de coisas único e indiferenciado como uma identidade exemplificadora, ou, simplesmente, identificadora ou homogeneizadora. Ao mesmo tempo, a energia, como elétrons aparentemente indistinguíveis, mostra uma dualidade fundamental governada pelo Princípio Pauli de Exclusão. Os elétrons estão localizados em conchas ao redor do núcleo de um átomo, mas dois elétrons na mesma concha não podem ter o mesmo número quântico para suas propriedades, tais como a torsão. A montagem de uma multiplicidade de conchas é possível, no caso de átomos mais pesados do que o hélio, em que os elétrons terão, todos, como consequência de suas distâncias do núcleo e do grau de integridade das conchas, uma capacidade diferente (potencial) de reação a outros átomos para formar diferentes moléculas que tornem possível a existência, em última instância, de vida e de seres humanos. [Um fenômeno similar, devido à exclusão de Pauli no nível nuclear, resulta na existência de isômeros de torsão nuclear (Hougen e Oka 2005). A diversidade é real e leva a diferenças em algumas propriedades físicas, como, por exemplo, do orto- e para- hidrogênio molecular, que foram separados e caracterizados. Contudo, o efeito sobre as propriedades químicas é desprezível.]

A energia, e consequentemente toda a existência, assim mostram também uma tendência para dar início ou fazer oposição a um processo de heterogeneidade, não identidade ou diversidade, um processo de heterogeneização, uma diversificação. Combinando esta ideia com aquela do parágrafo precedente, sugiro que a homogeneidade, a a exterioridade e a objetividade caracterizam o processo da extensidade, e a heterogeneidade, a interioridade e a subjetividade o processo da intensidade.

Em qualquer fenômeno, devemos sempre examinar suas respectivas tendências para a homogeneidade e para a heterogeneidade, seus aspectos identificadores e diversificadores, para entender sua estrutura, orientação e as leis aplicáveis ao mesmo, tendo em vista que todos estes dependem do nível de realidade em que estes processos estão acontecendo. Além disso, os 'coeficientes' de homogeneização e de heterogeneização definem uma relação de contradição ou de oposição, visto que implicam na coexistência, nos constituintes energéticos do fenômeno, da identidade e da não-identidade. Uma célula (uma identidade) que tenha perdido sua capacidade (potencial de não-identidade) de manter sua diferenciação de outras células, ou está morta ou cancerosa, e minha tese é que estas podem e devem ser consideradas identidades e não-identidades lógicas.

Os termos identidade ou identificação devem ser compreendidos como subtotais das noções de racionalidade, realidade em um sentido clássico limitado, invariância, lógica clássica e tautologia. O processo oposto da diversidade ou diversificação se refere a noções de irracionalidade, variância, *non-sequiturs* e negação em geral. O ponto essencial não é apenas que estes dois grupos de processos são conectados fisicamente e dialeticamente, mas também que têm *status* ontológico equivalente. As exclusões, implicações negativas etc, os elementos 'não racionalizáveis' da realidade que dão início à diversidade constituem parte integral da estrutura lógica total da realidade, independentemente de qualquer coisa arbitrária ou subjetiva.[10] Quando os dois processos têm força igual, em um equilíbrio dinâmico simétrico, um está na presença de um processo contraditorial,[11] expresso mais claramente nos fenômenos humanos mentais e sociais. A estrutura formal destes processos tem a forma de cadeias de implicações, as ortodeduções, indicadas pelo cálculo do Capítulo 2.

4.4.1.3 – Realidade e potencialidade

O conceito de um pêndulo é familiar: a energia vai do potencial, quando o pêndulo está momentaneamente em descanso no topo do seu arco, para o cinético, quando se move mais rapidamente na parte mais baixa do arco. O conceito de potencialidade é essencial para minha tese. Embora o termo seja aplicado rotineiramente em muitos campos científicos – o potencial de oxidação/redução na química; o potencial de ativação na neuro-

[10] "Deve haver algum método nesta loucura."

[11] Conforme Seção 1.2.2 para definição de contraditorial e contradicional.

fisiologia – a falta de um quadro geral torna difícil entender sua origem, bem como as modalidades de sua operação em níveis específicos da realidade.

O primeiro ponto é que, para a energia manifestar-se em carga, em relação a um observador ou não, ela deve ir de um determinado estado de potencialidade para um determinado estado de realidade. Se qualquer coisa estivesse completamente realizado, por qualquer razão, tudo ficaria definitivamente estático; nenhum evento ou mudança aconteceria. Contudo, para qualquer energia estar nesse estado de potencialidade, algo, algum freio ou obstáculo, que em um universo energético só pode ser outra quantidade de energia, deve ser o que mantém a primeira energia como tal, por meio da realização desta última. E esta última se autopotencializa ou é potencializada, por sua vez, para possibilitar que a primeira se torne real. O movimento de um estado predominante para outro acontece dentro do gradiente de energia global do universo, presente desde o Big Bang ou prevalecendo em um quadro cíclico alternativo. Em outras palavras, desde que, de acordo com a segunda lei da Termodinâmica, alguma energia se degrade em calor em todos os processos reais, algo nunca volta exatamente ao mesmo estágio de realização. Circularidade absoluta não existe[12]. As origens de todos os processos de mudança discutidos nesta teoria são estatisticos e probabilistas[13], sem a necessidade de qualquer outro principio causal.

A justaposição dos termos energia, realidade e potencialidade vem de Aristóteles. A condição de uma entidade cuja essência é completamente compreendida é uma entelequia, uma condição da realidade distinta da potencialidade. Como René Thom, o criador da teoria da catástrofe (conforme Capitulo 5) apontou (Thom, 1988), Aristóteles algumas vezes parece não ter distinguido *energeia* de *entelecheia*. Contudo, *energeia* é um termo derivado de um verbo, *energein*, e implica na duração da operação da força direcionadora do processo, enquanto que *entelecheia* se refere a seus dois instantes cruciais, isto é, o início do movimento ou a concepção de um projeto e seu resultado (telos). Um agente é uma *energeia*, um sujeito, um ator nominativo; um paciente é, do ponto de vista do ato, uma *entelecheia*, o objeto acusativo.

---

[12] Em alguns sistemas quânticos, os operadores da energia total, da energia cinética e da energia potencial não mudam. Isto é consistente copm o aspecto não Booleano dos valores da realidade de LIR que vejo em níveis mais altos da realidade, sugeridos no capitulo 1 (Rohrlich e outros 1995).

[13] Como é registrado no Capitulo 1, existem temas em aberto relativos à probabilidade estatistica na fisíca que não discutirei agora.

Gill (2003) reanalisou os pontos de vista de Aristóteles sobre realidade e potencialidade, e eu concordo com sua formulação que a mudança não é um 'produto', mas sim um processo que resulta em um produto como a realização conjugada do agente e do paciente. A mudança é um processo em que um paciente (a potencialidade) se torna diferente daquilo que era e é assimilado pelo estado positivo do agente (realização). Gill concorda com a distinção feita por Aristóteles entre mudança como um processo não uniforme de passar de um estado para outro e atividade como um processo uniforme (ou contínuo), a expressão dinâmica de um estado em que um sujeito já está inserido. A meu ver, esta introdução de uma distinção entre processo e estado é justificada a partir do ponto de vista categorial de NEO: alguns objetos físicos são macrofisicamente mais estáveis do que outros, e a visão 'perduracionista' reconhece isto. Entretanto, podemos também dizer que as coisas na potencialidade e as coisas na realidade (pacientes e agentes), de alguma forma, não são *uma só*, em uma realização conjugada, como Gill sugere, mas elas e seus opostos se alternam, ou dão início a alternação, realização e potencialização, e, ao mesmo tempo, a sua continuidade e descontinuidade.

Aristóteles considerava que a potencialidade e a realidade eram categorias de um determinado tipo. Entretanto, nada equivalente ao conceito de uma reciprocidade dinâmica de realização e potencialização foi descrita por ele. A importante contribuição de Lupasco foi ver o elo entre a realidade e a potencialidade de Aristóteles e as outras dualidades clássicas: a energia real e potencial definidas pelos energetistas do início do século XX; e o novo (1925) princípio da incerteza de Heisenberg. O princípio da oposição dinâmica, pensou Lupasco, requeria redefinição dos pontos referentes a todos os aspectos da filosofia, metafísica e ontologia.[14]

Outros autores, inclusive Russell e Schrödinger, viram a necessidade de complementar a aparência da realidade com a potencialidade para atingir uma definição satisfatória dos objetos reais. Contudo, a ênfase em categorizar 'sensibilia'[15] tem sido como perfis possíveis do objeto resultante ou inferida por diferentes

[14] Heisenberg considerava que a curva de probabilidade da mecânica quântica era uma *potentia*, um novo tipo de realidade física que existe na 'metade do caminho' entre a realidade da matéria e a realidade intelectual da ideia", e a redução da curva de probabilidade durante a medição era um movimento partindo do potencial para o real. Este ponto de vista é atualmente de interesse histórico, mas a intuição que a escolha do termo *potentia* implica é intrigante, pois é esse 'meio do caminho' que me faz lembrar do estado T.

[15] Termo de Russell para objetos "que têm o mesmo *status* metafísico e físico como *sense-data*, sem necessariamente ser dados de qualquer mente" (Bitbol 1991).

perspectivas. Tais perspectivas, embora não visíveis para mim no momento, são, apesar de tudo, no meu ponto de vista, um aspecto do estado atual do objeto, real para outro observador. O problema, portanto, é a falta radical de um compromisso ontológico com o papel da potencialidade, voltando à declaração de Russell que as construções lógicas (no sentido comum) devem ser substituidas por entidades inferidas.

Isto tem levado à concepção do 'ponto de vista' da mecânica quântica, envolvendo uma definição de 'dualismo funcional'. O que quero soblinhar aqui, no entanto, é que nenhuma referência que eu tenha citado sugere que potencialidades não localizadas não apenas têm existência real, da forma pela qual a existência foi definida antes neste capítulo, preenchendo as bases lógicas de LIR, mas também são funcionalmente relacionadas com as realidades, no sentido do axioma **LIR5**. Se alguém acompanhar a linha seguida neste livro, chega a qual montante de potencialidade como uma entidade física inferida o livro é, e 'eo ipso', também uma construção lógica no sentido da lógica da/na realidade.

Aerts (2001) estabeleceu, dando suporte ao quadro de LIR, que "*mudança é descrita por propriedades potenciais, tornando-se reais e propriedades reais tornando-se potenciais*" (a ênfase é minha). Trabalhos mais recentes se concentraram no aspecto da realização do potencial trazido no contexto, operacionando a reciprocidade da interação entre o real e o potencial. Em LIR, o que leva à mudança ou à 'transformação' é a energia geral gradiente do universo, mas o que relaciona as duas é a oposição dinâmica inerente à energia e a todas as suas manifestações.

4.4.1.4 – Localidade e globalidade

Em complemento aos pares de dualidades acima, LIR desafia a separação total da localidade e globalidade, no quadro usual,

$$\mathbf{\Phi}\ \text{global: } \mathbf{\Phi}\ [(\underline{x}, t)] \qquad \mathbf{\Psi}\ \text{local: } \mathbf{\Psi}\ [\boldsymbol{\rho}(\underline{x}, t)] \qquad (4.1)$$

em que **x** é o usual espaço em 3D, **t** é o tempo e $\boldsymbol{\rho}$ é uma quantidade invariável que está passando por alguma transformação. Entretanto, o que aconteceria se as definições de espaço e tempo acima estivessem incompletas? A resposta padronizada é que estas definições vêm de equações de movimento, mas estamos seguros de que as equações padronizadas de movimento descrevem todos os fenômenos de processo relevante do mundo real? Minha resposta (não padronizada) é provavelmente não, em vista das questões que cercam os fundamentos do cálculo diferencial, que serão discutidos na seção de paracontinuidade.

Este enfoque não deve ser considerado como se levasse à implicação de que as equações de movimento estejam erradas; elas funcionam, permitem previsões etc. Contudo, os princípios que regem a estrutura da realidade só podem ser parcialmente refletidos neste quadro de movimento e suas consequências. Portanto, postulo que aspectos globais e locais de fenômenos são, como as dualidades anteriores, variáveis que são conjugadas ou, pelo contrário, mutuamente dependentes no senso do axioma formal **LIRF3**.

A Seção 7.6 analisa com mais detalhes pontos de vista atuais, incluindo o conceito de invariança que é considerado fundamental para o modelo de Einstein.[16] É impossível rever aqui todo o desenvolvimento da física que levou a estes pontos de vista, mas existe um que sinto que corresponde mais de perto ao quadro da realidade física, isto é, o efeito Aharonov-Bohm. Como foi descrito por Cao (1997), este efeito revelou a realidade física do vasto potencial e caráter não local do eletromagnetismo. Assim como a intensidade de energia de Lupasco, é a relativa mudança na fase de uma função da curva de probabilidade dos elétrons produzida pelo potencial que é fisicamente observável. A mudança não é produzida por qualquer interação local de qualquer potencial específico com os elétrons, mas é ditada por uma certa propriedade global do potencial. Em termos de suas bases ontológicas, o vasto potencial pode ser único e não arbitrário. Este é um quadro que tenho da potencialidade em LIR de elementos relacionados por oposição dinâmica: o potencial é um componente de um sistema real, mas não deve ser tratado como se tivesse propriedades causais.

4.4.1.5 – A energia é dual e antagônica

Descrevo novamente o princípio do antagonismo na energia como segue: o que quer que seja que impeça uma quantidade de energia A de movimentar-se para uma direção ou para outra só pode ser uma quantidade de energia oposta, que chamarei então de não-A ou anti-A, de modo que a realização de não-A implica na

---

[16] Lupasco (1973) sugeriu uma explicação epistemológica e psicológica para o impulso do pensamento científico em extrair invariáveis da diversidade do mundo externo. Invariáveis, como extensidades, são mais fáceis e digeridas mais normalmente, ao passo que a variança parece não real ou irracional.

potencialização de A e vice-versa. Para uma reação química acontecer, por exemplo, uma certa quantidade de energia deve passar de um estado de potencialidade em um reagente para um estado de realidade. Em um certo ponto, para todos os fenômenos, haverá um ponto de equilíbrio entre as duas tendências, 'no caminho entre uma e outra, que pode ser considerado como o terceiro elemento que existe simultaneamente com os outros dois (o estado T, que vem de *tiers inclus* ou terceiro elemento incluso, conforme a Seção 1.2.3). No simples exemplo de uma reação química, pode-se pensar nesse como o estado de transição.[17] A importância do estado T para processos mais complexos se tornará aparente na próxima seção. Exemplos e mais aspectos do estado T como categoria são mostrados mais adiante.

Além do mais, como já mostrei na discussão do cálculo da implicação, conjunção e disjunção, uma relação não é apenas de inclusão ou identificação, mas também de exclusão, falta de ligação, ou ruptura, governada pelos mesmos princípios lógicos. Uma relação contém a noção de dualidades adicionais ou categorias contraditórias das coisas, variáveis e invariáveis, reais e aparentes, internas e externas. Entretanto, nossas mentes conscientes são, em geral, tão dominadas por um aspecto extensivo da realidade pelas vantagens psicológicas percebidas da identidade, que geralmente tendemos a rejeitar a ideia de que uma aparência de realidade incluída numa relação que é interativa, e igualmente real.[18]

Outra objeção tem sido feita contra o antagonismo como um princípio lógico e físico. Mesmo que haja dois fatores ou aspectos presentes na energia, a relação deles não é de oposição. Consequentemente, o antagonismo e seus equivalentes não são propriedades gerais dos fenômenos. Lupasco sugeriu que a energia não é uma substância que tenha existência independente de suas formas e transformações. Energia não é uma coisa e os fatores energéticos, ou características categoriais de extensidade e intensidade, outra coisa; em sua autodualidade, a energia exemplifica

---

[17] O estado de transição em uma reação química é o ponto em que a 'energia de ativação', a barreira energética a uma reação que esteja acontecendo, foi resultante de um *input* de energia – calor, luz etc – do ambiente, e os produtos das reações, favoráveis à termodinâmica, podem formar-se. Pode-se ver, contudo, em consistência com os princípios de LIR, que produtos das reações, menos favoráveis termodinamicamente, também podem ser formados, porém em extensão muito menor, a não ser que mais energia seja disponibilizada de alguma forma, por exemplo, pelo uso de um catalisador com uma estrutura molecular ou de superfície singular.

[18] A posição oposta, em que só a aparência, como é constituida por nossas mentes conscientes, seja real, é a base para a fenomenologia transcendental de Husserl que será criticada mais adiante.

ou dá início a dois dinamismos opostos.[19] Pode-se considerar que isso implica, como eu mesmo afirmo, na existência da contradição real no sentido de ação contrária. A energia é extensão no sentido da unidade e a indestrutibilidade, e ntensidade no sentido de serem observáveis apenas através de *mudanças* de nível. De forma similar, a noção de relação requer a interação e uma dualidade contraditorial concomitante implicada pela diversidade dos elementos relacionados.

O que está disponível atualmente para argumentar a favor dessas intuições é o enfoque de campo da estrutura da realidade apresentada acima. De agora em diante, parece que o ônus da prova deveria ser sobre as teorias que *excluissem* ou deixassem de levar em conta o dualismo, a realidade que inclui realidade e potencialidade como princípio fundamental, considerando que também pode ser mostrado que as propriedades da energia e o efetivo campo quântico 'permeiam' através de níveis mais altos de realidade. Esta questão é tratada mais adiante em conexão com os problemas gerais de distinguibilidade e emergência.

4.4.2 – O princípio fundamental de LIR

O princípio fundamental de LIR é que as características dialéticas da energia discutidas – real e potencial, contínua e descontínua, entrópica e de entropia negativa, identificadora ou homogeneizadora e diversificadora ou heterogeneizadora – podem ser, além do mais, formalizadas como natureza da energia e, portanto, aplicáveis a todos os fenômenos interativos, físicos e mentais, incluindo a informação, proposições e julgamentos.

Cito aqui outro conceito chave de Lupasco (1987):

> A energia deve ter uma lógica que não seja clássica nem qualquer outra baseada no princípio da pura não contradição, visto que energia implica em uma dualidade contraditória em sua própria natureza, estrutura e função. A lógica contraditória da energia é uma lógica real, isto é, uma ciência de operações e fatos lógicos, e não uma psicologia, fenomenologia ou epistemologia.

Contradições ou oposições dinâmicas, portanto, existem nas

[19] Esforços vêm sendo feitos para evitar salvar o princípio da não contradição. Lupasco viu a história inteira da filosofia expressa como um desvio psicológico em direção da seleção de um ou outro monismo como a base da realidade, uma tendência psicológica de evitar ter que aceitar o conflito e o antagonismo como fundamentais.

coisas, sejam elas contínuas e descontínuas, unificadas e diversificadas, ondas e partículas, locais e globais, de alguma maneira ao mesmo tempo, mas não completamente, só no sentido alternativo do axioma **LIR2**. Uma lógica aristoteliana, na qual alguém tenta eliminar ou evitar contradição de qualquer espécie, não é adequada para descrever sistemas reais derivados da energia. As lógicas paraconsistentes atuais, que permitem verdadeiras contradições, mas retêm conceitos idealizados, abstratos de verdade e falsidade, falham em dar um quadro adequado da emergência de fenômenos complexos do mundo real. Estes pontos se aplicam a todos os fenômenos; ideias, teorias, proposições, além de sistemas físicos. Além disso, as contradições, no sentido físico de processos, entidades ou propriedades reais que se opõem, nunca podem desaparecer por completo, visto que isto implicaria, no final das contas, em chegar abaixo do limite padrão quântico, definido pelo quantum de ação de Planck. Todos os fenômenos, portanto, contínua mas não reflexivamente (ou seja, sem uma circularidade 'perfeita'), se alternam entre graus de realização e de potencialização de si próprios e de seus opostos ou contradições. Esta é uma redefinição do axioma **LIR6** da Assintocidade.

Como fenômenos puramente mentais, crenças e julgamentos dão bons exemplos da operação do princípio fundamental. Por exemplo, LIR nos proporciona um conceito de julgamento que enfatiza a existência, para qualquer julgamento, para o oposto ou julgamento contraditório, o movimento entre os dois elementos e a possibilidade de emergência de um terceiro novo julgamento que ainda incorpore aspectos dos outros dois. Qualquer julgamento autônomo seria rigorosamente um julgamento categórico, aristoteliano, completamente realizado e absolutamente não contraditório. Implicaria em processos lógicos absolutos, desconectados da realidade. Não seria mais um julgamento, isto é, um evento dinâmico. Um julgamento, sob este ponto de vista, é constituido ou essencialmente composto por dois julgamentos inversos e contraditórios: um deles é operativo e realizado, enquanto que o outro é potencializado, ficando na mente consciente um sentimento geral que alguém pode ter feito o julgamento oposto. Lógicas com padrões de inferência ou de julgamento têm deficiências metalógicas, visto que não conseguem reconhecer os processos contraditórios envolvidos. Este criticismo se aplica ao grande número de lógicas que foram propostas para tratar de mudanças de julgamento ou crença. Ainda que estas lógicas impraticáveis ou 'corrigíveis' consigam tratar do acréscimo ou da subtração da evidência ou das premissas, fazem isto sem uma referência direta aos processos reais que acontecem na mente. É esta última, no enfoque deste livro, que dá um panorama dos reais caminhos e dos 'saltos' que são dados de um julgamento para outro.

Deste modo, minha lógica da realidade é consistente com uma visão de um fenômeno que dá início tanto ao aparecimento, ao significado original da palavra, quanto a uma realidade subjacente. Uma aparência é algo relacional, aquilo que alguma coisa é para outra coisa qualquer. É ser por si mesmo (*pour-soi*), em oposição a ser em si mesmo (*en-soi*), independentemente de sua apreensão por outra entidade, como na concepção de Sartre mencionada no Capítulo 3. Contudo, Sartre não sugere qualquer interação entre os dois termos, o que, a meu ver, é crítico, e é a característica central da lógica na realidade descrita neste livro.

Como conclusão provisória desta parte da discussão, posso dizer que cada fenômeno é caracterizado, por um lado, por coeficientes das propriedades da identidade e da diversidade e, por outro lado, da realização e da potencialidade. O estado T pode ser considerado como uma categoria separada de entidade, visto que é caracterizado como um estado em que duas propriedades opostas, digamos a racionalidade e a irracionalidade, são sempre iguais, ambas meio realizadas e meio potencializadas.

4.5 – A CATEGORIA E AS SUBCATEGORIAS DA OPOSIÇÃO DINÂMICA

À medida que sigo com a categorização da realidade, continuo propondo que a Oposição Dinâmica, ou o Antagonismo, é a categoria formal mais importante.

Eu já disse que as dualidades que são predicados ontológicos de LIR propostos no Capítulo 3 caracterizam ou são inerentes à energia, em todas as suas formas. Do ponto de vista da ontologia formal, sugeri que a única categoria material é a energia. A dificuldade, ou, como veremos, a oportunidade que resulta do enfoque de LIR, é que, de um ponto de vista metafísico, para sistemas, fenômenos ou processos reais em que estas dualidades são iniciadas, seus termos não são separados ou separáveis! Na teoria que proponho, fenômenos complexos reais mostram uma relação ou uma interação adequadamente contradicional entre si mesmos e seus opostos ou contradições. Por outro lado, existem muitos fenômenos em que tais interações não estão presentes e as mesmas, e as simples mudanças em que estão envolvidas, podem ser descritas pela lógica binária, clássica, ou pelas suas versões modernas.

Este argumento, no entanto, sugere que a mais útil divisão categorial que pode ser feita é exatamente esta: fenômenos que mostram não-separatividade dos termos das dualidades como um aspecto essencial de sua existência, NSC, em seu nível de realidade, e os que dão início à separatividade, SC. Junto com as outras categorias, proponho que elas definem a 'Ontologia da Nova Energia', NEO, referida acima como a ontologia formal de LIR (conforme também a Seção 4.7).

Podemos questionar a esta altura até que ponto estas subcategorias, SC e NSC, são simplesmente reafirmações dos operadores lógicos da disjunção e da conjunção, respectivamente, como são entendidos na lógica padronizada. Isto seria válido, contudo, só para o ponto de vista clássico de conjunção e disjunção como conceitos não espaçotemporais e quase abstratos, enquanto que, na minha teoria, eles também são considerados como entidades de processo dinâmico, iniciados em fenômenos e sujeitos aos predicados da realidade e potencialidade em sequências transfinitas, como foram relatadas na Seção 2.4.

A Oposição Dinâmica e suas subcategorias de Separatividade e Não-Separatividade são, portanto, a categoria formal de LIR correspondente à categoria material Energia. Ela tem subjacentes as outras dualidades metafísicas e fenomenais da realidade, tais como, em particular, o determinismo e o indeterminismo, o sujeito e o objeto, a continuidade e a descontinuidade etc. Este é um conceito 'vital' ao qual voltarei: considerar elementos do processo que são ligados contraditoriamente como separáveis é uma forma de erro de categoria.

Afirmo, portanto, que a não-separatividade no nível macroscópico, como aquele ser explorado no nível quântico, proporciona um princípio de organização ou estrutura em fenômenos macroscópicos que tenham sido deixados de lado. A não-separatividade funcional de sistemas de processo, por exemplo, tanto o sistema aferente da percepção quanto o sistema eferente de ação, é baseada na não-separatividade das propriedades de sistemas de nível mais baixo, membranas, íons e neurotransmissores, trazidos para o nível de partículas fundamentais. Partindo para outra direção, este ponto de vista tem consequências para a relação entre o nível neurofisiológico e o nível mais alto, fenômenos não redutíveis supervenientes da intencionalidade e coisas semelhantes.

4.5.1 – *Não-separatividade*

A não-separatividade, como um princípio físico funcionando não só no nível quântico, mas também no nível biológico e cognitivo, requereria um capítulo inteiro para ser feita justiça a ela. Vou estabelecer apenas algumas das variantes atualmente discutidas na física quântica e mostrar que a não-separatividade em minha Ontologia da Nova Energia não corresponde exatamente a qualquer uma delas.

A não-separatividade está relacionada com o holismo: holismo é a tese que diz que o todo é maior do que a soma de todas as partes, e a não-separatividade pode ser definida pela afirmação de que o estado do todo não é completamente constituido pelos estados, propriedades e relações das partes. Estas não proporcionam a base completa para o todo, e pode-se dizer neste caso que o todo – um objeto ou um processo com seu próprio conjunto de propriedades e relações – não sobrevém sobre suas partes. Visto que estou falando a respeito do estado dos sistemas, usarei o princípio correspondente trazido por Healey (2004).

> *Separatividade de estado*: o estado designado para um sistema físico composto, a qualquer tempo, é superveniente aos estados então designados a seus subsistemas compostos (estes são a base para o primeiro).

Visto que os valores lógicos de LIR que definem seus estados são probabilísticos (Capítulo 1), esta formulação e sua negação se aplicariam a eles. Uma atribuição maior da não-separatividade aos processos clássicos tais como mudanças de fase e a propagação da energia gravitacional é possível. Healey faz então a seguinte afirmação: "A não-separatividade seria uma noção trivial se nenhuma propriedade física, qualitativa e intrínseca fosse atribuida a pontos do tempo/espaço ou em suas vizinhanças. No entanto, isto requereria um relacionismo que atingisse tudo, não só as características geométricas mas também todas as características locais a serem irredutivelmente relacionais (a ênfase é minha). Isto é exatamente a tese 'relacional' de LIR, as características locais sendo os estados energéticos da realização e da potencialização.

A rede quântica, que já foi demonstrada nas distâncias macroscópicas para pares de fótons, é o paradigma da não-separatividade. O erro das inequalidades de Bell que implicariam em nenhuma correlação entre os resultados da medição das propriedades das partículas separadas agora é aceita como evidência para sua não-separatividade, embora ainda existam muitas questões a serem analisadas. Isto pode ser considerado uma forma de holismo em que, como na mecânica quântica relacional (ver Capítulo 7), os subsistemas funcionam como sistemas quânticos somente em virtude de suas relações com outros subsistemas que compõem o todo. Como se nota acima, Aerts mostrou que as inequalidades de Bell também são violadas em certos sistemas macroscópicos em que uma falta de conhecimento a respeito do sistema resulta naquilo que posso chamar de não-separatividade 'epistemológica'.Prefiro ver a não-separatividade como ontológica e real, ou seja, independente de nosso conhecimento ou de um processo putativo de medida.

A concepção de LIR da não-separatividade categorial, embora seja relacionada com o texto acima, é significativamente diferente pelas seguintes razões:

- A dualidade das propriedades fundamentais da energia – a intensidade e a extensidade – também implica em que elas não são separáveis. Note-se que, na teoria das cordas, a carga, a massa e o giro surgem como características não separáveis do mundo em seu nível mais profundo. O princípio que LIR acrescenta é que estas características estão em oposição, no sentido de que são alternadamente reais e potenciais, e a persistência dessas características permite a não-separatividade em níveis mais elevados.

- LIR rejeita a definição original da parte e do todo como separáveis, o que depende da noção clássica de indivíduo e individuação de eventos. Isto é consistente com o ponto de vista de Ladyman, do Realismo Estrutural Ôntico. Pelo axioma da Associação Funcional, nenhuma parte e nenhum todo é absoluto, mas cada um compartilha de propriedades do outro. Assim, qualquer sistema (um todo) é completamente descrito por seus subsistemas (partes), dada a sua relação necessária. Qualquer propriedade adicional do todo seria uma propriedade ou estrutura emergente, resultando do PDO. Esta é uma forma de não-separatividade, mas não de holismo, visto que os relatos e suas relações espaçotemporais realmente determinam a entidade emergente (a entidade e suas relações sobrevêm aos relatos).

Em resumo, é uma falha da individuação que é a base da não-separatividade, não que existam entidades físicas que não sejam completamente compostas de partes básicas físicas existentes, seguindo um princípio do encerramento físico (conforme o Capítulo 6). As ideias na literatura e em LIR agora podem ser diretamente comparadas: (1) não se reivindica nas teorias da física, ou em LIR, que qualquer entidade física tem partes não-físicas; (2) o estado anterior que algumas entidade físicas que julgamos serem compostas de um conjunto particular de partes físicas básicas, na verdade não são tão compostas; e (3) LIR estabelece que as partes físicas básicas incluem algumas que não são completamente reais a qualquer momento, e suas realizações e potencializações não são propriedades separáveis.

4.5.2 – Existe uma física matemática de LIR?

Nesta primeira tomada do conceito de uma lógica da e na realidade por si, só posso confirmar que uma caracterização matemática de LIR seria desejável, mas nada disso foi feito. No Capítulo 1, sugeri que a formalização apropriada das variáveis de LIR poderia ser como uma forma de probabilidades não Kolmogorovianas. Por outro lado, eu disse que minhas dualidades são fundamentais, e que existem outras formas matemáticas de contemplar grupos de dois ou mais objetos, a saber, a própria teoria de conjuntos e de grupos.[20]

Na mecânica quântica, os elementos das álgebras, sua 'estrutura' – constantes que podem ser construidas usando-se teoria de grupo – frequentemente têm interpretações diretas como quantidades físicas, assim como um momentum angular (Penrose 2004). Propriedades tais como estados de giro das partículas quânticas, que são simplesmente sistemas de dois estágios, também podem ser descritas por esta teoria. Deveria ser possível em princípio desenvolver uma linguagem matemática para a descrição dos estados físicos que considero como os valores da realidade de LIR devem representar. Voltando ao Capítulo 2, estes valores foram definidos como os graus relativos de realização e de potencialização, em particular das tendências rumo à identidade e à diversidade.

[20] Krause sugeriu (isto é, comunicação privada) que os conceitos matemáticos apropriados para descrever LIR são as "estruturas uniformes" de Gunther Ludwig. Estes conceitos se situam em algum ponto entre as estruturas topológicas e métricas. A teoria tem a intrigante característica de que as estruturas daquilo que é infinitamente grande ou infinitamente pequeno não têm significado físico, mas são instrumentos para se aproximar da realidade física finita, que podem ser relacionados à visão de LIR do transfinito, tratado na Seção 2.3.1 (Schmidt 2003).

Como foi apontado por Krause (2007), embora a física tenha mudado seu paradigma da física clássica para a física quântica e relativista, a lógica e a matemática padrão ainda usam linguagens que se referem aos indivíduos e a coleções de objetos distintos, isto é, conjuntos que são descritos pela teoria de conjuntos. Objetos macroscópicos são modelados como entidades individuais e primitivas estabelecidas como tal por um processo de contagem binária. São identificáveis como tipos, daí vindo o termo lógica típica. Dado que a individualidade e a diferenciação das entidades quânticas são extremamente problemáticas, o rumo que Krause tomou foi defender um conceito de quase conjuntos que proporciona uma semelhança parcial de seus elementos. Um conceito de 'identidade relativa' é introduzido para conduzir a noção que a identidade clássica não consegue aplicar. Os quase conjuntos, como será discutido no Capítulo 5, são coleções de elementos que têm cardinalidade (um certo 'tamanho') mas não têm ordinalidade no sentido de terem um número definitivo de tais elementos. Definiram-se os predicados quânticos típicos como se dessem meios às entidades quânticas para iniciar tanto a separatividade e a não-individualidade ou a não-diferenciação. Uma entidade quântica é e não é individual; é e não é a mesma nem outra diferente (Krause 2005).

As duas questões relacionadas que este enfoque muito promissor ainda não consegue responder são as seguintes: o que significa, no nível quântico, uma entidade ser e não ser a mesma, a até onde na escala da complexidade se estende essa propriedade da não-diferenciação? Como já se mostrou, as moléculas com sessenta átomos de carbono somente exibem propriedades do tipo onda em experiências de difração, mas as pessoas não.

Proponho a oposição dinâmica como o princípio metateórico que estabelece a estrutura antagônica das entidades de processo real, inclusive as quânticas. Meus 'agregados' são sistemas de duas entidades em uma relação de oposição dinâmica, das quais pelo menos se pode dizer o seguinte: o sistema (agregado) não se origina em um processo de contagem. Na verdade, deve haver, como demonstro em meu enfoque de sistemas (Apêndice 2), para qualquer sistema real, a combinação de um princípio de agregação (atração) e um princípio de repulsão (exclusão), caso contrário o agregado de dois elementos colapsa em uma identidade não diferenciada.

Vamos lembrar que LIR incluiu axiomaticamente e agora categoricamente o conceito de alguma coisa ser igual e diferente, individual e não individual, seja sincronicamente, como seria o caso das partículas quânticas, ou diacronicamente, quando a estrutura geral se torna demasiadamente complexa, ao ponto de ficar para ser definida mais tarde. Visto que essas propriedades são mantidas como potencialidades em estruturas de nível mais alto, existe um grau de não diferenciação que pode ser atribuído a todas as entidades, inclusive os seres humanos. Somos, até certo ponto, nós mesmos e não outros, nós mesmos e parcialmente outros, mais ou menos um ou o outro em tempos diferentes.

Estas propriedades dos seres humanos não são propriedades quânticas, mas são isomórficas às propriedades quânticas neste sentido estrutural. O quadro de LIR da física da realidade dado até agora, contudo, falha em contar com a diferença entre o que parece ser a estrutura fundamental do tempo/espaço do universo como é descrita pela relatividade geral e como é que a experimentamos. Se o princípio da oposição dinâmica é tão fundamental quanto proclamo, deve haver algum físico matemático que descreva mais especificamente sua operação e relacione os dois domínios. Estas considerações, que desempenham um papel essencial no enfoque lógico da realidade que proponho, serão discutidas nos próximos três capítulos sob o cabeçalho de estrutura, realismo estrutural e física, e metafísica da realidade, nessa ordem.

4.6 – A CATEGORIA DO PROCESSO: MUDANÇA

As demais categorias materiais de Processo, estrutura de mudança, Sujeito, Objeto, Sujeito/Objeto e estado T, enfatizarão as relações essenciais envolvidas na ontologia.

Seibt descreveu algumas estratégias heurísticas comuns para a seleção de 'candidatos' para categorização e construção de categorias. Citando Sellars, ela mostra como um esquema ou uma recategorização de certos padrões inferenciais nos conduz de uma ontologia baseada na substância para uma ontologia baseada no processo. Uma nova categoria é introduzida 'cujo modelo não é mais uma parte de alguma coisa física mas um processo'. Como outras entidades categóricas padronizadas, contudo, os processos absolutos nesta ontologia formal são entidades teóricas.

Do ponto de vista de LIR, introduzo a nova categoria material de 'Processo', vinda do outro lado, por assim dizer. Considero a mudança, sugerida como um predicado ontológico ou característica de categoria de LIR no Capítulo 3, como algo na experiência comum cujas propriedades podem ser capturadas pelo 'Processo', descrevendo e explicando a estrutura da mudança.

4.6.1 – *Três pontos de vista atuais do processo*

Três correntes atuais de processo informam a definição de processo como uma categoria, uma ontológica e duas metafísicas:

1 – A Teoria do Processo Geral de Seibt (Seibt 2003) (anteriormente chamada de Teoria do Processo Livre, FPT) é um caso forte de um papel central do processo na ontologia. O FPT é um quadro de processo ontológico que evita as pressuposições de substâncias ontológicas e lógicas que têm estorvado a análise das categorias dinâmicas. O FPT, como se desenvolveu nos últimos 10, 15 anos, é de interesse como um quadro que não segue Whitehead e que dá suporte a meu ponto de vista sobre as limitações do conceito de Whitehead do processo, ou seja, sua confiabilidade parcial em objetos da realidade, idealizados ou abstratos. Os processos livres são definidos por Seibt como indivíduos gerais que são tanto dinâmicos e concretos e que constituem uma nova categoria ontológica. Não são mudanças nas coisas nem modificações dinâmicas de um médium, mas sim maneiras de continuar em frente, atividades consideradas de um ponto de vista qualitativo. São similares ao conceito de LIR das 'tendências', fenômenos em movimento a partir da realização e da potencialidade (e vice-versa), incorporando as noções de dinamismo e sua inibição, a parada do dinamismo ou processo, mas que deve ser repetido que os processos livres discutidos também são entidades teóricas com caracterização apenas axiomática.

Tenho sugerido que a exclusão da contradição da lógica tem restringido sua aplicabilidade. De forma similar, Seibt mostrou como as pressuposições características de Aristóteles restringiram a ontologia a um paradigma da substância. Partindo do seu quadro, Seibt vê uma tendência nas teorias ontológicas que vai de esquemas tradicionais de substâncias ontológicas operando com estruturas de causas separadas, concretas, particulares, estáticas (incluindo entidades abstratas e gerais) para esquemas cujas entidades básicas são concretas mas não particulares, dinâmicas e de causas interligadas ou que se sobrepõem. Minha categoria de oposição dinâmica dá uma base para passar do primeiro grupo de entidades para o segundo, e sugere um significado físico para 'interligadas ou que se sobrepõem' que vai ao encontro deste enfoque da realidade, isto é, metafisicamente e de acordo com a ontologia.

2 – O trabalho fundamental de Rescher sobre metafísica e semântica do processo é muito conhecido e eu resumi minha visão do mesmo em outro texto (Brenner 2005). A missão de Res-

cher para a filosofia do processo é 'capacitar-nos para caracterizar, descrever, esclarecer e explicar as características mais gerais do real'. Além disso, ele relaciona seu ponto de vista da estrutura processual da realidade com a energia, as entidades da mecânica quântica entrando em arranjos cada vez mais complexos. Rescher viu o desenvolvimento de uma semântica do processo, oposto à lógica, como o instrumento conceitualmente mais versátil e filosoficamente mais fundamental para entender-se a realidade. É na base de suas ideias da filosofia do processo e da metafísica do processo. Aquilo que chamamos de teoria lógica principal do Ocidente, que assume um enfoque da verdade comprometido com sua fixidez estática, foi e é incapaz de vencer este desafio. Sugiro, até o ponto em que LIR descreve a mudança em termos de oposição dinâmica, que ela toma as características do processo descritas por Rescher e pode ser vista como a lógica preferida do processo, dentro dele e para ele.

3 – Lowe (2002) vê os processos, que ele chama de eventos, e os objetos que persistem, os quais chama de entidades, como pertencentes a categorias bem diferentes. Isto é compatível com minha divisão de entidades que dão início à separatividade e à não-separatividade. Entretanto, Lowe mantém, além de tudo, uma dicotomia entre a física quântica de eventos ontológicos e a de campo ontológico. Sua interpretação de campo quântico, contudo, requer um substrato maior, isto é, o tempo/espaço neoclássico. LIR proporciona um quadro mais simples de duas maneiras: nega que exista qualquer coisa metafisicamente fundamental a respeito de objetos persistentes (pedras) para vê-las também como fenômenos do processo em uma escala de longa duração. LIR pode assim ser considerada uma forma de ontologia eliminativista, em que falar de eventos e processos substitui falar de objetos persistentes. No entanto, não existe nenhuma razão para desistir completamente da noção do senso comum de objetos persistentes; isto leva potencialmente a um erro da natureza, implicada como absolutamente estática, do fenômeno como uma propriedade fundamental, e todos os objetos podendo ser inseridos na categoria de Processo.

No nível básico da física, LIR possibilita interações dialéticas entre as entidades, eliminando a necessidade de um substrato de campo. As partículas quânticas e os campos quânticos são contraditoriamente relacionados, na interpretação de LIR. Uma questão metafísica, contudo, permanece, mesmo dentro do meu sistema, que é se as entidades, no nível quântico, por si mesmas participam da mudança e assim podem ser incluidas na categoria de Processo. Isto implicaria em uma distinção lógica entre um próton, que teoricamente pode deteriorar, e um elétron, que não pode. Esta distinção não faz efeito, entretanto, na discussão subsequente que faremos.

4.7 – A CATEGORIA DE ESTADOS T

O conceito de um estado energético dos fenômenos, o estado T, sendo não apenas um elemento de uma lógica, mas um elemento que se transforma, em certas áreas, em um axioma da lógica do senso comum, a lei da média excluída, é a inovação crucial da minha lógica da e na realidade. É, portanto, importante primeiro deixar claro o que um estado T não é: uma média de dois ou mais elementos, um resultado estático, escalar, de uma operação aritmética. Não é o resultado de uma mistura física ou fusão: a cor cinza também é uma 'média' de branco e preto, mas este resultado é inerte, sem a capacidade de mudança ou de desenvolvimento. De forma similar, um estado T não é o equilíbrio estático que resulta da neutralização de dois elementos, tais como quantidades iguais de ácido e base. No nível microscópico, algumas regiões de tais substâncias podem sair do equilíbrio, mas as flutuações são estatísticas na natureza.

Em um único nível da realidade, o segundo e o terceiro axiomas da lógica clássica são essencialmente equivalentes: não há contradições no mesmo tempo e lugar. Em minha extensão da lógica, um estado T resolve uma contradição em outro nível de realidade. Um exemplo frequentemente dado é a aparente unificação no quanton (T) dos elementos, aparentemente contraditórios, da partícula (A) e da onda (não-A). O que está envolvido no nível 'único', mais baixo, da realidade, é mais ou menos mutuamente exclusivo, são pares antagônicos que podem ser vistos como resultantes da projeção de um estado T sobre esse nível (Nicolescu 1999). O estado T é a média incluída ou terceiro termo em que se localiza, nesse modelo, um ponto intermediário, em um espaço de configuração complexa. Em contraste com a tríade de Hegel, os três elementos aqui coexistem ao mesmo momento. Deve-se enfatizar novamente que "A e não-A no mesmo tempo" não significa que ambos são totalmente reais. Um elemento é mais ou menos real e, por sua vez, o outro é mais ou menos potencial. 'Ao mesmo tempo' não implica em um instante do tempo real. Os elementos do processo desenrolam-se no seu próprio tempo e espaço, ou tempo/espaço como chamo no Capítulo 7. A importância deste conceito para o problema da simultaneidade na teoria da relatividade também será discutida mais adiante neste livro.[21]

LIR é capaz de descrever uma transição coerente entre níveis de realidade. Um dado estado T (que efetiva a unificação de A e não-A) está associado a outro par de elementos contraditórios em seu nível mais alto (A1, não-A1) que, por sua vez, se resolvem em outro nível em T1. A aplicação da lógica da média incluída implica em uma estrutura aberta, incompleta do conjunto de todos os níveis possíveis de realidade, similar à que é definida por Gödel como sistemas formais.[22] Concatenações e dialéticas de sistemas nunca resultam em um terceiro termo, no sentido de uma síntese hegeliana ou marxista. O estado T não é um termo, mas um estado, e estados T emergentes, num nível mais alto de realidade, também podem entrar como elementos nas relações contraditórias.

O propósito de definir estados T como uma categoria é ser capaz de usar o conceito para avaliar tanto a teoria filosófica quanto a científica, inclusive padrões de comportamento humano, individuais ou sociais. É nos sistemas dinâmicos que envolvem o *feedback* nos mundos biológico, mental, social e político, em complementação ao nível quântico, que exemplos de estados T se encontram. Para ver como dois elementos em oposição dinâmica resultam em um terceiro, um estado T, devemos observar bem de perto as tendências de cada um deles em direção à identidade ou à diversidade, à homogeneização ou à heterogeneização, forças da dissolução ou forças do crescimento.

No nível quântico, um bárion, assim como o próton altamente estável, é composto de quarks e antiquarks de várias espécies que se mantêm agrupados por partículas energéticas chamadas glúons, que ligam os vários quarks por 'troca' de energia entre eles. Como se observou acima, é tentador ver a estabilidade de um próton como se fosse devida a este processo dinâmico entre dois quarks opostos, com o glúon desempenhando o papel da média incluída.

Todos os sistemas vivos se influenciam no nível inorgânico, onde os primeiros predominam, e em níveis mais baixos da estrutura orgânica. Como se observa, os últimos influenciam em níveis ainda mais baixos da realidade, começando com os elementos quí-

---

[21] 'Este momento presente' é, na verdade, uma conjunção contraditorial complexa da simultaneidade e sucessão que é consequência do postulado fundamental aplicado a 'tempo/espaço'.

[22] A lógica da computação agora inclui conceitos de sistemas formais abertos, capazes de lidar com informações que mudam ou evoluem, substituindo o conceito de sistemas formais fechados de Hilbert.

micos, compostos moleculares, por exemplo, proteínas, levando a estruturas das células, às células e organismos. Cada um desses estágios pode ser considerado um estado T relativo ao que está abaixo dele, mas o conceito de um estado T resolvendo oposições energéticas tem força de explicação maior do que a influência, que não descreve uma interação entre elementos influentes e pouco influentes, nem a interação concomitante entre os elementos pouco influentes por si mesmos. Este ponto será crítico para meu tratamento a respeito da causalidade.

Deve-se notar, contudo, que cada estágio de divisão celular na embriogênese não é um estado T, mas sim um sistema de processos que no final levam a uma (relativa) não contradição, o fenótipo. Contudo, o fenótipo, o indivíduo, é um estado T em relação ao genótipo, o 'site' da contra-ação entre o DNA realizado e as potencialidades químicas residuais dos elementos e seus compostos. Estas potencialidades podem ser consideradas como uma 'memória' biológica que pode aparecer como causa final de desenvolvimento, como será discutido em conexão tanto com a causalidade quanto com a biologia.

Em complemento aos estados T no nível quântico e na biologia, o maior número de exames está no nível mental. Sua estrutura de médias incluídas é altamente complexa. Como se nota, fenômenos em qualquer nível da realidade podem ser caracterizados por diferentes realizações de tendências primárias à não contradição (contradicional: identidade, homogeneidade ou diversidade, heterogeneidade) ou à contradição (contraditorial: emergência de novas entidades). A complexização surge porque estas tendências são, em si, realizadas ou potencializadas em um grau diferente, mas nunca completamente. Nos elementos emergentes resultantes que entram em maiores relações contraditoriais, ou a homogeneidade ou a heterogeneidade é predominante, mas a outra está também sempre presente. Se observarmos, por exemplo, qualquer sistema vivo, é claro que o mesmo incorpora processos de crescimento e de metabolismo e/ou decadência, ao mesmo tempo. Portanto, não é exatamente correto dizer apenas que, nos sistemas vivos, a diversidade é realizada e a identidade é potencializada. Ao contrário, a emergência de novas formas, a heterogeneidade, é predominantemente realizada e os processos macrofísicos de decadência, da homogeneidade, são predominantemente potencializados, mas, ao mesmo tempo, estes últimos são realizados em menor escala e os primeiros potencializados em menor escala. Uma situação similar se aplica aos processos de percepção e de ação.

O objeto homogêneo na minha consciência só é potencializado em relação aos processos de realização de seus aspectos heterogêneos que realmente ocorrem nos meus órgãos dos sentidos, dos quais não tenho, em grande parte, total consciência. A situação inversa se aplica a diferentes estímulos. Entretanto, visto que realizações e potencializações nunca são completas, existe sempre uma certa consciência da heterogeneidade no primeiro caso e de homogeneidade no segundo.

A originalidade deste quadro não reside em sua identificação de uma consciência, uma consciência da consciência (algumas vezes designada como atenção) e um inconsciente. Pelo contrário, está em sua ênfase sobre o caráter lógico da origem destas estruturas de nível mais alto no PDO, no nível de física básica, o mecanismo para sua emergência e a subsequente complexidade de suas interações.

Estados T na arena sociopolítica podem corresponder, entre outras coisas, a novas leis. Diferentemente de compromissos ou posições 'centristas', os estados T são radicalmente novas estruturas que são desenvolvidas às vezes para reconciliar posições entre grupos que não tenham sido capazes de ter sucesso na supressão ou na eliminação uns dos outros. Um exemplo disto é a situação de segregacionistas e antissegregacionistas no Sul dos Estados Unidos antes de 1956, que levaram à promulgação de leis contra a discriminação racial e a aceitação, ainda que lenta, parcial e de má vontade, da igualdade racial.

Discutirei outros exemplos de estados T nas respectivas seções sobre as ciências e disciplinas envolvidas.

4.7.1 – A dualidade do giro quântico

Existe uma dualidade física fundamental a mais, sobre a qual chamarei a atenção, pois é necessário para compreendermos os aspectos emergentes dos estados T. As entidades quânticas existem em duas classes definidas pela quantidade de uma propriedade chamada giro: entidades com giro de ½ são chamadas de bósons; aquelas que têm giro integral são chamadas de férmions. Pode-se dizer que todas as entidades quânticas exibem ou dão início a características tanto de partículas quanto de ondas, e, a partir deste ponto de vista, uma entidade real pode ser considerada como se fosse um estado T incluído em um espaço de configuração complexa em um nível mais alto da realidade. No caso dos bósons, dos quais o mais comum é o fóton, este estado T, entretanto, é um estado T epistemológico. A posição e o momento do fóton são completamente definidos matematicamente, como uma combinação de 'sobreposição' de estados menos complexos, e o estado T aqui considerado é uma consequência, para não dizer um artefato de nossas teorias. O fóton, a não ser que encontre, e até que encontre, algum tipo de detetor físico ou uma molécula com a qual interaja, não entra em relação com outros bósons baseados em qualquer potencialidade residual, exceto sob condições altamente incomuns.[23] O detetor pode demonstrar suas características de partícula ou de onda, mas sem transformar o fóton. 'Emerge' de tais interações como fóton, talvez com uma energia diferente, mas ainda nada mais do que um fóton. Os fótons certamente dão início à propriedade da não-separatividade, que é a correlação de estados de giro com grandes distâncias, arbitrariamente, mas este é outro assunto, não relacionado diretamente com o conceito de emergência.

Por outro lado, os férmions, em particular os elétrons e os prótons, exibem propriedades como estados T que podem ser expressas como sendo não fechadas a interações dinâmicas mais estruturais, como é indicado na discussão do Princípio de Exclusão de Pauli. Somente os elétrons que têm giros opostos podem ocupar o mesmo nível ou subnível de energia nos átomos, proporcionando a base para a formação de ligações químicas e, a partir daí, das moléculas e entidades macrocelulares. Considero tais entidades quânticas, portanto, como estados T físicos com potencialidade para entrar na construção de entidades mais complexas – moléculas, substâncias físicas e biológicas etc. Os estados T de interesse na discussão subsequente, em todos os níveis da realidade, inclusive aqueles dos processos, teorias e eventos biológicos e mentais etc, serão da variedade 'férmion'. É claro que esta descrição não define completamente o mecanismo do caminho pelo qual, em um estado T, uma entidade determinada é constituida. Um enfoque inicial será feito no Capítulo 5 como parte da minha discussão geral da estrutura categorial e física da realidade.

[23] Sob condições de extremo frio, podem ser produzidos condensados de grande número de bósons, os chamados Bose-Einstein. Estes objetos, nuvens ou entidades de uma mesma espécie, são de grande interesse teórico, mas não requerem, a meu ver, discussões em termos de LIR, exatamente porque não iniciam oposição dinâmica. De forma similar, quando são acelerados com energias muito altas, colisões envolvem os bósons e podem dar origem a outras entidades, mas estas também em condições extremas. A descrição da teoria do campo efetivo estabelece as bases conceituais para a operação de diferentes leis da natureza sob alta energia, que não impactam necessariamente as que estão em nível menor.

4.8 – AS CATEGORIAS DE SUJEITO, OBJETO E SUJEITO/OBJETO

A construção das categorias de Sujeito, Objeto e Sujeito/Objeto é uma extensão dos predicados categoriais da realização e da potencialização. Começo aqui partindo da concepção de um sujeito e um objeto lógicos (Lupasco 1947), isto é, em relação aos valores lógicos que tenho definido como valores da realidade.

A realização de tal valor lógico dá a ela o caráter de uma causa, um agente, e à potencialização do valor contraditório de um paciente, um efeito. A consideração subsequente da primeira como um sujeito, ou uma subjetivização, e da segunda como um objeto, ou uma objetivização, não deve ser considerada convencional, mas sim como uma conclusão atingida por indução, por pontos de vista científicos, filosóficos e psicológicos. O princípio do antagonismo sempre implica em uma lógica que gera, como consequência estrutural e funcional, um sujeito e um objeto lógicos no sentido acima, de tal forma que, como é implicado pela categoria da Oposição Dinâmica, o sujeito está sempre em uma relação contraditória com o objeto. Um dinamismo que vem do potencial para a realização, que produz uma energia, monopoliza, por assim dizer, o espaço de configuração disponível em relação a si mesmo. Torna-se o centro da existência, um sujeito. O dinamismo que é potencializado é deslocado do seu centro de atividade e se torna passivo, objetivado, transformado em um objeto (Lupasco 1951). Formalizando isto tudo, realizações (A), potencializações (P) e estados T (T) podem ser substituidos pelos símbolos S, O e SO, indicando respectivamente sujeito, objeto e o contraditório sujeito/objeto, em qualquer um dos quadros, tabelas e fórmulas mostrados anteriormente. A existência de um sujeito/objeto como uma média incluída é, obviamente, uma consequência do princípio fundamental de LIR expresso pelos axiomas **LIR3** e **LIR4**. Como visto anteriormente, o primeiro par de colunas se refere a um elemento e sua contradição, o segundo à identidade **i** e sua diversidade associada **d**, e o terceiro à operação de implicação em si mesma:

$$\begin{array}{cccccc} \underline{e} & \underline{\bar{e}} & \underline{i} & \underline{d} & \underline{\supset} & \underline{\bar{\supset}} \\ S & O & S & O & S & O \\ \bar{S}\bar{O} & \bar{S}\bar{O} & \bar{S}\bar{O} & \bar{S}\bar{O} & \bar{S}\bar{O} & \bar{S}\bar{O} \\ O & S & O & S & O & S \end{array} \qquad (4.2)$$

Para cada par de colunas, a esquerda corresponde a um elemento e a direita ao seu oposto, respectivamente, a primeira e a terceira filas à categoria de elementos (primariamente) como sujeito ou objeto e a fila do centro à categoria de 'meio' sujeito, 'meio' objeto, escrito como 'não–', que eu tenho chamado de categoria do Sujeito/Objeto.

Estou consciente de que é apenas uma anotação essa substituição de um símbolo por outro equivalente, mas as implicações são substanciais. Isto sugere que, por exemplo, a identidade e todos os aspectos que ela pode assumir (invariança, permanência, conservação etc) podem ser, por um lado, e a diversidade ou heterogeneidade (variança, diferenciação etc) por outro lado, respectivamente sujeito e objeto. As relações de indeterminação de Heisenberg também podem ser formalizadas como segue: onde p é o momentum de uma partícula quântica e q é a sua posição, S é o sujeito observador e O a medida.

$$\begin{array}{cc} \underline{p} & \underline{q} \\ S(\mathrm{A}) & O(\mathrm{P}) \\ O(\mathrm{P}) & S(\mathrm{A}) \end{array} \tag{4.3}$$

Em palavras, isto significa que a intervenção do sujeito/observador que mede p cada vez mais acuradamente, realizando-o, potencializa a posição q, a coisa observada, e também o inverso.

Finalmente, esta notação indica que, onde a subjetividade e a objetividade são funções da realização e da potencialização respectivamente, a relativa não contradição é real e a relativa contradição é potencial.

$$[e_{S(A)} \supset \bar{e}_{O(P)}] \quad \supset \quad (\bar{C}_A . C_P) \tag{4.4}$$

Na situação em que um sujeito e um objeto inibem um ao outro, o estado T é equivalente a uma contradição real e a uma não contradição potencial, como nos fenômenos microfísicos, biológicos e mentais em que, como indiquei, estados T são observados.

$$[e_{\bar{S}\bar{O}(T)} \supset \bar{e}_{\bar{S}\bar{O}(T)}] \quad \supset \quad (C_A . \bar{C}_P) \tag{4.5}$$

A propriedade da realização do subjetivo aparente e da potencialização do objetivo aparente se aplica à realização e à potencialização da contradição e da não contradição. Lupasco aplicou este conceito à dúvida, o fenômeno de alguém ter ou experimentar, como sujeito, uma contradição interna. Primeiramente, a resolução da dúvida, a não contradição, aparece como algo externo, objetivo e potencial ao mesmo tempo. De maneira inversa, se um estado de certeza, não contradição, se desenvolve em mim como um sujeito, é a contradição que aparece extenamente, objetiva e potencial, que pode ser simbolizada como segue:

$$(e_A \supset \bar{e}_P) \supset (\bar{C}_S.C_O);\ (\bar{e}_A \supset e_P) \supset (\bar{C}_S.C_O);\ (e_T \supset \bar{e}_T) \supset (C_S.\bar{C}_O) \quad (4.6)$$

Neste enfoque, devemos procurar um sujeito e um objeto em todo o conhecimento e em qualquer ciência, de acordo com esta aceitação dos termos. A relação com o sujeito e o objeto epistemológico, o conhecedor e o conhecido, também pode ser discutida desta maneira. Esta categoria é tão geral quanto as demais, visto que se refere a fenômenos do processo em qualquer nível da realidade.

4.8.1 – O self e o outro: a autorreferência

Na língua inglesa, as letras S e O também correspondem a self e outro, mas isto é uma coincidência trivial. O ponto essencial é que, em LIR, aplicados aos processos reais, self e outro também são processos dinâmicos complexos que são ligados contraditoriamente na subcategoria de não-separatividade. Nenhum self é um sujeito 'puro'; nenhum outro é um 'puro' objeto.

O propósito do 'self', portanto, depende do domínio de aplicação envolvido. Se estiver na linguística binária ou domínio matemático, self implica em alguma forma de identidade clássica. Self e outro não podem ser ligados na lógica clássica, visto que isto seria equivalente a inclusão parcial de premissas em conclusões, isto é, excluídas *a priori*. A situação em relação aos paradoxos lógicos da autorreferência tornou-se muito mais clara, obviamente, dado o estabelecimento por Gödel da reciprocidade entre a incompletude e a consistência em sistemas formais. O trabalho de Gödel proporciona a base da lógica paraconsistente. Até agora, pelo menos, noto que os objetos dos teoremas de Gödel são entidades abstratas no domínio binário.

Em situações reais, entretanto, o uso do termo em 'autorreferência' requer maior discussão. Como pode um self real referir-se a si mesmo, a não ser que seja, de algum modo, tanto self quanto outro, ao mesmo tempo; em outras palavras, uma forma de dualidade?[24] Sugiro, como visto acima na discussão sobre individualidade na Seção 4.5.1, que a concepção de LIR da oposição dinâmica oferece a base de uma solução para este problema; aspectos do self e do outro são alternadamente realizados e potencializados. Não existe 'self' que não seja parcialmente 'outro' em um modo potencial de existência. Com isto em mente, o conceito de autorreferência na realidade não apresenta as mesmas dificuldades como na linguagem, em que os paradoxos da autorreferência têm uma base na ambiguidade introduzida pela negação. A noção de LIR do self será crítica para a discussão subsequente da auto-organização (Seção 6.2.8.2), a discriminação entre self e outro de um organismo vivo (Seção 8.2.1)[25]

4.9 – LIR COMO UMA ONTOLOGIA FORMAL: NEO E A ADEQUAÇÃO DO AXIOMA/ CATEGORIA

Agora voltarei ao terreno já coberto para mostrar como e até que ponto as categorias que introduzi como constituintes da ontologia formal de LIR, NEO, e as características ou propriedades que as caracterizam, combinam com os axiomas de LIR:

LIR1: Não-identidade: não existe nenhum A em um certo momento que seja idêntico a A em outro tempo.
LIR2: Contradição condicional: A e não-A existem ao mesmo tempo, mas só no sentido de que, quando A é real (nunca no nível de 100%), não-A é potencial (mas nunca no nível de 100%), reciprocamente, proporcionalmente e alternadamente.
LIR3: Média incluída: um terceiro estado T, incluído ou adicional, emerge do ponto de máxima contradição entre os dois outros pontos, em que A e não-A são igualmente realizados e potencializados, mas em um nível maior da re alidade, no qual a contradição se resolve.

[24] A forma de Leibniz de argumentação também pode ser usada em relação ao conhecimento.

[25] Uma discussão do self psicológico está fora do escopo deste livro, mas é interessante notar o ponto de vista fundamental de Jung de 1912-1916 (Jung 1971). Ele estabeleceu que o problema dos opostos é um princípio inerente à natureza humana, e viu as forças em funcionamento em termos de energias e graus. O self foi caracterizado como uma espécie de compensação (ou resultado) do conflito entre o interior e o exterior, e até sugeriu que o self'pode reivindicar o valor de uma hipótese análoga à estrutura do átomo'. Isto pode ser uma das mais antigas intuições claras a respeito de um isomorfismo entre as leis que governam os fenômenos microfísicos e mentais.

LIR4: Elementos lógicos: os elementos da lógica são todos representações de entidades reais, físicas e não físicas.
LIR5: Associação funcional: cada elemento lógico real **e** está sempre associado, estruturalmente e funcionalmente, com seu antielemento ou contradição, **não-e,** em termos físicos, eles são variáveis conjugadas. Este axioma se aplica aos pares de dualidades clássicas, por exemplo, identidade e diversidade.
LIR6: Assintoticidade: nenhum processo de realização ou potencialização de qualquer elemento chega a um percentual de integralidade de 100%.

Categoria: Processo

Por razões que deixarei aparentes, começarei com a categoria de Processo. A existência de mudança e a categoria de Processo como a estrutura de mudança estão entre os conceitos mantidos pelo axioma da Não–identidade. LIR é uma teoria que diz que não faz qualquer sentido metateórico falar sobre qualquer processo como se fosse igual a outro, pois isto nunca ocorre na realidade, exceto em relação a simples objetos macrofísicos, 'para todas as intenções e para qualquer propósito'. O problema da individuação dos objetos quânticos ainda não foi tratado em LIR. Os objetos quânticos certamente dão início à categoria da Oposição Dinâmica, e também existem dois tipos deles, os férmions e os bósons (ver a Seção 4.7.1), o primeiro sendo mais 'diverso' do que o segundo, pelo menos em sua capacidade de ter giro oposto.

No entanto, as leis que regulam as entidades quânticas e, digamos, os seres humanos, são apenas isomórficas e não idênticas. A individuação de seres humanos e do raciocínio humano é uma realidade. Meu axioma da Não-identidade apoia o conceito de uma circularidade produtiva de algumas explanações ontológicas, visto que, na realidade, nenhum processo de raciocínio envolvendo o mesmo indivíduo ou outro é sempre idêntico. Esta forma de circularidade também se mantém entre os axiomas e categorias de LIR. Dado que os termos dos axiomas são também considerados como dinamismos, a ontologia da lógica é também, sem conflação ou confusão, a lógica da ontologia.[26]

[26] Nicolescu sugeriu o termo 'onto-lógica' para caracterizar a lógica da média incluída, como sendo uma lógica que é 'aberta' à ontologia, mas outros autores, em outros contextos, também usaram este termo em um sentido diferente.

O processo também está de acordo com os axiomas da Contradição Condicional e da Média Incluída, visto que todas as entidades do processo dão início ao movimento para identificar ou diferenciar a não contradição ou a contradição,da qual os estados T podem emergir.

Hartmann define processo como uma categoria intermediária entre 'o tempo real' e o 'nexo causal'; os processos avançam no tempo, e a sequência de estados em um processo é causalidade. Estados anteriores são causas; os últimos são efeitos. Esta forma linear de determinação é o nexo causal. Este quadro não é muito satisfatório, principalmente porque dá à questão da natureza do tempo uma existência independente. Um *insight* mais interessante de Hartmann, do ponto de vista de LIR, é sua ideia de que os processos têm opostos ou contrapartes, estados ou situações, e a relação entre processos e situações é dinâmica, dando origem à concepção de estruturas dinâmicas na evolução das ciências naturais. Além disso, "dado que 'transformar-se' (Werden) é o modo universal de ser de tudo que é real, o processo é eminentemente a categoria da realidade" (Werkmeister 1990). Isto está bem próximo da minha concepção do Processo como a principal categoria formal, mas sugiro a Energia como seu 'par' material. Hartmann parece também ter considerado a energia como uma categoria fundamental, a de 'relação'.

Os detalhes de qualquer hierarquia aqui envolvida é menos importante do que o quadro geral: processo, energia e a relação da oposição dinâmica são todos conceitos de categorias que recebem maior significado a partir de sua relação com a física e a metafísica de LIR e de uns com os outros.

Categoria: Energia

Também parece haver uma boa concordância entre a Energia ou seu campo quântico equivalente a uma categoria e o axioma da Contradição Condicional – temos visto que a energia dá início a todos os predicados ontológicos opostos. O conceito de energia como autodual ou não-idêntico a si mesmo parece satisfatório, visto que a energia é o foco da mudança. A energia também pode ser considerada como sua própria média incluída, 'entre' a extensidade e a intensidade. O que carece de uma discussão mais ampla é a relação entre a Energia e a categoria anterior, do Processo. Eu já defini a iniciação da energia como entidades do processo. Parece impossível separar a energia de seus inícios na realidade. O que, então, deveria ser a relação na teoria?

Na minha opinião, a diferença ontológica significativa entre 'Processo' e 'Energia' é que o primeiro é energia organizada sofrendo mudança. Processo e Energia são, portanto, ambos entidades contraditoriamente relacionadas e conceitos epistemológicos: quando focamos nossa atenção nos processos como entidades, o conceito de energia como o local dos processos é potencializado e vice-versa, dependendo de qual aspecto é de interesse, isto é, tem a maior carga de 'energia' por trás dele. A Energia e o Processo são, por conseguinte, como algumas das demais entidades que encontraremos, ao mesmo tempo iguais e diferentes. Energia é o local de mudança, mas ela, em si, não se destroi, só muda de forma no sentido clássico. Em LIR, a estrutura e a forma também são dinâmicas, seguindo o princípio da Oposição Dinâmica e ficando na categoria dela.

Meu enfoque geral permite mover-se suavemente entre as afirmações sobre uma partícula quântica, por exemplo o fóton, como uma entidade individual que pode ser descrita como a média incluída oposta entre 'partícula' e 'onda', e a real situação de um fóton isolado que exibirá propriedades de partícula ou de onda dependendo das condições experimentais subsequentes. Ainda que se possa falar, a princípio, de um fóton como um 'processo', a descrição do processo é certamente mais útil em níveis mais altos da realidade.

Categoria: Oposição dinâmica

Já mostrei que as propriedades dos três primeiros pares de predicados ontológicos se aplicam à energia, mas, em complemento, a energia é intrinsicamente antagonística. Em outras palavras, a realidade e a potencialidade, a intensidade e a extensidade, a identificação e a diversificação são propriedades ou processos que estão em relação antagonística ou contraditória – a oposição dinâmica. A consequência é que, para todos os fenômenos, novamente, os axiomas **LIR2**, da Contradição Condicional, e **LIR5** da Associação Funcional, se aplicam a qualquer conjunto de dualidadesque esteja sendo considerado. Todas as dualidades reais se enquadram aí.

Precisarei mais tarde dos predicados ontológicos adicionais mencionados no Capítulo 3, a respeito de local e global, em parte para a discussão da estrutura da realidade. A quais fenômenos deve se aplicar ou sobrepor-se uma interação entre local e global? Minha resposta é: a todos aqueles em que o significado de determinado e indeterminado, parte e todo desempenha um papel essencial. Isto inclui todos os fenômenos com a exceção daqueles que são do nível macrofísico, em que não se apresenta nenhuma mudança, exceto em escalas de tempo muito longas.

As mesmas considerações se aplicam à relação dinâmica entre interno e externo. Todos os predicados citados nesta seção, para qualquer processo de interesse, caem na subcategoria da Não-separatividade.

Categoria: Sujeito, objeto e sujeito/objeto

O mesmo argumento pode ser usado no caso de sujeitos e objetos. Os papéis intermutáveis das realizações e causas como sujeitos, e das potencializações e efeitos como objetos, estão de acordo com os axiomas da Não-identidade, da Contradição Condicional e da Associação Funcional. Pode ser um problema para algumas pessoas associar o termo sujeito com matéria físico/química 'inerte', mas devo lembrar que isto não leva em conta o processo conceitual envolvido. O que caracteriza um sujeito é a realização de um valor da realidade, físico e lógico, um dinamismo que pode ser tanto uma identidade quanto uma diversidade. Identidade, se alguém quiser aplicar este raciocínio a um tijolo[27], significa o processo/fim dos processos macrofísicos contradicionais (a ortodialética) que são extensivamente aqueles da identificação, em que a potencialidade residual, pequena e finita, de ser um não-tijolo pode ser realizada somente em uma escala de tempo muito longa. Sujeitos/objetos, obviamente, estão de acordo com o axioma **LIR3** da Média Incluída.

A partir deste ponto de vista, uma teoria que define algo real como uma realização absoluta, rigorosamente não-contraditória, como, por exemplo, as invariâncias da relatividade geral, é aquela que define um sujeito absoluto ideal, real apenas no sentido de sujeito de pensamento abstrato. Considerar que tais entidades pertencem à categoria NSC, da Não-separatividade de NEO, é uma forma de erro de categoria. Pertencem ao reino das entidades separáveis da lógica clássica (subcategoria SC da Separatividade) que, não sendo do espaço temporal, são separadas de seus opostos (ou de qualquer outra coisa) – não interagem com eles.

A aplicação desta categoria aos fenômenos implica em duas regras para a aplicação de todos os predicados ontológicos:

> **Regra 1**: a oposição de três elementos A, B e C pode ser reduzida por indução de que, entre três pares de dois elementos, como se vê na natureza, eventualmente cada elemento é a média incluída entre os outros dois.

[27] É o entendimento partilhado, provavelmente incompleto, destes processos, inconscientes ou não, que facilita o consenso do que se entende por'tijolo'.

Regra 2: Dados três elementos A, não-A e sua média incluída T, não é possível acrescentar um quarto termo T1: qualquer quarto termo T1 acrescentado a A, não-A e T pode ser decomposto em duas estruturas dos três termos (A, não--A e T) e (A1, não-A1 e T1) (Nicolescu 2002). Isto está em concordância com um teorema de Peirce que demonstrou o usos dos gráficos: qualquer gráfico de 'quatro eixos' se reduz a gráficos de 'três eixos'.

O conceito básico é que um antagonismo dinâmico pode existir somente entre dois termos, duas orientações, dois sistemas de sistemas, dois processos etc. Se existem três, dois juntos, ou seu estado T resultante, interagem com o terceiro. Se existirem mais do que três, eles se dividem em dois conjuntos antagônicos. Os processos subsequentes de diferenciação dependem das demais dualidades progressivamente dissimétricas. Uma forte ilustração disto é a mitose, a sequência de processos no núcleo da célula em que cromossomas replicados são segregados antes da divisão celular, seguida por uma série de processos de duplicação. A mitose pode ser vista como um paradigma da lógica da vida.

Categoria: Estados T

A categoria dos estados T se enquadra no axioma **LIR3** por definição, mas esta categoria está também em concordância com o axioma **LIR1**. Um estado T não é idêntico aos elementos dos quais ele emerge. Como entidades, obviamente, os estados T também estão de acordo com o axioma **LIR2** da Contradição Condicional, visto que, uma vez constituidos, eles nunca são completamente reais ou potenciais. Pode uma oposição dinâmica dar origem a uma entidade predominantemente potencializada? A resposta é sim, mas somente onde os estados T nunca estão muito longe dos pontos médios da realização e da potencialização, isto é, no nível mental, e também, talvez, no nível quântico.[28] Nos níveis biológicos da realidade, os valores dos componentes macrofísicos residuais presentes em todos os sistemas vivos resultam na emergência de entidades e processos predominantemente realizados.

Em relação aos estados T, existem três subcategorias de processo que quero definir, pois serão relevantes para o quadro de LIR da estrutura da realidade: Emergência, Causa Decrescente e Encerra-

[28] Em nosso estado atual de entendimento, podemos dizer, a respeito de qualquer coisa que se queira, sobre os processos que envolvem as entidades quânticas, supostamente habitando o vácuo, que se movem para trás e para a frente entre uma existência real e virtual.

mento. Emergência refere-se implicitamente a novas entidades baseadas, de uma maneira determinada mas não previsível, em substratos de níveis mais baixos (as 'partes'). O estado T estabelece as condições sob as quais esta nova entidade (o 'todo') pode ser formada. O Encerramento se refere à existência de um conjunto substancialmente completo (inteiro) de interações funcionais em uma entidade complexa. Inverso da Emergência, a Causa Decrescente é um processo em que as propriedades emergentes do todo afetam as propriedades das partes. Maior discussão dessas categorias será apresentada no Capítulo 8 em relação ao nível biológico da realidade.

4.9.1 – Lista das principais relações dinâmicas

Para a discussão que se seguirá, pode ser útil ter em algum lugar para referência as principais relações que são definidas pelo PDO e as características categoriais analisadas nas Seções 4.4.1.2 e 4.4.1.3. Lembro que os mais importantes 'movimentos' dos elementos lógicos de LIR vão do real para o potencial, um estado de realização para outro de potencialização, e primeiramente de identidades para diversidades, via processos de homogeneização ou heterogeneização. A palavra primeiramente deve ser entendida como precedendo cada termo para refletir o axioma **LIR6**, que nenhum processo real atinge um limite absoluto.

Direção principal:	potencial → real (realização)
Entidade principal:	identidade (homogeneidade)
Principal processo:	homogeneização (identificação)
Principal direção:	real → potencial (potencialização)
Entidade principal:	diversidade (heterogeneidade)
Principal processo:	homogeneização (identificação)
Direção principal:	real → potencial (potencialização)
Entidade principal:	identidade (homogeneidade)
Principal processo:	heterogeneização (diversificação, individualização)
Direção principal:	potencial → real (realização)
Entidade principal:	diversidade (heterogeneidade)
Principal processo:	heterogeneização (diversificação, individualização)

Podemos colocar estas relações em uma tabela (tabela 4.1), mas eu preferi escrevê-las também para evitar o uso de demasiados termos em uma única posição da matriz.

Tabela 4.1 – Relações dinâmicas principais de LIR

	Direção	
Entidade	**Potencialização**	**Realização**
Diversidade	Homogeneização	Heterogeneização
Identidade	Heterogeneização	Homogeneização

Por conseguinte, podemos dizer, por exemplo, de uma entidade, que 'nela', até o momento, a diversidade foi realizada e, neste caso, a identidade foi potencializada e vice-versa. Os estados T não foram colocados nesta lista, visto que se deve entender que, na média de qualquer realização e potencialização, presume-se que exista um estado T em qualquer ponto de máxima contradição energética.

Esta tabela reflete apenas um passo nos processos de processos ortodialéticos que se constituem em mudança, vendo do ponto de vista do processo. Do ponto de vista da entidade, dado que nenhum processo real volta ao mesmo ponto, se o processo estiver indo na direção da não contradição (da diversidade ou da identidade, o resultado é que será mais de uma identidade ou mais de uma diversidade em 'cones-quência'. Neste esquema, o processo que leva a cada vez mais indivíduos diferenciados, isto é, processos biológicos, é um processo de heterogeneização que deveria ser diferenciado do processo contraditório que cria indivíduos homogêneos de uma multiplicidade de entidades.

4.10 – A INTERPRETAÇÃO DE LIR

Usando esta terminologia, permito-me restabelecer o caminho em que acredito que o sistema LIR deva ser caracterizado. Creio por definição que LIR é, e pode assim ser considerado, um sistema que é tanto interpretado quanto não interpretado. É não interpretado se isto significar que pode ter aplicações diretas, ou é um enfoque para melhorar teorias da física, biologia, cosmologia, ciência cognitiva etc, além da ontologia. As ferramentas que ele tem para oferecer são a inclusão explícita do princípio da oposição dinâmica e o axioma da média incluída na comparação de teorias opostas e de termos opostos das teorias; uma análise da justificação para certas dicotomias ou linhas divisórias; e na compreensão da base psicológica e histórica de como a ciência e a filosofia, inclusive a lógica, são feitas. LIR pode ser comparada, por exemplo, com os pontos de vista de Cao sobre 'como a ciência se desenvolve' (Cao 1997). Isto não significa que LIR substitui a lógica clássica nessas aplicações ou em qualquer outra situação. LIR se reduz à lógica clássica quando as suas partes que são simples, não interativas e consistentes, isto é, amplamente, aquelas em SC, a subcategoria da Separatividade. Entretanto, LIR diz que os fenômenos tais como a descoberta científica são processos complexos que estão na subcategoria da Não-separatividade, NSC, e, portanto, requerem uma lógica dinâmica para seu entendimento, assim como as categorias materiais e formais da Nova Ontologia da Energia (NEO).

LIR é, ao mesmo tempo, claramente um sistema interpretado, visto que, como NEO, oferece uma alternativa para a ontologia clássica, ou seja, uma ontologia baseada na lógica clássica que descreve a realidade física, o domínio existente das teorias acima mencionadas, mesmo que incompletamente ou de nenhuma maneira.

Por outro lado, o debate a respeito da exaustividade de uma categoria pode ser visto como muito menos crítico. O conceito da integralidade absoluta de uma categoria, capaz como consequência de capturar todos os elementos de um determinado tipo, não é um critério necessário. Pelo senso comum que existe no espírito de LIR, ele deve apenas capturar a maior parte deles. Como Campbell e Franklin (2004) mostraram em sua discussão a respeito da casualidade e da justificação da indução, não há necessidade de certeza como alvo de uma amostra mas, ao invés disso, uma razoavelmente alta probabilidade. LIR apoia esta refutação do ponto de vista cético de Hume, que a indução nunca pode ser justificada racionalmente.

Podemos assim começar qualquer análise de problemas em um domínio particular da ciência ou da filosofia fazendo referência a uma ou outra das subcategorias, NSC ou SC em NEO. Os fenômenos que se enquadram em SC podem ser adequadamente descritos pelas lógicas clássicas ou neoclássicas. O processo de 'raining', por exemplo, embora seja um processo real, envolvendo a troca de energia (térmica, gravitacional, fisicoquímica), se encaixa confortavelmente em SC, assim como todos os outros fenômenos macrofísicos que envolvem nada mais do que mudanças físicas de estado. Outros processos complexos, tais como variações em populações de predadores – presas, mesmo envolvendo sistemas vivos, envolvem-nos sem referência a que os torna vivos. Nada significativo, literalmente, emerge neste nível da realidade, e os elementos aos quais podem ser atribuídos significado estão em um nível mais baixo ou mais alto.

Na outra categoria de fenômenos, NSC, em que as características de categoria dual são não-separáveis, a interação que chamo de oposição dinâmica é fundamental e funcional, e proporciona a base para o quadro metafísico – físico que emerge em LIR.

Na prática, como veremos, é a categoria NSC de dualidades vistas do ponto de vista metafísico que será de maior utilidade no enfoque de temas não resolvidos e de debates na filosofia e na ciência. Isto acontece porque NSC, e não a SC, também contém os estados T de média incluída que emergem das dualidades no ponto de máxima contradição ou seu equivalente, levando ao ponto de vista de estados T como uma categoria separada, ontologicamente, antes do registro do estado T em uma nova interação com outra entidade dinâmica.

Antes de completar esta discussão, quero retornar à categoricidade, ou falta dela, da realidade e da potencialidade. Se são categorias, então o que são as entidades, físicas ou abstratas, que pertencem a elas? Uma pilha de tijolos tem a potencialidade de se tornar uma casa e a realidade de serem tijolos, podemos considerar, conforme Aristóteles,[1] que estas realidades e potencialidades são classes de entidades. (Devo acrescentar que a casa tem a potencialidade de se transformar novamente em tijolos.) Sinto que existe uma diferença fundamental na maneira pela qual os termos são aplicados aqui e em LIR; compare-se, por exemplo, a potencialidade de um átomo de carbono de formar quatro ligações covalentes e a probabilidade que ele faça isso sob as condições corretas. Não existe relação dinâmica entre os tijolos e o que eles possam provavelmente tornar-se. Em princípio, tudo tem a possibilidade de tornar-se outra coisa como uma consequência da intervenção externa, que é claramente requerida no caso de Aristóteles. Minha conclusão é que, quando usada desta maneira, a lógica binária clássica é suficiente para descrever o estado das coisas, como em outros casos em que não existe relaçao dinâmica entre as entidades por si.

A afirmação de Whitehead de seu princípio ontológico não classifica 'potencialidade' e o 'resultado' de uma entidade real como categorias. Apesar das bem conhecidas dificuldades de fazer analogias com a terminologia idiossincrática de Whitehead, parece-me

---

1 Agradeço a Johanna Seibt por esta questão.

que há uma relação similar entre minha potencialidade e realização e a potencialidade e resultado dele como predicados ontológicos. Existe uma 'correlação' entre elas, e a integralidade do resultado em fato real converte o 'não-resultado' de um fato em 'impossibilidade' daquele fato. Significativamente, potencialidade e resultado são sem sentido longe das entidades a que se referem, e são requisitos para o processo de superseção, em um nexo das coisas reais, por novas coisas reais (Whitehead 1998). Esta é uma descrição da base metafísica daquilo que é designado como emergência em termos correntes.

De outro ponto de vista, contudo, se a realização e a potencialização são entidades processuais em seu próprio direito, assim como os predicados, elas pertencem à categoria da oposição dinâmica e podemos falar da realização, potencialidade e estados T da realidade, da potencialidade e dos estados T. Nicolescu deu uma interpretação aos nove elementos que resultam da matriz 3 x 3 (Nicolescu 2002). Seu domínio de aplicação pode ser limitado a níveis cognitivos mais altos da realidade, e eu deixo isto como um exercício para o leitor definir seu próprio entendimento da realização da realização comparada à potencialização da realização.

Estes exemplos devem bastar para mostrar que um modelo com todas as categorias e todos os axiomas referidos a cada categoria pode ser construído. Para completar a discussão da estrutura categorial da realidade como é vista em LIR, as relações entre e dentro das categorias, isto é, seus morfismos e funcionadores, também devem ser definidos. Isto é feito no próximo capítulo, no contexto do ponto de vista de LIR da estrutura tanto da realidade quanto da ontologia.

Referências

Aerts, Dierick. 2001.Transdisciplinarity and Integrative Sciences in Sustainable Development. In *Encyclopedia of Life Support Systems*. Oxford: Baldwin House.

Bitbol, Michel. 1991. Perspectival Realism and Quantum Mechanics. In *Symposium on the Foundations of Modern Physics 1990,* eds P. Lahti and P. Mittelstaedt. World Scientific Publishers: Singapore.

Brenner, Joseph E. 2005. Process in Reality: A Logical Offering. *Logic and Logical Philosophy* 14: 165-202.

Botta Cantcheff, M. 2002. *Hodge-Type Self (Anti-self)-duality for General p-form Fields in Arbritary Dimensions.* Frankfurt, Germany: Springer-Verlag, *EP Jdirect* C6: 1-14.

Campbell, Scott and James Franklin. 2004. Randomness and the Justification of Induction. *SYNTHESE* 138:79-99.

Cao, Tian Yu. 1997. *Conceptual Developments of 20th Century Field Theories*. Cambridge: Cambridge University Press.

Chalmers, David. 2002. On Sense and Intention. In *Philosophical Perspectives 16: Language and Mind,* ed. J. Tomberlin. Blackwell Publishers: Oxford.

Froger, Jean-François and Robert Lutz. 2007. *Fondements logiques de la physique*. Paris: Éditions DésIris.

Gill, Mary Louise. 2003. Aristotle's Distinction Between Change and Activity. In *Process Theories; Cross-disciplinary Studies in Dynamic Categories,* ed. J. Seibt. Dordrecht, The Neaderlands: Kluwer.

Gomez, César. 1995. Electric-Magnetic Duality and Effective Field Theories. *arXiv:hepth9510023*. Hall, Everest W. 1949. The Metaphysics of Logic. *The Philosophical Review*. 58: 16-25. Hartmann, Nikolai. 1953. *New Ways of Ontology*. Translated by R. C. Kuhn. Chicago, IL: Henry Regnery.

Healey, Richard. 2004. Holism and Nonseparability in Physics. In *Stanford Encyclopedia of Philosophy (Winter 2004 Edition),* ed. Edward N. Zalta. http:// plato.stanford.edu./archives/win2004/entries/physics-holism.

Hougen,Jon T. and Takeshi Oka. 2005. *Science* 310: 1913-1914.

Jung, Carl-Gustav. 1971. *Two Essays on Analytical Psicology*. Translated by R. F. Hull. New York/Cleveland, OH: World Publishing (Meridian).

Krause, Décio. 2005. Separable Non-individuals. *Representaciones* 1:21-36.

Krause, Décio and Steven French. 2007. Quantum Sortal Predicates. *SYNTHESE* 154: 417-430.

Lowe, E. J. 2002. *A Survey of Metaphysics*. Oxford: Oxford University Press.

Lupasco, Stéphane. 1947. *Logique et contradiction*. Paris: Presses Universitaires de France.

Lupasco, Stéphane. 1973. *Du devenir logique et de l'affetivité;* Vol. I: *Le dualisme antagoniste. Essai d'une nouvelle théorie de la connaissance*. Paris: J. Vrin (originally published in Paris: J. Vrin, 1935).

Lupasco, Stéphane. 1987. *Le príncipe d'antagonisme et la logique de l'energie*. Paris: Éditions du Rocher (Paris: Éditions Hermann).

Majid, Shahn. 2007. Algebraic Approach to Quantum Gravity I: Relative Realism. htpp:// philsci-archive.pitt.edu/archive/00003345/.

Nicolescu, Basarab. 1999. *Le tiers inclus. De la physique quantique à l'ontologie*. In *Stéphane Lupasco: l'homme et l'œuvre,* eds H. Badescu and B. Nicolescu. Monaco: Éditions du Rocher.

Nicolescu, Basarab. 2002. *Nous, la particule et le monde*. Paris: Éditions du Rocher (originally in Paris: Éditions Le Mail, 1985).

Penrose, Roger. 1991. The Mass of the Classical Vacuum. In *The Philosophy of*

Vacuum. Oxford: Oxford University Press.

Penrose, Roger. 2004. *The Road to Reality*. New York: Knopf.

Rohrlich, Daniel, Yakir Aharonov, Sandu Popescu and Lev Vaidman. 1995. Negative Knetic Energy Between Past and Future State Vectors. In *Fundamental Problems in Quantum Theory*, eds. D. M. Greenberger and A. Zeilinger. New York: Annals of New York Academy of Sciences.

Poli, Roberto. 2003. Descriptive, Formal and Formalized Ontologies. In *Husserl's Logical Investigations Reconsidered*, ed. D. Fisette. Dordrecht, The Netherlands: Kluwer, pp. 193-210.

Schmidt, H. J. 2002. Struturalism in Physics. In *Stanford Encyclopedia of Philosophy (Spring 2003 Edition)*, ed. Edward N. Zalta. http://plato.stanford.edu/archives/spr2003/entries/physics-structuralism.

Schneider, Luc. 2002. Formalized Elementary Formal Ontology. *ISIB-CNR Internal Report 3/2002*. Padova: June.

Seibt, Johanna. 2002. Ontological Categories. The Explanation of Categorial Inference. In *Wahrheit-System-Struktur: Auseinandersetzungen mit Metaphysik*. Sttugart, Germany: Olma Verlag.

Seibt, Johanna. 2003. Free Process Theory. Towards a Typology of Occurrings. In *Process Theories: Cross-disciplinary Studies in Dynamic Categories*, ed. J. Seibt. Dordrecht, The Netherlands: Kluwer.

Seibt, Johanna. 2004. General Process Theory; A Descriptive Framework for Dynamic Ontologies. Paper presented at the Conference *Dynamic Ontology*, September, 8-11, in Trento, Italy.

Sklar, Lawrence. 1992. *Philosophy of Physics*. Boulder, CO/San Francisco, CA: Westview.

Smith, David Woodruff. 1999. Intentionality Naturalized? In *Naturalizing Phenomenology. Issues in Contemporary Phenomenology and Cognitive Science*, eds. J. Petitot et al. Stanford, CA: Stanford University Press.

Thom, René. 1988. *Esquisse d'une Sémiophysique*. Paris: InterÉditions. The reference is to Aristotle's *Physics*, VIII, pp. 5, 257b, 8-9.

Werkmeister, W. H. 1990. *Nicolai Hartmann's New Ontology*. Tallahassee, FL: Florida State University Press.

Whitehead, Alfred North. 1998. *Process and Reality; Corrected Edition*. New York: Free Press.

Capítulo 5

A TESE CENTRAL DE LIR: ESTRUTURA E EXPLANAÇÃO

Resumo: Este capítulo representa uma transição entre a teoria estabelecida nos capítulos anteriores e as suas aplicações na filosofia e na ciência. Descreve a tese central de LIR e mostra como a mesma pode funcionar como uma nova metodologia para falar a respeito de áreas específicas e teorias da realidade. Começa com uma declaração da tese e do quadro de dois níveis para análise à qual a mesma leva, apresentada como uma metateoria, e os aspectos das relações interteóricas e as relações parte/todo são interpretadas conforme os axiomas de LIR. A segunda parte do capítulo trata da estrutura da realidade conforme é definida por LIR, tanto ontologica quanto metafisicamente. Esta é a base para uma análise subsequente de teorias filosóficas e científicas particulares e proporciona uma introdução para discussão do realismo estrutural específico de LIR. As seções finais posicionam LIR em relação aos debates filosóficos contínuos a respeito da distinção e explanação analítica/sintética e suas relações com as concepções estruturalistas de LIR.

A ubiquidade de afirmações e definições ocultas da lógica clássica permeiam virtualmente todos os aspectos de interesse deste estudo. Por exemplo, se alguém aceita as categorias de LIR e de NEO como aplicáveis à realidade, então elas devem aplicar-se às estruturas da realidade tanto conceituais quanto físicas, inclusive as estruturas relacionais, as teorias, especialmente a existência de contradições e inconsistências reais nos níveis macroscópicos do mundo real. Portanto, darei ênfase aos aspectos dinâmicos da estrutura, sem, ao mesmo tempo, fazer o que seria incorreto, ou seja, ignorá-los, ou seja, descartar a noção de senso comum da estabilidade estrutural no mundo do cotidiano. Meu objetivo será, portanto, no espírito de minha lógica, manter o necessário equilíbrio entre as diferentes noções essenciais em todas as áreas acima.

Minha concepção de ontologia categorial também não segue o padrão; dado que a teoria de LIR é baseada na energia, haverá um obstáculo a mais a ser superado: as questões das formas antigas e a primazia das formas geométricas e estáticas como opostas à matéria (energia) e as dinâmicas que se impõem à minha tese, bloqueando--a. Trato destes assuntos em detalhe no Capítulo 6, mas, para começar a remover alguns destes bloqueios, construi aqui meu argumento, na Seção 5.4, a cerca de dois enfoques, ou seja, as teorias da Gestalt e da catástrofe, em que estes temas são discutidos. Espero que esta discussão dê mais segurança aos leitores em relação às ligações que LIR tem com outros sistemas filosóficos e metafísicos, e que é possível manter-se um diálogo.

5.1 – A TESE CENTRAL DE LIR

Os conceitos lógicos e categoriais de LIR já foram desenvolvidos até o ponto em que já posso fazer uma primeira afirmação da teoria central deste livro: LIR como uma ontologia formal (categorial) nos dá uma maneira de falar a respeito da oposição dinâmica como uma parte das teorias da ciência e da filosofia; o centramento de LIR na física da energia garante que estou falando a respeito da realidade. Analisar uma teoria a partir do ponto de vista ontológico significa que podemos dizer, por exemplo, que algumas entidades não são nem inteiramente iguais nem diferentes, e então relacioná-las com os processos opostos reais, iniciados pela entidade ou constituindo-se na própria e seu dual antagonístico para ver o que isto significa na realidade.

A meu ver, o progresso na força explanatória pode ser possível quando se percebe que a realidade tanto tem a estrutura metafísica proposta por LIR quanto é realmente algo que deve ser compreendido como o domínio existente descrito por NEO, cujas características categoriais estão de acordo com o objetivo da ontologia formal definida no Capítulo 3. Em outras palavras, de acordo com LIR, a realidade dá início às categorias materiais da Energia e dos estados T e suas principais caracterísitcas de categoria, bem como as categorias formais de Processo, Oposição Dinâmica e Sujeito/objeto.

Proponho que a lógica da/na realidade pode, por conseguinte, contribuir para as teorias filosóficas e científicas, de duas maneiras intimamente relacionadas:

- As teorias atualmente usadas para descrever o domínio são em si baseadas na lógica clássica. Portanto, estas terias devem ser comparadas e reconstituidas de acordo com os princípios de LIR, isto é, seus termos analisados de acordo com as categorias acima e as regras proporcionadas pela formação dos estados T envolvidos.

- LIR pode demonstrar que o domínio existente que as teorias em questão pretendem descrever, ou seja, o domínio da própria realidade, tem sido erroneamente concebido como uma realidade que segue os princípios da lógica clássica e, assim, tem sido , com frequência, erroneamente representado por ontologias clássicas que importam ou incorporam estes princípios.

Minha reivindicação é que LIR e NEO podem atingir estes dois objetivos, em particular através da aplicação de seus predicados ontológicos e a categoria da Oposição Dinâmica. Entretanto, inferi um conceito daquilo que se constitui na estrutura da metafísica de LIR. Para posicionar a minha tese corretamente como lógica e como ontologia, antes de mostrar como ela pode ser aplicada, preciso caracterizar mais os tipos de análises e de explanações que podem ser feitas, e a relação entre a metafísica e a ontologia em geral que resulta em um quadro da estrutura da realidade ao qual LIR se aplica. No processo, veremos também que teorias tais como a Gestalt e a teoria da catástrofe prefiguram em parte os princípios de LIR. Estes pontos serão úteis quanto mais específicas forem as aplicações que se seguem, por exemplo, na física e na biologia.

Como já mostrei na Seção 4.3, LIR é, em um certo sentido, uma teoria científica e, até o ponto em que seus postulados físicos ou alicerces possam ser contestados, ela pode estar em consonância com os critérios de prova de falsibilidade de Popper. Existem problemas com o enfoque de Popper, mas a ideia ainda é útil em muitos casos. Em outro sentido, contudo, LIR é uma metateoria que propõe a análise da medida em que outras teorias adequadamente representam as propriedades não-separáveis dos fenômenos reais. Sob este ponto de vista, LIR sugere um novo critério de apuração de falsidade. Qualquer teoria cujos argumentos dependam da absoluta independência das entidades ou das interpretações em discussão pode ser influenciada a favor de outra teoria ou vice-versa, resultando em erros ou omissões. Por si mesma, LIR evita esta armadilha porque assume a existência de uma teoria contrária com a qual está necessariamente em uma relação dialética. A realidade, para LIR, inclui a existência tanto de LIR quanto da anti-LIR e suas conjunções.

Minha concepção preferida de uma teoria científica, como foi mencionado no Capítulo 3, é a teoria 'semântica', que vê as teorias como modelos ou estruturas. Estas são extralinguísticas e, em meus termos, entidades dinâmicas, tão opostas à concepção sintática quanto um conjunto de afirmações ou fórmulas governadas pela lógica de predicados de primeira ordem. LIR trata da relação entre teorias e o mundo não só como um isomorfismo. Os sistemas reais e seus modelos teóricos não são totalmente entidades independentes, e o PDO proporciona um elemento de relação estrutural física e formal entre eles.

Meu enfoque não é familiar. Isto frequentemente faz com que seja necessário, bem como desejável, referirmo-nos a uma área particular de aplicação nas teorias com as quais não concordo plenamente ou quero refutar mas que são muito conhecidas. É a partir da oposição de LIR com as outras teorias que seus aspectos válidos podem ser ilustrados da melhor forma possível,[2] assim como as contribuições possíveis que o enfoque de LIR pode fazer.

5.2 – UM QUADRO DE ANÁLISE RELACIONAL DE DOIS NÍVEIS

A descrição mais comum da realidade é aquela que consiste em entidades e estrutura física e relacional em que elas se encontram. Em termos linguísticos, olhamos para a semântica e a sintaxe, na filosofia, em partes e todos, e assim por diante. Esta divisão traz com ela aquilo que comumente é referido como uma tensão entre a estrutura e seus elementos, e eu vejo nesta tensão uma expressão do início do PDO descrito neste livro, ou seja, que elementos e estruturas compartilham, em uma medida mais ou menos real ou potencial, as propriedades uns dos outros, tanto fisica quanto epistemologicamente, no sentido de alternância de perspectivas.

No sentido da tese central indicada acima, haverá dois tipos de ferramentas necessárias para lidar com sucesso com as duas partes da mesma. Para a estrutura de teorias e de suas interrelações, em particular na redução, o PDO será usado como um princípio metodológico metateórico para analisar as relações entre as entida-

[2] Existe aqui um exemplo interessante da aplicação de NEO às teorias. Uma visão dialética de Batterman (op. cit), sugere que um leque de fenômenos impressionantes surge em limites assintóticos singulares para a relação de duas teorias. As propriedades dos sistemas nos valores limites, argumenta ele, não podem ser derivadas das teorias mais fundamentais; pelo contrário, requerem que alguém faça uso de uma teoria de um caso especial que envolva elementos das duas teorias originais.

des em um domínio de dualidades ou dicotomias, entre classes de entidades ou dois termos individuais. Para a estrutura da realidade revelada pela física e pela biologia, o PDO será usado como uma lei quase natural dentro da linguagem da própria teoria científica. Defino um quadro normativo sistemático como um esboço de um conjunto claramente formulado de requisitos e regras, neste caso da própria LIR.

São exemplos das entidades os seguintes:

No nível de objeto[3]	***Nível meta***
Dados de teorias	Teorias
Teorias	Metateorias
Tornar-se	Existir
Elemento	Conjunto ou classe
Matéria (energia)	Símbolo
Fatos	Significado
Parte	Todo
Individual	Grupo
Semântica	Sintaxe

É claro que qualquer separação implicada entre estes sujeitos e os da ciência é arbitrária, visto que as relações individuais/grupais são objetos de estudos das ciências sociais e biológicas. Outro tipo de estrutura relacional é a relação entre processos ou eventos e as explanações a respeito desses eventos.

Vamos supor que eu queira explorar a relação entre o nível objeto e as entidades de nível meta. Formulo, portanto, o seguinte teorema:

Teorema 5.1: As entidades do nível objeto e do nível meta são relacionadas contraditoriamente pelo axioma **LR5** de Associação Funcional.

Para provar isto, por exemplo, no caso de matéria e símbolos da matéria, preciso mostrar que um símbolo tanto é real quanto fenome-

[3] Quadros de dois níveis também são usados na análise da teoria de conjunto e noções básicas da verdade e da existência na matemática. Para evitar paradoxos, devemos mover-nos em direção ao nível meta e usar a teoria de modelo ou permanecer no nível de objeto. O nível meta tem recursos adicionais que possibilitam a remoção das objeções aos fundamentos da matemática pela teoria de conjuntos, ainda que as construções em ambos os níveis sejam igualmente abstratas. Os detalhes do argumento não são importantes; meu ponto é que trabalhar entre dois níveis, no mais dos quais podem ser incorporadas novas noções, é um processo similar nos domínios tanto reais quanto abstratos. (Muller, 2005)

nologicamente parte da matéria e vice-versa. Que os sejam parcialmente matéria/energia é garantido pelo processo da emergência de signos e símbolos no curso da evolução humana. Os símbolos, portanto, refletem a subjacente oposição dinâmica que estava em operação naquele nível. Linguagens pictográficas, tais como os caracteres chineses, ilustram isto diretamente, e a origem de algumas letras dos alfabetos orientais nos objetos naturais pode ainda ser detectada.

No entanto, o que importa que a matéria tenha as propriedades do símbolo? Isto requer um ponto de vista diferente, do qual eu possa conclamar um nível de percepção mais alto em um nível da realidade correspondentemente mais alto. Neste nível, a matéria/natureza é percebida como signos que têm significado intrínsico.[4] Esta ideia é um tema recorrente na arte, na poesia e na religião. De fato, são em geral os aspectos simbólicos da matéria que estão em um nível mais alto de realidade do que os aspectos materiais dos símbolos.

Os indivíduos, como parte de um grupo, contribuem para isso com sua individualidade. Contudo, o grupo dá início a aspectos de psicologia de grupo e isto se torna parte do indivíduo. O que representa a 'parte grupal do indivíduo' é algo iniciado em nível mais alto, mais intuitivo, mas não menos real por causa disso.

Afirmo que, em todos os níveis da realidade, existe um conflito ou oposição entre elementos epistemológicos e processos energéticos aos quais eles correspondem. Posso, e, de fato, sempre focarei em um ou no outro aspecto, mas há presente uma relação contradicional, um aspecto é realizado enquanto que o outro é potencializado. Este é o mais significativo isomorfismo das leis naturais[5] em diferentes níveis de realidade.

Em outras palavras, aplico a categoria da Oposição Dinâmica às entidades dos dois níveis. Encontro então, no domínio físico, a mesma distribuição de entidades em separáveis e não-separáveis: com e sem o equivalente de uma relação energética. Nesta última, a realização de uma entidade potencializa a outra, mas, na primeira, isto não acontece. Esses sistemas de fenômenos de duas ligações (de percepção, de realidade, de significado etc) têm sido frequen-

[4] Um exemplo muito convincente é a descrição (ficional) de Pamuk, dos Hurufis turcos, que viram mensagens escritas em letras constituidas por feições humanas (Pamuk 1996).

[5] Surge agora a questão se este conjunto definido de princípios se constitui em uma nova lei física, uma lei da natureza. Sua operação deve ser, e acredito que é, consistente com as leis físicas existentes. Estes princípios também poderiam ser considerados como estando fora do domínio das leis *per se*, incluindo condições limítrofes em fronteiras e interações reais e repressões do tipo que Cat chamou de'anômicas'.Voltarei a esta questão no Capítulo 6 na discussão da causalidade.

temente propostos. Entretanto, minha tese é que somente o antagonismo dentro dos níveis e entre eles é capaz de explicar ou de racionalizar sua existência e sua não-epifenomenilidade para todos os elementos lógicos que não são equivalentes aos da lógica binária. LIR faz a mediação das relações das transições tanto horizontais quanto verticais, e as próprias relações podem ser vistas em diferentes níveis de realidade. As duas próximas subseções discutirão dois exemplos da aplicação do quadro acima exposto.

5.2.1 – Mereologia

Meu quadro envolve dois níveis e diversos tipos de entidades. Visto que LIR se refere à não-separatividade de alguns pares dessas entidades, ou seja, à sua realização e potencialização que se alternam, podem existir algumas relações parte/todo horizontais e verticais que requerem uma atenção explícita. Como se pode esperar, a teoria clássica das relações parte/todo espelha intimamente a lógica binária clássica. Um de seus princípios axiomáticos principais é aquele da assimetria: duas coisas distintas não podem ser parte uma da outra. Cada objeto é distinto de suas próprias partes, e uma linguagem com identidade lógica padronizada de primeira ordem é usada para sua formalização.

Esta teoria simples segue na mesma direção do tipo de dificuldades das individualidades das entidades quânticas, e pela mesma razão: é uma reafirmação da teoria padrão de classes ou conjuntos como todos e seus elementos como membros totalmente separados desses todos.

A teoria padrão parte/todo, como a lógica clássica, também contém algumas 'falhas' não clássicas. A existência de partes que interagem com o todo é aceita, apesar da falta de discussão dessa interação e a diferença entre tais casos e aqueles em que não existem interações. Partes podem não ser partes '*simpliciter*'[6] e assim por diante. Fala-se de relações de partes e todos 'não bem fundados' na teoria de conjuntos que envolvem circularidades dos membros ou 'loops' fechados. Estes casos sugerem que o postulado do significado padrão para 'parte' é muito restritivo.

LIR estabelece que a relação das partes com os todos pode ser dinâmica, isto é, que partes e todos podem partilhar as pro-

[6] Nota Tradutor: Dicto simpliciter é uma das treze falácias citadas por Aristóteles. Ela ocorre quando uma regra geral é aplicada a um caso particular onde a regra não deveria ser aplicada. É uma generalização não qualificada.

priedades uns dos outros, no sentido de que aspectos do todo são potencializados nas partes, e aspectos das partes são potencializados no todo. Qualquer circularidade implícita não é perfeita; para entidades reais o 'loop' nunca é completamente fechado. O PDO se aplica, como faz, a classes e seus membros, como é dito formalmente no Apêndice 2. Especificamente, se aplica a uma teoria que inclui um nível de objeto e um nível meta, e estabelece que as partes que constituem o conteúdo do nível de objeto compartilham propriedades do nível meta como um todo. No nível de indivíduos e grupos físicos, a situação é a mesma: o grupo tem algumas das características dos indivíduos que compreende, e os últimos têm aspectos internalizados do grupo.

Mesmo onde não existem interações deste tipo, a teoria parte/todo e a lógica binária clássica não se aplicam inteiramente, como a discussão seguinte a respeito de problemas da composicionalidade mostrará. Já é mais ou menos aceito que a lógica binária padronizada não pode se aplicar a uma relação parte/todo envolvendo entidades reais no mundo temporal e modal. A relação clássica parte/todo trai sua origem, por assim dizer, na matemática. Na mereologia extensional não clássica, a noção de soma, que é o princípio essencial da composicionalidade, é modificada ou falta. Em seu lugar fica uma combinação de duas relações diferentes entre partes e todos.

As duas relações diferem primariamente, até o momento, à medida em que a aplicabilidade da mereologia extensional clássica (CEM) trata do assunto. A ideia central de CEM é a de uma soma como o princípio essencial da composicionalidade. Os problemas em que se incorre com esta noção na tentativa de lidar com as partes de entidades que mudam no tempo são bem conhecidos. Uma estratégia típica é fazer duas coisas (Bottani 2001): (1) mostrar que, no mundo temporal e modal normal, a relação absoluta parte/todo, da qual CEM depende, não é nem falsa nem verdadeira para determinados pares de coisas; a relação parte/todo absoluta, atemporal, é a tônica geral: A é uma parte de B; e (2) definir uma relação triádica – A é parte B em um tempo T. Assim, mesmo que CEM se refira à relação absoluta, seus princípios essenciais se aplicam a processos reais, que em LIR se incluem todos os objetos aparentemente estáticos, algumas vezes referidos como 'contínuos', tanto quanto pessoas.[7] Um retém a universalidade de CEM para todas as entidades, e assim o conceito intuitivo de inclusão, mas não sua exaustividade.

[7] Em LIR, contínuos são vistos como entidades processuais, e não existe nenhum corte epistêmico entre contínuos e processos.

A necessidade implícita neste quadro de lógica binária padronizada modificada para incluir aspectos temporais e modais foi reconhecida por Simons. No entanto, as limitações de tais modificações foram apresentadas no Capítulo 1. Além disso, não fica claro como as duas relações existem concomitantemente.

O ponto de vista de LIR é que as relações parte/todo não absolutas certamente têm lógicas diferentes, mas elas não compreendem que a relação interativa entre as partes e o todo depende do PDO, dada a clássica concepção de identidade. A divisão categorial NEO em entidades de processo separáveis e não separáveis acrescenta, portanto, uma dimensão de não classicismo à mereologia, como faz com a lógica.

5.2.2 – *Relações inter e intrateóricos*

Relações entre teorias e dados ou observações nelas contidas, e também entre teorias, foram exaustivamente estudadas. O que segue são, muitos dos muitos outros assuntos que devem ser abordados por LIR: contradições e oposições dentro das teorias; reduções e mudança de teoria.

No Capítulo 1, mencionei o ponto de vista de LIR sobre as definições de redução de Kisler e Batterman. A percepção dialética de Batterman (2002) dá um interessante exemplo da aplicação de NEO às teorias. Ela sugere que uma série de fenômenos surpreendentes surge nos limites tangenciais singulares nas relações de duas teorias. As propriedades dos sistemas nos valores limites, ele afirma, não podem derivar das teorias mais fundamentais; pelo contrário, elas exigem que se use uma teoria especial que envolva elementos das duas teorias originais. A mudança de teoria é outro assunto abordado por extensa literatura, e voltarei a ele no Capítulo 6. Aqui, vou discutir sobre o tópico talvez menos comum do conflito ou oposição entre teorias.

Presumo, em primeiro lugar, que atualmente é fato aceitável que dados reais empíricos sejam inconsistentes, e que não é absurdo aceitar teorias inconsistentes (Bueno e da Costa 2007). É também claro que, já que nada é absolutamente certo em ciência, todas as teorias são falíveis e sujeitas à revisão. E mais, simplesmente uma teoria que apresente inconsistência entre ela e observações específicas deve ser rejeitada, exigindo posteriores experimentos. As contradições internas de uma teoria, ou que existam entre duas teorias, podem ser administradas, conforme sugere Priest (2002) através de lógica para consistente agregada, o que também é aceitável em LIR, já que o Axioma de Contradição Condicional reduz à lógica para inconsistente em relações dinâmicas.[8]

Por *oposição* entre teorias, eu me refiro ao real, interações polêmicas entre os defensores de pontos de vista propostos podem ser parcialmente ou totalmente (quase) incompatíveis. Essas interações são horizontais (intranível) em minha estrutura, e podem ser vistas logicamente como expressão de PDO em um primeiro nível, e depois o outro protagonista predomina na argumentação. Meus motivos para preferir LIR em detrimento a outro tipo de independência lógica favorável (IFF) como as propostas por Hintikka deve-se ao fato de eu acreditar que tal oposição não é um 'jogo'. Há duas situações possíveis: (I) os jogadores estão apenas em um modo sobrevivência, no qual a lógica aplicável é a lógica binária clássica; (2) eles estão em um modo colaborativo e/ou parcialmente absurdo. Aqui, dever-se-ia considerar a possibilidade de emergência da inclusão na lógica de uma posição média, o que existe em LIR.

Béziau propõe a "Lógica da Confusão" (Logic of Confusion) para descrever de que maneira pontos de vista diferentes e incompatíveis, inclusive teorias, podem juntar-se, ou serem administrados, quando se usa uma lógica que dissipa dúvidas para consistentes na opinião de Jaskowski (Béziau 2001). Em minha opinião essa construção é bem sucedida, e Béziau está ansioso para que esta lógica da confusão se estenda até uma lógica que não seja nem para consistente, nem para completa, e em que a implicação seja não-dedutiva, talvez no sentido em que eu entendo a implicação negativa.

Nesta estratégia, toma-se uma situação do mundo real como base para uma análise teórica, que ainda não nos diz muito sobre a discussão de filósofos e lógicos. LIR não responderá à questão de quem vence a disputa, ou se alguma coisa de valor resultará dela, mas a entenderá como exemplo de estrutura na realidade, e da realidade que também a torna lógica.

Proponho a lógica na realidade e da realidade, junto com seu PDO associado à ontologia, como esquema metateórico que consiga administrar teorias científicas e seus dados, e consiga também administrar relações interteóricas, onde essas relações envolvem alguns tipos de interações reais, estruturais ou estruturantes. Atualmente as teorias são geralmente vistas mais como classes de modelos do que como classes de afirmações ou proposições (a

---

[8] Priest afirma claramente que a realidade é inconsistente. LIR afirma que a realidade é contraditória, mas assim sendo, a realidade é consistente. Note-se que como abordagem de fenômenos, absoluta não contradição, os fenômenos também se aproximam da consistência.

compreenssão 'não-afirmação'), e o ponto de vista modelo/teórico ou estruturalista acomoda-se mais facilmente através dos aspectos dinâmicos estruturalistas de LIR, derivados da estrutura dinâmica da energia.

Da mesma formam que qualquer teoria empírica que representa adequadamente o campo de experiência, LIR, conforme esta definição, oferece um modelo estrutural de, ao menos, parte da realidade. O fato de PDO manter-se entre duas teorias não faz com que fique implícito que ele esgote as relações entre duas teorias, por exemplo, da redução e da emergência. Esse fato, entretanto, ofereceria um elemento de *compatibilidade* entre *algumas* teorias. Quero enfatizar o 'algumas' porque há muitas situações onde o grau de interação é muito fraco.

A distinção entre redução inter e intranível, como outras distinções, com frequência tornam-se dicotomias. Por isso é útil, e muito dentro do espírito de LIR, encarar os dois tipos de atividades reducionistas como interativas. Wimsatt (2207) coloca ênfase exatamente onde ela deve estar, principalmente na forma com se faz a ciência. Nesta abordagem a redução intranível é bem sucedida: quando uma nova teoria se reduz a uma teoria antiga, pensa-se que ela a substitui. As entidades e relações envolvidas estão no mesmo nível. Esta é redução de teorias no sentido dos físicos.

A redução interníveis envolve a articulação de um mecanismo de nível inferior, sua operação é suficiente para o surgimento da propriedade do sistema de alto nível; os mecanismos e as propriedades estão em níveis diferentes. Com estas considerações surgem as explicações e as novas predições. Esta é a redução no sentido dos filósofos, onde reduções menos fundamentais reduzem-se à outras mais fundamentais.

Os princípios de LIR podem ser estabelecidos nas mesmas expressões de muitos dos princípios heurísticos de Wimsatt para problemas fundamentais na filosofia e ciências:

- Procurar tendência sólidas (p.ex. identidade ou diversidade), e procurar condições sob as quais essas tendências provavelmente se realizarão, e não procurar posições absolutas.
- Estudar as interferências sensíveis ao contexto, e não interferências libertas de contexto na linha da análise de Aert, a linha de contextualidade não clássica, na qual tanto o sistema como a perturbação têm uma estrutura relacional interna (Aert Et Al. 2002).

- Mais do que procurar teorias universais ou princípios fundadores de todos os elementos de um determinado domínio, procurar aplicações associadas de princípios sólidos que podem ser heterogêneos na aplicação, mas se completam para melhor adequar-se à situação.

Para LIR, eu busco não mais (e não menos) do que o *status* de *um* determinado princípio sólido. Quaisquer que sejam as características universalmente aplicáveis que LIR possa ter, seria contraprodutivo fazer com que essas características se tornassem a meta central de qualquer discurso. Isto, eu espero, ficará claro mo tratamento que darei à complementaridade no próximo capítulo.

O *Reducionismo* entendido como uma doutrina metafísica que nega ou desacredita o poder de explicação e/ou causal das entidades ou fenômenos de alto nível tem ainda seus advogados, como veremos mais adiante neste livro. Não me adiantarei mais nesta área polêmica aqui. Simplesmente diria, como o químico Roald Hoffman (2007), que o entendimento vertical, correspondente ao reducionismo clássico, e o entendimento horizontal envolvem-se em qualquer entendimento científico ou filosófico, e os seres humanos misturam os dois modelos de explicação. O processo é tipicamente dialético e as regras LIR de atualização e potencialização alternadas se aplica a ele.

5.3 – ONTOLOGIA E METAFÍSICA EM PARALELO

No Capítulo 3 comecei a discutir sobre a relação entre a ontologia como estudo do ser, e a metafísica como uma disciplina centrada na estrutura fundamental da realidade como um todo. A metafísica, portanto, inclui a ontologia e a ciência, e também a metafísica propriamente dita como sujeito de estudo. A abordagem LIR enfatiza as *relações* entre a estrutura da realidade e o papel dos elementos ontológicos naquela estrutura, as dualidades fundamentais, reconhecendo que as relações entre os elementos também definem um processo dinâmico de atualização e potencialização alternados.

A perspectiva de mundo da metafísica incorporada por PDO é compatível com a revisão metafísica que foi "engendrada pelo mecanismo quantum" (Redhead 1995). Não preciso ter um conceito 'ortodoxo' anterior da realidade para definir o melhor papel possível para o que eu observo, principalmente, que as dualidades estão presentes em todos os níveis da realidade, a começar com o campo quantum. As dualidades em questão têm um tipo de relação parte/todo com o mundo, mas não é necessário assumir que no final desta análise, se terá capturado todos os aspectos essenciais do mundo. Não terei, consequentemente, uma 'Teoria do Tudo' (que, no primeiro momento, não era o meu objetivo), mas terei um arcabouço que pode evoluir paralelamente aos desdobramentos posteriores na compreensão física de nosso universo.

Quando se define LIR como estrutura conceitual com poderes adicionais de explicação, o papel das categorias na ontologia, independentemente do uso formal da matemática nas quais essas categorias podem ser colocadas, é essencial. Em uma concepção realista de categoria, conforme sugestão de Thomasson (2004), "categorizar um sistema pode ser visto como *um* objetivo central da metafísica ou mesmo *o* objetivo central". Creio que uma posição realista sólida torna-se mais plausível através dos princípios de LIR, uma vez que eles aperfeiçoam nossa capacidade de discernir as divisões intrínsecas e acima de todas as mudanças ou movimentos na realidade física. De acordo com os meus objetivos não é necessário que se decida por uma leitura ontológica ou metafísica sobre o termo 'categoria', e ambos podem ser usados na medida em que um complementa o outro.

Von Bertalanffy questionou o conceito de categorias como 'Ocidental', conceito basicamente bivalente, baseado na relação recíproca de Whorfian entre linguagem e perspectiva de mundo. Não vou aqui tomar posição sobre esse assunto, mais creio que LIR naturaliza o debate sobre o relativismo cultural das categorias, já que ele dá base à compreensão das diferenças entre culturas nos mesmos termos dialéticos de outros fenômenos. Simplesmente concordo com a conclusão de Bertalanffy (Von Bertalanffy 1969) que "elas (categorias) devem, de certa forma, e até certo ponto, corresponder à 'realidade' – o que quer que isso signifique no sentido metafísico".

A definição de Seibt sobre ontologia é uma teoria que explica as sentenças dogmáticas, e o projeto da ontologia como teoria de sentenças dogmáticas é prudente. Diferencia-se da metafísica porque é neutra em termos metafísicos, isto é, as teorias ontológicas especificam o que faz as sentenças de uma teoria verdadeiras sem se comprometerem com qualquer teoria da verdade em particular. A Ontologia neste sentido é melhor comparada com as teorias semânticas da inferência, que discutem padrões de inferência formal e material. Essas inferências de categoria são um fenômeno que os filósofos da ontologia tentam explicar delineando uma descrição dos criadores de dogmas para sentenças

Quando se lê literatura científica, acha-se com relativa frequência os termos ontologia, ontológico e teoria ontológica. Entretanto, raramente se encontra referência ao processo de descrição das interferências categoriais com relação às entidades mais gerais do domínio, que são os 'dados' de uma teoria ontológica. Posso apenas concluir que 'ontológico' é geralmente usado como sinônimo do que é metafísicamente real. Na dinâmica da lógica da/na realidade, um fenômeno interferente (interferencial) é exatamente um fenômeno que deve ser caracterizado da mesma forma que todos os fenômenos o são por sua dinâmica como um processo, em si e em interações subsequentes.

O fato de Seibt descobrir a ontologia basicamente na experiência agentiva (agentivo – agente do processo – voz passiva) e a intuição é uma razão para que se examine detalhadamente o embasamento similar de LIR na experiência tanto quanto na física e no ser. Eu me reporto à referência sobre experiência na apresentação dos axiomas de LIR e em relação Pa definição de processos de LIR no Capítulo 3. Como tudo na realidade é lógico no sentido de LIR de incorporação de relações de oposição dinâmica, a experiência dessas relações é também lógica, e lógica e experiência tornam-se expressões intercambiáveis. E mais, na epistemologia de LIR, a intuição não é algo acidental e puramente irracional, mas está também ligada contraditoriamente ao conhecimento no sentido usual.

Espero que no final deste livro, eu tenha conseguido estabelecer o sistema LIR como "metafísica séria' no sentido que Bloomfield (2005) deu a este termo. Tenho a mesma sensação negativa em relação às tentativas de estudar as características de 'palavras possíveis' que comportam apenas relações hipotéticas, e eu prefiro me concentrar em como as coisa realmente são.

Assim, concordo com a crítica da metafísica que

> ... conhecimento 'putativo' sobre a natureza da realidade, nossa realidade real, observando mundos que são logicamente consistentes mas que entretanto são impossíveis dado o que é realmente verdadeiro. A observação dessas palavras realmente *impossíveis* nos submete ao 'conhecimento' metafísico que realmente se baseia na ignorância.

Minha crítica aos filósofos que esposam essa posição é que eles aceitam a definição de mundo possível como o mundo que é *não*-contraditório em termos lógicos. A tese deste livro propõe exatamente o oposto. O mundo real só é possível porque ele *é* condicionalmente contraditório em termos lógicos, isto é, parcialmente inconsistente, como visto no Capítulo 3. Um mundo absolutamente não-contraditório é uma entidade abstrata.

A orientação metafísica é clara: devemos nos prender à discussão destas possibilidades, ou melhor, destas potencialidades, que estão relacionadas ao mundo real – à realidade. Esta é a forma de desenvolver o objetivo básico da metafísica séria, principalmente a forma de aprender sobre a natureza do mundo verdadeiro e real.

De um ponto de vista pragmático, muito se ganha quando se desenvolve paralelamente as abordagens ontológica e metafísica. Em termos formais, a metafísica pode ser uma investigação da realidade e adequação da estrutura conceitual à teoria científica TH (cuja fonte é a ontologia como teoria de truth-makers para TH, isto é, também uma descrição da estrutura modelo para TH) com também uma descrição das entidades da realidade e seus comportamentos. Pode-se obter vantagem tanto da ontologia como nível semântico da interpretação, como da metafísica LIR das categorias materiais em uma interpretação em termos das leis da física. Minha tese é que existe complementaridade entre elas, por exemplo, a interferência vista sob as duas perspectivas. A relação que proponho pode ser vista como um exemplo de princípio fundamental de LIR, uma vez que os aspectos ontológicos de uma teoria são atualizados, p.ex, o caráter teórico de suas sínteses, os aspectos metafísicos e físicos são potencializados e vice-versa. Ao mesmo tempo, ela formaliza um outro exemplo de intuição agentiva, principalmente a de "olhar algo sob dois pontos de vista".

Repito que é essencial que não se confunda, misture ou combine os pontos de vista ontológico, metafísico e lógico. A ontologia e a metafísica em si não são completamente separadas, embora não sejam o mesmo, mas elas 'informam-se uma à outra não apenas em termos de heurística, no que eu chamo de espírito de transdisciplinaridade, embora isso seja uma meta dialética altamente desejável, também como modelo da realidade.

Vou aqui especular um pouco mais e sugerir que, de fato, a lógica na realidade, a metafísica e a ontologia que desenvolvi para elas, podem ser vistas, não metaforicamente, como uma tríade, onde cada membro é a média incluída do outro.[9]

A filosofia de LIR é transdisciplinar, e qualquer contribuição

[9] Adaptei essa ideia da 'realidade trialética' de Craciunescu, na qual cada membro da tríade da epistemologia, poética e metafísica pode ser incluso dos outros dois (Craciunescu 1999).

que ela possa fazer para pesquisar a realidade – na física, na ontologia e na metafísica – exigirá interações com outras disciplinas no nível da especialidade ou no geral. Porém é uma teoria nova, e a discussão neste livro deve ser vista apenas como prolegômeno para uma análise muito mais profunda exigida para levar em conta o enorme peso de trabalhos anteriores.

5.4 – A ESTRUTURA DA REALIDADE EM LIR

Pressuponho que a realidade, cujo domínio todas as teorias tentam descrever, tem estrutura lógica e categorial assim como física, que poderá ser posteriormente articulada além do simples estabelecimento de categorias como a ontologia de LIR no capítulo anterior. Assim, a meta mais importante neste ponto do meu trabalho é garantir que as caracterizações estruturais da realidade em LIR estejam densas o bastante.

Nas sessões anteriores, referi-me às estruturas em vários pontos, mas o conceito ou 'estrutura' da estrutura – conceitual, matemática ou metafísica – não foi definida. A descrição da realidade em termos de nível, também não define a estrutura dos processos que ocorrem em um determinado nível. Vou iniciar essa discussão discutindo a estrutura conceitual da realidade na forma em que ela emerge da minha teoria LIR neste estágio. Este conceito de estrutura será a base para a discussão do realismo estrutural na ciência no Capítulo 6 e para a estrutura cosmológica no Capítulo 7. É importante distinguir três definições amplas, mas não totalmente independentes de estrutura: (1) como objeto que consiste de partes físicas – um prédio; (2) as relações das partes entre si e com o resto do mundo; e (3) a descrição matemática daquele conjunto de relações. A descrição relacional da estrutura dará ênfase ao que segue.

Siebt sugeriu[10] que a estrutura de LIR, como metateoria metafísica, é, em certo sentido, tão abstrata quanto as estruturas na teoria das categorias matemáticas, isto é, as estruturas têm em si mesmas outras teorias formais e fenômenos reais como seus fundamentos. Acima mostrei que PDO é uma função teórica, formal, que deve ser interpretada *realisticamente para designar as propriedades reais dos fenômenos.* Nesta Seção, proponho que o PDO categorizado em LIR/NEO defina uma estrutura não matemática da realidade que combine as estruturas dos domínios de aplicação na filosofia

[10] Seibt, Johanna (2005, correspondência particular).

e na ciência a serem estudados. Ao meu ver, há estruturas físicas e conceituais a serem descritas, por exemplo, as estruturas explicativas no contexto de LIR a serem discutidas na Seção 5.5 abaixo. LIR é também uma teoria física sobre as relações reais, isto é, relações antagônicas, fundamento de estruturas teóricas muito abstratas mencionadas acima, cujo produto são descrições matemáticas sobre, no mínimo, determinados aspectos da realidade. Por exemplo, no nível microscópico, a estrutura é descrita pela física do princípio da incerteza, que é interpretada em LIR/NEO como um caso de oposição dinâmica.

Assim sendo, preciso dar continuidade ao exame da estrutura 'organizacional' da realidade estabelecida pela categoria de NEO; da estrutura da realidade estabelecida por LIR; e da estrutura dos domínios de aplicação.

5.4.1 – A estrutura categorial da realidade em LIR

A ontologia formal de LIR, a Nova Energia Ontológica (NEO), como qualquer outra teoria de categoria, é uma teoria abstrata sobre o que há no mundo, e é uma abstração do conhecimento adquirido empiricamente, e em particular sobre suas dualidades, como foi dito no Capítulo 4. Como visto no exemplo, supõe-se que as categorias refletem as divisões mais básicas entre entidades e, da mesma forma, supõe-se que elas representam a parte mais básica da estrutura do mundo, conseguida por meio de uma análise sistemática de seus objetos.

Não desejo, neste ponto, discutir se a Energia, por exemplo, ou o Processo, são ou não, em determinado sentido, mais ou menos básicos, do que, digamos, a Existência, o Devir, o Sentido ou a Essência, todos categorias propostas, em um sistema ou outro, sendo 'as mais básicas'. O que vejo na teoria das categorias é que o relevante para a tese central acima são as 'ferramentas' da abordagem categorial que permitem que se veja o domínio de aplicação LIR e NEO.

As relações entre as categorias são tão importantes quanto as categorias em si ao se definir a estrutura do mundo. Existem duas maneiras de descrever estas relações, a primeira delas é parte da teoria de categoria formal, matemática, e a segunda, um conceito mais clássico informal de laços entre categorias.

5.4.1.1 – Morfismos e functores*

Na teoria das categorias, o morfismo é uma função entre dois objetos na categoria que define as relações entre eles, como a estrutura de um pode ser 'mapeada' sobre a estrutura do outro. Em termos não técnicos, um morfismo garante que os dois objetos tenham, em alguns aspectos importantes, estrutura e forma semelhantes. Na teoria das categorias, a natureza dos objetos ou entidades em um grupo de categorias é relevante. O que caracteriza uma categoria são os morfismos. Na categoria NEO de Energia, há um morfismo de identidade clássico que mapeia a Energia em si. Se tomarmos dois objetos na categoria de Nãoseparatividade, digamos, o par de uma teoria e sua teoria contraditória, e um outro par, como por exemplo genótipo e fenótipo, os aspectos contraditórios do primeiro mapeia sobre o segundo, mesmo se diversos.

Functor* é um morfismo, ou função entre categorias que garante que os morfismos dentro delas sejam preservados.[11] Um exemplo de NEO é uma função (functor) que 'vai' de um conjunto de processos dentro da categoria Processo para a categoria Sugeito/objeto e preserva a estrutura de processo no sentido que o aspecto atualizado de um processo seja um sujeito, e o aspecto potencializado seja um objeto. Novamente sem entrar nos aspectos técnicos, a existência dessas propriedades é a indicação de que meu sistema categorial é válido.

Os functores, ao menos informalmente, operam na forma esperada: tudo em Energia mapeia Processo; Processo mapeia Separatividade e Nãoseparatividade; Nãoseparatividade mapeia Sujeito, Objeto e Sujeito/objeto; e Sujeito/objeto (lembrando que 'sujeito' e 'objeto' referem-se à atualização e potencialização como agente e paciente respectivamente) mapeia estados T. Isso define um tipo de hierarquia e justifica o fato de eu denominar as relações functores.

No que diz respeito aos morfismos dentro de todas as categorias, os mapeamentos podem ser uma consequência da teoria de que eles muito se assemelham a axiomas e a predicados ontológicos. Se tomarmos dois processos ou estados T etc, *X* e *Y*, então existe, ou não, uma interação substancial contraditória entre eles. Se existir, elas pertencem à subcategoria NSC da categoria de Opo-

---

[11] Aceito o conceito de preservação aqui, contrastando com seu uso na lógica proposicional; a preservação da verdade não se aplica diretamente em LIR.

* NT: *Functor*, termo da Matemática, em Teoria das categorias, é um mapeamento entre categorias que preservam estruturas.

sição Dinâmica. Dentro de NSC, o único morfismo ou 'mapeamento' deve ser interpretado como uma relação de oposição dinâmica em si. Isso também é verdade para a categoria de Energia, na qual a função de automapeamento, que é uma operação padrão na teoria das categorias, envolve o mesmo princípio, mas é claramente não clássica, já que inclui a autodualidade. Esses resultados que podem ser considerados anomalias, surgem, na minha opinião, do fato de que a teoria das categorias foi criada para lidar com objetos, inclusive com processos e eventos, cuja maior característica era sua identidade absoluta.[12]

A discussão acima define NEO como sistema categorial, embora não padrão. Em princípio, dadas cinco categorias, existem vinte functores que correspondem a dez relações de mapeamento e seus opostos. Apenas alguns deles, entretanto, são importantes o bastante para serem discutidos como tal. O objetivo deste exercício é que o conjunto de functores entre as cinco categorias de NEO definem uma estrutura conceitual que é uma estrutura ou uma realidade estruturante em si, e de si mesma, na qual a dinâmica da oposição opera em diversas formas diferentes ao mesmo tempo.

Em sua discussão de categorias fechadas e toposes (na matemática um topos é um tipo de categoria que se comporta como uma roldana), Lawvere (1994) desenvolve um refinamento categorial da oposição hegeliana e define um 'functor contíguo' que é a exata realização da noção supostamente nebulosa de *unidade-e-identidade--de-opostos*. Com essas armas, ele parece ter resolvido alguns dos problemas que estudei, como por exemplo, as relações entre o subjetivo e o objetivo. Também, dadas duas categorias U e P, onde U é vizinho de P, pode-se chegar à uma nova categoria B (estou, de alguma forma, simplificando), que depende da relação binária do 'entrelaçamento' de subcategorias. Lawvere acha que o sistema de functores contíguos expressa as relações dialéticas objetivas que são o âmago de um determinado campo. Já que a lógica é o estudo do que é universal, chega-se ao que ele chama de lógica objetiva do campo. De maneira similar, Magnan e Reyes (1994) afirmam que desta forma a lógica clássica aparece como uma apresentação específica do objetivo da lógica da categoria dos conjuntos constantes. A busca deles é por uma lógica objetiva do universo dos radicais combinatórios que é mais rico, e também sugerem que os universais da

---

[12] Esse quaro, entretanto, deixa espaço para os perfis categoriais tanto da exaustividade como da exclusividade: uma entidade tanto esclarece como não esclarece a contradição. Não há contradição parcial. Da mesma forma, dizer que algo é o mesmo e/ou diferente é exaustivo.

mente podem ser expressos pelas propriedades universais na teoria das categorias.

Essas construções categoriais parecem-me carecer de realidade dinâmica, apesar das referências a elas como modelos do vir a ser; os fenômenos tratados são, mais uma vez, limitados a simples processos. Talvez, de forma muito concisa, possa dizer que lhes falte metafísica. A dependência do conjunto de identidades não contraditórias da lógica clássica é substituída por outro conjunto de abstrações, e essa nova apresentação da ideia antiga de unidade e de identidade não sugere explicações da mudança real.

A lógica proposicional clássica pode ser axiomatizada em teoria da categoria, pode-se definir um quadro semântico da verdade, e pode-se provar a solidez e a inteireza dos modelos. A lógica intuicionista e modal também pode ser definida categoricamente, e mesmo as teorias em vários campos podem ser vistas como equivalentes à existência de functores específicos entre categorias específicas. Acho que algumas formas de construções categoriais podem ser, com as modificações necessárias, úteis para a formalização das categorias LIR. Os sistemas dinâmicos (conjuntos evolutivos) que são com o que LIR se preocupa principalmente, também podem ser representados por functores. Os morfismos na categoria destes sistemas preserva a evolução, e os morfismos entre eles são morfismos entre functores, denominados transformações naturais. Deste ponto de vista, minha abordagem categorial não parece tão bizarra. Ela *naturaliza* (na definição comum de trazer para o âmbito da ciência) a intuição subjacente ao conceito categorial formal das transformações naturais.

5.4.1.2 – Laços ontológicos

A perspectiva de LIR deveria estar em oposição à integração feita por Smith, que mostra a intuição correta, embora ela mantenha o conceito de entidades essencialmente abstraídas de suas dinâmicas do mundo real. Smith (2002) explora uma noção ideal de forma como estrutura matemática que abrange a forma lógica, a fenomenológica e a ontológica. Forma "parece ser fundamentalmente matemática". As entidades formais mencionadas por Husserl como desdobramentos podem ser consideradas estados complexos de assuntos ou mundos possíveis parciais, passíveis de representação através de formas de teorias. A semântica de Smith correlaciona os quatro níveis de forma (expressão, pensamento, significado e objeto) de Husserl e assim integra a lógica, a fenomenologia e a ontologia. Esta integração neoplatônica é interessante, mas a lógica envolvida é a padrão. Sob o meu ponto de vista, assim sendo ela exclui a dinâmica, as propriedades contraditórias da forma, e não descreve corretamente os aspectos reais das entidades e processos.

Smith listou os laços ontológicos entre as entidades em categorias diferentes *adotadas* na ontologia de Husserl como predicativos, qualificações, formação e representação, e prossegue ao sugerir que as categorias de Husserl de Fato, Essência e Senso são em si amplamente definidas por esses laços (Smith 2004). Esses laços fundamentalmente diferentes englobam uma estrutura complexa no esquema de categorias. A ontologia não é um catálogo ou lista de objetos ou processos por si mesma, mas um quadro geral que fornece a organização adequada a esses catálogos ou listas. Noto, porém, que a maioria das estruturas ontológicas adotam conjuntos de entidades independentes, enquanto que minha tese fundamental envolve a não-separatividade ou não-distinção (mas não a indistinguibilidade) do processo ou dos eventos.

Se agora me volto novamente para minha lista de categorias maiores, posso também afirmar qual, em cada caso, é o laço da categoria para a entidade nela:

	Laço
Energia	Equivalência
Processo	Mudança
Oposição Dinâmica (SC e NSC)	Qualificação
Sujeito, Objeto e Sujeito/objeto	Representação
Estado T	Formação

Para dar um exemplo, a formação de estados T exige o envolvimento de entidades em subcategorias de Não-Separatividade (NSC). No exemplo de Smith, mais que uma sequência ou hierarquia de categorias, encontramos uma matriz de dimensão moderada, 2 x 2, onde categorias formais e materiais unem-se ou aplicam-se a entidades de formas diversas. A estrutura de meu esquema categorial consiste das cinco categorias indicadas, mas elas não se excluem mutuante ou pretendem ser exaustivas. A estrutura envolve laços entre todas as categorias tomadas duas a cinco de uma vez, e não uma matriz simples de 2 x 3 de duas categorias formais e três categorias materiais. Entretanto, a estrutura conceitual resultante não é diferente da estrutura definida acima em termos de functores. Considero que minha estrutura conceitual pode ser usada como uma *grade* a ser colocada sobre os fenômenos considerados para ajudar a desenvolver aspectos que possam fornecer explicações adicionais, e prognósticos de sua evolução.

Afirmo que NEO é uma ontologia rica o bastante para captar os tipos essenciais de entidades da realidade. Como teoria de mudança ou do devir, sugiro que a ontologia seja 'profunda' o bastante no sentido de Whiteheadian para determinar o que é ser uma entidade completa, isto é, basicamente algo que esclareça os princípios fundamentais da oposição dinâmica, que por sua vez, definem, na metalógica de LIR, o que significa existir. Esses princípios podem também ser chamados de modos de devir, que definem as formas em que as entidades tornam-se as entidades que são.

5.4.2 – A Estrutura dos Domínios de Aplicação: Teoria dos Conjuntos Estabelecida

Minha proposta era que as estruturas da realidade se combinassem com a estrutura dos domínios de aplicação. Na medida em que isto for se tornando mais claro na discussão dos domínios específicos, o que garante que se possa falar mais formalmente sobre LIR, preciso explicar *formalmente* a estrutura da realidade, isto é, dos processos, e das outras categorias cujas entidades constituem a realidade de acordo com meu ponto de vista. O padrão, a linguagem 'clássica' para discutir a estrutura é a teoria dos conjuntos da matemática, na qual os componentes são elementos, pares de elementos etc, e relações estruturais, em particular de conjuntos para conjuntos. Um grande problema atualmente em estudo dentro deste quadro é a indistinguibilidade das partículas no nível quantum e no nível atômico. Seibt estudou este problema sob o ponto de vista ontológico; vou seguir aqui o desenvolvimento metafísico de Krause (2005), porque ele se traduz com relativa facilidade nos termos de LIR. Como fiz no Capítulo 1, vou estabelecer uma perspectiva padrão e, depois, as diferenças conceituais significativas da teoria LIR.

Definição de conjunto

A definição de Cantor do conceito de conjunto é "uma coleção em um todo de elementos distintos do que possamos intuir ou pensar". Esta definição já entra em conflito com os princípios de LIR, e, de acordo com meu ponto de vista, pede várias explicações.

D1: Na abordagem LIR, não se pode considerar nem os elementos do pensamento, nem qualquer outro tipo de elementos totalmente distintos. A Nãoseparatividade e a assintoticidade aplicam-se também aos conceitos de todo e de parte, de forma que a parte e o todo estão também relacionados contraditoriamente.

Definição de estrutura

Em uma abordagem tipicamente semântica, as estruturas são construções de conjuntos teóricos, isto é, *objetos matemáticos* da forma **A** = (A, *R*), onde A é um conjunto não-vazio e *R* tem uma relação binária com A. A física exige estruturas de ordem-superior da mesma espécie. Em expressões de conjuntos teóricos, a relação *R* é sempre construída a partir de objetos que se relacionem com ela.

D2: O objetivo da análise é totalmente diferente. A relação entre dois elementos tem por base os Axiomas de LIR e de PDO, e eu quero mostrar no que isso implica para a estrutura real de um processo. Ou, dados dois conjuntos A e B, axiomaticamente existe uma bijeção *f* a partir de A para B de tal forma que a substituição de B por A sempre implica em similaridade. Em outras palavras, eles têm estrutura similar já que existe apenas uma relação de realidade neste nível-meta, a relação de oposição dinâmica.

Teoria de quase-conjunto

A estrutura relacional no sentido comum é uma coleção de conjuntos (ou quase-conjuntos) e suas relações entre eles. Krause introduz o conceito de quase-conjuntos para definir estruturas relacionais onde as relações envolvidas não dependem de objetos relacionados em paricular. Os quase-conjuntos são coleções de elementos de que não se pode dizer se são ou não idênticos ou distintos uns dos outros. Formalmente, é o equivalente a se dizer que a identidade clássica em seu sentido de não-distinção não se aplica aos objetos naquele domínio. Ou ainda, aos termos x = y e x ≠ y não são formulas bem formadas na lógica desta teoria.

D3: Em LIR, as entidades são, de acordo com axioma fundamental, *tanto* as mesmas como diferentes, tanto distintas, como não-distintas. Isso me parece perfeitamente consistente com a interpretação de Krause para casos quantum. Preciso fazer a distinção de uma maneira mais formal entre os elementos do processo macroscópico envolvidos em um processo 'ativo', e os objetos que para a dialética são 'congelados' (cf Apêndice 1), isto é, estão sujeitos a um *in put* de energia. Para todos os fins e efeitos estão todos na parte 'clássica' da teoria LIR. É uma situação similar à de quase-conjunto, pois como esses elementos 'M' (macro) que são passíveis de distinção, a descrição de conjunto teórico tem uma parte clássica.[13]

Assim eu também chego ao conceito de estrutura como entidade na categoria de Processo, descrita pela teoria dos conjuntos não padrão, conjuntos NSC que envolvem tanto um par de elementos não separáveis, como trios deles. Elementos A e P, a relação binária de realidade $R1_B$ e a relação ternária de realidade $R1_T$ A, P e T. O conjunto NSC é similar a um quase-conjunto na medida em que é uma entidade que abriga uma coleção de coisas de uma espécie, embora não possa ser visto como uma coleção de (1) objetos distintos e bem definidos; (2) objetos não distintos; ou (3) entidade, processos ou outros como propriedades invariantes.

As estruturas relacionais da realidade em LIR são as estruturas em que as relações envolvidas (as relações NSC) não dependem de elementos particulares que se relacionem, e do problema de ter um efeito, descrito pela relação, sem que um indivíduo que cause o efeito não surja. Os elementos do processo são e não são indivíduos. Entretanto, se, como mostra Krause, no nível quantum, as permutações dos elétrons e dos átomos não se observam, literalmente, "não faz diferença".

Nesse sentido, os conjuntos NSC esclarecem, como nos quase-conjuntos, o sentido ôntico da estrutura da realidade, o Realismo Estrutural Ôntico (OSR) de Ladyman e Ross (2007)[14] que afirmam que tudo que existe são relações estruturais cujas únicas relações são outras relações. Descrições que se referem a qualquer processo de mudança (uma redundância em meus próprios termos) e por

[13] Isso é de novo similar aos conceitos contextuais de Aerts. Deveríamos considerar regra e não exceção o fato dos sistemas macroscópicos e também os sistemas quantum terem partes clássicas e não-clássicas.

[14] Cf minha argumentação de Realismo Estrutural no Capítulo 6.

isso mesmo descrevem a estrutura lógica envolvida, quando não toda a estrutura fenomenológica.

D4: É importante reafirmar, para esclarecimento, um aspecto essencial no qual LIR e sua ontologia categorial diferem até mesmo da teoria dos quase-conjuntos: as relações de parceria (dos elementos em um conjunto) e a inclusão (dos conjuntos em outros conjuntos) não são primitivas, exceto no caso de entidades ideais, não-espaçotemporais; parte e todo compartilham as propriedades um do outro na mereologia LIR (ver acima). Desta forma, em LIR não apenas o quantum e determinados elementos não-quantum são não-indivíduos separáveis e não-distintos no sentido de distintos e não-distintos, os elementos são não-separáveis do todo do qual são partes, mas ocorre que as partes *realmente fundamentam* aspectos do todo e vice-versa.

5.4.3 – *A estrutura metafísica da realidade em LIR*

Em termos de ontologia, a estrutura de LIR é um quadro geral, mas sistemático. Seus 'outputs' são descrições estruturais ontológicas relativas às categorias e a suas relações internas e externas, como foi demonstrado acima. Mas LIR é também uma teoria *física* sobre relações reais antagônicas, e seus 'outputs' são também descrições físicas sobre, no mínimo, alguns aspectos da realidade sujeitos à mensurações como mostrado em 1.7. Sob meu ponto de vista, LIR opera tanto como um princípio científico metateórico, geral e regulatório, como também como lei que pode ser internalizada na linguagem de uma determinada teoria científica adequada.

No nível mental, LIR fornece a estrutura de um processo de raciocínio como estrutura 'psicofísica', na qual os elementos são substratos neurofisiológicos de nível inferior. Entretanto isto não exige conhecimento *total* da natureza destes substratos, da mesma maneira que os elementos da física quântica não precisam se basear em uma conclusão final como, por exemplo, a natureza constitutiva 'última' do fóton ou do elétron. Assim sendo, tem-se um quadro energético metafísico da estrutura da realidade com potencialidade de conduzir, pela natureza, do nível físico inferior para o superior. É uma reafirmação dos insights da fase mais recente de Russel de proposições como as "ocorrências" (Stevens 2006).

A questão permanece como foi colocada originalmente por Lupasco (1967) "O que é uma estrutura?" A resposta que ele deu foi que as estruturas são dinamismos, não objetivados ou coisificados. Quaisquer que sejam as regras que se use "para que essas regras gerem uma estrutura verdadeira, elas devem obedecer a essas leis lógicas ou condições necessárias para sua existência." Assim, ao usar o método a que agora já estamos familiarizados, encontramos três tipos de estrutura, ou melhor, como Lupasco afirmou, três tipos de *estruturar* (de estruturação), uma incorporando basicamente forças vinculadoras e homogeneização, outra incorporando forças basicamente heterogeneizantes e a terceira um estado T entre as duas. Nenhuma estrutura individual é rigorosamente real, o que é absoluto em qualquer sentido dada a natureza e a lógica da energia. É a estruturação dinâmica que está sempre associada funcionalmente a uma potencial estruturação antagônica e contraditória.

Lupasco fez a seguinte ligação entre a estrutura e a forma: o dinamismo energético que constitui toda a matéria e toda a existência, e os sistemas que ele gera são

> formas estruturais puras, recipientes de recipientes, estruturas de estruturas, sujeitos a uma cadeia de transformações essencial e inelutável. Não há, portanto, como se diz, uma forma completa e estática; desprovida de um presente, indo sempre do passado para o futuro, ou até inversamente, a temporalidade é imanente à forma.

Toda forma, todo sistema, toda a matéria, em uma só palavra, é, nos termos de LIR, um processo real.[15]

A estrutura dos processos reais envolve a mudança de uma entidade energética e seu oposto, ou antagônico de um estado de realidade subjetiva para um estado de potencialidade objetiva ou estado T. Desta forma a estrutura é definida pela subcategoria de Não Separatividade. Os valores (graus) de atualização e de potencialização ou estado T são lógicos na medida em que dependem desta estrutura sintática e de serem codependentes.

O que isso significa para o modelo estrutural ou para a explicação? Faz sentido considerá-los também como formas dinâmicas sujeitas à potencialização e à atualização de suas contradições? Penso que a resposta é sim e não. Como objetos formais de acordo com seus significados as descrições estruturais de LIR como tal, como todas as proposições, pertencem à categoria SC de separatividade, neste caso, entidades não espaço temporais, dados de inferência padrão; entretanto, considerados como processos passíveis

---

[15] Lupasco designou esses processos como 'não ontológicos', o que queria dizer tudo que estava em transformação, experiência e lógica. Ele usava ontológico para referir-se ao ser, que para ele consistia apenas em afetividade (afeto)

de mudança, estão sob esse ponto de vista em NSC. Eu incluiria nesta listagem de modelos estruturais aqueles que mostram uma sequência de argumentação na qual a vantagem oscila entre um antagonismo e outro.

As estruturas de todos os elementos ou entidades nesta categoria não-separável são explicadas em LIR como metafísica, e também como teoria física. Os elementos *são* estruturas processos, no sentido 'NSC-conjunto-teórico', e suas dinâmicas deterministas são aquelas descritas usando a linguagem de probabilidade não-Kolmogoroviana proposta no Capítulo 1. Os critérios para a aplicação deste conceito de estrutura como processo, dado um processo de dois elementos, são os indicados acima como requisitos para aplicação para análise do quadro das camadas. Outra forma de explicitar estrutura é que a 'estruturação' vista de fora é um tipo de forma; se vista internamente, ela consiste de um processo em si. A explicação estrutural metafísica consiste na escolha dos elementos na categoria de Oposição Dinâmica e na demonstração sobre o que está envolvido na operação do PDO. Em termos amplos, posso tomar 'exemplos' da estrutura da existência – vida e crescimento *versus* morte – e a estrutura do universo – o aumento de energia negativa, a causa provável da corrente atual *versus* a diminuição normal e escura da energia/matéria. Depois disso fica mais fácil!

Vou agora falar sobre duas outras teoria da realidade fenomenológica, mostrar seus pontos fortes e fracos, e desenvolver o conceito LIR de estrutura com base nas categorias de NEO em relação a elas também.

5.4.4 – *Figura* versus *superfície: teoria Gestalt*

Dois dos aspectos mais discutidos da estrutura na realidade que foram formulados como dicotomias tanto na filosofia antiga como na moderna são forma *versus* matéria e figura *versus* fundo, no qual o conceito de forma tem papel preponderante. A análise destes aspectos ilustrará como os conceitos de LIR comportam-se em relação aos termos entre os quais normalmente se aceita a relação de oposição. Vou discutir o segundo aspecto em primeiro lugar.

A teoria Gestalt foi estudada e formulada como teoria transdisciplinar de amplo espectro que proporciona um quadro para análise de grande variedade de fenômenos e processos psicológicos (Lupasco 1967). A figura que interage é seu conceito básico, uma forma ou processo em primeiro plano que se destaca contra um fundo ou uma 'superfície'. As aplicações foram também vistas em processos de raciocínio não-individual, por exemplo, dinâmica de grupo. Köhler mostrou a existência de Gestalten física e psicológica com propriedades similares à perceptiva, e fenomenológica (Gestalten) na tentativa de estabelecer uma relação isomórfica entre processos fenomenológicos e psicológicos. Os psicólogos da Gestalt determinaram empiricamente que nunca se percebe elementos isolados que de certa forma estão combinados, ou associados a percepções e objetos, e que, mais ainda, qualquer modificação tanto na figura como no fundo modifica todo o conjunto – a forma. Isso equivale a um exemplo psicológico de não-separatividade aplicada a conjuntos e seus elementos (Apêndice 2).

A dualidade figura/superfície como estrutura na realidade é facilmente incorporada em LIR e, sem nos adiantarmos em seu desenvolvimento histórico, posso colocar a contribuição original positiva da teoria Gestalt sobre uma base teórica mais sólida.

De acordo com os princípios fundamentais de LIR, as estruturas ou formas não podem ser reduzidas a conjuntos sintáticos que possam ser manipulados ou substituídos para a organicidade das estruturas, isto é, sua estabilidade dinâmica, sistemas de relações simplificadas entre os termos. Isso seria a coisificação das conexões, caracterizando termos apenas via valores posicionais que negam *a priori* todas as características das estruturas, inclusive em particular, os deslocamentos fenomenológicos dinâmicos na percepção que ocorrem entre figura e superfície.

Os psicólogos da Gestalt não dizem *porque*, ou em virtude de qual princípio as interações entre figura e fundo existem, e se comportam da forma como o fazem. Em LIR, tanto as figuras e suas superfícies relacionadas são conjuntos ou classes. Se concordarmos que um conjunto ou classe é sempre uma dualidade de conjuntos ou classes, um identificando, e o outro diversificando, unidos pela interação dinâmica, estrutural (contradição), pode-se observar que a conjunção de mais uma identidade pode modificar sua união. Os dados psicológicos relatados pelos psicólogos da Gestalt ilustram a lógica dinâmica do contraditório. A constatação de que as figuras e as superfícies relacionam-se contraditoriamente, isto é, atualizando-se e potencializando-se alternadamente uma à outra, as relaciona ao processo de que são a consequência física e lógica. Os elementos nunca "juntam-se" simplesmente para gerar uma forma isolada. Pelo contrário, na medida em que cada elemento é uma forma em si, apreende-se na forma na qual esse elemento está contido, e cada forma distingue-se como uma forma em relação à forma que a cerca, onde ela aparece, a qual constitui a superfície, que é também uma forma.

5.4.5 – *Forma versus matéria: teoria da catástrofe*

Outra discussão antiga é sobre a questão do que é mais fundamental no universo – a forma, posição geométrica, ou a matéria. Na segunda metade do século XX, Thom e Petitot desenvolveram a teoria da morfogênesis, a origem da forma, em termos de um pequeno número de gráficos topográficos de singularidades geométricas chamadas catástrofes. Segundo esta teoria, a forma é o aspecto mais fundamental do universo fenomenológico, isto é, do que é acessível à percepção humana.

A teoria da catástrofe (CT) permite a classificação e o prognóstico das singularidades da morfogênesis de um sistema, sem mesmo conhecer a dinâmica latente ou a dinâmica de sua evolução macroscópica. Petitot demonstrou que, além de fornecer um método para moldar os fenômenos estudados nas ciências naturais, a CT possibilitava a constituição da objetividade dos fenômenos estudados pelas ciências socais (humanidades), pela linguagem e pelo pensamento. Petitot dizia que a CT 'libertava' a fenomenologia da perspectiva hursseliana de essência quase mística, que a CT trazia de volta a matemática que Hurssel se recusava a aceitar, e transformava seu objetivos filosóficos em programas científicos. Desta forma a CT podia ser considerada a primeira síntese da geometria[16] e da fenomenologia, e uma opção séria para a naturalização da fenomenologia.

A razão pela qual é essencial discutir a CT neste ponto, é que ela é um *desafio direto ao princípio fundamental de LIR, principalmente seu fundamento na irredutível e incompatível dualidade de energia.* Se a forma é parte tão fundamental, como a CT afirma, então, no espírito de LIR, uma teoria correta não deveria excluir nem a matéria (energia, força, substância), nem a forma, mas deveria mostrar como as duas operam juntas.

A CT, entretanto, foi uma tentativa de ser "a criação de uma teoria da morfogênese *in abstracto, puramente* geométrica, independente de seu substrato de formas e da natureza das forças que as criaram". A CT é, até certo ponto, uma teoria local do substrato não diferenciado mais genérico possível, na qual se constata o ressurgimento do esquema de *hipomorfismo* de Aristóteles, a matéria que aspira à forma. A resistência dos biólogos à CT deve-se, provavelmente ao idealismo latente deste conceito, e à tradição na física da

[16] Essa não é única tentativa de geometrização dos conceitos humanos. Mazzola, em sua 'lógica geométrica' da música, afirma que a revolução Yoneda na matemática consegue esse feito, mas ele também afirma explicitamente que essa abordagem de categoria tem como base a lógica 'absoluta' que deriva de três axiomas clássicos fundamentais (Mazzola 2002).

primazia ontológica da energia (força) sobre a forma, enquanto que a posição de CT é que "não há razão de se pensar que a força tem, em princípio, um *status* ontológico mais profundo do que a forma".[17]

Esse é um princípio constitutivo da CT na medida em que reabilita a causalidade formal além da causalidade material, e afirma que para toda a realidade, a ordem morfologicaestrutural está sujeita à matemática pelas ideias de Platão – as leis da forma – que a natureza é obrigada a realizar. Entretanto, e veremos aqui que o fundamento lógico disto é a longa incursão no idealismo, Petitot insiste que este princípio, e assim presume-se que CT, "seja válida apenas localmente, a integração de acidentes locais em uma estrutura global que devolve todos os seus direitos à dinâmica interna real e específica, não redutível, por exemplo, à 'matéria'. A matéria com frequência impõe restrições, mas o aparecimento macroscópico global, a forma no sentido comum do termo, surge através da agregação de um grande número de acidentes locais, e a estatística dessas catástrofes locais, as correlações que controlam seu surgimento no curso de um determinado processo, são determinadas pela estrutura morfológica da dinâmica interna. "É pela riqueza topológica dessa dinâmica interna, seus caracteres mais ou menos integrados, que finalmente se explica a quase infinita diversidade de aparências do mundo externo."

No meu modo de ver, a abordagem CT é um exemplo 'livresco' da redução da heterogeidade do *status* não lógico do acidente. Até mesmo para os que não estão familiarizados com as ideias deste livro, pode parecer suspeita a separação acima mencionada em regiões locais e globais em que diferentes princípios se aplicam. A energia não é um 'substrato não diferenciado'. LIR rebate a exclusividade da abordagem CT uma vez que nem a matéria/energia precisa ser considerada primária, no sentido que a matéria/energia também tem estrutura, = forma dada pelo antagonismo. É de fato o que eu digo ser *a diferença fundamental* do campo quantum efetivo, que é a origem de tudo o mais.

Em um ensaio posterior, Petitot e Smith (1997) afirmam que a separação é responsável pelos fenômenos da realidade e as descontinuidades são o princípio organizador central dos fenômenos do mundo.[18] Os autores parecem menosprezar ou excluir o prin-

---

[17] A intuição que a forma é fundamental remonta a Plotino e Platão, e eu a vejo como definidora de um tipo de personalidade ou mentalidade que simplesmente se opõe aos que se satisfazem com o ponto de vista de matéria (ou matéria/energia) como fundamental. O conceito de forma como fundamental, no ponto de vista de LIR, é errado apenas se for considerado *exclusivo*.

[18] Eu observo que os autores não apresentam poder predicativo causal ou explicativo da teoria.

cípio da bilavência com relação ao louvável objetivo da coerência de um dos termos da dicotomia ou dualidade. Conforme meu esquema categorial, a abordagem Petitot/Smith seria aplicável apenas aos fenômenos da categoria SC. Na realidade, a maioria dos exemplos usados no ensaio referem-se às mudanças simples macrofísica da fase.

Thom achava que o interesse epistemológico e ontológico principal de CT era ir além da disjunção antinômica entre o ser físico determinado matematicamente, e a descrição linguística do aparecimento fenomenológico, e depois conciliá-los integrando as infraestruturas catastróficas na determinação matemática dos fenômenos. CT propõe que se pode postular que essas infraestruturas constituem objetivo correlato das descrições qualitativas linguísticas na ciência, fundamentadas "nas coisas em si". Como consequência, tem-se que se pode ir além da divisão subjetiva e objetiva, e pode-se converter esse 'problema central' em um problema científico. Ao examinar novamente o idealismo thomiano, Petitot (1998) questiona como,

> se ao adotar-se a doutrina padrão de explicação subjetiva por meio de entidades invisíveis (forças, átomos, campos), governadas por princípios e leis possíveis de serem definidas matematicamente a partir da geometria do espaço/tempo, pode-se 'descer novamente' deste objetivo de realidade determinado matematicamente para morfologias visíveis?

A resposta, com base em LIR, é que não se pode usando-se a doutrina padrão de forças etc, pois ela exclui os princípios chave antagônicos que permitem que entidades diferenciadas sejam construídas a partir desses princípios. E, mais importante ainda, os princípios de LIR possibilitam o que Petitot descreveu como "interações recíprocas entre uma entidade e seu ambiente que propicia a 'emergência' (Petitot coloca emergência entre aspas) de morfologias através da auto-organização dos substratos materiais". Sob esse ponto de vista, não é necessário falar da aparência dos fenômenos ou das manifestações como processos irreversíveis que as leis da física, interpretadas como são neste livro, não consegue descrever. As descontinuidades de um fenômeno não precisam ser separadas de sua objetivação física e da continuidade relativa de sua existência.

Se a separação proposta por Petitot e Smith existir, como pode o fenômeno, em sua aparência, não ser relegado a uma "simples aparência subjetivo/relativa? Como podem a doutrina realista e a concepção ontológica das 'restrições semióticas da organização perceptiva do real' ser alcançada? Petitot propôs que a objetividade transcendental da manifestação pura pode constituir-se através da identificação da manifestação e da morfologia. Uma análise geométrica/topográfica define para cada processo espaço/temporal 'os fatores da não variação fenomenológica' que têm um papel fundamental em suas descrições verbais e, consequentemente, na organização linguística de nossa perspectiva de mundo. "Pode-se deixar de admitir que esses fatores são provenientes das propriedades reais dos objetos do mundo exterior, e que manifestam a presença objetiva de entidades formais ligadas a esses objetos, e pode-se afirmar serem eles os portadores do significado? Dada a correlação entre manifestação e significado, a síntese entre a fenomenologia e a objetividade permite que a base do significado esteja na objetividade fenomenológica. Ao se admitir esse fato, a CT pode permitir o modelo geométrico do pensamento verbal comum, que pode "substituir a intuição *semântica*, com seu caráter subjetivo imediato", pela intuição *geométrica*, que espacializa o objeto, e o coloca distante do sujeito que pensa".

Agora, pode-se perfeitamente construir uma metateoria da objetividade transcendental, que infelizmente nada nos diz do mundo real. Já demonstrei que a separação do subjetivo e objetivo leva a erros de categoria, e essa discussão é mais um exemplo que também mostra as consequências da separação da geometria e energia. Petitot declara também que os fatores da não variação fenomenológica, as infraestruturas catastróficas dos fenômenos, constituem "*terceiros termos – até agora totalmente ausentes – entre descrição e explicação*, entre aparecimento e objetividade" (Petitot-Cocorda 1985). Esses terceiros termos, entretanto, não podem ser meio estado T dinamicamente incluídos, pois não há interações dinâmicas ou mesmo complementares entre os opostos envolvidos, como eu afirmo, por exemplo, entre aparência e realidade.

O maior projeto de Petitot foi reformular a redução fenomenológica de Hurssel em experiência viva em termos de redução crítica a fenômenos ao reinterpretar o original formulando intuições em termos de estética transcendental e esquemas. Por isso, a formalização matemática das intuições categoriais é essencial, resultando em uma nova concepção da relação entre matemática e realidade. O desenvolvimento da matemática promove uma autêntica dialética de conceitos que os transcende, e essa dialética garante uma função esquematizante que torna o *a priori* de Kant histórico e o diversifica em ontologias regionais. Se a teoria da catástrofe pretende ser constitutiva da experiência, é porque ela tem bases em teorias matemáticas que explicam e resolvem conceitos dialéticos problemáticos (síntese hegeliana sugerida por Lautman como "Ideias"). A impressão que se tem das conclusões de Petitot é que se retorna, depois de uma longa volta, ao fenômeno real. Se os fenômenos em si explicam a dialética, então eles (as relações dialéticas) podem ser considerados ontologicamente constitutivos, e a perspectiva dinâmica em LIR proporciona explicações físicas a esses fenômenos.

Petitot pressupõe que sua teoria poderia ser a fonte dos aspectos virtuais dos fenômenos serem transformados em objetos. É possível que Petitot realmente queira dizer que a realidade fenomenológica objetiva preceda a realidade matemática intrínseca, mas então ele deveria ter dito isto, e deveria ter fornecido a caracterização correta destes "aspectos virtuais". Minha crítica à CT não é que ela possua um significado transcendental em seus próprios termos para a construção de uma ontologia morfológica/estrutural, mas que não há o vínculo com fenômenos reais.

A grande objeção de Petitot contra a lógica é que *ela* não é adequada para dar conta corretamente dos fenômenos reais. Em uma análise mais detalhada, parece que a lógica sob ataque é a clássica, exatamente a lógica que, ao contrário de LIR, é absoluta, idealizada e abstrata. Se assim for, ela nunca conseguiu dar uma descrição adequada para começar.

Em seu estruturalismo dinâmico da linguagem para explicar denotação, a relação da descrição entre linguagem e realidade externa, Petitot-Cocorda (1985) postula um *terceiro termo* real em termos de fenomenologia, o estado das coisas. Seria isso considerado um meio incluído no sentido de LIR? Creio que não. Petitot propõe este termo por restrições impostas pelo mundo físico, que levam à teoria da catástrofe, como uma síntese entre a fenomenologia (aparência) e a objetividade física (realidade). Essa síntese torna possível a definição matemática dos "fatores da não variação fenomenológica" como entidades objetivas formais. Em LIR e NEO a abordagem dos estados das coisas não se destina à não variação nelas. Uma não variação, por definição, está excluída de ser parte da realidade na qual os elementos sofrem mudança. A frase usada por Cassier de "não variações da experiência", tanto quanto a mencionada acima, são para mim oximoros. Menciono o programa de Petitot[19] simplesmente para refletir outra perspectiva do relativismo geral como geometria, excluindo o dualismo funcional da variedade de LIR.

Para completar adiscussão da metodologia da aplicação de

[19] Como mais uma indicação do papel exclusivo da geometria, Petitot cita Deleuze com o efeito de que seu estruturalismo *a priori* é *topológico* e não lógico.

LIR, uma vez que LIR se coloca como a teoria das explicações, devo também analisar o que *isso* significa, e em que medida LIR pode responder aos 'por quês'. A teoria da explicação é atualmente uma área de debate filosófico, e, portanto, é oportuno que eu defina (explique!) o que quero dizer quando falo em explicação, isto é, seus elementos ou estrutura.

5.5 – O QUE É UMA EXPLANAÇÃO?

As perguntas chave a serem formuladas nessa conexão são "O que é explanação?" e "O que as explanações explicam? As respostas a essas perguntas que se desenvolveram no decorrer da última metade do século passado tendem a se concentrar nos aspectos linguísticos da explanação, explanação esta como um conjunto de determinados tipo de proposições. A necessidade de relacionar a explanação a uma teoria subordinada aos fenômenos reais é agora reconhecida, mas ainda se tenta restringir esse esforço a operações puramente formais de inferência dedutiva que dependem de um primeiro padrão, da lógica consistente ou da lógica neoclássica não consistente. Nos últimos anos ficou claro que essa abordagem dá apenas um *insight* parcial do que realmente é uma explanação, principalmente da descrição de tanto do *por que* quanto do *como* o fenômeno é observado.

5.5.1 – Duas falhas comuns da explanação

Tanto nos textos lógicos como nos filosóficos, a frequente semelhança da argumentação usada, e a descrição das dificuldades encontradas pelas respectivas teorias, surpreendem. Para ser sucinto, vou caracterizar o que acabo de afirmar como 'os dois ao mesmo tempo' e 'espontaneidade'. A propriedade comum destas tentativas de explanação é que elas não passam de descrições dos fenômenos, faltando uma caracterização detalhada de quaisquer conjuntos de princípios subordinados ou mecanismos que possam vincular as mudanças envolvidas. Alguns exemplos antigos e atuais servem, mais do que tudo, para demonstrar a persistência dos problemas e dificuldades.

5.5.1.1 – 'Dois ao mesmo tempo'

A ideia de que o mundo explica situações que podem ser descritas como duas coisas que se opõe ao mesmo tempo é mencionada no Sutra do Diamante nas Escrituras Budistas (Ca. 350 DC) – nem uma coisa (dharma, para a qual foram dados ao redor de dez significados), nem um não-dharma. Os Jainistas (Stcherbatsky 1962), também na primeira metade do 1° milênio, concordavam com afirmação similar, e assim foram os primeiros a ocupar a primeira posição dialética real. A natureza da realidade é permanente e impermanente ao mesmo tempo, finita e infinita, particular e universal. Eles perceberam que um ser com identidade absoluta não se relacionaria com todos os outros e poderia não existir, mas sem uma identidade, ele seria indistinguível de todo o resto. Muitos autores usam esta construção quando não conseguem dar conta de uma explicação satisfatória de um fenômeno estudado. Entretanto, não se explica o fato de como esses estados de coisas podem ser explicados, e a frase 'os dois ao mesmo tempo' só pode ser entendida metaforicamente.

Barel (1987) desenvolveu um conceito de paradoxo como contradição: uma entidade é ao mesmo tempo digital e analógica, descontínua e contínua, e *metaforicamente,* partícula e onda. A parte de um fenômeno é, ao mesmo tempo, menor e maior que o todo, e inversamente. Está presente a intuição de estados intermediários, mas ele permanece muito arbitrário para que seja útil.

'Fusão' é uma expressão relacionada que é usada com frequência. Percebe-se aqui um desejo sincero e até, pode-se dizer, desesperado de entender e explicar o fenômeno, mas não é possível dar à fusão (ou mistura) nenhum sentido sério, quer de espaço conceitual ou filosófico. Superficialmente dinâmico, ele descreve, na realidade, apenas um simples processo estocrático. A fusão pode implicar em uma interação entre dois termos ou elementos que se fundem, mas não consegue fundamentar adequadamente o conteúdo ou consequências da mudança.[20]

Resumindo, embora a frase 'dois ao mesmo tempo' não consiga explicar, ela aponta para situações na realidade que podem ser metas para uma melhor explicação, seja ela filosófica ou científica.

5.5.1.2 – Espontaneidade

No trabalho em curso, a ontologia, a filosofia e a metafísica

[20] Um exemplo recente (Miller 2006) é a busca de uma 'ponte' entre duas hipóteses tradicionalmente opostas sobre como inferimos os estados mentais dos outros: teoria da simulação (atividade espelho) e teoria da mente (uso de regras abstratas). Sugere-se que, mais do que excluírem-se mutuamente, as teorias descrevem "dois processos que podemos misturar".

tratam da realidade quantum, da vida, da consciência e da organização emergente, e com certa regularidade nota-se nas discussões traços de que se admite a impotência. Considerem ou não os autores a teologia ou o acaso como fundamentais, eles postulam um tipo de arbitrariedade de 'processos espontâneos' e/ou estruturas idealizadas latentes como base da ordem no universo em todas as hierarquias de complexidade ascendentes. Novas leis e propriedades acompanham os processos emergentes, mas não se sugere fundamentação ou causa latente para sua existência. Noto em Peirce 'possibilidade como espontaneidade': unidade latente de Bohm; autopoiese de Varela; a 'espontaneidade criativa' de Rescher; propensões de Popper; a 'ordem livre' computacional espontânea de Kauffman, e ainda a evolução e 'autonomia' de Sathe apenas para citar alguns poucos exemplos. Esse assunto é importante já que a invocação da espontaneidade está diretamente ligada a problemas metafísicos fundamentais da existência da continuidade *versus.* descontinuidade, e do determinismo *versus* não determinismo no universo, como também para a importância da causa nas teorias científicas.

Peirce, por exemplo, mostra novamente a combinação de uma nova intuição correta, que a metafísica não pode exigir que todos os pormenores dos fenômenos sejam determinados por lei ("Agora, a metafísica sempre foi a imitação da matemática") e, segundo meu ponto de vista, uma combinação classicamente falsa, principalmente que a variedade no universo é arbitraria e *"Esta variedade deve ser atribuída, de alguma forma, à espontaneidade"*.

Um projeto interativo da Internet proposto pelos autores da enciclopédia Principia Cybernetica Web (PCP) tenta responder questões filosóficas fundamentais; o *site* é organizado como uma rede complexa de conceitos e princípios dependentes um do outro. A intenção dos autores é basear a filosofia na mudança e no desenvolvimento, e não em conceitos estáticos da matéria, da substância ou da mente, mas eles veem a evolução como expressão de uma variação cega e um processo seletivo. O universo se 'auto-organiza', resultando na 'emergência espontânea' de organizações cada vez mais complexas. O que se tem é pouco mais que uma ideia. A emergência espontânea não está mais baseada aqui do que em modelos muito menos sofisticados a partir de Aristóteles. Essas afirmações não se aplicam ao conceito de quebra da simetria espontânea (SSB) na mecânica estática e na teoria do campo quântico. Na teoria do campo quântico, a SSB pode ser descrita como uma mudança na ordem de um sistema em virtude de instabilidade sob pequenas perturbações estatísticas. No caso do conceito de quebra da simetria espontânea, 'espontânea' refere-se a uma situação em que um membro de um conjunto de estados físicos simétricos é escolhido conceitualmente como estado base, caso em que, conceitualmente também, diz-se que a simetria é quebrada. A base do termo não está em questão aqui.

Até Hurssel recorre à crença da espontaneidade como base para a intuição transcendente, a que nos coloca em contacto com os indivíduos conectados pela causa que constituem o domínio das realidades naturais. Em seu sistema idealista, ela é a fonte e o fundamento de nossa crença no mundo e na natureza.

Reafirmo assim o que considero as insuficiências da espontaneidade e da simultaneidade como explicações:

- A ausência de um mecanismo explicativo para a aparente coexistência, seja frequente ou ocasional, de elementos opostos ou contraditórios.
- Falta de base psicológica dos conceitos críticos da evolução e emergência, e recurso ao conceito de espontaneidade, superior ao nível do campo quântico.

Sob meu ponto de vista, os problemas, infelizmente, são bastante gerais. Ocorrem em discussões sobre disciplinas relativamente novas surgidas nos últimos vinte e cinco anos, mais ou menos, principalmente nas ciências cognitivas, nas ciências da complexidade e nas ciências dos sistemas. Essas ciências dão conta de um número importante de metas ao romperem barreiras artificiais entre as divisões disciplinares clássicas em e entre as ciências naturais e sociais. Essa abertura para problemas sociais e políticos e intuição humanística são coerentes para mim, mas sinto que a muitas falta base física fundamental para serem corretamente rigorosas e explicativas.

5.5.2 – *O ponto de vista de LIR a respeito da explanação*

Acho necessário, para que se expliquem os aspectos antagônicos e contraditórios dos fenômenos sob análise, algo como a lógica da realidade. Se LIR fosse apenas a reafirmação da intuição da prevalência de forças opostas no mundo, e dos fenômenos cíclicos na natureza e nos fatos humanos, ela não teria muito valor explicativo novo. A contribuição essencial de LIR é que ela demonstra que esta intuição tem base científica, alicerçada na física do universo, que pode ser formalizada como lógica ou teoria lógica. No meu ponto de vista, uma teoria que não considera a existência da oposição dinâmica constitutiva no patamar cognitivo, já seria incompleta e enganosa, e de qualquer forma não proporcionaria uma explicação satisfatória do fenômeno. Afirmar que a tendência ao reducionismo na filosofia ou na ciência é frequentemente, ou sempre, acompanhada pela tendência ao antirreducionismo, nada mais é do que uma observação astuta. Em LIR, a maioria das explicações será metafísica, com aplicação a problemas metafísicos, mas em alguns casos, a definição explícita do PDO pode ter aplicações na ciência via sugestões de caminhos de pesquisa.

Qualquer explicação tem dois componentes: o que deve ser explicado, o *explanandum*, e a explicação ou *explanans*. As *explanandas* são os elementos conceituais ou do fenômeno ou entidades *e*. Explicação pode ser entendida como o ato de explicar, *EA*, ou a informação transmitida sob o ato, *EI*. De fato, ambas são necessárias para a explicação, algo que resulta na mudança no estado do conhecimento (espera-se um acréscimo) de seu recipiente. Pode-se e deve-se fazer diferenciação entre as explicações causais, que se referem diretamente (claramente) ao evento físico, e as explicações conceituais, que têm como base as relações abstratas. Essas incluiriam as relações definidas pela lógica clássica. Mesmo nesses casos anteriores, é necessário manter a ordem correta das *explanans* e das *explanandum,* de forma que a *explanadum* forneça os conceitos básicos usados na *explanans*. Ambas as explicações envolvem o ato e a informação transmitida, mas a validade das explicações causais depende também da relação causal em si.

Dado certo grau de conhecimento B anterior – teorias bem organizadas, leis e "fatos' de outras disciplinas – a essência de minhas explicações no contexto LIR fará com que algumas explicações sejam a situação descrição S de fenômenos em termos das categorias NEO.[21] Diz-se que a explicação é bem sucedida se há um vínculo lógico, nesse caso um vínculo dedutivo entre [S,B] e *e*. Mostrei, entretanto que o vínculo lógico clássico é tautológico nas situações reais. Assim, devemos nos satisfazer, em minha opinião, com expli-

[21] Hung (2005) descreve uma teoria de explicação projetiva para descrever as explicações científicas, entre outras razões com a finalidade de incluir o papel do observador. A caracterização O de observador descreve a constituição mental do observador que inclui suas estruturas preceptivas, crenças etc. Seria perfeitamente fundamental para o discurso metafísico como esse incluir-me como O. Daria *status* lógico a meus próprios preconceitos.

cações que nunca serão *totalmente* satisfatórias. Esta é uma fraqueza da teoria bem aceita, reconhecida por Bueno e da Costa, e é uma das justificativas para seus conceitos de quase verdade e estruturas parciais nos fenômenos quânticos. LIR porém, dá a essa fraqueza uma base teórica. O termo explicação pode referir-se tanto à relação entre uma teoria e um fenômeno, como entre a descrição da situação e um fenômeno. Nesse último caso, seria mais razoável denominá-la descrição expandida.

Há um sentido no qual minha estrutura categorial está aberta à crítica: ela estabelece que essencialmente tudo é um processo, e explica a atualização e a potencialização, e entidades sujeito e objeto. Discordo. É verdade que LIR exerce sua função explicativa no sentido 'fino' da explicação que as teorias *metafísicas* conseguem produzir: a descrição estrutural. Porém, afirmo que se dá outra estrutura a minhas explicações através de uma forma diferente em que defini estrutura como processo, isto é, incluindo os valores da realidade "quase-empírica" como seus elementos. Sugiro que há um ganho real em meu poder explanatório, já que se vê que todas as cinco categorias de NEO envolvidas na descrição de um fenômeno e de suas interações, são categorias de forças reais em ação dentro delas, e não classes abstratas de um determinado tipo.

Usando os termos de Redhead (Redhead 1995), há outra implicação de LIR como 'metafísica experimental': o método de argumentação válido na atual filosofia incorpora pressupostos tautológicos da lógica clássica. Não quero que a validade de minha argumentação seja julgada por esses padrões, como também não aceito definição de lógica que exclua o mundo real, e como consequência, aceito a eficiência como único critério de valor de minha abordagem. Afirmo, não como defesa, que considerar fundamental a oposição dinâmica com relação às afirmações sobre as leis da natureza,[22] propicia base nova, e no mínimo satisfatória, para validar minha lógica, e para ir adiante na justificativa prova/teórica das leis da lógica clássica (Dummett 1993). Não preciso considerar a lógica envolvida *unicamente* com a validade das formas de argumentação, representada por esquemas de inferência proposicional, que exigem a noção da verdade sob interpretação. *Não* pressuponho a verdade de antemão, e *pesquiso* o significado, na realidade a noção de verdade, como na Seção 2.3. Usarei o padrão de inferência defi-

[22] Há vários assuntos importantes girando ao redor da existência e do domínio de aplicação das leis da natureza –'leis científicas'– que abordo no Capítulo 6.

nido por LIR para discutir determinadas teorias, principalmente de alguns valores de atualização da realidade, de potencialização ou estado T para valores do tipo.

5.5.3 – *Explanação e metafísica*

O debate sobre a natureza da explicação pode ser prontamente abordado quando se usa os conceitos de LIR. Como Bird resumiu (2005), as explicações podem ser colocadas em duas categorias, subjetivista e objetivista, com as seguintes características:

- Subjetivista (explicação S): explicação = ato de explicar e o produto deste ato; antimetafísico – as explicações não são objetos naturais, e não fazem parte da maneira como as coisas são; basicamente incompletas; a relação entre *explanandum* e *explanans* é sintática.
- Objetivista (explicação O): explicação = fenômeno natural, independente do sujeito; trata da forma em que as leis e fatos se relacionam metafisicamente; basicamente completa; relação de vínculo semântico.

Hintikka e Halinen defenderam as explicações S formalizadas como mais significativas, mas as teorias deles foram fortemente criticadas por muitos autores por não distinguirem a explicação do ato de explicar, como fiz acima. Como defesa, eles alegam que realmente consideram as relações de dependência necessárias para que o *explanadum* derive da teoria de fundo, mas suspeitam das tentativas de se colocar poderes causais metafísicos para validar essas relações de dependência. Esses autores recorrem às evidências para as explicações dadas no uso comum (p.ex. de crenças) aceitas por pessoas que não dão maior importância à causalidade na explicação. Provavelmente isto é verdade, o que não significa que o processo causal esteja ausente.

Sintonen (2005) menciona que quem mais contribui para a teoria da explicação, Salmon (1998), finalmente adotou a perspectiva de dois níveis, ou dupla camada, em que as relações de relevância estatística (de primeiro nível) devem ser acompanhadas fundamentadas em relações causais, e é somente neste segundo nível que emerge a explicação.

A discussão completa deve esperar meu desenvolvimento da perspectiva LIR, de causalidade, mas as alegações seguintes já são possíveis usando-se os conceitos LIR disponíveis:

1. A concepção de dupla camada de Salmon encaixa-se perfeitamente na análise relacional do quadro de dois níveis de LIR: o movimento da atualização para a potencialização no nível fenomenológico depende de considerações estatísticas, e da posibilidade de explicação é o estado T emergente como consequência das relações causais também presentes.
2. A causalidade parece essencial para a explicação, e se a causalidade coloca problemas no que diz respeito à formalização, as abordagens formais devem ser mantidas afastadas, por exemplo, as abordagens que enfatizam a dedução como aspecto primário do processo explanatório. A dedução é metafisicamente muito fraca para dar conta da explicação.
3. Em LIR, dá-se o devido valor à postura *subjetivista* ao trazê-la de 'volta' ao quadro metafísico como fenômeno real, dinâmico. Por outro lado, os problemas com a postura *objetivista* podem ser respondidos reintroduzindo o sujeito como agente de explicação, ao menos quando a explicação não envolve 'explicar' porque algumas proposições ou teoremas são verdadeiros, mas porque, e como, determinado fenômeno ocorreu. Essas explicações do mundo real tendem a ser explicações tipo S incompletas, o que é aceitável, na medida em que há certeza de que elas são relevantes no sentido de lógica relevante (Capítulo 1).

Alguns autores parecem intuir a correspondência ou outra relação entre as explicações S e O. LIR fornece a base para estabelecer uma relação contraditória entre elas de forma a possibilitar que as duas formas apliquem-se a situações complexas, como, por exemplo, o debate a respeito de explicação!

5.6 – A DISTINÇÃO ANALÍTICO E SINTÉTICO EM LIR

Como introdução à metodologia de LIR e como ilustração de como determinados conceitos podem ser aplicados quando se usa o quadro sugerido acima, vou examinar a relação entre sentenças e realidade que está implícita na distinção analítico/sintética. A razão pela qual introduzo esse assunto filosófico é que mais adiante ele será crítico para as discussões das aplicações de LIR para as quais as noções padrão de linguagem, verdade, inferência e a lógica das proposições devem ser 'traduzidas' em concepções físicas e metafísicas de LIR.

No Capítulo 2, discuti a concepção de LIR sobre verdade como a verdade da realidade, isto é, o *status* dos processos reais propensos a não contradição ou contradição. Isso em contradistinção a um conceito de verdade como valor/verdade das sentenças. Entretanto, para minha aplicação de LIR à filosofia e ciências, apresentarei uma teoria que consiste de sentenças. Ora, quando eu redijo uma sentença, quero que as pessoas acreditem que a sentença é verdadeira. Se as pessoas não puderem, ou não quiserem acreditar, no mínimo elas devem acreditar que eu acredito que a sentença é verdadeira. Em ambos os casos (omito os casos patológicos) a base verdade de minha sentença está em questão, e eu quero deixar claro em que sentido eu desejo que o valor/verdade de *minha* sentença seja entendido, e qual significado eu desejo que ela tenha.

Creio que essa discussão é essencial porque as afirmações de LIR parecem com o que se denomina afirmações *sintéticas*, isto é, as que dependem de substância, principalmente, de fatos contingentes sobre o mundo, aos quais atribui uma certa estrutura dialética (ver Seção 5.4). Essas afirmações são distintas das afirmações *analíticas* que são verdadeiras em virtude apenas de seu significado.

O significado surge da sintaxe e das regras da linguagem usada. Quine acreditava que não se podia fazer essa distinção já que as sentenças dependem tanto das convenções de uso da linguagem, como dos fatos sobre o mundo. E mais, segundo meu ponto de vista, esta definição de significado é circular e não naturalista; falta-lhe vínculo com a realidade. Como não há uma forma teórica de distinção dos processos cognitivos envolvidos nas afirmações analíticas ou sintéticas, a concepção de Quine foi chamada de 'holismo', já que não há maneira de escolher quais das relações causais envolvidas nos estados psicológicos estão também envolvidas na determinação do significado.

As teorias naturalísticas dos estados mentais definem seu significado em termos de suas relações causais psicológicas com outros estados mentais, como crenças e comportamentos. Esta é a teoria papel/causal do conteúdo na cognição. Se pressupomos que as sentenças analíticas existem, o significado deve ser algo separado e distinto dos outros fatores, mas mesmo assim, é necessária uma forma de distingui-las. A forma de fazer a distinção evitando-se a circularidade é dispor de outra caracterização sintática não-semântica dos estados psicológicos internos. Entretanto, não acho que estas relações estruturais possam ser definidas como imutáveis e independentes do sítio espacial e temporal destinado aos seres humanos. Distinções como essas só são válidas para sistemas como os dos computadores, onde há separação total entre *sofware* e *hardware*.

Alego que LIR dá suporte à teoria papel/causal, naturalística de conteúdo mental e meios naturalísticos de esboçar a distinção analítico/semântica. Isto porque LIR sempre define a relação real entre as noções intencionais ou os aspectos de um fenômeno e as noções de extensão. Kaye (1995) declara que sua teoria do conteúdo de papel causal identifica os significados das representações determinadas por suas estruturas e pela estrutura da cognição. A despeito da escassez de conhecimento dos pormenores das relações causais dentro da mente/cérebro, LIR define as operações de oposição dinâmica que nele têm lugar como um princípio estrutural, ou melhor, princípio estruturante. É possível dizer, agora, que uma afirmação analítica é verdadeira em virtude das relações causais resultantes de sua estrutura sintática e as relações que ela comporta em virtude da estrutura do sistema cognitivo que a contém. A consequência é que a distinção absoluta entre afirmações analíticas e sintéticas não precisam ser totalmente mantidas sem ir para o outro extremo que é ter que negar variações de conteúdo para sujeitos psicológicos diferentes.[23]

Concluindo, alegações analíticas podem proporcionar *insights* da realidade externa, mas apenas se combinados com uma teoria não-semântica que forneça um certa base para explicar a coincidência entre nossos conceitos e as propriedades reais do mundo. Partindo do lado dos fenômenos, LIR permite progressos nesta direção.

5.6.1 – A descrição do papel inferencial

A teoria de papel causal de conteúdo mental é uma teoria de papel funcional na medida em que identifica conteúdo com *papel* de uma representação na cognição. Aqui quero analisar uma descrição do papel inferencial de acordo com a qual o significado de um termo mental é idêntico ao papel na totalidade das inferências que um indivíduo faz. Ao definir essa descrição categorial em meu sistema, precisaríamos primeiro identificar o papel inferencial dos

[23] Isso significa que não há um único conceito rigorosamente idêntico que todos os sujeitos tenham que compartilhar.

termos científicos que se quer interpretar com LIR ou NEO, e então mostrar que a definição das categorias em LIR adequam-se a esses papéis inferenciais na linguagem científica, e assim captar corretamente o conteúdo dos conceitos científicos envolvidos. Como modelo que pode auxiliar na compreensão da relações entre LIR e NEO, selecionei o exemplo do termo 'percepção':

1. O Termo Científico: 'Percepção'
2. Os Conceitos Científicos: por volta de 30 a partir de fonte tênue até o pensamento consciente e o comportamento resultante ('Ação').
3. Os Papéis Inferenciais de 'Percepção' na Linguagem: os papéis inferências deste termo relacionam-se com o significado de percepção para mim, isto é, de todas as inferências que faço como tal, por exemplo, como (1) estímulos psíquicos tornam-se informações mentais; (2) estados mentais e psíquicos podem afetar 'Percepção'; e (3) é essencial para minha teoria que se analise 'Percepção' etc.
4. A Interpretação de 'Percepção' com LIR/NEO: 'Percepção' é o conjunto de processos de processos etc, nos quais um fluxo de energia, em uma primeira etapa, atualiza em um sistema de graus químicos e eletromagnéticos a despolarização (excitação) dos nervos das células, que é acompanhada pela atualização de seus repolizadores (inibição) e a potencialização da excitação, acompanhada por futuras transmissões pós-sintáticas que, finalmente, tornam-se o sinal que é a percepção consciente.
5. As Definições das Categorias (Relevantes) em LIR:

Processo:	Mudança
Sujeito-objeto:	Agente-Paciente/Real-Potencial
Energia:	Campos Quânticos efetivos
Estado T:	Meio Emergente Incluso

6. Adequação das Definições das Categorias aos Papéis Inferências de 'Percepção': as categorias dão sentido a todos os aspectos das representações mentais que constituem, para mim, meus padrões de criação de inferência sobre 'Percepção', por exemplo, que ela pode levar a novas noções, ou que eu possa estar sobrecarregado e faça julgamentos e argumentações errados.

7. A Captura do Conteúdo dos Conceitos Científicos de 'Percepção' pelas Definições das Categorias: nos conceitos de 'Percepção' temos: energia em forma micro e macrofísica, química e eletroquímica; dialética da excitação/inibição; mudanças na superfície; relação sugeito/ objeto entre a energia e o observador; planos e ideias como estados T.

Kaye criticou a descrição papel inferencial de conteúdo mental por ser circular, já que a caracterização das condições de verdade parece ser necessária para a análise das especificações semânticas que de fato são ou envolvem condições de verdade. LIR rebate esta objeção na medida em que uso o conceito de oposição dinâmica para descrever a extensão de um conceito sintaticamente. Meu papel inferencial semântico não apenas envolve ou existe como condição de verdade, mas também de condição de 'realidade'. Assim, afirmo que além das teorias papel/causal de conteúdo, a noção de inferência fica acessível para mim como um significado naturalista e científico, e também como ontológico formal.

Desta forma a abordagem LIR permite esclarecer o 'papel' das descrições do papel causal e inferencial respectivamente. Neste exemplo, vejo outra explicação para o sistema de análise de dois níveis de LIR: a teoria papel causal é em si sintética; a teoria papel inferencial, analítica e elas estão em relação de contradição em vista dos dados – as representações fenomenológicas. A teoria inferencial categorial serve, no meu ponto de vista, como forma de mecanismo controle para verificação, como na expressão americana 'verificação da realidade', que foi criada com sucesso e/ou ontologicamente interpretada como termo ou processo. A partir disto, não seria muito forçado sugerir que o desempenho da filosofia é um processo dinâmico e dialético em si, no qual oscila-se entre as abordagens analíticas e sintéticas, cada uma delas servindo como controle da outra.

Minha escolha da percepção como objeto da minianálise acima não foi totalmente arbitrária. As teorias causais da percepção (Boyd 2002), como também do conhecimento em geral, tiveram um papel na defesa do realismo científico e assegurando que as descobertas e os termos científicos tenham relevância filosófica e científica. Voltarei à versão LIR de realismo científico no próximo capítulo.

5.6.2 – *A sintaxe – deferenciação semântica – e a conjunção*

É mais ou menos prática padrão colocar a semântica no grupo dos níveis objeto, e a sintaxe (estrutura) nos meta níveis. Quais, entretanto, seriam as consequências de suas relações 'de operação' em LIR?

Para responder esta pergunta devo primeiramente me reportar à noção de estrutura na lógica padrão. Estrutura, para uma fórmula bem criada na lógica predicativa de primeira ordem (FOL) é como uma linha em um quadro verdade de lógica sentencial (silogismos ou expressões): ambos produzem, sintaticamente, isto é, em virtude apenas da estrutura, valores de verdade e falsidade. Uma estrutura em FOL consiste de um domínio e das indicações de (1) objetos no domínio a denominações da linguagem lógica; (2) propriedades ou conjuntos de objetos no domínio a predicados de um-lugar na linguagem; e (3) relações múltiplas ou objetos a predicados múltiplos. A relação de suas respectivas definições de implicação também une a semântica e a sintaxe, mas os centros de discussão a respeito da preservação dos valores verdade não preocupa LIR diretamente.

As linhas dos quadros da 'realidade' de LIR são semelhantes às estruturas como definidas (axiomaticamente) no Capítulo 1. De um lado, a estrutura metafísica da realidade foi desenvolvida a partir de considerações da semântica de LIR no Capítulo 2. Ao invés das formulas bem formuladas que são verdadeiras ou falsas, como acima, os dois pontos de vista de LIR produzem o estado real do sistema, seus valores de atualização, potencialização, ou estado T que descreve seus elementos. Para mim, esta relação funcional entre a sintaxe e a semântica é uma reflexão posterior das relações da realidade física latente. Todos os pares de fenômenos assim listados têm aspectos estruturais, ou sintáticos e semânticos, como veremos em várias aplicações nos capítulos seguintes.

Já deveria estar claro que a semântica LIR está bem distante da semântica em sua forma de concepção tradicional, isto é, como correlação rígida de símbolos não interpretados com objetos desguarnecidos, não estruturados com ou sem 'partes temporais'. Na perspectiva dinâmica de Peruzzi (1994), "O que existe é uma interação real, esquematizada em modelos sobre os quais opera a sintaxe de simbolização". Futuramente vou me referir a este artigo em muitas ocasiões.

A existência do que considero vínculos funcionais entre sintaxe e semântica é também ilustrado por sistemas que usam a lógica padrão para trabalhar com estruturas categorias da linguagem natural. A gramática categorial analisa a sintaxe *linguística* e a semântica em termos de teoria tipo e o cálculo de lambda (van Benthem 2003).

O objetivo desses exercícios é dar uma perspectiva a respeito dos parâmetros para a descrição linguística necessários para explicação em quadros linguísticos. Fazem-se derivativos categorias que são asserções binárias da forma:

- Expressão *E* tem categoria sintática *C*
- Termo τ tem tipo semântico *a*

Como demonstrado por Benthem, os dois pontos de vistas trabalham juntos, de forma que, ao se analisar uma linha de palavras com categorias sintáticas, produz-se uma descrição que usa tipos semânticos correlatos. Ele ainda indica que a aplicação da lógica categorial e da gramática categorial à linguagem pode levar a 'usos naturalísticos'. A descrição dos valores da realidade para fenômenos *via* estruturas conceituais e lógicas de LIR é também um passo nesta direção.

O que até agora defini é um conceito da estrutura da realidade que não depende de qualquer noção transcendental da experiência humana como as apresentadas em Heidegger ou na fenomenologia neo kantiana de Petitot. Também estabeleci um quadro para análise que é amplamente aplicável nas entidades dualistas na filosofia e na metafísica. No capítulo seguinte, vou dar um esboço da filosofia da mente e da fenomenologia potencial de LIR, e também defender novas interpretações de importantes problemas filosóficos da causalidade, do determinismo e da continuidade. Combinadas com mudanças críticas nas concepções padrão de tempo e espaço, no Capítulo 7 elas serão a base para a concepção contraditória, no Capítulo 8 da emergência e dos problemas correlatos da vida e da evolução.

Referências

Aerts, Diederik, Jan Broekaert, and Liane Gabora. 2002. Intrinsic Contextuality as the Crux of Consciousness. In *No Matter, Never Mind, eds. K. Yasue. Amsterdam: John Benjamins, Advances in Consciousness Research 33 ISSN: 1381-589X.*

Barel, Yves. 1987. *Le paradoxe et le système. Grenoble, France: Presses universitaires de Grenoble.*

Batterman, Robert W. 2002. *The Devil in the Details. Asymptotic Rasoning in Explanation, Reduction and Emergence. Oxford: Oxford University Press.*

Béziau, Jean-Yves. 2001. The Logic of Confusion. In *Proceedings of the International Conference on Artificial Intelligence, IC-AI. Las Vegas, NV: CSREA Press, pp. 821-826.*

Bird, Alexander. 2005. Explanation and Metaphysics. SYNTHESE 143: 89-107.

Bloomfield, Paul. 2005. Let's Be Realistic About Serious Metaphysics. SYNTHESE 144: 69-90. Bottani, Andrea. 2001. L'universalité et l'incomplétude de la méréologie extensionelle classique.

In Méréologie et Modalités, Travaux de Logique, CdRS, Vol. 14. Neuchâtel, Switzerland: University of Neuchâtel, PP. 75-94.

Boyd, Richard. 2002. Scientific Realism. *The Stanford Encyclopedia of Philosophy (Summer2002 Edition), ed. Edward N. Zalta.* http://plato.stanford.edu/archives/spr2002/entries/scientific-realism/

Bueno, Otávio and Newton C. A. da Costa. 2007. Quasi-truth, Paraconsistendy, and the Foundations of Science. *SYNTHESE 154: 383-399.*

Craciunescu, Pompiliu. 1999. *L'état T' et la transcosmologie poétique. In Stéphane Lupasco; L'homme et l'aeuvre, eds. H. Badescu and B. Nicolescu. Monaco: Éditions du Rocher.*

Dummett, Michael. 1993. The Logical Basis of Metaphysics. Cambridge, MA.: Harvard University Press.

Hoffmann, Roald 2007. What Might Philosophy of Science Look Like if Chemists Built It? *SYNTHESE 155:321-336.*

Hung, Edwin H.-C. 2005. Projective Explanation. *SYNTHESE 145: 111-129*

Kaye, Laurence J. 1995. How to Avoid Holism and Draw the Analytic/Synthetic Distinction. http://www.cs.uchicago.edu/philosophyProject/LOT/KAYEAS.html

Krause, Décio. 2005. Structures for Strucural Realism. *Journal of the Interest Group in Pure and Applied Logic 13: 113-126.*

Ladyman, James and Don Ross. 2007. Every Thing Must Go. *Metaphysics Naturalized. Oxford University Press.*

Lawvere, F. William. 1994. Tools for the Advancement of Objective Logic: Closed Categories and Toposes. In *The Logical Foundations of Cognition, eds. J. Macnamara and G. E. Reyes. New York: Oxford University Press.*

Lupasco, Stéphane. 1967. *Qu'est-ce qu'une structure? Paris: Christian Bourgois.*

Magnan, François and Gonzalo E. Reyes. 1994. Category Theory as a Conceptual Tool in the Study of Cognition. *In The Logical Foundations of Cognition, eds. J. Macnamara and G. E. Reyes. New York: Oxford University Press.*

Mazzola, Guerino. 2002. *The Topos of Music. Geometric Logic of Concepts, Theory and Performance. Basel, Switzerland/Boston, MA/Berlin: Brikhäuser Verlag.*

Miller, Greg. 2006. Probing the Social Brain. Report on the Cognitive Neuroscience Society. SCIENCE 312: 839.

Muller, F. A. 2005. Deflating Skolem. *SYNTHESE 143: 223-253. Pamuk, Orhan. 1996. The Black Book. San Diego, CA: Harcourt, Brace.*

Peirce, Charles S. 1998. The Architecture of Theories. *In Philosophers of Process, eds. D. Browning and W. T. Myers. New York: Fordham University Presss (originally published in The Collected Papers of C. S. Peirce, Vol. VI, eds. C. Hartshorne and P. Weiss. Cambridge: Harvard University Press, 1935).*

Peruzzi. Alverto. 1994. Prolegomena to a Theory of Kinds. In *The Logical Foundations of Cognition, eds. J. Macnamara and G. E. Reyes. New York: Oxford University Press.*

Petitot, Jean. 1988. *Logos et Théorie des Catastrophes. Geneva: Editions Patiño.*

Petitot, Jean and Barry Smith. 1997. Physics and the Phenomenal World. In *Formal Ontology, eds. R. Poli and P. M. Simons. Dordrecht, The Netherlands/Boston, MA/ London: Kluwer.*

Petitot-Cocorda, Jean. 1985. *Morphogenèse du Sens. Paris: Presses Universitaires de France.*

Priest, Graham. 2002. Inconsistency in the Empirical Sciences. In *Inconsistency in Science, ed. J. Meheus. Dordrecht, The Netherlands: Kluwer.*

Redhead. Michael. 1995. From Physics to Metaphysics. Cambridge: Cambridge University Press.

Sintonen, Matti. 2005. Editorial. *SYNTHESE, Vol. 143: 2. Referring to Wesley Salmon. 1998. Causality and Explanation. New York: Oxford University Press.*

Smith, D. Woodruff. 2002. Mathematical Form in the World. *Philosophia Mathematica 10: 102-129.*

Smith, D. Woodruff. 2004. *Mind World. Cambridge: Cambridge University Press.*

Stcherbatsky, F. Th. 1962. *Buddhist Logic. New York: Dover (originally published in Leningrad, USSR: Academy of Sciences of the USSR, 1930).*

Stevens, Graham. 2006. Russell's Repsychologising of the Proposition. *SYNTHE-SE 151: 99-124 Thomasson, Amie. 2004. Categories. The Stanford Encyclopedia of Philosophy (Summer 2004 Edition), ed. Edward N. Zalta.* http://plano.stanford.edu/archives/sum2004/entries/categories/

Van Benthem, Johan. 2003. The Categorial Fine-Structure of Natural Language. http://www.illc.uva.nl/Publications/ResearchProjects/PP-2003-20.text.pdf

Von Bertalanffy, Ludwig. 1969. *General System Theory. New York: George Braziller.*

Wimsatt, William K. 2007. *Re-Egineering Philosophy for Limited for Beings. Cambridge, MA: Harvard University Press.*

Capítulo 6

LIR, METAFÍSICA E FILOSOFIA

Resumo: A argumentação deste capítulo propiciará um instrumental para análise de várias questões metafilosóficas, inclusive sobre os princípios que norteiam realmente o PDO e o porquê de tal princípio ser "constitutivo". Propõe-se LIR como uma forma de resolver as dicotomias entre causa e não-causa, determinismo e indeterminismo e continuidade e descontinuidade. Tal análise possibilitará a definição de uma forma específica de realismo científico/estrutural, inclusive da metafísica das relações que LIR sustenta. Uma crítica das atuais visões realista e antirrealista situa LIR em relação às atuais controvérsias acerca das leis da natureza. A relação com a dialética de Hegel é também explorada para se evitar o conceito errôneo de que o sistema ternário de LIR – atualização, potencialização e estado T – possa ser equivalente à tríade de Hegel. O capítulo se fecha com um breve sumário da visão de LIR nos domínios da filosofia, incluindo-se aí a filosofia da mente e as questões pertinentes à naturalização da fenomenologia.

6.1 – INTRODUÇÃO: CAUSA E DETERMINISMO

Na primeira metade deste livro, referi-me informalmente à disciplina, ou corpo de conhecimento, designado metafísica; além disso, fiz referência a um grande número de diferentes relações entre metafísica e minha lógica da/na realidade – LIR. Discuti sobre a estrutura da realidade e a relação entre a minha ontologia e suas categorias e metafísica. Existem várias áreas fundamentais, estreitamente relacionadas, que são consideradas como inerentes ao domínio da metafísica, às quais, algumas ao menos, já fiz alusão, mas que agora vou explicitar melhor. São elas geralmente apresentadas em termos de dualidades, mas o sistema lógico de LIR se fundamenta nessas dualidades como propriedades fundamentais da natureza. Por essa e outras razões, acredito que a lógica e a ontologia do sistema que designei como a lógica da e na realidade pode fornecer um enfoque totalmente novo sobre a relação entre elas e sobre o conhecimento que pode daí resultar.

Permita-me primeiro discernir entre determinismo e causa e seus opostos, indeterminismo e efeitos. O determinismo se refere a uma série de causas ou à ausência delas. Sua relação com o indeterminismo é de A para Não-A. A relação entre causa e efeito é de uma entidade com uma outra, A para B. No caso de A para Não-A, segundo a visão de LIR, a relação é claramente regida pelos axiomas da Contradição Condicional, pela Associação Funcional etc. LIR se aplica no caso de A/B, em geral, se a Associação Funcional for adequada. A tarefa, portanto, é demonstrar que o axioma se adequa como um teorema no caso de causa e efeito.

Na argumentação sobre o determinismo, o foco se encontra mais em uma sequência de causas que dependam de tempo (e seus efeitos presumíveis) do que em um exemplo específico. Sempre se considera que a sequência tenha começado concomitantemente com o próprio universo. A espontaneidade, um dos termos sobre o qual discorri, é em geral representada como um efeito sem causa. Eu poderia caracterizar seu uso como irracional, não fora por um grande número de pensadores respeitáveis que dela fizeram uso em um ou outro contexto.

As questões de causa e efeito, e determinismo e indeterminismo estão proximamente, se não inextricavelmente, relacionadas, porém tenho que começar em algum ponto e escolhi começar pela questão mais experencial de causalidade ou causação.[1]

6.2 – A CAUSALIDADE EM LIR

As dificuldades associadas à questão da causalidade e finalidade,[2] no meu conceito, são consequência de uma visão de mundo baseada na lógica clássica da identidade. Para Kant e seus seguidores, a causalidade não era nada mais do que uma ordem sintética racional, imposta *a priori* nos dados numênicos a-lógicos da diversidade que tornavam a experiência possível. Causa e efeito se faziam condição e condicionados e o determinismo rigoroso e implícito de Kant era equivalente à concepção de um universo

[1] Uso causalidade quando enfoco os aspectos mais filosóficos do fenômeno e uso causação nos aspectos mais físicos, porém uma total consistência é difícil, se não impossível e peço ao leitor um pouco de complacência para adaptar por si a distinção de uma possível"inconsistência".

[2] Causalidade é um problema ao qual se refere como o"buraco negro no centro do universo" (Schaffer 2006).

não-contraditório. Possibilidade nula nesse caso, já que isto deveria surgir a partir de um princípio irracional de negação, destruindo a lógica da identidade. Não haveria uma causa eficiente, pois isso pareceria muito com um agente ou um poder misterioso. Além do mais, estaria muito fora da lógica clássica, o que poderia implicar na noção de um agente adverso e, assim, uma contradição ou outro tipo de interação entre exemplos de identidade e diversidade! Não haveria, tampouco, uma causa final, pois a finalidade, um efeito que ainda não se completou, que ainda é virtual ou potencial, implica na noção de que forças antagônicas que estivessem impedindo ou impediriam tal completude se encontram presentes ao mesmo tempo, em outras palavras, constituindo-se um outro dualismo contraditório que estaria em oposição à lógica clássica.

Contrastando com isso, as categorias da ontológica oposição dinâmica e de mudança de LIR como um processo nos elementos da realidade que são modelados em LIR, podem levar a cabo duas tarefas: (1) torna possível uma base para a existência de causalidade e de finalidade e (2) pode ser estabelecida a relação entre elas e a interpretação de onde se poderia aplicá-las apropriadamente.

Sem contradições, se afirmação ou negação ou identidade e não identidade fossem o absoluto, as bases para uma existência sem desenvolvimento, uma ou outra sempre verdadeira e autossuficiente, não haveria lugar para mudança ou causa. Autocausação também deveria ser excluída, uma vez que isso também implicaria em uma mudança do estado definitivo inicial. Uma realidade que seja rigorosamente não contaditória ou rigorosamente contraditória no sentido físico e metafísico como eu propus, exclui tanto causa quanto efeito, pois só pode ser uma realidade rigorosamente estática. Tem-se a mesma situação na argumentação do ser no Capítulo 3: o ser não pode ser contextualizado logicamente sem o não-ser.

A estrutura antagônica de LIR não só implica na existência de uma causa, mas também que a finalidade e a causalidade são por si mesmas processos lógicos. Os resultados na complexificação da noção de causa, como espécies diferentes de causação, correspondem a diferentes entidades na categoria do processo. A relatividade da contradição, o movimento em direção a ambos os limites da contradição e não contradição, significa que no fulcro da lógica em seu sentido expandido que lhe dei, existem duas causalidades inversas e antagônicas: qualquer identidade, por exemplo, que seja mais ou menos uma identidade, é o resultado de uma série de identidades que "foram" da potencialidade à atualidade, pelo processo da ortodialética, e, consequentemente são tanto efeito quanto causa (Lupasco 1987b). O mesmo esquema se aplica a qualquer não-identidade (diversidade) determinada por uma série de diversidade mais ou menos real. Tal causalidade negativa (diversificação, não negação), como todas as funções lógicas negativas, tem sido ignorada pela razão comum da tendência geral de se considerar as identidades positivas como as únicas portadoras da realidade.

Além dessas duas causalidades, entretanto, existe mais uma causalidade que as determina, na qual uma dada atualização é a causa da potencialização contraditória. Assim, à série de causas e efeitos, ou causa/efeito da mesma ordem, de identidade ou não identidade, acrescenta-se uma série de causa/efeito contraditórios. Uma dada identidade ou diversidade de causas, pela sua atualização, a potencialização de uma dada diversidade ou ou identidade respectivamente, que se torna seu efeito contraditório. A partir daí, pode-se demonstrar que cada causa C é o efeito (relativamente) de causa não contraditórias; e (2) efeitos de causa não contraditórias da mesma ordem, simultaneas a C, é a causa do efeito contraditório e o efeito da causa contraditória.

Não é possível entender-se a visão dinâmica dos fenômenos sem se seguir as implicações desta forma de argumento, como pode ser visto em sua aplicação à necessidade e à universalidade, por um lado, e contingência e particularidade por outro.

A série de necessidades relativas e contingências são causadas pelas próprias séries, do ponto de vista de que sua dinâmica vai do atual para o potencial; simultaneamente, a necessidade é a causa da contingência e vice-versa.

O mesmo arrazoado se aplica ao sujeito epistemológico: como atualização, é a causa e o efeito de si mesmo e, ao mesmo tempo, a causa do objeto que é o efeito consequente, como potencialização contraditória desta atualização. A categoria de sujeito/objeto caracteriza o processo de causa/efeito. A causalidade, assim, como atualização, é sempre primariamente do sujeito no padrão, a fonte do idealismo subjetivo. Semelhantemente, o que é potencializado é também a causa/efeito de si mesmo, como objeto, e também a causa do sujeito. O objeto é o conhecível ou conhecido, o inteligível, o real que tem a função da realidade e a "verdade" da realidade, a fonte do realismo, que, então, é simplesmente a função lógica como o idealismo, ambas funções da causalidade do antagonismo. Para se visualizar isso, é preciso que se imagine qualquer movimento que vai da causa para o efeito como um processo altamente não linear, multidimensional. O *feedback* ocorre não só no sentido do sistema geral entre, digamos, um objetivo consciente de execução de um plano de ação (não contradição) e os elementos inconscientes que fizeram parte de sua criação (contradições), mas com os aspectos potencializados da não execução do plano.

A interação contraditória das duas maiores causalidades de não contradição gera uma inibição mútua (semiatualização e semipotencialização de ambos), uma causalidade de contradição, uma série de valores lógicos na categoria do estado T. As causalidades de não contradição são a causa e a causalidade da contradição, sendo a última a causa da primeira. Pode-se, então, fazer uma ligação chave com os conceitos de imanência e de transcendência, pois (1) as causalidades de não contradição, de racionalidade e irracionalidade respectivamente podem ser chamadas transcendentes na medida em que transcendem a contradição; porém (2) tais causalidades são a causa da causalidade da contradição que pode ser chamada a causalidade da imanência ou causalidade imanente. Os valores lógicos que impliquem imanência e transcendência são a causa de si mesmo, reciprocamente. Um corolário essencial deste ponto é que não há fenômenos puros imanentes nem transcendentes. Não se pode, portanto, separar completamente acontecimentos imanentes reais de fatos transcendentes "abstratos" (afirmações, proposições, categorias etc) em função de suas existências, e sim, tão somente em função de seus significados abstraindo-se e eliminando qualquer dinâmica, qual seja, como entidades não espaciais e não temporais.

Como todos os fenômenos energéticos implicam em antagonismo ou oposição dinâmica, isto, por sua vez, implica que em determinado ponto uma potencialização se tornará real e a atualização se tornará potencial. Tal atualização, por sua vez, como causa eficiente, gera uma causa final cujo local se encontra, assim, no dinamismo antagônico que ela potencializa. Uma causa final antagônica é, portanto, a origem de toda causa final e, consequentemente, de todo o processo de atualização que dela resulta, e uma causa final é a origem de toda causa eficiente pelo processo análogo.

O enfoque de LIR, que redefine causa e efeito em termos dinâmicos, significa que não devem ser separados como fenômenos à parte sempre que os fenômenos sejam suficientemente complexos, isto é que estejam na subcategoria de Não-Separatividade. LIR defende o ponto de vista de alguns filósofos no tocante à noção de que algumas propriedades são meras predisposições com uma sugestão de estrutura lógica dinâmica. O uso da cópula *é* e *são* refere-se primariamente à exemplificação das propriedades. É neste sentido predicativo que postulei, acima, que as propriedades de intensidade e de extensividade "são" energia e *vice-versa*.[3]

Tal conceito fundamental de que os fenômenos são sua causa e efeito, ou melhor, causa/efeito, pode ser ilustrado pelo seguinte e talvez brutal exemplo, que, não obstante, é mais pertinente que bolas de bilhar ou bolas de ferro sobre almofadas. O exemplo requer, por sinal, que se faça a distinção entre causas próximas e distais: elas podem ter mecanismos diferentes. Lobistas em favor de armamento dizem que; "As armas não matam as pessoas; pessoas matam pessoas". Neste ponto, eles estão certos (embora estejam errados em tudo o mais). Meu ponto é que a estrutura intencional psicológica que é a causa atualizada do evento é também seu efeito potencializado, para ser atualizado posteriormente em termos de reconhecimento de culpa, aceitação da exposição à pena por si mesmo ou por outros, ou total repressão do acontecido, no inconsciente. Creio que a maioria dos psicólogos aceitaria a afirmação de que tal repressão é uma entidade processual real que tem o "potencial" de vir a ser a causa de um determinado comportamento no futuro.

O conceito de algum tipo de relação entre causa e efeito não é nenhuma novidade. É bem sabido que pode ser difícil se definir se A causa B, se B causa A, ou ambos. cial e político? LIR coloca este conceito em um contexto *lógico,* pelo qual ele pode se relacionar ao funcionamento de outros fenômenos, assim como receber uma explicação como um outro exemplo de um processo de Contradição Condicional.

---

[3] Cao (1997) faz menção a uma tentativa anterior (1894) de Hertz para descobrir o acoplamento de duas partículas: "O movimento do primeiro corpo determina uma força, e essa força assim determina o movimento do segundo corpo. Desse modo a força pode ser considerada, com igual justiça, como sendo sempre a causa do movimento e, ao mesmo tempo, a consequência do movimento. De maneira sucinta, ela (a força) é o termo médio concebido somente entre dois movimentos." Einstein substituiu o misterioso "termo médio" por campo eletromagnético, o qual pode existir independentemente das partículas, porém, segundo a visão de LIR sobre a causalidade, a intuição de Hertz ao incluir o termo médio a causa/efeito pode ser relevante em nível acima da física fundamental.

6.2.1 – *A metafísica da causação*

Nesta seção, tornarei a discussão sobre a visão de LIR mais concreta, referindo-a às questões geralmente colocadas sobre a metafísica da causação, segundo uma ideia geral postulada em um artigo de Schaffer (2003).

1. *Relata*

As entidades em relação de causa/efeito são chamadas *relata*; são consideradas como categorias de eventos (de curso normal) ou seja fatos, situações, tropo, estado de coisas etc (refinado) e seu número varia de dois a quatro, quando se considera a inclusão de alternativas causais (eventos contrafactuais, que poderiam ter acontecido, mas não aconteceram).

LIR: há duas relatas que são processos, incluindo-se eventos e alguns fatos da categoria de entidades não separáveis. Outros eventos e fatos, também com duas relatas, incluindo-se proposições em seu próprio significado real, estão na subcategoria de Separatividade. O primeiro, que também pode incluir o segundo simultaneamente, é representativo das duas cadeias de causalidade; o último representa somente a cadeia comum de causas simples aproximadas.

2. *Imanência e transcendência*

Eventos etc são considerados reais e imanentes, ao passo que fatos como proposições verdadeiras, são considerados abstratos e fora do espaço e do tempo.

LIR: imanência e transcendência se relacionam contraditoriamente e não são absolutas, mas referem-se em um grau relativo de contradição e não contradição respectivamente. Tanto fatos como eventos podem ser imanentes ou transcendentes. Se não houver antagonismo, interação contraditória, há simplesmente causa e efeito no sentido comum.

3. *Ausência*

Como as ausências podem estar envolvidas em relações causais, são consideradas transcendentes, na visão geral, como não-ocorrências, uma afirmação existencial negativa, que envolve propriedades negativas, mas, por outro lado, uma visão geral nega a causalidade das ausências.

LIR: *É praticamente uma afirmação paradigmática da visão de LIR que a ausência pode ser causal – imanente ou transcendente no sentido do estabelecido em 2.* Este é o significado que já propus anteriormente de se conferir o *status* antológico aos aspectos negativos dos fenômenos.

4. *Individuação*

Individuação (ver 1) supostamente se situa em um *continuum*, de um lado, de extrema simplicidade (eventos simples) a proposições refinadamente individuadas.

LIR: Vejo o *continuum* de maneira diferente em termos de antagonismo, no sentido de que pode haver eventos simples com pouco antagonismo e eventos refinados que envolvem um antagonismo substancial e vice-versa.

5. *Relação, determinância e conexão*

A natureza da ligação causal tem sido fonte da maior controvérsia. É possível encontrar-se duas visões diametralmente opostas: a conexão causal é indeterminística, definida em termos de probabilidade; uma causa faz surgir a probabilidade de um efeito (ver abaixo, causação probabilística). A outra visão, como em LIR, fala sobre mudança, energia e processo e considera que a causa é uma produção física. Da maneira que é formulada, a visão do processo, comum leva a um problema e foram feitas tentativas de combinar os dois para assegurar uma interconexão causal assim como explicar a separação ou desconexão entre causas distais e próximas. Entende-se a conexão causal em termos de probabilidades de processos.

As dificuldades levaram a outros conceitos como o *primitivismo*, que diz que a causação é irredutível e, na verdade, a noção da probabilidade e do processo não podem ser entendidos sem uma referência à causação, e uma análise se torna impossível por não haver *mais conceitos básicos*. Da mesma maneira, o *eliminativismo* diz que a ciência não necessita de uma causação: trata-se de uma "relíquia retrógrada da metafísica da Idade da Pedra" na ausência de algum outro esquema científico.

LIR: O argumento de LIR a partir da oposição dinâmica na física é um conceito mais básico e científico que permite reter-se as vantagens de causa/efeito contrariando as noções de primitivismo e eliminativismo.

A definição de Loewe sobre o conceito metafísico de agente de causação (Loewe 2002) requer que, para que o agente A cause um evento e, um outro agente x que "involva" A e é x que causa A. O envolvimento pode consistir em algo como x causar uma mudança na relação intrínsica ou nas propriedades relacionais de A, mas isso não é satisfatório. O problema do envolvimento é resolvido no quadro de LIR; trata-se da conexão dialética entre A atualizado e e potencializado.

6. Direção: a ordem temporal de causa efeito

A visão corrente (que fique claro que dela compartilho) é de que a ordem causal está na ordem temporal, porém, há argumentos para uma alegada possibilidade de "causação retrogada" na realidade.

LIR: a maioria dos argumentos, alguns calcados na física, depende da forma de contrafatualidade que é contrária à experiência. A prova de Gödel quanto à possibilidade de viagem no tempo parece ser ou uma artimanha na sua matemática, que requer uma improvável estrutura topológica concebida na forma clássica de um espaço/tempo independente, ou alguma forma de espontaneidade. O fato de que algumas equações da física não definem a direção do tempo é verdadeiro, porém estou falando do mundo real, globalmente entrópico.

Um corolário desse aspecto é que a ordem temporal deveria ser analisada em termos da ordem causal e não *vice-versa.* Disso resulta que a ordem causal não pode ser baseada na ordem temporal (argumento circular). A direção temporal pode ser entendida em termos de intrínsicas assimetrias físicas; um "tempo" independente não é original.

Um outro argumento contra uma causa temporal é que a causação simultânea é possível. Isso já foi bem definido classicamente, já que qualquer evento real "toma tempo" para se concretizar. A visão contraditória da simultaneidade que vou apresentar também dispõe desse argumento.

6.2.2 – *Causalidades não contraditórias na ciência e na filosofia*

Embora a complexidade deste enfoque da causalidade seja grande, ele pode ser usado para evidenciar uma certa ordem nos variados aspectos do pensamento, incluindo-se os desenvolvimentos da ciência e da filosofia.

A ciência clássica, em minha opinião, considerou somente a causalidade objetiva da identidade, da universalidade e da necessidade, pois a indução era seu método básico. A dedução, definida pela lógica clássica como tautologia conceitual, não poderia envolver causalidade. Uma causalidade objetiva concentra-se no potencial, isto é, no objeto, perdendo sua "eficiência" de ir do potencial para o atual, e se parece cada vez mais com uma rede de relações estáticas, por exemplo: de condição a condicionado às leis inteligíveis. A noção de causa desaparece na ativa causalidade subjetiva da diversidade, do particular e contigente, ao qual se atribui a ignorância (não saber) e a aparência. Assim, não é de se surpreender que a noção de causa tivesse desaparecido da ciência.

A causalidade subjetiva da diversidade está, no entanto, naquilo que seja dinâmico e operacional, criando as configurações nas quais estejam exemplificadas as "matérias" físicas, biológicas e mentais. A causalidade subjetiva da identidade (a causalidade dedutiva) ao potencializar a diversidade, objetiva e torna conhecida a causalidade da diversificação. Não há "ciência" desta causalidade, porém pode ser considerada como a origem da intuição, da filosofia pré-científica e metafísica da negação, do caos, da mudança irracional, da anarquia fundamental. Aqui podem ser encontradas as bases para as ideias de Schopenhauer, Bergson, Hume, e de algumas tradições religiosas ocidentais, as quais tentam representar não como causalidade, mas sim como a realidade última por trás das aparências.

Na verdade, a causalidade objetiva indutiva da negação ou heterogeneidade, o efeito cognitivo contaditório da causalidade subjetiva dedutiva da identidade, é a base da causalidade potencial que se atualiza como a causa aparente exclusivamente eficiente das matérias vivas ou dos fenômenos biológicos, ou seja, a causalidade operativa da indução. Coerentemente, tais fenômenos são caracterizados pela ausência de uma causalidade objetiva da identidade e parecem se comportar consoante alguma lei ou princípio de variabilidade intrínsica, de irracionalidade e contingência. Tal aparente princípio é em si o resultado de um processo de potencialização e, como tal, de objetivação de uma causalidade negativa de não-identidade ou diversidade.

Portanto, pode-se falar de uma causalidade negativa e dedução negativa, cuja atualização potencializa a causalidade positiva e a dedução, e permite a existência de diversidades e irracionalidades, não o nada. O "impulso" da causalidade positiva para a homogeneidade e identidade é dos fenômenos macrofísicos e a causalidade inversa negativa para heterogeneidade é dos sistemas vivos. Como veremos no Capítulo 8, o primeiro é aceito "naturalmente" como consequência da aplicação da segunda lei da termodinâmica, ao passo que, para o último, há pouca discussão do que poderiam ser os princípios fundamentais que o governam.

6.2.3 – *Finalidade*

Acrescentando ao dito acima, proponho que as causas finais também evidenciam as características categoriais de potencialidade e atualidade. Toda potencialidade é a causa final para a dinâmica do processo no qual esteja envolvida. Assim, se um processo de identificação ou diversificação constitui-se em uma causalidade eficiente à medida que se atualiza, é, simultaneamente, uma operação teleológica. Torna-se uma causa efetiva, porém é causada, como se movida pela causa final que é sua potencialidade. Um dinamismo lógico, como uma atualização, nega sua teleologia, desenvolvendo sua causalidade e "então", ao se potencializar, inibe sua causalidade e desenvolve sua finalidade. Esta é a origem da reciprocidade entre causalidade e teleologia como finalidade ou causa final. Uma das primeiras consequências disto é que os próprios processos desenvolverão sistemas que tanto são causas eficientes como causas finais ao mesmo tempo ou não são nenhuma das duas. Isto descreve bem o complexo comportamento causal dos fenômenos quânticos aos quais não se pode atribuir rigorosamente nem uma causalidade nem uma teleologia.

Lupasco diz o seguinte:

> Todo valor lógico, vetor ou operação, precisamente porque existe somente por causa da existência de uma dinâmica, isto é, do vetor contraditório, engloba, em sua natureza e estrutura existencial, uma causalidade que só é possível por causa de uma finalidade e vice-versa.

A causa *efetiva* de todo evento está na passagem de seu estado ou quantidade de potencialidade para um estado ou quantidade de atualidade, ao ultrapassar seu oposto, a quantidade de energia previamente atualizada. O que estiver em estado de potencialização, por outro lado, constitui a causa *final* do que virá a ocorrer.

Lupasco combinou tais noções na seguinte passagem chave:

Assim, todo dinamismo, todo sistema, inclui eventos energéticos que podem por sua vez, devido às propriedades intrínsicas da energia, ter a primeira causa efetiva pela atualização, e a causa final pela potencialização.

Isto implica, além do mais, em dois tipos de teleologia, uma de identidade, universal e necessária, sintética e espacial, e uma de heterogeneidade, particular e contigente, analítica e temporal, como causas finais, como potencialidades, isto é, como potencial não-contraditório. Qualquer entidade, na medida em que é parcialmente potencializada, é também uma finalidade, uma causa final relativa a sua atualização, isto é, a sua subjetividade, para seu estado próprio como sujeito ou agente. Ao se ver as entidades como efeitos de processos contraditórios, *sabidamente* efeitos de causa anteriores não contraditórias, pode-se evidenciar que subsequentemente elas parecerão cada vez menos como causas finais ou eficientes, parecendo mais se encaminhar para uma estabilização, que, não obstante, retém aspectos causais ou finais. Pode-se perceber isto usando-se a categoria da Oposição Dinâmica aplicada ao conhecimento. Ao se observar a causalidade em relação aos processsos de conhecimento do conhecimento e conhecimento da ignorância, chega-se à base do pensamento lógico, o processo do pensar humano levado a cabo para conceber até mesmo ideias de noções de causa e efeito, pois pensamento, em si mesmo, encorpora processos de causalidade e finalidade eficientes. Pode-se observar esta relação na operações mentais de uma criança ou de um animal: a inteligência de ambos inclui relações de causa e efeito, sem tomar conhecimento de que se trata de relação de causa para um efeito.

Uma tendência a se atribuir o funcionamento do universo somente à termodinâmica do equilíbrio e do não-equilíbrio como a única força operativa causal continua muito forte. Os conceitos chaves são os de Prigogine dos sistemas dissipativos para além do equilíbrio, seguidos por Salthe, entre outros. "A visão da Termodinâmica enfoca uma causalidade final que opera universalmente."[4] Darei uma interpretação de LIR sobre a visão da termodinâmica no Capítulo 8.

Embora o que se desenvolve aqui inclua uma explicação de como as noções comuns, do cotidiano, em relação à causa e efeito surgem, provavelmente isto não vai contentar, e não o fez, àqueles que observam somente eventos "nus" (simples) (eu bato em

---

[4] Salthe (2004): noto aqui novamente o recurso à espontaneidade e a estruturas putativas de escalas mais altas como causas finais, ao invés de ao dualismo ou antagonismo inerentes à constituição interna.

uma tecla e uma letra aparece na tela etc). Em *L'énergie e la matière psychique* (1987[a]), Lupasco escreveu:

> Esta causalidade do antagonismo acrescenta, à causalidade clássica unilateral, linear, na superfície, monodimensional, pairando por assim dizer, de um fato a outro, uma segunda causalidade, nas profundezas, dos fatos que são perturbados e potencializados pelo antagonismo da causalidade clássica e que são ignorados pela ciência de hoje. Para toda sequência causal corresponde uma sequência causal antagônica, inerente à natureza da energia que constitui a ambas.

Assim, fica claro que a causalidade de antagonismo e seu resultante determinismo contraditório não substituem a corrente de causas e efeitos da causalidade e do determinismo do senso comum; acrescentam uma outra corrente paralela com a indicada estrutura dual antagônica e Contraditória. Um ou outro sistema de causalidade é o dominante, dependendo da complexidade da entidade ou do processo.

Entretanto, veremos nas próximas seções o que constitui uma causalidade do "senso comum" e da causalidade unilateral clássica, já que não há consenso sobre isso. Tais comentários enfraquecem o enfoque da contradição? Não penso assim; o campo de ação da causalidade clássica, pode ser considerado, em minha visão, um campo de processos e de eventos que, se não forem abstratos e transcendentes, são primariamente no nível macrofísico de realidade para cuja aplicação se aplica a lógica binária. Como sugerido, seria uma relação dialética com os campos mentais e quânticos, nos quais a causalidade primeira aplicável seria de antogonismo ou contradição e a lógica aplicada LIR.

Peirce, ao escrever sobre causalidade, mostra o seu essencial, porém, para mim, isto só parcialmente abrange o problema (Peirce 1955): "A causalidade final não pode ser imaginada sem ser uma causalidade eficiente; mas nem por isso são seus modos de ação através de opostos contrários". Assim, segundo ele, uma causa eficiente poderia de alguma forma ser separada de uma causa final, sendo assim "nem teria eficiência". *Post hoc e proper hoc* permanecem sem conexão para Peirce. É interessante se verificar como ele seguiu essa noção em relação ao seu conceito de classe:

"Toda classe tem sua definição, que é uma ideia (?); mas não é toda classe na qual a existência, isto é, a ocorrência no universo de seus membros é devida a uma causalidade ativa da ideia definidora de classe". Isso parece ser uma clara consequência negativa de se manter, na ausência da contradição, uma separação funcional de classe e membros de uma classe, assim como de uma causalidade eficiente e final.[5]

6.2.4 – *Disposições e poderes*

A potencialização e a atualização, portanto, têm um papel central na teoria de LIR em relação à causa, porém eu seria omisso se não me referisse com um pouco mais de detalhes às tentativas filosóficas de atribuir à operação de causa, relacionando-a às noções de disposições ou forças, propriedades de uma entidade que são consideradas conferidoras de força na sua ocorrência, possibilitando que mudanças ocorram.

Não fica nada claro o que tais forças, disposições ou capacidades significam, isto é, serão elas, de algum modo, propriedades adicionais acima e além da propriedade inicial? (Ver discussão das propriedades no Capítulo 3.)

Pode-se fazer as seguintes distinções iniciais entre propriedades categoriais e disposicionais:

Propriedades categoriais	***Propriedades Disposicionais***
Contingente	Metafisicamente necessária
Dirigida ao interior (Intrínsica); Atual	Dirigida para o exterior; Modal (possível)
Não-causal	Causal

O debate envolve, entre outros pontos, ponderar se todas essas diferenças são reais. Por exemplo, ainda que as manifestações das disposições possam ser não-atuais, isto não significa que as disposições em sim sejam não-atuais. Assim, todas seriam categoriais. Sob um outro ponto de vista, as propriedades são todas disposicionais, ambas ou nenhuma das duas. Pode-se reter alguma diferença intuitiva entre as duas ao se supor, primeiro, que categorial significa não-disposicional e de que é suficiente para uma propriedade ser disposicional que ela tenha essencialmente um papel causal, papel esse que é descrito puramente em termos das relações entre propriedades categoriais e que seja uma condição

[5] A aplicação de LIR a uma teoria de classes e conjuntos deve ser adiada até o Apêndice 1.

necessária para que uma propriedade seja categorial que ela não tenha esse papel.

O enfoque de LIR corta o caminho do debate analítico acerca da relação entre as propriedades categoriais e disposicionais e seu papel como causa. A categoria NEO da Oposição Dinâmica apoia a visão de que as propriedades podem ser tanto categoriais quanto disposicionais, no sentido de que as propriedades apresentam, contraditoriamente, todos os elementos das duas descrições, como atualidades e potencialidades, a eliminação do "corte" interno/externo etc. Todo este livro se refere à eliminação de um corte ou separação como referência à existência na realidade de uma interação contraditória. Em NEO, somente as propriedades na subcategoria da Separatividade (SC) se combinam "livremente", sem necessidade de nada real, porém em NSC, as propriedades disposicionais, as quais são equivalentes a potencialidades reais, não podem se combinar ou operar sem que haja algo mudando ou sendo mudado. Tais propriedades disposicionais são, nesse sentido, aspectos mais fundamentais da natureza, mas minha teoria tem a vantagem da perspectiva categorial, no sentido de ter a capacidade de causar implicações *"upstream"*, isto é, na área de inferência *categorial.*

No que concerne ao conceito de propriedades como disposições ou forças como força para fazer a ação ou sofrer a ação, não penso ser necessário se criar uma categoria separada. No conceito de LIR, as propriedades são ativas e passivas, ou melhor dizendo, são processos ativos/passivos. As disposições, forças ou propensões (termo de Popper) são equivalentes. As propriedades podem ser categoriais e ou disposicionais, como indicado acima, porém em nenhum dos casos confere forças em particular; são forças. Uma outra afirmativa sobre isso, de novo, sob a perspectiva pela qual as propriedades são forças causais, é a de Shoemaker (1982): "Aquilo que faz de uma propriedade o que ela é, aquilo que determina sua identidade, é seu potencial de contribuir para as forças causais das coisas que as possuem". Só acrescentaria que uma propriedade é caracterizada por sua diversidade e também pela interação entre identidade e diversidade.

Assim, a relação contraditória entre atualidade e potencialidade em LIR confere mais argumentos contra o ataque da realidade das "potências", definidas como propriedades disposicionais que incluem manifestações potenciais (Bird 2006). Minha exposição do que é potencial, assim como o que é atual é real, responde à crítica do que somente o atual é real. O argumento modal (*possibilia* não são coisas que acontecem em outros mundos e não neste) contra a objeção que as potências envolvem manifestações irrealizadas de possibilidades que, coerentemente, violam o naturalismo é apoiado pela noção das possibilidades irrealizadas como potencialidades reais, cuja realidade não depende de sua manifestação se ela for impedida por uma atualidade.

Minha compreensão é também a de Heil (2005), que diz que a manifestação de uma disposição é a manifestação dos parceiros disposicionais recíprocos e em que tal manifestação é frequentemente – sempre, talvez – impossível de se caracterizar um objeto (sic) como causa e o outro como efeito. Heil argumenta que as propriedades têm intrínsicos tanto aspectos disposicionais quanto quantitativos, porém não diz porque ou como elas os possuem. Claro que concordo com esse conceito de "codependência" e aspecto dual e somente quero destacar que isto faz mais sentido no contexto do processo metafísico de LIR.

Em essência, este é um argumento contra um tipo de essecialismo e a favor da existência de algumas leis metafísicas necessárias da natureza. Se os elétrons, por exemplo, sem fundamentação, são definidos como propriedades disposicionais, incluindo-se sua carga e giro, os essencialistas diriam que não há nenhuma explicação mais profunda estruturalmente falando, do que disposições comportamentais dos elétrons e sua essência: ser um elétron é simplesmente ter essa disposição comportamental. Assim, estou de acordo com Drewery (2005) quando diz que para que esta conclusão seja válida, a natureza das propriedades precisa incluir sua possível força causal, assim como a atual; é só se substituir "possível" por potencial e acrescentar sua alternância para se resgatar LIR. Esta conclusão se encaixa na categoria de Energia em NEO: a existência da energia (como a conhecemos) e seu campo subjacente (como postulamos) são as únicas contigências do universo: são o universo.

6.2.5 – *Causação probabilística*

Causação Probabilística designa um grupo de teorias filosóficas cujo objetivo é a caracterização da relação entre causa e efeito usando as ferramentas da teoria da probabilidade (Hitchcock 2002). Isto é de interesse imediato para a compreensão da visão de LIR em relação a causa e efeito, ou melhor, causa/efeito. Meu enfoque também é probabilístico, no sentido de que os valores lógicos de LIR são axioma de probabilidades, mas pode-se legitimamente questionar se LIR é semelhante ou diferente das teorias de causação probabilística do presente[6]. A discussão a seguir amplia o argumento da Seção 6.2.1 acima.

A discussão dos enfoques probabilísticos em relação à causação tem sido motivados pelas dificuldades criadas pelas correntes teóricas regulares sobre causação derivadas do conceito simplístico de Hume, segundo o qual os efeitos invariavelmente seguem as causas.

As teorias probabilísticas de causação abrangem um número de correlações entre eventos que são causais na natureza e descrevem correlações espúrias pelas quais os eventos seguem no tempo, porém o anterior não é a causa do posterior. O problema, semelhante a esse na causação em si, é a conexão entre causação e probabilidade que requer que a relação causal seja proporcional em características no sentido de que as proposições sejam conjugadas, extendidas ou negadas.

O princípio do antagonismo confere uma estrutura da realidade que compreende causas e efeitos como operadores, com a mesma estrutura lógica quanto o resto da realidade. Portanto, afirmo que LIR pode conferir a necessária teoria da redução probabilística da causação. Em LIR, a questão de que os efeitos nem sempre seguem as causas potenciais não é de grande significado. O exemplo do fumante que não contrai câncer de pulmão é somente um caso de potencialidade específica que não leva, automaticamente, à atualidade. Esta implicação de indeterminismo parcial me é muito aceitável, embora não o seja para teóricos da regularidade. Como as teorias probabilísticas da causação só requerem que uma causa levante a probabilidade de seus efeitos, isto é também compatível com o indeterminismo.6

Defini a lógica da/na realidade, entre outras coisas, como uma teoria da mudança. Nela, a mudança segue um padrão dinâmico de alternância do movimento de um estado de atualização para um de potencialização. Para mudar de um predominante para outro predominante entre dois elementos opostos depende de parâmetros estatísticos e probabilísticos em algum estágio do processo em todos os níveis da realidade. Entretanto, não discuti ainda se as generalizações da média das estatísticas da mecânica são aqui apropriadas. Como ressaltou Sklar (1992), não fica claro o que poderia fundamentar a introdução das noções de probabilística e de

6 Algumas teorias de causação do presente falham na redução da causação à probabilidade, mas aquelas que não, é de grande interesse filosófico uma teoria de conexões sistemátcias entre causação e probabilidade.

estatísticas mesmo em sistemas macrofísicos simples. Os sistemas de não- equilíbrio em LIR seguem as regras da entropia assimétrica desde que sejam físicos, seguindo a "flecha do tempo". Entretanto, no nível da realidade biológica, dão-se os processos antitermodinâmicos (de heterogenização ou diversificação), dos quais só uma parte é sujeita a fatores estatísticos. O PDO se aplica mais claramente, fora do mundo quântico, no nível dos fenômenos sociais e mentais, quando os elementos opostos são frequentemente iguais em energia levando a um emergente meio incluso (estado T). Na medida que em toda a física os assuntos de probabilidade estatística permanecem abertos, fica muito além do escopo deste estudo decidir *como* a energia necessária para efetuar uma mudança nesses níveis mais elevados "consegue chegar onde deve". A massa de gente concentrada do lado de fora do edifício do Parlamento Ucraniano, no inverno de 2004, resultou em uma mudança de governo, embora não se possa precisar em que ponto a mudança se tornou inevitável.

Talvez a afirmação mais simples que se possa fazer neste estágio de desenvolvimento de LIR seja de que os efeitos estatísticos e probabilísticos, como implícitos no axioma dos valores lógicos da atualidade, potencialidade e estado T como possível probabilidade, não sejam incompatíveis com a determinação e indeterminação geral do universo como discutido na Seção 6.5. Além disso, o determinado mas altamente irregular comportamento dos sitemas caóticos, embora tenham a tendência a serem relativamente simples, pode ser discutido em LIR desde que possa ser assegurado o retorno do caos à ordem. Concordo que a propriedade dos sistemas caóticos de magnificar ou ampliar os eventos quânticos não-determinísticos pode significar que a imprevisibilidade é mais física/metafísica do que espitemológica.

LIR pode trazer luz ao debate sobre os princípios de causa comum, a ideia de que eventos correlatos simultâneos devem ter causas comum *a priori* (Arntzenius 1999). Não vou entrar nos detalhes dos vários princípios, principalmente pelo motivo que a maioria parecer falhar, no mínimo algumas vezes. Restam-nos as simples situações locais, nas quais se tem uma correlação entre quantidades mais ou menos localizadas de maneira natural que não se correlacionam como causa e efeito e pode-se encontrar uma causa comum mais ou menos naturalmente localizada *a priori* que confirma a ausência de tais relações (a correlação fica fora). Em sistemas complexos, tais como o voo coordenado de certos bandos de pássaros, existem tantas causas microscópicas dispersas que se torna praticamente impossível identificá-las como em comum, além disso, se banalizaria a noção dos princípios da causa comum. Considero tais sistemas como um único sistema unificado e que não necessita uma explicação de causa comum para os movimentos correlacionados ou propriedades das suas partes. No caso do bando de pássaros em "equilíbrio", a ação é como se fosse de uma unidade, reagindo como uma unidade, possivelmente de forma bastante complicada em resposta ao meio ambiente devido às inúmeras conexões entre as partes, o que "faz" com que se aja como uma unidade. Concentro-me mais no modo bastante complicado dos aspectos em comum dinâmicos contraditórios da relação do bando de pássaros (os mesmos que um conjunto e seus elementos) e também me concentro na força do meio-ambiente como origem do comportamento correlato. Não há necessidade de um "pássaro lider".

Em resumo, o PDO fundamental é um princípio de ordem causal física em qualquer nível em que o sistema esteja, do microscópico ao macroscópico. Neste sentido, LIR é uma teoria híbrida, mas, ao invés de combinar uma conexão espaço/temporal entre causa e efeito com uma teoria de causação de probabilidade problemática, afirma que os elementos de conexão espaço/temporal, os processo em si de causa e efeito, tem as características de probabilidades.

Hitchcock (2002) vê um princípio causal em operação no mundo microfísico, mas se questiona quanto ao limite, como afirmo, de sua "infiltração" no mundo macrofísico. Ele cria situações de teste que realçam a distinção entre *A* como sendo "relevante causal" para *B* quando aquele causa uma diferença, positiva ou negativa na probabilidade de *B* em algumas situações de teste, promovendo, inibindo ou interagindo como causa. *A* é uma causa positiva ou fomentadora quando aumenta a probabilidade de *B* em todas as situações de teste. Pode-se comprovar isto substituindo *não-A* por *B*. A relação de oposição dinâmica é assim uma primeira causa de relevância, pois *A* inibe ou potencializa *não-A*, que assim se torna a causa fomentadora de *B*. Postulo, novamente, que se pode combinar os aspectos probabilísticos de causa e efeito sempre que houver uma conexão espaço/temporal de causa e efeito (processo contíguo). Isto pode ser considerado uma relação de dependência causal que reflete a transição da causação e talvez até confira uma explicação para a assimetria da causação, no que tange a assimetria entre causa e efeito ser o que atualiza ou potencializa as próprias potencialidades.

Hitchcock, discutindo o trabalho de Spirtes, Glymour e Scheines, propõe o seguinte esquema: (1) considerando-se um conjunto de fatores e um sistema de relação causal entre tais fatores, vamos chamar a isso de *Estrutura Causal (EC)*. Em LIR, isto seria uma série de causas e efeitos de termos antagonísticos alternados (fatores). (2) Que *T* seja uma teoria conectando relações causais entre fatores com relações probabilísticas. Isto é o que propus como relação entre os graus de atualização e potencialização e probabilidade (ver abaixo). (3) Assim, a estrutura causal *EC* deve ser probabilisticamente distinguível em relação a *T*, no caso de toda especificação das probabilidades aos fatores em *EC* que sejam compatíveis com *EC* e *T*, *EC* é a única estrutura causal compatível com *T* e tais probabilidades. Segundo Hitchcock, esta teoria da causação probabilística pode ter muitas "propriedades de distinção", mas a de maior interesse mencionada por ele é "a estrutura causal atual do mundo (presumindo-se que isso realmente exista) probabilisticamente distinta em relação a *T*". Mais parece que a propriedade de T seria o conteúdo de T, porém esta confusão desaparece quando a relação entre os dois é vista como contraditória nos dois níveis do Capítulo 5.

Não fica claro que tipo de propriedades de distinção deve ter a teoria de maneira a constituir uma redução de causação de probabilidades. Isto é, de alguma forma, uma maneira tautológica de se dizer que há uma certa unicidade na causa estrutural e relações de efeito, algo que surge naturalmente em LIR. O problema é afirmar com segurança que a realidade dos valores de LIR, que propus como tendo propriedades de probabilidades, possa ser modelada pela noção de probabilidade no sentido mais padrão, como neste caso. Entretanto, não há motivo para se supor que valores de probabilidade e valores de realidade não são relacionados. Na verdade, o último se reduz ao primeiro, no sentido da redução física a algo mais simples, como fenômenos simples, espelhados pela redução da termodinâmica em estatística. As probabilidades em um jogar de dados não são diferentes da probabilidade de se mudar de ideia: perdem para os elementos dinâmicos do último.

6.2.6 – Possibilidade, potencialidade e probabilidade

A diferença entre os termos de possibilidade e potencialidade seguem o esquema geral de domínios de LIR, pelos quais a lógica binária e ternária se aplicam respectivamente, isto é, o primeiro não implica em interações dinâmicas, ao passo que o segundo sim (Lupasco 1967). Que algo como s é possível sugere somente sua própria negação, a impossibilidade de que aconteça (não a negação da possibilidade "não é possível esse s"). Um elemento sendo potencial, não impliva em sua não-atualização. A atualização pode não ocorrer, porém seria necessária uma entrada de energia, via um acidente ou um evento, que fosse extrínsica e imprevisível, mesmo que determinística.

O possível implica em uma escolha ao acaso sem determinismo ou capacidade energética, uma disjunção entre um sim e um não, sem um "par" antagônico[7]. tal contradição é suspensa ou desaparece no sim e não como estados isolados, isto é, em não contradição pura. O potencial, por outro lado, contém ou é sempre acompanhado pelo atual – aquele que se opõe e impede o potencial de se tornar atual e de se atualizar. Assim, a potencialidade não só sugere uma rigorosa forma de determinismo, que não se encontra no possível, a saber, na capacidade energética, ou nos dinamismos orientados, porém também no que mantém os fenômenos em seu estado potencial, isto é, a atualização, mais ou menos intensa, dos dinamismos inversos e antagônicos. Pode-se ainda usar o termo possível no sentido de que o potencial é uma "possível" consequência de alguma coisa que entra, efetuando uma abdução pela observação de um estado energético e suas causas. O possível pode dar a impressão de uma finalidade, uma causa final, como se fora energia em forma potencializada. Uma vez atualizada, em ação, tal energia aparece como uma causa eficiente. Como vimos acima, entretanto, todo fenômeno deve ser considerado como uma combinação tanto eficiente como causa final, fato que não é possível para o meramente "possível".

A qualquer momento, todo fenômeno dinâmico será atualizado e potencializado até um certo grau probabilisticamente determinado. O ponto chave é que a soma das probabilidades do evento deve ser maior que zero, porém menor que 1, pois estados finais completos não são alcançados por processos de entidades complexas. Como em todos processos ou entidades potenciais, os valores não-observados de um sitema também são realidades. Consistem eles de diferentes graus de atualização, de potencialização, e de gradientes de intensidade e orientações, assim como diferentes níveis de antagonismo e de aspectos e características das propriedades categoriais de sua formação energética. Uma estrutura potencial, assim, não é simplesmente possível. A primeira ou é realizável ou já realizada, o que não se aplica à segunda, que é simplesmente imaginada.

[7] Numa visão recente, a possibilidade epistêmica, aquilo que se sabe sobre a possibilidade, é dependente do contexto e se imiscui na probabilidade. Este conceito não afeta a distinção que é feita aqui, pois o conjunto de escalas binárias ainda se aplica como único disponível.

6.2.7 – *Realismo e possibilismo*

A razão de se insistir em deixar clara a diferença entre possível e potencial tem a ver com as discussões filosóficas que envolvem a verdade das afirmações do que no passado era considerado possível. Realismo é a posição filosófica que diz que tudo existe, pode-se dizer que tudo aquilo que exista em algum sentido é real. Possibilismo é a negação desta tese, isto é, afirma que há coisas que não são reais, mas poderiam ter sido, e as coisas que *são* incluem objetos possíveis mas não-realizados. Aqueles que defendem o realismo afirmam que as coisas poderiam ter existido, porém, embora tenham isso como verdadeiro, não consideram a existência de objetos não-realizados (*possibilia*).

O sistema aqui resumido rejeita a tese básica do realismo, este é lógica clássica em outra forma: o que existe é não só real como também *potencial*. Algo tanto é real quanto potencial, entretanto se, e somente sob a condição da existência de uma relação de oposição dinâmica entre o fenômeno e seu complemento energético contraditório, objetos possíveis mas não reais, no cômputo do possível, das entidades abstratas, são aceitáveis como objetos imaginários, ideias ou conceitos com uma existência tão somente "matemática", não espacial, mas a lógica clássica se aplica a esses.

Como indicado no Capítulo 1, os filósofos interessados neste campo usam o instrumental da lógica modal, em particular o conceito de *mundos possíveis* para investigar a verdade de afirmações modais tais como " é possível que" ou "é necessário que". Mesmo estes mundos abstratamente concebidos fizeram surgir especulações se se constituem como conjuntos, situações circunstanciais (states of affairs), ou propriedades ou proposições. Independente de sua exata natureza, os mundos possíveis têm certas tarefas teóricas baseadas na noção da verdade clássica e o conceito não pode ser usado para a lógica da realidade sem modificações, se é que pode ser usado de algum modo.

Os argumentos de ambos são extremamente complexos e não serão reproduzidos aqui. Uma linha leva à introdução de uma distinção entre objetos concretos e não-concretos e à conclusão pela qual os objetos concretos em nosso mundo não são concretos em outro mundo, isto é, contingentes. O "novo realismo" que daí resulta é virtualmente o mesmo que o possibilismo, já que o contingente não-concreto nada mais é que a mera possibilidade dos possibilistas. Tanto os novos realistas e os possibilistas definem dois modos de ser: atualidade e contigente não atual, e para isso usam termos diferentes. Nada nesta discussão filosófica me parece descrever as interações obtidas no mundo real e no existir no sentido enunciado no Capítulo 3, cuja lógica da/na realidade se aplica.

6.2.8 – *Potencialidade e microcausas: manipulação e intervenção*

A teoria LIR da causação liga dinamicamente causa e efeito, explicando-os em termos das potencialidades presentes na realidade nos níveis mental, biológico e microfísico. Tal enfoque confere uma explicação natural para o quadro de causação de Sober (Sober e Shapiro, 2007), epifenomenalismo em termos da relação entre macrocausação e microcausação.

A teoria de Sober pertence ao grupo de enfoques filosóficos formais que dependem da noção relativamente nova sobre a capacidade de manipulação. De acordo com estas teorias (Woodward 2001), a causa é considerada como uma alça, ou como um recurso para manipular o efeito. Nas versões que aqui nos interessam, os aspectos antropomórficos da capacidade de manipulação são aqui suplantados pelo conceito de "intervenção" 1, que não involve um ser humano efetuando uma mudança específica em uma variável X com respeito a outra variável Y que caracteriza o que leva X a causar Y.

O objetivo maior de Sober era provar que esta propriedade macroscópica de X, particularmente uma mental, com uma base física (neurobiológica) microsuperveniente, MSB(X),não necessita ser causalmente inerte, isto é pode ter poderes causais que sejam aqueles possuídos por MSB(X).

A aparente ausência de tais poderes causais adicionais confere um importante argumento de epifenomenalismo, que evidencia que a propriedade mental X é causalmente inerte. O erro crucial nesta linha de pensamento é que ela exige considerar-se a situação contrafactual que é, de fato, impossível; os dois elementtos X e MSB(X), como em um teorema de LIR, nunca podem ser separados na realidade, além disso, é irrelevante quanto à questão se a propriedade mental X, ou qualquer outra propriedade superveniente, é epifenomenal em relação ao termo candidato Y como efeito.

O ponto chave deste quadro, sem me alongar no argumento por inteiro, é o seguinte:

- Definições: Para dois fenômenos (macrovariáveis) X e Y, onde X é a causa putativa de Y, estão associados macroestados de X e microestados de Xii das microvariáveis MSB(X), onde MSB(X) é a base microssuperveniente de X. Microssuperveniência se define como
- Asserções:

(S1) A macrocausa tem como consequência, isto é, implica e requer a microcausa. Algumas propriedades das microvariáveis de X causam Y, junto com X.

(S2) O contrário não é inevitável: pode-se ter microcausa sem macrocausa.

(S3) Algumas macrovariáveis são causalmente inertes (epifenomenal) mesmo que seus MSBs sejam causalmente eficazes em relação a Y.

(S4) a origem de um exemplo de epifenômeno como um pseudo processo se encontra, em uma causa comum de X e Y, induzindo-se daí a relação descrita como "triagem" (screening off). Se não se puder ver a causa comum, a relação entre X e Y pode não ser de causa e efeito, porém de alguma correlação não causal.

A base para S1 é que se X causa Y, então devem existir macroestados da variável X, Xi e Xj, tal como uma intervenção em X que modifica o estado de X de Xi para Xj estará associada com uma mudança no estado de Y. Se verdadeiro, haverá também uma intervenção na microvariável B(X), mudando-a de um estado Xi para Xjl que também deve estar asssociado à mudança em Y.

Meu primeiro comentário se refere às definições de propriedades e processos, pelos quais já demonstrei que se relacionam dialeticamente. "X" acima deve ser visto como um processo, sendo isto sugerido pela referência a X como uma macrovariável.

O conceito central que proponho se refere à estrutura da base de micros superveniente, os microvariáveis, em termos de potencialidades. Especificamente, as mudanças no estado de Xi para Xj e de Xik para Xjl são de potencial para real, seguindo o esquema de LIR. Trata-se das potencialidades residuais das moléculas das bolas de bilhar que, atualizadas, causa um ricochete quase como um elástico, para todas as intenções e objetivos), porém é a ausência de tais potencialidades no macronível que as torna causalmente inertes e requer que busquemos a origem da causa na mente do jogador. De acordo com isso formulei o seguinte teorema:

Teorema 6.1: Os fenômenos serão causalmente eficazes no seu nível de realidade como consequência de sua base microssuperveniente, tão somente quando estejam envolvidos em processos dinâmicos nesse nível.

Posso dar uma interpretação destes dois termos críticos nesta combinação do enfoque – intervenção e associação (de Xi par Xj e Xjk para Xjl como uma mudança no estado de Y). Na realidade, em qualquer sistema dinâmico, por exemplo, a mente, sempre existe um processo em andamento que tem o potencial de se tornar a causa e, assim, constituir uma intervenção que instaura o processo causal. Porém, suas potencialidades e realidades são contraditoriamente ligadas àquelas do nível inferior de MSB(X) e suas associações são do Axioma de Associação Funcional de LIR5. Como sugiro no Capítulo 8, o papel causal das micropotencialidades é o mesmo aqui quanto para os processos emergentes de morfogênese.

A diferença entre as bolas de bilhar e a mente é que, em um nível mental mais elevado, estão presentes oposições dinâmicas da mesma forma que no nível atômico e molecular. Se este for o caso, a discussão das situações é fácil e direta, em particular em se tratando de níveis sociais e cognitivos mais complexos nos quais é difícil decidir-se quais variáveis são macro, quais são micro. A relação se torna a sugerida acima: X e Y são ambas causa/efeito e na formulação Sober, a microcausa *pode* redundar em macrocausa. Este aspecto na visão de LIR é de realismo causal, a saber, uma coisa ou entidade no nível *n* pode ter seus próprios poderes causais interagindo com outras entidades no mesmo nível e ou em nível acima (Emmeche 2003).

LIR apoia o ponto levantado por Sober em detrimento do de Kim, que sustenta que *qualia* pode ser causa. Do ponto de vista empírico, se uma macropropriedade tem o potencial funcional, isto é, pode ser reduzida a algum papel funcional físico, não faz diferença se tem poder causal. Função e causa não são mutuamente excludentes. Para ver se *quale* influencia causalmente o comportamento de um evento, é necessário manterem-se fixas as causas que tiverem em comum; entretanto, não se deve manter fixa a base superveniente de *quale*, pois não é lícito, em nenhuma das teorias, assumir-se que as propriedades neste nível mais elevado operem por algum tipo de "mágica".

O quadro de LIR resolve, acredito eu, ainda um outro quesito, a saber, se as explanações dadas a e sobre níveis mais sutis de realidade são mais válidas do que as sobre microníveis, isto é, se macroexplanações não podem engendrar microexplanações. O sistema de dois níveis descrito em linhas gerais no Capítulo 5 também se aplica a explanações; uma "discussão" explanatória, lógica e causal segue os mesmos princípios, pois as microexplanações reportam às oposições físicas fundamentais envolvidas.

6.2.8.1 – Intervenção

Define-se intervenção incluindo-se não só as mudanças contrafactuais, mas também as mudanças ou manipulações experimentais genuínas que se faz, em alguns casos, para se observar os resultados. LIR considera tais ações como processos dinâmicos. Os dois pontos de vista poderiam ser considerados compatíveis, não fosse pelo fato de que as variáveis são geralmente consideradas, pela teoria da manipulação, como clássicas, envolvendo entidades idealizadas, absolutas. Uma separação funcional se mantém entre causa e efeito tornando-os concretos como entidades separadas dos processos de propriedade nos quais devem operar. Por exemplo, a intervenção I deve mudar completamente quaisquer relações casuais entre X e suas causas anteriores. Apesar disto, um comentário de Woodward sugere uma intuição subjacente em comum. Ele sugere que os filósofos têm a tendência a pensar nas causas como propriedades ou eventos, porém que é possível se pensar em um meio termo entre tal argumento e uma representação em termos de variáveis. Quando não há uma noção bem definida de mudança ou variação em valores, a teoria da capacidade de manipulação não encontra aí uma causa genuína, mas sim alguma forma de epifania.

LIR não só define valores de atualização e potencialização aplicadas a *causas-como-eventos*, mas também à procura do meio termo, a mudança epistemológica, também considerada como um processo físico dinâmico. Um domínio, no qual não haja uma noção bem definida de mudança, tende a ser, em minha teoria, aquele cuja conexão é tão somente de absoluta disjunção (cf. Apêndice 1) e onde para todos os intentos e propósitos, uma lógica binária é adequada.

6.2.8.2 – Alguns comentários sobre auto-organização

Se há uma área na qual os conceitos de causalidade são aplicados de maneira pouco rigorosa, esta área é a da auto-organização. Se presumo uma definição padrão de um sistema (ver ponto de vista de LIR no Apêndice 2), um sistema auto-organizado é definido como distinto pela formação de alguns estados ou entidades que surgem de interações (encontros) recíprocos ou coletivos entre seus componentes, *totalmente independentes de entradas externas*. À luz da teoria de LIR, no entanto, os termos cruciais de "eu" ("self") e independente são vistos como suscitadores de questões na admissão de hipóteses, como vimos anteriormente em relação com o axioma **LIR 5** de Associação Funcional e da subcategoria de Não-separatividade.

Em uma argumentação padrão de auto-organização, tal como a de Debrun (2000), os encontros são entre elementos realmente, em oposição a analiticamente, distintos. Debrun vê a auto-organização ocorrendo em duas situações, as quais ele chama de primária e secundária, referindo-se a elementos simples e organismos respectivamente.

A consequência de todo processo auto-organizacional é o surgimento de uma nova forma ou da restruturação, pela complexificação, de uma forma já existente. O problema é como isto se realiza na ausência, por definição, de qualquer identidade organizadora no caso da auto-organização primária. Debrun propôs que, ainda que os elementos aqui sejam totalmente distintos e nenhuma finalidade global esteja presente no sistema, as finalidades – intenções ou projetos – na verdade existem no nível elementar. Em LIR, no entanto, todos os elementos apresentam tanto diversidade quanto identidade, que se relacionam dialeticamente. As finalidades ou causas finais podem ser vistas como potencialidades residuais nos e dos elementos que são efeitos de sua constituição por processos anteriores.

O químico George Whitesides desenha e fabrica elementos de plástico e metal, usando para isso nanotecnologia, que, realmente se auto-organizam em estruturas complexas quando colocados em um contexto ambiental apropriado. Porém, a "auto-organização" destes elementos inertes exaurem suas potencialidades. Nenhuma mudança posterior pode ocorrer sem que haja uma entrada de energia como informação. A entrada original veio do professor Whitesides na forma de uma identidade e uma causa eficiente e ele, então, sai e fica longe do sistema.

Na auto-organização em nível mais elevado de um organismo, lida-se com um sistema de processos que já expressam uma identidade, diversidade e sua conjunção nos estados T. Para os elementos envolvidos em processos e processos de processos, a distinção entre eles é claramente menos absoluta (Debran usou o termo lupasciano "semirreal"). A explanação de LIR para a dinâmica da assim chamada auto-organização é feita em termos de dominância alternante de atualizações e potencializações. A potencialização presente, por exemplo, em uma entidade mental tem um papel crucial para uma reestruturação atualizável. Em termos de LIR, mesmo no caso de auto-organização primária, algumas identidades residuais estão presentes para direcionar além de diversificar os elementos distintos. Nesse nível, repetindo, são exatamente tais identidades potenciais que são as finalidades, na descrição de Debrun. Elas são as portadoras das informações estruturais necessárias para o prosseguimento da organização. Na descrição de LIR, um nível adicional de explanação física/metafísica se confere ao fenômeno da auto-organização *através* de PDO.

Nestas circunstâncias, a visão mais razoável é de que a auto-organização não é em si e por si um sistema autoevidente de formação e mudança. Todos os sistemas que englobam a assim chamada auto-organização também envolvem algum grau de organização externa, embora ambos estejam dialeticamente relacionados. Varela se refere a algo semelhante à minha visão de auto-organização (Varela 1999) quando afirma que osciladores não lineares em parelha podem fazer surgir alguma espécie de auto-organização que resulta, por sua vez, no surgimento de estruturas neurais no nível do componente. Uma interdependência global e local é necessária para se entender esta emergência. Os componentes "adquirem relevância" através de sua relação com seus correlatos globais.

Na linguagem posteriormente usada por Varela (e também por van Gelder, ver Apêndice 2) referindo-se aos sistemas dinâmicos, uma descrição satisfatória incorpora um papel tanto para a estabilidade quanto para a instabilidade, definindo ambas como regiões estáveis e instáveis na fase espacial do sistema. Entretanto, neste ponto, o sistema, sabidamente, falha *espontaneamente* (ênfase minha) entre elas mesmo na ausência de forças externas e, por definição, de quaisquer atrações internas (identidades que poderiam funcionar como organizadoras). Varela faz a geometria da fase espacial e das trajetórias da dinâmica, que compreendem tanto as condições de limites quanto a "corrente que surge" em um todo sintético que faz o trabalho de organização. Esta é considerada uma caracterização geral aplicável aos sistemas complexos não lineares e caóticos.

Isto parece correto, porém, como já discuti, não funciona bem em relação à visão de tempo de Varela. Fica sempre a crítica pois, os termos do processo crucial deixam a desejar na descrição da estrutura e da dinâmica da relação e da correlação. Sugiro ainda que o passo crucial na organização do processo não é espontâneo, no sentido de não causado por agentes externos, o que implica no uso de Eu (self) sem qualificações. As novas estruturas organizacionais são as consequências efetivas das potencialidades que residem nos componentes e ou são introduzidas durante a constituição original do sistema natural ou do experimento artificial.

Além disso, há teorias matemáticas de auto-organização. Entretanto, isto é *tudo* que são – modos de mostrar como objetos ideais podem se organizar em estruturas ou estados mais complexos. Não vou discuti-los muito além disso, pois os considero não aplicáveis à minha crítica do princípio de auto-organização que, como se sabe, aplica-se a entidades físicas e espaço/temporais.

6.3 – CONTINUIDADE E DESCONTINUIDADE

Uma área ainda de maior debate metafísico é a da natureza e do papel no universo da continuidade e descontinuidade. Entre outras coisas, tal área parece se caracterizar por uma grande quantidade de justificativas: "espaço" e "tempo" sabidamente compartilham da propriedade da continuidade, o que é a base para espaço, tempo e o *continuum* espaço/tempo, tudo composto de infinitos pontos sem dimensão. No entanto, se há ou não um *continuum* composto de tais pontos na realidade "permanece sendo uma questão tanto para a física quanto para a filosofia" (van Inwagen 2002). Como Penrose apontou e como discutido em detalhes no Capítulo 7, tanto as teorias de Einstein e a mecânica quântica convencional dependem do pressuposto de que um número real de continuidade do espaço/tempo, porém existem sérias dúvidas de que a matemática seja apropriada para descrever os constituentes últimos da natureza (Penrose 2005).

Ainda além, se o conceito de continuidade é problemático, o que dizer da base para o aparecimento da descontinuidade? Como se pode ir na biologia, como se pesquisa, por exemplo, na teoria da catástrofe, de fatores que envolvem a mudança termodinâmica contínua para a regulação genética que envolve a intervenção descontínua das estruturas bioquímicas necessárias ao controle hereditário? Como se pode conceber uma categorização descontínua dos substratos contínuos dos sistemas biológicos, ou superiores por uma operação imanente de descontinuidade (Petitot-Cocorda 1992)?

Temos, assim, uma série de explanações de continuidade, mas todas parecem questionáveis. Temos o conceito de descontinuidade, porém, nenhuma explicação. Dois conceitos essenciais precisam ser introduzidos aqui para preparar-se uma descrição da situação nos termos de LIR: a hipótese do contínuo e os fundamentos do cálculo diferencial.

6.3.1 – *A hipótese do contínuo*

A hipótese do contínuo se refere ao conceito de que o universo é fundamentado na geometria, visão de Cantor-Dedekind, como pesquisado por Longo (1999), que vê a continuidade como ontologicamente precedendo o descontínuo não só na matemática, mas em tudo o mais: "Esta última é um mero acidente que saiu de um fundo contínuo". Pontos são conceitos derivados, se não forem "não-dimensionais". Nesta visão, a geometria (fixação, conforme aparece na próxima seção sobre fixação e dinamismo) é em algum sentido profundo, mais fundamental do que a dinâmica, isto é, energia na visão padrão. Esta hipótese tem a vantagem de ter correspondência com nossa intuição e experiência, integradas e confirmadas na matemática, de continuidade em nossa percepção de "tempo" e de movimento linear.

Por outro lado, Penrose teve a intuição poderosa de que "a física e a estrutura de espaço/tempo deveriam ser baseadas na origem, na *descontinuidade* (ênfase dele) muito mais do que na continuidade". Tal descontinuidade se evidencia no giro da mecânica quântica, combinada, entretanto, com uma noção fundamental de expressar o fenômeno em termos de uma relação entre objetos, muito mais do que entre um objeto e seu espaço de fundo (Penrose 2005).[8]

É óbvio, como já visto na Seção 3.7.1 sobre objetos abstratos, que na construção de um contínuo matemático, as realidades objetivas não se encontram nas entidades matemáticas envolvidas, mas no processo de constituição destas entidades como concepções. Pode haver uma interação, uma dinâmica em termos de LIR, entre a lógica *matemática* aplicável e as intuições acerca da continuidade. Colocando de modo mais categórico, desde o estabelecido por Gödel da relação recíproca entre a consistência e a completude em sistemas formais matemáticos, a situação não é mais absoluta. Não se deveria ser forçado a uma escolha entre geometria e objetos

[8] Penrose viu como possíveis estrturas cosmológicas ainda maiores (redes de giro e "*spin foams*").

descontínuos e suas relações. Isto abre as portas para um princípio de fundação diferente, usando os princípios de LIR, nos quais tanto a continuidade quanto a descontinuidade são fundamentais e dialeticamente relacionadas.

Uma crítica mais severa do conceito do contínuo discutido acima é que se trata da reafirmação de um conceito de relatividade geral (RG) como uma pura geometrização do mundo, do qual os aspectos subjetivos de espaço e tempo que envolva observadores são eliminados como ontologicamente não essenciais. Uma das conclusões mais importantes deste livro é que é possível uma outra leitura da física e da matemática de RG, relatividade geral, uma leitura que restabeleça o equilíbrio entre geometria e energia que existe na realidade como a propugnada por LIR.

6.3.2 – O problema do cálculo diferencial

Em princípio, a noção usual do cálculo diferencial capta a natureza dos fenômenos mutáveis como aparente e simultaneamente contínua e descontínua. De acordo com LIR, no entanto, tal posição só transfere o problema filosófico e metafísico. A mudança imediata é o que o cálculo diferencial apresenta em termos formais. Entretanto, como é bastante sabido, isto implica em uma inconsistência – continuidade e descontinuidade ao mesmo tempo. Isto faz surgir a questão se a realidade é composta de "pontos" ou "instantes" no sentido usado pela teoria. Se não for, o cáculo diferencial, então, como a lógica clássica, não captura a propriedade essencial dos processos e sistemas reais, já que assume que tais pontos existem. Somente nos mais recentes trabalhos sobre relatividade geral é que o conceito de um "ponto/evento", primeiro codificado pela lógica budista no século VI[9], recebeu uma interpretação adequada (ver Seção 7.6).

Uma possível linguagem matemática para se formalisar a visão contraditória de continuidade e descontinuidade é esta da Smooth Infinitesimal Analysis (SAI) desenvolvida por Bell (1998) e discutida abaixo como um exercício de aplicação de LIR. Bell cita Weyl na seguinte afirmativa: "estamos aplicando o princípio de ganhar conhecimento do mundo externo através do comportamento

[9] A linguagem do"ponto evento", ou jargão, no dizer dos próprios autores, continua a ser usada na ramificação tempo/espaço (BST – branching/space/time) como explicação da existência de probabilidades causais. Ainda como admissão dos próprios autores, seu relato é"decididamente preliminar"(Weiner e Belnap 2006). Cf. discussão e referência na Seção 5.5.1.1.

de *suas* (ênfase minha) partes infinitesimais". Entretanto, percebo que Weyl cometeu um erro no uso de "suas". Não foi fornecida nenhuma prova de que os infinitesimais de Bell (ou quaisquer outros em cáculo padrão) e os do mundo exterior (se é que isso existe) são os mesmos.

Proponho os seguintes argumentos físicos e metafísicos em favor de uma relação interativa e contraditória entre continuidade e descontinuidade. O argumento físico é mais ou menos assim: se houver continuidade e descontinuidade de entidades reais no nível quântico, isto é, tanto quanto descontínuo como frequência contínua de fenômenos em ondas e se forem intuitiva e matematicamente opostos, pela teoria de LIR, devem apresentar os axiomas chaves da Contradição Condicional, Associação Funcional e Assintoticidade. Assim, a continuidade não pode existir sem descontinuidade (separação) em toda a natureza e a continuidade atualizada implica em descontinuidade potencializada. Assintocidade tem ainda uma outra consequência; nenhum elemento real um ponto infinitamente pequeno no espaço ou tempo já que, na realidade, no limite inferior vigora a constante de Planck, 6.62 x 10^{34} segundos por Joule. As quantidades infinitesimais de espaço e tempo de cálculo diferencial não podem existir na realidade.

O que sugiro acima é que continuidade e descontinuidade são um par de predicados ontológicos, sendo que o primeiro é inerente a ou relacionado a extensão homogênea, e o segundo, às mudanças nos níveis de energia nos fenômenos. As diferenças de nível entre as quais a energia como intensidade heterogênea se encaixa, são elas mesmas extensidades. É a passagem descontínua de um nível para outro que representa a quantidade intensiva, o movimento de transformação; formas superiores e inferiores (ex: energia química e térmica são extensividades atualizadas, com maior ou menor potencial para maiores transformações.

O enfoque metafísico de LIR também vê as implicações do processo da lógica da razão em relação a continuidade e descontinuidade: a contradicção entre continuidade e descontinuidade, a impossibilidade de sua apresentação simultânea no nível quântico se espelha nos processos da lógica e do pensamento. Do ponto de vista da lógica, os dinamismos, como processos, de afirmação e negação (ou melhor, afirmando e negando), não demonstram nenhuma descontinuidade óbvia ou concebível. Em outras palavras, quando se afirma ou se nega alguma coisa, não se o faz passo a passo. Porém, o pensamento lógico em si, enquanto potencialidade destas duas ações contraditórias e antagônicas coexistestentes como possibilidades inversas, demonstra a existência de uma descontinuidade imanente e constitutiva na realidade deste nível assim como no nível quântico.

No enfoque de LIR, a heterogeneidade da intensidade não é uma série de elementos independentes ou estágios extensivos, é uma tentativa de diferenciar (movimento de diferenciação) algo que quer permanecer igual, cuja extensividade resiste e se opõe a tal mudança. Neste movimento, há uma continuidade que não se mede por valores extensivos. À medida que tais valores são potencializados, parece que a extensividade contém descontinuidade e intensidade em uma dinâmica contínua. Lupasco viu a continuidade na extensividade apesar de sua divisibilidade e capacidade para acrescentar novas entidades, como por exemplo, novas premissas são acrescentadas na lógica dedutiva revogável, no seu aspecto de identidade que se extende de uma coisa a outra. Assim, intensidade é uma não identidade contínua em relação a si mesma; extensibilidade é uma identidade contínua em relação ao outro. Intensidade e extensibilidade são contínuos como dinamismos, consideradas independentes entre si e, deste ponto de vista, acessíveis às técnicas do cálculo diferencial. Entretanto, a descontinuidade é inerente à sua condição de existência, pois nenhuma pode existir sem a outra, sem operar na intensidade da outra: intensidade e extensibilidade reciprocamente se "descontinuam" mutuamente. As diferenças do nível de energia que resultam em "algo acontecendo" não se dão devido à intensidade ou extensibilidade em si mesmas, mas devido a sua intersecção. Análise e síntese são dinamismos contínuos, homogeneisando-se e heterogeneisando-se mutuamente, porém é sua discontinuidade necessária que constitui sua possibilidade de existência.

6.3.3 – *Paracontinuidade e paradescontinuidade*

A atual tendência para a matemática "não construtiva" (Longo 1999) baseada nos teoremas de Gödel e na análise matemática fora do padrão de Robinson (NSA: *non-standard analysis*) admite intuições alternativas sobre a contínuo que a lógica pode "oferecer".

D'Ottaviano e seus alunos (Carvalho 2006)[10] vêm estudando os fundamentos do cálculo diferencial e integral usando ferramentas disponíveis na lógica paraconsistente e na análise da matemática fora do padrão. Este é um assunto muito importante na atualidade,

[10] O termo paracontinuidade, algumas vezes, se refere à quase-continuidade.

porque, por exemplo, a teoria dos sistemas dinâmicos (DST: *dynamic systems theory*) afirma que as mesmas leis básicas que governam os sistemas físicos simples também governam as leis dos sistemas complexos, como os sistemas cognitivos (ou da percepção). Portanto, tais sistemas podem ser descritos melhor pela matemática da física, especialmente, da dinâmica não linear, do que pelo enfoque dos sistemas simbólicos computacionais (que usam as regras da lógica e da sintaxe clássica e neoclássica.) Assim, os proponentes de DST pensam que as equações diferenciais padronizadas são as ferramentas mais importantes para se modelar o comportamento e o conhecimento humano. Minha crítica também atinge DST.

D'Ottaviano e Carvalho demonstram que o princípio de l'Hospital, o matemático do Sec. XVII que codificou o cálculo infinitesimal, pode ser rigoramente formulado. Este princípio afirma que não se pode dizer de duas quantidades separadas por infinitesimal se são diferentes ou iguais. A continuidade em um intervalo na linha do número (real ou hiperreal) deve ser substituída por uma paracontinuidade.[11] Este conceito também define uma paradescontinuidade, além disso define que paracontinuidade e paradescontinuidade são, na verdade o mesmo. O princípio também se aplica às *entidades* relacionais.

Isto não quer dizer que o cálculo padrão esteja errado no que se refere ao mundo real; é válido para fenômenos simples, sendo capaz de fazer predições e outras coisas. Minha proposta é de que para fenômenos de processo complexo no mundo real uma relação dinâmica entre continuidade e paradescontinuidade estende a relação indicada entre paracontinuidade e paradescontinuidade para um linha abstrata composta de pontos abstratos. O cálculo para o quadro de LIR ainda precisa ser formalizado; não deveria conter nem elementos infinitesimais nem infinitos e vai depender da noção contraditória da estrutura de espaço e tempo discutida no próximo capítulo. Não obstante, já pode ser postulado que, como pelos axiomas **LIR1** e **LIR2**, dois elementos do mundo real estendido podem ser, alternadamente, quase iguais, um quadro paraconsistente se aplica (D'Ottaviano Itala, 2006, comunicação particular).

6.3.4 – *Análise infinitesimal sem dificuldade (SAI)*

Como indicado acima, minha conclusão é que SIA não é apropriada como descrição do mundo real, porém a descrição do domí-

[11] O termo tem sido aplicado a certas camadas geológicas, caracterizadas por uma descontinuidade moderada entre elas.

nio do pensamento ao qual se aplica possibilita que o contraste com os conceitos realistas de LIR seja delineado com clareza.

Bell afirma que SIA se aplica a *mundos suaves* e que o objeto fundamental em qualquer mundo suave *S* é uma linha reta indefinidamente extensível e homogênea *R* - a *linha (número) suave, afinada ou real.* As aplicações de SAI se apresentam em cálculo diferencial e integral, física e hidrodinâmica de sistemas macroscópicos e geometria diferencial sintética.

Qualquer divisão razoável do mundo, no entanto, tem que englobar algo dentro das seguintes categorias, embora se possa argumentar (indefinidamente) sobre a melhor forma de agrupá-las:

- Objetos matemáticos abstratos ou outros não espaço/temporais
- Objetos e Processos físicos macroscópicos
- Objetos físicos microscópicos, agentes biológicos e psicológicos e processos emergentes

Outras coisas podem ser verdadeiras em relação ao exposto acima, o mundo verdadeiro da terceira categoria não é um mundo suave. Como sugerido acima, em minha teoria, tanto continuidade quanto descontinuidade são representadas em qualqer fenômeno, ex: o quantum da ação (frequência e número quântico).

Poli propôs (Poli 2004) que SIA confere "um fundo conceitual para o desenvolvimento de uma teoria baseada na matemática não especulativa baseada na teoria da *tendência e potencialidade*", que parece necessária para uma interpretação processual da ontologia, em cujos processos estão os itens básicos ontológicos. Os pontos da "trajetória de vida" dos eventos reais estão identificados com as "*linelets*" usadas em SIA como as unidades fundamentais dos objetos aí. *Linelets* são pequenos demais para ter quer possibilidades quer direções, mas potencialidade e tendência lhe podem ser atribuídas.

Esta tese, assim, parece depender de três suposições entrelaçadas: o mundo real é (só) suave; potencialidade e tendência podem ser atribuídas a *linelets* (e a *timelets*, o corresponte infinitesimal de tempo em SIA); já que SIA tem sua origem na teoria de categoria e a teoria de categoria aplica-se aos fenômenos físicos, SIA pode se aplicar a fenômenos físicos.

Não vejo justificativas para tais suposições em relação a SIA e vejo outras possíveis explanações para potencialidade e tendência como em LIR. As razões para tal vão aparecer nas discussões que se seguem sobre os conceitos básicos de SIA, sua lógica e a comparação que Bell faz entre SIA e NSA, que deriva da lógica padrão.

O fato dos infinitesimais de SIA (e seus precursores) provarem-se recursos heurísticos úteis não é, em si mesmo, prova de sua existência, exceto como entidades em uma ontologia idealista. Da maneira como Bell (ou Thom) define um contínuum, seguem-se várias coisas como consequência da teoria, a saber, sua consistência e a brecha na lei do meio excluído (LEM). A formulação para LEM (usada por Bell) – toda afirmação ou é totalmente verdadeira ou é totalmente falsa – não pode, em geral, ser afirmada nos mundos suaves. Tanto em Peirce quanto em Brouwer encontra-se o requisito que um relato confiável de um *verdadeiro* (minha ênfase) contínuo vai envolver deixar LEM de lado como é necessário na lógica intuicionista.

Em LIR, a realidade de LEM não funciona, no sentido do axioma **LIR3** acima. Não existe um preço lógico a ser pago se houver um falha em SIA. Entretanto, tal falha não implica em que o mundo real seja um *continuum* verdadeiro; descontinuidades, incluindo-se aí o movimento de atual para potencial estão presentes e requerem explicação. De maneira semelhante, a proposta de Peirce que diz que a consciência imediata envolve infinitesimal de tempo extendido e não pontual pode ser entendida pela visão contraditória de simultaneidade e sucessão e o espaço/tempo ocupado pelos objetos, e não por um local deles (ver Capítulo 7 sobre a origem de "espaço/tempo").

Bell afirma que o infinitesimal não-zero existe somente no estado potencial e que tal existência potencial é suficiente para o desenvolvimento da análise infinitesimal em mundos suaves (SIA). Afirma ainda que a lei de não contradição (Axioma **CL2**) continua a valer em ***S***.

Este é o meu argumento! Nesses mundos, não há transferência de energia em nenhuma forma. No mundo real, para que aconteça uma mudança, é preciso tanto atualidade quanto potencialidade e isto é o que faz sua diferença dos mundos suaves. Ainda mais, Bell demonstra corretamente que não se pode, em ***S***, separar um infinetisimal não-zero real, "pois tal entidade possuiria a propriedade de ser tanto distinta quanto indistinta de 0, o que é obviamente impossível". No mundo real, ainda, estes dois predicados são contraditoriamente relacionados como no Axioma **LIR2** e podem ser atribuídos ao mesmo elemento real.

A essas alturas, fica claro, como Bell confirma, que se está lidando com uma lógica intuicionista ou construtivista. Note-se que LEM não é explicitamente negado, não é afirmado e assim permanece nas partes de SIA e sistemas relacionados, tais como a teoria topos na qual vigora a lógica clássica.

Há mais pontos em SIA de Bell, no entanto, que são, à primeira vista, contradições de certa forma, apesar do fato (inconsistente) de que tenham a intenção de garantir consistência! Por exemplo, os infinitesimais são conhecidos por ser intrinsicamente de quantidades variáveis como consequência de estarem em estado "nascente ou evanescente", e esta variação acontece em um domínio definido, com um codomínio do qual a variação se vale.

O que se disse acima contradiz as suposições de um mundo *suave* já que as descontinuidades foram reintroduzidas na forma de domínios definitivos e como mudanças na forma de um necessário contrário entre nascente e evanescente (as partículas aparecem do vácuo e dali desaparecem descontinuamente). As aplicações principais em cálculo, geometria e física só são possíveis porque se restringiram às áreas abstratas nas quais se pode aplicar a lógica clássica ou intuicionista consistente. Assim é que Bell chegou aos limites do pensamento de iteração que Priest provou envolver *dialeteia*, contradições verdadeiras (Priest 1995). Em matemática, por certo, tais problemas nem aparecem: duas funções podem, pelo Princípio de Constância de Bell, ter derivativos idênticos que diferem no máximo por uma constante.

Concluo que a SIA de Bell é uma teoria de abstrações, inapropriada para uma ontologia que se propõe a lidar com o mundo de mudança real. Como o próprio Bell conclui, SIA é uma teoria de objetos geométricos infinitesimais, desenvolvida para estabelecer uma formulação intrínsica do conceito de diferenciabilidade (ver Seção 6.3.1) e, talvez, nada mais do que isso. O mundo real não é diferenciável no seu todo, embora exista um *continuum* de estados entre (quase) totalmente atual e (quase) totalmente potencial. As unidades infinitesimais das quais os objetos de Bell são construídos são, na minha opinião, *intensidade* pura, e assim não podem existir como também não podem construtos idealizados, abstratos. Apesar de suas propriedades interessantes, atribuir-lhes algum papel nos fenômenos reais, com exceção da descrição de processos físicos totalmente no domínio da Segunda Lei da Termodinâmica, pode ser demais. Aplicações a sistemas de computação, inteligência artificial e processamento de dados estão incluídos neste grupo, porém todos eles requerem não mais do que um sistema lógico binário, suficiente quando não haja troca de energia entre os elementos ou termos de análise. Assim, claramente pertencem à subcategoria de Separatividade.[12] Tudo o mais, vida, crescimento e mente, tanto quanto fótons e o vácuo, requerem uma lógica ternária capaz de lidar o antagonismo inerente a energia e, assim, em toda a natureza e as inconsistências e contradições que dela advém.

6.4 – ESTATISMO E DINAMISMO

Um dos debates mais antigos em filosofia clássica é se o estatismo é mais fundamental do que o dinamismo, em outras palavras, se há alguma identidade geométrica estática subjacente a todos os fenômenos dinâmicos ou se é alguma forma de força ou energia autossuficiente responsável pelos fenômenos de maneira ainda não totalmente explicável. Este debate apareceu na discussão da teoria da catástrofe no capítulo anterior. Devo dizer que, se as ideias deste livro são válidas para discussão, a pergunta clássica novamente aparece, pois nem o estatismo nem o dinamismo precisam ser rigorosos ou absolutos. Todo fator em alguma visão estática do mundo, por exemplo, intensidade ou estensidade pode, pelo Axioma **LIR6**, ser uma entidade puramente potencial ou absolutamente atualizada. De modo semelhante, nenhum dinamismo puro existe no sentido clássico, devido ao antagonismo com o estatismo que faz parte de sua constituição. Devido a isso, só pode haver geometrias dinâmicas e dinâmicas geométricas.[13] O estatismo, assim, não é mais absoluto do que o dinamismo e aqueles que tiveram dificuldade em decidir se a energia era uma quantidade estática ou de ordem dinâmica ou nem uma nem outra parecendo ambas, ou alguma forma de simbolização matemática, chegaram perto da verdade, como eu vejo.

Um outro problema seria tentar conciliar o conflito entre a aparência de continuidade no tempo e no espaço com uma intuição da existência de uma divisibilidade em "instantes" de tempo e "pontos" no espaço de tamanho indeterminável. O problema da homogeneidade do espaço, e de sua "divisibilidade em si mesmo"

[12] Em algum outro lugar, Bell discute os conjuntos de variáveis que pretendem estabelecer uma característica de variação contínua, já que os conjuntos de abstratos não são só descontínuos, mas também estáticos, e seus elementos não sofrem nenhuma mudança. Entretanto, todas as entidades envolvidas permanecem abstratas em minha concepção, exemplificam *Separatividade* e são, portanto, inadequadas para estabelecer um modelo de mudança física real. A unificação descrita do contínuo e do descontínuo é uma conquista da teoria de categorias que se aplica à matemática (Bell 2006).

[13] "Dinamicageométrica", um conceito de John Archibald Wheeler, deveria ser examinada neste contexto, assim como seus mais recentes desenvolvimentos, por exemplo, a dinamicageométrica topológica do físico matemático finlandês Matti Pitkänen.

e uma homogeneidade semelhante de tempo e de existência de "pontos" idealizados de espaço e "instantes" de tempo que podem ser substituídos por uma visão de espaço/tempo relativos, apresentados no próximo capítulo, que podem ser vistos como parte de um "movimento dialético" em direção a uma cosmologia (e uma cosmogonia) envolvendo oposição no sentido de LIR. Isto elimina a necessidade de argumentos contrários ao estatismo e, de maneira a assegurar a existência do dinamismo e descontinuidade além daqueles sugeridos na seção anterior.

No entanto é bom ver a relação dos conceitos de extensidade e intensidade, como também de homogeneidade e heterogeneidade, como uma outra dualidade metafísica com a qual ainda não lidei, a saber, limites e sua ausência, não-limites ou limitação e ilimitação. Nesta discussão, vou me referir às descontinuidades de tempo e espaço como sua homogeneidade e o resultado de qualquer divisibilidade como sua heterogeneidade.

O primeiro passo no desenvolvimento é se diferenciar entre homogenização e heterogenização como processos, agindo em algum substrato e seus resultados, uma homogeneidade, uma entidade que consiste essencialmente de uma diversidade. Tomados como dinamismos independentes, nem a extensidade nem a intensidade têm limites conceituais, porém os limites de entidades reais são uma espécie de propriedade extensa, uma identidade. Como contraste, a intensidade é não-limitante.

Vamos ver, então, o significado disso em mais algumas propriedades da identidade e da diversidade, pois estas podem causar um impacto nas propriedades das entidades envolvidas, especificamente, o que acontece com seus limites ou as divisas entre si. A melhor maneira de expressar isto é dizendo que as entidades heterogêneas na verdade evidenciam limites individuais apesar do fato de que a heterogenização é um dinamismo em si mesmo que destroi limites que, por assim dizer, já existiam antes. Homogenização também envolve a destruição de limites, porém, só enquanto forem diferentes, expressões da diversidade, cujo resultado é uma nova identidade.

Tais dinamismos também se relacionam: consistem de uma intensa homogenização. Pelo primeiro processo há uma fragmentação dos limites, em princípio, até o infinito; pelo segundo, uma reconstrução dos limites até o limite do "mesmo" pelo "mesmo", o limite idealizado de A por A. Um exemplo é o de uma falésia rochosa perto de uma praia de areia. A areia é produzida (muitos limites pequenos) quando uma parte da falésia, um único limite grande, é destruída pelas "forças de heterogenização" (erosão). As diferenças entre os grãos individuais são uma expressão da diversidade, embora sendo ao mesmo tempo uma identidade (a praia). Os limites da areia poderiam ser suprimidos por forças homogenizantes. Por exemplo, calor e carbonato de sódio (energias) poderiam transformar a areia em um objeto de vidro, uma nova identidade, do tamanho da falésia original, nesta direção, porém, obviamente, nunca atingindo a identidade original. O universo lógico de LIR, assim, nunca é inteiramente finito ou infinito, mas é um complexo transfinito no qual um dos aspectos de sua constituição dinâmica formal é um conflito eterno de ilimitabilidade e limitação.

6.5 – DETERMINISMO E INDETERMINISMO

Um exame completo dos conceitos do determinismo e indeterminismo, de necessidade e oportunidade e de controvérsias sobre as implicações da mecânica quântica fica, obviamente, fora do escopo deste livro. No entanto, a forma de muitas das controvérsias e argumentos pró uma visão ou outra como fundamental, sugere que podemos estar face a face com um fenômeno de oposição dinâmica operando tanto no nível da realidade quanto da teoria.

Há uma concordância, em geral, de que formas mais ou menos complexas causadas *a priori* determinam todos os processos e eventos nos níveis macroscópicos. Como já dito, existem problemas substanciais com a noção criteriosa de causa e LIR sugere dois acréscimos conceituais importantes: um conjunto de relações contraditórias entre causa e efeito para as entidades da subcategoria de Não-separatividade, e que estas relações constituem uma corrente de causalidade que se evidencia paralelamente com a padrão. O problem está no nível quântico, já que, como se sabe, neste nível o mundo é indeterminado; por exemplo, não se pode definir causa alguma, oculta ou não, que determine quando um dado núcleo radioativo vai decair. Mais uma dificuldade, e ainda maior, é que a estatística local ou as causas prováveis parecem estar excluídas. A correlação entre partículas distantes (conforme os experimentos de inequabilidade de Bell) pode ser explicada referindo-se de volta às suas origens, como componentes de um sistema único, porém a existência da correlação não pode ser explicada probabilisticamente. A correlação parece ser um ato irredutível, completamente oposto a qualquer noção do senso comum de uma corrente causal de ocorrência.

Como já apontaram Sklar e outros, a "estranheza" dos fenômenos quânticos tem um efeito psicológico desestabilisante sobre as pessoas, de maneira que estas tendem a buscar explicações que assegurem que ou o determinismo ou o indeterminismo é o modo que predomina na existência humana, como também a negação de qualquer noção do mundo objetivo, mundos paralelos e coisas similares.

A afirmação simples na visão de LIR é a que se segue: o mundo tanto é determinístico como indeterminístico e, além disso, causa e efeito não se separam, porém estão em relação de contradição, como sugeri acima. Entretanto, as possibilidades que esta visão oferece ainda não foram exploradas, primeiramente, se não exclusivamente, pela tendência que as pessoas têm de evitar as aparentes contradições. A primeira proposta é mudar a visão de causalidade no nível nuclear. Será que isto significa que a Radioatividade diminui o "efeito" e de, alguma maneira, sua própria causa. Isto começa a parecer, e muito, com o argumento teológico da causa sem causa, porém, creio que Lucas (1961, 1990) mostrou uma saída. Ele sugere que as entidades envolvidas em relações quânticas não são simples eventos, mas eventos possíveis (eu diria potenciais) que estão muito longe de ser simples. Sobretudo, é necessário incluir-se um conceito de causas potenciais entre tais eventos, embora não ficasse claro para Lucas se haveria uma outra forma mais "direta" pela qual tais entidades existissem ou pudesssem ser conhecidas se não pelo espaço/tempo padrão que precisam suplantar. Fiz uma sugestão acima sobre a existência de duas correntes de causalidade e proponho que a causalidade contraditória de LIR poderia se aplicar a "possíveis eventos".

Não posso afirmar o que, no nível nuclear, são as potencialidades que são as operativas na desintegração radioativa, do mesmo modo que posso descrever o potencial do átomo de carbono para fomar ligações covalentes. Só posso dizer que, dada a aparente ubiquidade de tais potencialidades e o dualismo do efetivo campo quântico, a sugestão é de que sua existência se dá neste nível também. A ideia chave aqui é da "influência" do campo quântico. Como já argumentado antes neste livro, são as potencialidades responsáveis por carregar a oposição dinâmica para níveis superiores e não quanta atualizados. Em qualquer evento, o ideterminismo efetivo neste nível não prevê determinismo em nenhum outro, porém, simplesmente que é efetivamente potencializado.

Estas ideias esclarecem o conceito de Nicolescu que a indeterminação quântica é fundamental, mas os conceitos das trajetórias, velocidades e posições das partículas não. Uma indeterminação generalizada, que iria além do problema das trajetórias das partículas e concordaria com o conceito, primeiramente considerado por Heisenberg, da indeterminação da linguagem natural, é claramente possível. "A linguagem natural não pode se expressar com alta precisão arbitrária todos os seus elementos porque o modo de expressão age[14] de maneira essencial no que é expresso. A indeterminação da linguagem natural é somente um exemplo da indeterminação generalizada gerada pela estrutura da Natureza e conhecimento gödeliano." Este é uma das muitas expressões de falha da linguagem natural de se conformar com os princípios da lógica bivalente.

Qualquer indeterminação deve, entretanto, ser associada com determinação, pelo Axioma de **LIR5**. Pela visão de LIR, a linguagem natural, tanto quanto os fenômenos quânticos, é tanto determinada quanto indeterminada de maneira tal que rebate o ceticismo de Wittgenstein em relação à impossibilidade de comunicação entre indivíduos. Uma extensão do argumento gödeliano fora do domínio da matemática e da teoria dos números se justifica se uma associação funcional for feita com PDO em sistemas complexos, emergentes macroscópicos, isto é, nos domínios nos quais se evidenciam estados T.

6.5.1 – Um argumento filosófico

Na seção acima sobre continuidade e descontinuidade, mencionei que há duas continuidades, uma extensiva e outra intensiva, relacionadas antagonisticamente, que poderiam dar ensejo, quando e onde forem de forças iguais, à atualização da descontinuidade. Pode-se introduzir o princípio do determinismo essencialmente como uma qualidade, algo que exista como uma fenomenalidade nos sistemas físico e lógico, em relação às continuidades – um determinismo extensivo e um determinismo intensivo ou um indeterminismo. O argumento é o seguinte: na mesma forma existencial, as duas continuidades não podem existir como realidade igual; portanto, todo sistema físico, assim como todo pensamento lógico, só pode ser fenomenalidade híbrida, oscilando entre determinismo e indeterminismo. No ponto de semiatualização e semipotencialização de cada, surge um a-determinismo, que Lupasco chamou de "descontinuidade imanente em lógica". (Os dois termos determinismo e determinân-

[14] Seria correto usar aqui o termo "interage".

cia, para um princípio e uma qualidade respectivamente, existem, porém determinância parece mais apropriado e será usado daqui para a frente.)

Para se descrever uma entidade, é necessário, no mínimo dois fatores, um de intensidade e extensidade, isto é, de velocidade ou momento e posição. Quando Heisemberg descobriu o princípio da indeterminância (ou incerteza), ele inicialmente atribuiu a incapacidade de se determinar a ambos com a mesma precisão não a uma relação de oposição ou interação, mas a alguma combinação de indeterminância e determinância fundamentais das "duas faces da Natureza", em outras palavras, alguma espécie de identidade independente por trás dos fenômenos, seja uma extensidade geométrica, uma pura causalidade ou alguma variante abstrata. Independentemente de qual escolha se faça, cai-se na mesma armadilha metafísica: se tudo é determinado, uma corrente lógica (no sentido padrão), tudo é identidade; neste caso de onde e como surge, mesmo em nossas mentes, o imprevisível, o contínuo, a não-identidade? Se, por outro lado, tudo é indeterminado, de onde e como surgem a necessidade e a invariabilidade, mesmo que efêmera ou ideal possam ser? A única solução é atribuir a todos os fenômenos aspectos de ambos, determinância e indeterminância que se relacionam contraditoriamente, isto é, quando um está atualizado e o outro potencializado. Se a mecânica quântica sugere que o mundo, no nível mais profundo, é genuinamente indeterminístico, a lógica de/na realidade aprova a intuição de Einstein que afirma que uma teoria determinística de sistemas também requer, em algum nível, que se estabeleça uma necessária sustentação de uma descrição essencialmente estatística (Sklar 1992). Assim, LIR confere um espaço para ambos os conceitos e a relação entre eles.

6.5.2 – *Contingência e necessidade: determinismo de Bohm*

A ausência na literatura filosófica, científica e lógica de hoje, de uma *linguagem* de antagonismo ou de contradição e a prevalência de uma lógica que não se pretende aplicável à existência real, sugere que uma discussão sobre acaso e necessidade permanecerá problemática.

Para Aristóteles, a única modalidade de acaso no universo era o possível, capaz de evoluir para o necessário ou contingente. Em

LIR, cada valor lógico de um processo ou elemento do processo é uma *probabilidade* que é mais ou menos necessária e mais ou menos contingente. Além dos dois processos prováveis inversos de evolução para não contradição (identidade e diversidade) ou transcendência lógica, existe um terceiro processo provável que evolui para a contradição ou imanência, a inibição recíproca simétrica de acaso e necessidade. Se retroagimos o olhar neste ponto para algumas entidades na categoria de estado T, coisas que caracterizei como emergentes inclusive intermediários, ideias, trabalhos artísticos, inovações de toda espécie, todos parecem conter elementos tanto de causalidade quanto de necessidade. Pelo que sei, ninguém descobriu ainda um nicho na lógica para tais eventos, como valores da lógica. Coerentemente, em termos de LIR, pode-se bem dizer que o universo, de modo geral é a-determinístico, um incluso intermediário estado T com dominio local de determinismo e indeterminismo.

No nível da teoria, parece ser impossível discernir, por conta dos sistemas que mostram imprevisibilidade, não-compatibilidade ou acaso, entre um modelo de sistema governado por fundamentos genuinamente estatísticos, leis naturais indeterminadas ou por leis deterministas que resultam em comportamento caótico. No primeiro caso, o que parece acaso e um acaso real, no segundo, não é. Como se analisa abaixo em relação ao realismo, um aspecto do mundo é a existência de realidade e aparência e, sugiro, uma relação dialética entre eles, assim como entre outras dualidades.

A questão do determinismo foi focada pela proposta de Bohm de uma teoria da mecânica quântica que postula que todas as partículas têm, o tempo todo, uma posição e uma velocidade definidas, mesmo que não se possa determiná-las. A equação da onda de Schrödinger que descreve a evolução de um sistema físico é considerada perfeitamente determinista. Bohm reforçou isto através de equação diretiva que determina, com base na função de partículas de onda mais as posições e velocidades, o que seu estado futuro deverá ser. O resultado é um teoria totalmente determinista que confirma a interpretação de Copenhague da mecânica quântica, isto é que as descrições quanta de partícula e onda são complementares, mas a descrição de complementaridade, como mostrarei no próximo capítulo, é muito complexa, e a visão simplista de Copenhague já foi de há muito superada. Hoefer afirma (2005) o seguinte sobre o dilema resultante: se houver, um dia, alguma "Teoria Final" da estrutura quântica do mundo, não somente será difícil decidir se ela é determinista ou não, porém, parece hoje haver teorias deterministas e indeterministas.

A única saída para o dilema é assumir que os fenômenos quânticos são deterministas e não são, às vezes primeiro um e às vezes primeiro o outro. Ambas as teorias se aplicam na realidade e os estados e relações envolvidas nos processos individuais são parcialmente determinados e parcialmente indeterminados. Esta visão é consistente com a versão relacional da mecânica quântica a ser discutida no capítulo seguinte.

6.6 – REALISMO E EXPERIÊNCIA

Metafísica é um construto complexo de conceitos ou afirmações sobre a realidade e os conceitos ou fundamentos destas afirmações sobre a realidade. Comecei a análise do aspecto existencial de LIR no Capítulo 3 com uma discussão sobre o que significa para algo ser real, para que algo exista, e concluí que não é possível se responder a esta questão com uma lógica de elementos linguísticos bivalentes.

A questão seguinte para os metafísicos é: "o que significa para algo ser real?" A ciência é, por certo, o que deve nos falar sobre o que é real, e nesta seção vou tentar desemaranhar os vários conceitos da relação entre ciência, experiência e realidade que tem sido designadas realismos e empirismos. Os leitores familiarizados com este campo devem ter notado que já usei o termo não padronizado realismo "científico/estrutural". Este termo antecipa o modo como vejo as atuais visões sobre o realismo científico e estrutural bem combinadas em LIR. Já incluí, inclusive, uma análise do conflito entre posições realistas e antirrealistas no realismo semântico.

Finalmente, não há um retrocesso infinito à espreita se considerarmos as possíveis iterações da metafísica da metafísica? Do meu ponto de vista, a origem do conceito de retrocesso infinito, tanto aqui quanto acolá, encontra-se em diversos tipos de desafio ao realismo fundamentado na experiência. De fato, LIR explicita o fenômeno, como indicado acima, que na realidade da experiência humana, o retrocesso cessa quando nenhuma informação a mais é acrescentada, isto é, depois das primeiras iterações.[15]

[15] Conforme as contradições de Priest nos limites interativos do pensamento (Priest 2002)

6.6.1 – *Realismo genérico*

Os dois aspectos mais gerais do realismo como uma doutrina filosófica são de que os objetos, processos etc existem (direito de existência) e que suas propriedades são independentes (direito de independência) das crenças de alguém, de sua prática linguística, temas conceituais etc (Miller 2002).

Os realistas estão abertos aos desafios dos antirrealistas que rejeitam a dimensão da existência do realismo de uma entidade em particular e ou afirmam que tais entidades não existem, ou que existem mas não evidenciam nenhuma das propriedades a elas atribuídas. Exemplos dos primeiros são os debates sobre a existência de entidades "platônicas" como os números e os outros questionam sobre a existência de fatos morais e requisitos necessários. Os exemplos de desafios propostos por aqueles que rejeitam a dimensão de independência do realismo afirmam que os objetos distintos existem, com propriedades distintas, porém nenhum se evidencia independentemente das crenças das pessoas, das práticas linguísticas e dos esquemas conceituais e assim por diante. Esta última é a visão do idealismo clássico de que todos os objetos macroscópicos são, em algum sentido, mentais. Alguns destes argumentos são claramente em um nível "superior" de realidade ou compexidade, no sentido de serem de segunda ordem; negócios de estado existem, mas não têm um papel causal na explicação dos vários aspectos de nossa experiência.

Meu propósito não é comentar sobre os méritos dos argumentos em particular – seria uma outra tarefa impossível dado o escopo deste livro. Também relembraria ao leitor o que comentei no Capítulo 3 em relação à existência ou a ser, a saber, que seria bom se tanto os realistas quanto os antirrealistas fossem claros sobre o significado que dão à existência. Voltarei à visão de ser de acordo com LIR na Seção 7.6, que versa sobre ser e tornar-se. O que nos interessa aqui é que os argumentos colocados pelos dois lados, realistas e antirrealistas, apelam para exemplos meio artificiais, linguísticos e outros, sendo que nenhum parece totalmente convincente. Para mim, este é um exemplo do conflito fundamental e inevitável da existência, assim como suas descrições. As posições realistas e antirrealistas se atualizam e potencializam mutuamente, porém os argumentos antirrealistas se situam em um outro nível mental de realidade no qual o significado, a compreensão ou metáforas usadas, ficam mais próximas do estado T de contradição, já que são parcialmente baseados nos paradoxos inerentes da linguagem e é difícil "identificá-los".

No meu conceito de LIR, todos os processos físicos, incluindo-se aí os mentais e neurofísicos, são, em primeiro lugar, todos reais quanto à energia envolvida em sua instanciação. A lógica da/na realidade propõe uma relação dialética entre "realidade" e sua aparência para um observador consciente. A totalidade deste quadro é o que considero realismo; realidade e aparência são ambas reais. O que *não* é real, então, não o é no sentido de carecer de uma qualidade específica de oposição dinâmica, isto é, fenômenos não espaço/temporais, tais como todas as entidades abstratas de quaisquer espécies.

Minha posição também implica que os assuntos metafísicos do realismo não são um assunto semântico sobre a natureza da verdade. Se assim fosse, qualquer questão acerca de qualquer coisa redundaria em um assunto "realmente" semântico. Discuto aspectos relevantes do realismo semântico na Seção 6.6.5.

6.6.2 – *Realismo científico*

Na discussão de LIR como um sistema formal no Capítulo 3, analisei dois tipos de realismo que se definem formalmente: realismo lógico e realismo natural. Ao se aproximar da ciência e da experiência, muitos novos assuntos surgem sobre o significado do realismo em ciência que, como sempre, dá ensejo a debates sem fim. Assim como com as várias lógicas introduzidas no Capítulo 1, todas as teorias atuais sobre o realismo na ciência se referem a problemas contínuos e limites na aplicação; LIR pode dirigir-se a alguns deles. O propósito das duas seções seguintes é, assim, demonstrar a utilidade dos aspectos lógicos da minha metafísica ao interpretar intuições e percepções que se tornaram disponíveis nos últimos trabalhos da filosofia da ciência.

Ao fazer uma pesquisa científica, teórica ou experimental, os cientistas se esbarram diariamente em inconsistências e antagonismos na realidade tanto epistemológicos quanto ontológicos. Alguns exemplos são as tensões entre conhecimento parcial e ignorância, além da frustante intratabilidade da matéria – a "recusa" de um composto químico de se cristlizar a partir de uma solução. Não é de se admirar que estes processos complexos são percebidos e conceitualizados de modo igualmente complexo. Os filósofos, em face da diversidade do mundo ainda não desvendado pela ciência, tendem a rejeitar sua importância metafísica em nome de uma louvável, mas perigosa estratégia de simplificação, perigosa se confere um valor ou significância antológica menor para a diversidade em si.

O realismo científico é o exemplo que melhor captura a validade geral que a atividade científica adquiriu, porém sua aceitação das entidades que não são diretamente observáveis levou a uma recusa por parte de alguns filósofos. Penso que isto é um outro exemplo da oposição dinâmica que é observável em todos os fenômenos, físicos e mentais. O realismo, em minha teoria, precisa sempre ser acompanhado pelo antirrealismo, e ambos se alternam na predominância de modo mais ou menos válido em casos específicos. O realismo estrutural descreve um grupo de enfoques relativamente recentes cujo objetivo é responder aos desafios antirrealistas, e outros, do realismo científico. Mostrarei que LIR também apoia e explica aspectos de algumas formas de realismo estrutural que são relevantes para a ciência nos níveis microfísico e macrofísico (neste capítulo) e a nível cosmológico (Capítulo 7).

Abaixo, dou uma breve explicação das variedades de realismo correntes que são mais pertinentes à minha proposta de LIR como *lógica* da e na realidade. Em um certo sentido, todas foram desenvolvidas como tentativas de resposta à questão: "A ciência é confiável?" As respostas dadas tendem a enfocar os dominios microfísicos ou quânticos com vista a sua riqueza de entidades inobserváveis das quais somente as propriedades intrínsicas (ver Capítulo 3) são acessíveis à mensuração. Assim como Ladyman e Ross (2007), gostaria de apoiar um programa de unificação da ciência baseada em certos princípios ou padrões da física que também abarquem os emergentes de si mesmos. Como veremos na Seção 7.5 sobre a física quântica, os fenômenos quânticos tais como o emaranhamento quântico e a coerência quântica não operam no nível mental, porém isto não significa que os padrões de interação nos dois níveis não sigam uma lógica similar.

A contribuição mais importante que vejo em LIR é fornecer um elemento não-matemático da estrutura de várias formas de realismo científico e estrutural. O que vou mostrar, no sentido da tese central de LIR, é que LIR e PDO se aplicam a ambas as entidades descritas por teorias científicas e teorias em si (ou mais generalizadamente os aspectos ônticos e epistêmicos das teorias) basicamente no primeiro e terceiro dos três níveis ou domínios mais relevantes: o nível quântico, o nível metafísico "inerte" e o nível biológico e mental. É, para mim, um pouco estranho constatar quão frequentemente os exemplos usados para ilustrar as posições filosóficas sobre realidade e ciência são tirados do *segundo* nível.[16]

O realismo científico parte de um conceito que, sujeito ao reconhecimento de que os métodos científicos são falíveis, como sugerido acima, e o conhecimento mais científico é, em acordo com isto, aproximado, justifica-se, assim, aceitarem-se as descobertas dos cientistas, validadas por consenso, como representações da realidade, isto é, que as entidades não observáveis postuladas por teorias de fato existem. O empirismo construtivista argumenta que as teorias científicas correntes não exigem tal crença e o sucesso da ciência moderna pode ser entendido sem ela. Tais desafios filosóficos ao realismo científico são o que o converte a uma posição filosófica, como bem resumiu Boyd (2002). Posso analisar alguns poucos destes desafios e a resposta realista a eles, hoje, porém uma ideia se sobressai como claramente apoiada por e apoiando minha lógica da/na realidade, a verdade aproximada. Como vimos no Capítulo 2, a verdade para LIR é a verdade da realidade, que não pode ser absoluta. Assim, é concordantemente *não científico* tanto quanto metafisicamente falso exigir-se que a ciência produza a verdade absoluta. LIR descreve, de uma maneira que faça com que isso pareça menos acidental, a relação entre a metodologia experimental atual usada para se obter conhecimento de fenômenos inobserváveis e a teoria que envolve conhecimento prévio de outros inobserváveis sobre os quais depende a metodologia. A entidade não atual que se pretende como consequência do experimento tem uma existência em potencial, ainda não comprovada mas presente como um processo não localizado na mente do experimentador.

O realismo da entidade (ER) é uma outra forma de realismo científico. ER consiste na tese de que a ciência de fato fornece um conhecimento de uma realidade independente da mente, mas não aceita a mais forte argumentação realista que a ciência fornece, ou pode fornecer, o conhecimento *completo* dos inobserváveis e suas propriedades. É óbvio que esta é uma afirmação que LIR tampouco faz.

Esta caracterização da ciência, entretanto, abre espaço no re-

---

[16] O exemplo de uma nota amarrotada de mil dólares tremulando ao vento tem sido usado para analisar assuntos sobre fundamentalismo nas leis da natureza. Outros exemplos frequentemente usados são simples, reversíveis "para todos os intuitos e propósitos" de mudanças físicas de fase. Vejo LIR e PDO tornando acessíveis à análise, isto é, à ciência, casos mais dinâmicos e interessantes, por exemplo, onde aparência e realidade são envolvidas como na psicologia em casos de mentira e trapaça.

alismo científico para críticas de que as mudanças que já ocorreram implicam que outras ocorrerão e que, de acordo com isto, as teorias existentes na atualidade tampouco podem ser confiáveis. Em minha visão, o realismo científico não pode ser questionado devido à existência das previsíveis teorias cientistas bem sucedidas que depois se tornam falsas. Uma teoria que é falsa é "verdadeira" no sentido de atual e real, e sua (inevitavelmente) verdade aproximada pode ser portadora de uma contibuição à metodologia científica. Em qualquer um dos casos, os erros cometidos tendem a ser em relação à natureza dos fenômenos envolvidos mais do que em relação as suas relações, para as quais o experimento tem acesso. Não obstante, é bom mostrar como LIR trata as respostas aos desafios ao realismo científico que se definem como realismo estrutural ou estruturalismo, e falam diretamente ao problema da mudança da teoria. Verei agora as formas de realismo estrutural que, na minha visão, capturam e não capturam as propriedades dinâmicas da realidade e estrutura e, assim, o crescimento do conhecimento científico como um processo natural.

6.6.3 – Realismo estrutural

O realismo estrutural essencialmente afirma (1) que a ciência confere o conhecimento das relações com as quais os constituintes das teorias científicas se ocupam, mas não nos conta necessariamente nada mais sobre seus objetos de estudo; e (2) que tais relações são constituídas de estruturas *matemáticas*, baseadas em um conjunto ou grupo que se presta a descrever as relações. SR foi assim desenvolvido para compensar as inadequações percebidas de um realismo científico ingênuo que responde aos problemas dos inobserváveis. Uma outra forma de se dizer isto é que o realismo científico pleno carece de base para dizer que a *natureza* das coisas é descrita pelo conteúdo físico e metafísico de nossas melhores teorias.

A forma epistêmica do realismo estrutural (ESR) assegura que os objetos de nossas teorias científicas (ex: elétrons) são epistomologicamente inacessíveis. Nós acreditamos no que essas teorias nos contam sobre as relações que se fazem entre objetos inobserváveis, porém, tudo o que sabemos são os elementos estruturais (estruturas) de nossas teorias. Uma versão de ESR defendida por Morganti (2004) é de que *poderia* haver algo mais para além das estruturas do que haver, *certamente*, alguma coisa, mas que não podemos conhecer. Entretanto, isto requer confiar em uma ontologia clássica, baseada no indivíduo e nas categorias intuitivas, que, acredito, são ultrapassadas.

A definição de estrutura em termos matemáticos e a resultante distinção de estrutura/natureza, levanta a questão se a estrutura-como-equações captura todas ou a maioria das propriedades das entidades envolvidas, já que "nada pode ser conhecido da natureza" se tiver que haver um significado adicional atribuído a uma natureza-da-estrutura não-matemática (McArthur 2006). Será esse outro princípio metafísico desconhecido que SR questiona com correção? LIR corta o debate estabelecendo o papel da Oposição Dinâmica como definição, pelo menos em parte, da característica física/metafísica da estrutura real (natureza) das entidades não observáveis.

O realismo estrutural ôntico (OSR) de Ladyman e colegas é uma resposta atual completa dos desafios antirrealistas ao realismo científico, já que assegura que há componentes metafísicos adequados que faltam nas versões epistemológicas do realismo estrutural. A motivação original para a definição de French e Ladyman de OSR era permitir uma metafísica de partículas quânticas tanto como indivíduos como não-indivíduos. Uma versão inicial da teoria do realismo estrutural metafísico (MSR) apareceu para eliminar totalmente a realidade das entidades. Como colocou French, "a ideia não é simplesmente de que tudo o que *conhecemos* são as estruturas, mas sim que tudo o que *existe* são as estruturas". A última versão de OSR, que dá forma à Informação Teórica do Realismo Estrutural (ITSR), responde a grande número de críticas justificadas feitas por MSR. Assim, "aquelas referências (relata) construídas como abstrações das relações não implicam em que não haja referências, muito pelo contrário. Um aspecto central da asseveração de que as relações são logicamente anteriores à referência (relata) é que a referência de uma dada relação sempre parece, no final, ser estruturas relacionais em si mesmas em posterior análise".

6.6.4 – A extensão de LIR: realismo estrutural científico (SSR)

O conceito de estruturas de LIR como processos reais permite uma convergência daquilo que defino como realismo estrutural científico (SSR). A estrutura ontológica da realidade de LIR, estabelecida no Capítulo 5, sustenta um realismo científico não ingênuo e sobretudo não absoluto, dessa maneira, uma teoria do realismo estrutural científico é passível de incluir o melhor de ambos os mundos.

A visão de LIR sobre o realismo na ciência acrescenta os seguintes esclarecimentos, alguns dos quais constantes de OSR em outros termos:

- LIR sustenta uma teoria causal de referência, cuja relação entre um termo e seu referente requer uma cadeia de relações causais entre os usos do termo e as ocorrências de seu referente. Todos os elementos se mantém nestas cadeias de cadeias de relações causais que as constituem, que devem ser alguma forma de definição por um elemento opositor. Isto permite que sejam evitadas as concepções de referência descritivas formais ontológicas e confere um componente crucial para o enfoque realista ao conhecimento científico.
- Removendo-se pontos de vista de separação total de interno e externo, de objetivo e subjetivo, a concepção causal de LIR do conhecimento perceptivo trata as descobertas tanto empírica quanto filosoficamente e epistemicamente com explicações relevantes, sem criar um objeto externo da mente ou dependente da experiência.
- Alguns desafios filosóficos que se levantam contra o realismo científico se baseiam em intuições, [17] que levantam a questão contra o antirrealismo empírico, que afirma não poder haver evidência que racionalmente possa distinguir entre duas teorias científicas empiricamente equivalentes. Tal enfoque implica na existência de duas destas teorias, e dependendo de sua aparência, inconsistente com a visão de identidade de LIR, considero esta objeção carente de conteúdo. Os antirrealistas tendem a usar argumentos baseados nos contrafatos e nos altamente improváveis casos que portam subtextos fortemente anticientíficos. Em si, já constituem exemplos de oposição dinâmica.

[17] É essencial para o entendimento das posições filosóficas enunciadas neste livro saber-se que nenhum conceito usado familiarmente em um programa idealista como a intuição concebida da forma usual, é sustentado. As intuições são reais, processos dinâmicos, que se mantem em uma relação de oposição dinâmica em relação à"identidade"– elementos do conhecimento concreto. As intuições são, portanto, sujeitas à mesma investigação científica como qualquer outro fenômeno, Por outro lado, nada aqui deve ser considerado como uma tentativa de *provar-se* que posições idealistas são impossíveis. Na medida em que alguém pode ter ambas opiniões sobre um assunto em tempos diferentes, como aconteceu com o próprio Dummet, podem ser vistas como oposições dinâmicas, uma visão realista potencializando uma antirrealista e vice-versa.

- LIR confere uma base, consequentemente, para que teorias realistas aceitem uma conexão natural entre as formas naturais e a maquinária conceitual das ciências. As formas naturais existentes extralinguísticas e independentes da mente, em minha visão, são apropriadas metaforicamente para explanação e indução. Qualquer versão de algo como *idealismo objetivo* é desnecessária. LIR, em contraste com o naturalismo padrão e o materialismo metafísico, confere uma base fundamentada dialética e fisicamente para esta conexão. LIR, portanto, se opõe e argumenta contrariamente ao antirrealismo em filosofia e ciência. LIR aceita como evidência reprodutível, quase científica que as pessoas defendam uma posição ou outra e façam presunções razoáveis que os "fatores psicológicos" de alguma espécie devem estar em ação. Entretanto, afirma-se assim, que algo mais e talvez mais interessante sobre estas duas posições opostas: elas são *inevitáveis*.

Uma área de sobreposição entre OSR e LIR é a da definição de Ladyman de um "padrão" como portador de informação sobre o mundo real. Um padrão é real se for projetável (se tiver a possibilidade de portar informação que possa ser, em princípio, computada) e codifica informações acerca da estrutura de eventos ou entidades *S* que sejam mais eficientes do que o mapa de *bits* que codifica *S*. Mais simplesmente: "Um padrão é uma relação entre dados". A posição de Ladyman é a de que o que existe são simplesmente padrões reais. Não há "coisas" ou relata difícil, objetos individuais como presentemente entendidos. É o padrão real que se comporta como objetos, eventos ou processos, e as estruturas das relações entre eles é para ser entendida como modelos matemáticos.

A pergunta de Lupasco "O que é uma estrutura?" ainda permanece, como se a única resposta pudesse ser um conjunto de equações. A resposta indireta de Ladyman e Ross é, em termos de ciência, descrevendo estruturas modais incluindo exemplos inobserváveis de propriedades. O que não é muito sério no quesito ontológico são os *tipos* de propriedades. Assim, os fenômenos vistos não como "resultado" da existência das coisas, mas em sua establidade (temporária) como parte da estrutura modal do mundo, da necessidade e da contingência, é algo aceitável no quadro de LIR, desde que a relação dinâmica da necessidade e contingência também seja aceita. Existem informações capturadas por processos de LIR de um estado (de atualização e potencialização) para outro, descritíveis por uma espécie de probabilidade das inequalidades não kolmogorovianas, embora não possam ser facilmente "computáveis".

As teorias de realistas de estruturas matemáticas como McArthur e realistas ônticos como Ladyman e seus colegas podem então se beneficiar da minha visão de estruturas como entidades dinâmicas. Em LIR há conjuntos de relações processuais em si mesmas, mais do que conjuntos de relações semanticamente iguais à teoria. Como ressalta Ladyman, o estruturalista enfrenta um desafio ao articular seus pontos de vista aos filósofos contemporâneos escolados na lógica moderna e na teoria estabelecida, a qual retém o enquadramento clássico dos objetos individuais representados pelas variáveis sujeitas à predicação ou à filiação respectivamente. *"Em vez do enquadramento mais apropriado para metafísicos estruturalistas, é preciso se tratar as variáveis lógicas e constantes como meros lugares reservados usados para definição e descrição das relações relevantes mesmo sendo as últimas as que sustentam o peso ontológico."* (minha ênfase) É aí que vejo a contribuição maior do enfoque de LIR. A exclusividade mútua das variáveis lógicas e a descrição das relações relevantes é realçada: as relações são as variáveis lógicas em diferentes estados de atualização e potencialização, sem a necessidade de qualquer tipo de entidade intermediária.

Os conceitos de estruturas parciais, relações parciais e quase verdade foram desenvolvidas pela escola brasileira como base para as descrições da realidade quântica, dado que os conceitos clássicos de conjunto, espécie, indivíduo e verdade são inadequados. Estes foram a base para definição de entidades quânticas como indivíduos não separáveis. Entretanto, Bueno diz em certo momento (Bueno 1999) "... a parcialidade modelada pelo enfoque das estruturas parciais não é entendida como uma 'parcialidade' intrínsica, ontológica no mundo (como um aspecto sobre o qual um empiricista prefereria continuar agnóstico). Aqui, estamos interessados em uma parcialidade 'epistêmica', não 'ontológica'."

Conforme argumentei, LIR versa sobre parcialidade ontológica e aproximação, sem aspas. LIR confirma, como princípio, o não absolutismo de qualquer entidade real, processual ou teórica que possa passar por mudança. Se a categoria da Não Separatividade é válida para fenômenos dinamicamente interativos, então LIR confere uma interpretação desta parcialidade ontológica; além dos não indivíduos separáveis, existem também indivíduos não separáveis, e esta individualidade física permanece mesmo nos níveis mais altos (sutis) de realidade. Sobre a questão de onde a transição acontece e a individualidade começa ainda não há uma resposta satisfatória, mas não poderá ser até que surja a *individuação* através da linguagem e da memória nos seres humanos.18 Nestes termos, criaturas de nível inferior tais como insetos sociais, peixes e pássaros que formam cardumes e bandos, devem ser considerados como constituindo não indivíduos não separáveis.[18]

Como Ladyman e Ross, LIR reconhece a diferença entre individualidade e indistinguibilidade nas partículas quânticas, seguindo Krause. O verificacionismo ontológico (ver Capítulo 2) evita se valer do tipo de pseudoestruturas não existentes que, em geral, são invocadas ou inseridas para se tentar explicar os fenômenos que eu também rejeito. Meu acréscimo a esta teoria é que a *indistinguibilidade* tanto quanto a individualidade está, logicamente, também parcialmente presente em níveis mais altos, devido à continuada evidência de potencialidades residuais no nível das partículas, moléculas etc; as coisas são e não são totalmente individuais, são e não são as mesmas.

Observando-se as entidades em todos os níveis de realidade como processos e suas relações está em concordância com LIR e com OSR na interpretação de Ladyman e Ross. Há uma descrição pragmática semelhante dos dois domínios de aplicação das teorias, as quais me referi como as da lógica binária (não causal) e LIR (causal) respectivamente se aplica. Assim, tais autores dizem:

> A metafísica sugerida pela visão processual é efetivamente aquela na qual o universo inteiro é um gráfico de processos reais, onde os limites são processos ininterruptos e os vértices as interações entre eles. Assim, a visão processual, se correta, faria reinvidicações supostamente causais pelos cientistas sujeitos a um teste crítico. Aqueles que escolhessem processos reais poderiam ser causais; os que não o fizessem não poderiam.

LIR acrescenta os detalhes críticos da operação de PDO aos elementos lógicos dos processos reais, ou melhor, dos processos que envolvem entidades reais de espaço e tempo, o que naturaliza esta posição, respeitando-se os princípios tanto da primazia dos limites da física e da física naturalística ou do fechamento da física.

Concluirei esta análise geral com uma breve referência ao desafio neo-kantiano ao realismo científico no conceito de Kuhn sobre

---

[18] Borgès fala sobre uma"preeminência das espécies e da quase perfeita nulidade dos indivíduos". Ele cita Shopenhauer dizendo que o gato brincando em seu aposento é o mesmo gato que brincava no Egito há quinhentos anos (Borgès 1951).

a revolução científica. A teoria dependente de métodos científicos referida acima levantou a possibilidade para Kuhn da incomensurabilidade entre teorias científica competindo entre si ou dos paradigmas. As transições entre as teorias, exemplo, da mecânica de Newton à teoria da relatividade, nesta visão, exemplifica *separatividade,* uma forma de corte epistêmico (ver Capítulo 8), pois ambas as teorias se referem a entidades diferentes embora tenham o mesmo nome (massa). Sem entrar em mais polêmica com Kuhn, simplesmente direi que a metafísica de LIR confere espaço para uma imprecisão fundamental na natureza. Qualquer concepção semântica tal como a de Kuhn, de acordo com a qual a maioria das leis básicas na teoria ou paradigma são verdades *exatas,* fica excluída como antirrealista. Se minha posição implica em que não haja nenhum corte epistêmico entre ciência e metafísica, tenho minhas sugestões racionais para sustentar isto. Baseada em minha visão exposta no Capítulo 5, posso dizer que LIR é uma forma de realismo que trata a descoberta experimental, como por exemplo, os componentes da percepção apresentados no Capítulo 5 como empiricamente confiáveis *e* como explicação filosófica naturalista de porque nossas crenças baseadas em percepções representam conhecimento sobre objetos que são independentes de tais percepções. Consequentemente a mudança para uma nova teoria pode preservar as propriedades estruturais permitindo uma certa continuidade ontológica acompanhando uma revolução conceitual. (Cao 1997) Esta *síntese* ontológica é um quadro dialético de crescimento e progresso que concilia uma continuidade essencial com uma aparência de descontinuidade na história da ciência, um processo que, repetindo, é lógica em LIR.

6.6.5 – *Realismo semântico*

No realismo semântico, toda sentença com significado é vista como totalmente determinada, no sentido de que, seguindo o princípio da bivalência, determina-se se é falso ou verdadeiro, apesar do fato de que pode não haver um método para se determinar um ou outro com precisão. Entretanto, sinto que poderia, com muita facilidade, ser considerada totalmente *indeterminada* ou estar exemplificando completa indeterminação, no sentido de que não existe um método para não se *provar,* porém se *escolhe* entre duas alternativas pela semântica. A lógica binária se adequa na descrição deste domínio. No processo lógico dinâmico, proponho, na medida que alternativas reais estejam envolvidas, um ou outro está predominantemente atualizado e a indeterminação é maximizada pela mesma razâo. Entretanto, quando se aproximam da contradição no estado T de energia máxima e contradição, na qual cada qual é atualizado e pontecializado no mesmo grau, este estado maximiza a determinação; fica "tão determinado quanto possível". Certamente existem muitas sentenças que, mesmo no sentido clássico, não são nem falsos nem verdadeiros. Verifica-se, penso, que as funções semânticas destas sentenças dependam do contexto de maneira a implicar uma relação dinâmica entre elas.

A lógica da/na realidade é uma teoria realista, fundamentada na experiência assim como na física, na experiência *como física*. É lógica *na* realidade e *é* experiência. Em outras palavras, opõe-se resolutamente ao programa kantiano de buscar-se transcender a experiência por considerá-la enganadora. Vejamos mais algumas implicações do realismo semântico e se o postulado fundamental acrescenta valor à discussão sobre o realismo, ao não ou antirrealismo e ao realismo semântico. Em particular, existem desafios semânticos específicos no realismo que LIR atenua?

Uma resposta curta é sim. LIR confere um sentido fenomenólogico à ideia de que um objeto percebido como externo para aquele que percebe não é totalmente "independente", porém tanto externo quanto interno na medida em que tais aspectos são alternada e reciprocamente atualizados e potencializados. Assim, não há necessidade de se exijir que a realidsade física "externa", quer no sentido de que os objetos existem ou que suas propriedades se apresentem, tenha sido "criada" por alguém com práticas linguísticas, esquemas semânticos ou coisas do gênero. Segundo abordado por Miller, Dummet também sugere alguns domínios nos quais seria mais apropriado rejeitar-se a dimensão de independência do realismo via a rejeição do realismo semântico deles. Um realista semântico, nesta concepção, é alguém com noção da verdade necessária para compreender uma sentença que seja bivalente ou transcendente ao reconhecimento. Pode ser falso ou verdadeiro mesmo que não sejamos capazes de o determinar e, consequentemente é determinantemente ou falso ou verdadeiro. Este é um exemplo dos níveis mais altos de estado T ao qual me referi acima. Suas duas outras asseverações são essencialmente (1) que a linguagem não nos dá os meios para se fazer caracterizações metafísicas do realismo; e (2) o conteúdo literal do realismo consiste no conteúdo do realismo semântico.

Deve ficar claro que a verdade nada tem a ver com o realismo em si. Este foi o problema apontado no Capítulo 2 na discussão dos provadores da verdade. O realismo não se ocupa da semântica sobre o mundo além de se referir ao ponto negativo sobre nossa capacidade semântica não constitui o mundo. Miller cita Davitt sobre este assunto também, dizendo que o conteúdo literal do realismo sobre o mundo exterior não é dado pelo realismo semântico, já que este é consistente com a metafísica *idealista* do mundo exterior. Meu realismo científico estrutural requer uma existência objetiva e independente de entidades físicas comuns. O realismo semântico trata de afirmações sobre as entidades físicas, porém não diz nada sobre a natureza da realidade que faz estas afirmações serem falsas ou verdadeiras.

Existem ainda alguns desafios semânticos adicionais ao realismo baseados nas dificuldades de representação (Representation Problem: Khlentzos 2004). Pode-se formular uma aporia assim: se o mundo é decididamente mentalmente independente, como conseguimos saber isto? Será que um mundo verdadeiramente de mente independente não faria uma alguma representação disto em pensamento ou linguagem não confiável ou mesmo impossível? Um mecanismo é necessário para qualquer representação (símbolo mental) ser confiável no sentido de conferir uma correlação entre a representação e seu referente no mundo, o estado de coisas independente da mente. Isto pressupõe, por certo, que tal entidade representativa exista.

As resposta de LIR giram em torno da palavra independente. Sugiro, com efeito, que os aspectos antagônicos da realidade são "importados" na percepção e são sujeitos a interações similares no cérebro, inclusive semânticas que estarão envolvidas em comunicações e outras atividades. Porém, será a mera existência de tais correlações dinâmicas uma garantia de sua confiabilidade? Como de costume, em LIR, a resposta só pode ser: "não completamente".

Uma resposta realista direta a este desafio antirrealista aponta para a prevalência em nossa prática linguística de crenças inspiradas no realismo, as quais expressamos nas coisas que dizemos e que fazemos. Os contra-argumentos dos antirrealistas é que a realidade é fundamentalmente indeterminada e a razão segue uma correspondente lógica intuicionista. Khlentzos sugere, em termos que são diretamente relevantes para a tese deste livro, que a aceitação maciça da lógica clássica pelos matemáticos e cientistas e sua rejeição à lógica intuicionista quando o propósito é a ciência corrente confere uma boa evidência coerente e útil para uma compreensão realista da verdade". Espera lá. Existem domínios importantes da ciência e da matemática para os quais a lógica intuicionista, apesar de suas limitações, é altamente utilizável. A lógica clássica já foi muito útil e ainda o é para muitos propósitos da ciência, apesar de sua incapacidade para resolver certos problemas. Em terceiro lugar, a citação coloca a ênfase, incorretamente na minha opinião, na "verdade" como se ela estivesse em oposição à realidade que a fundamenta, como visto no Capítulo 2. Tal escolha pode ser um desserviço ao realismo físico/metafísico.

No meu ponto de vista, as considerações que LIR adota sobre a história naturalística contra o externalismo semântico para descrever "como criaturas como nós vieram a desenvolver disposições linguísticas" de maneira que pode haver uma ligação entre, por exemplo, o uso de uma expressão como "Big Bang" e o evento do mesmo nome, que segundo alguns teóricos, ocorreu há algum tempo. As correspondências para operações mentais semânticas e não semânticas são uma consequência de uma leitura contraditória de interno e externo, e sugere que muitos dos desafios semânticos ao realismo podem ser explicados.

A metafísica e a ontologia de LIR são muito gerais e a questão pode surgir se seu princípio chave, o PDO, é científico ou constitui-se como alguma forma de lei natural. Na próxima seção, vou responder a esta questão, assim como comentar sobre o constante debate sobre a natureza das leis da natureza em si mesmas. Isto vai ilustrar alguns aspectos chaves da aplicação de LIR aos problemas filosóficos.

6.7 – O PRINCÍPIO DA OPOSIÇÃO DINÂMICA E AS LEIS DA NATUREZA

LIR é uma teoria decididamente realista, como já demonstrei ao colocar-me sobre a interpretação epistemológica como antirrealismo contraditório. Isto inclui, como característica fudamental estrutural, as dualidades da natureza e o antagonismo inerente do termos de tais dualidades. Referi-me a esta característica como PDO, porém isto deixa em aberto a questão de se representa simplesmente uma observação fenomenológica coerente, uma lei da natureza, ou um princípio com autoridade científica, uma teoria da física fundamental, pareado com, digamos, a simetria. Existem vários candidatos que se coadunam com uma descrição apropriada, nenhum dos quais, sinto muito, se encaixa no princípio de LIR. Uma outra questão muito próxima é a que lida com o termo constitutiva, que deve ser entendido, no meu ponto de vista, com seu fundo kantiano e neokantiano. No Capítulo 4, defini um princípio constitutivo simplesmente como aquele que estabelece a relação com um objeto da experiência.

6.7.1 – *Oposição dinâmica: constitutiva e reguladora*

Neste estágio do desenvolvimento da teoria, permita-me dizer o que PDO não é:

- Não é constitutivo no sentido de Recheinbach de coordenação do formalismo matemático (ou lógico) pré-existente com a parte física da teoria científica.
- Não é constitutivo no sentido de envolver um a priori kantiano isolado da evidência experimental, algo pré-experiência que é a condição da possibilidade da existência desta existência.

A oposição dinâmica é constitutiva em LIR no sentido de estabelecer a relação crítica de coordenação interativa inerente aos fenômenos. Lupasco introduziu a oposição dinâmica como uma regra lógica aos: (1) fundamentos fenomenológicos, intuição e introspecção; e (2) no corpo crescente do conhecimento da mecânica quântica, aumentar o escopo nomológico no processo. Na verdade, isto se desenvolveu em paralelo com a evolução do Princípio de Exclusão de Pauli a partir de regra fenomenológica a princípio científico. (Massimi 2005) Este foi o princípio que justifica cientificamente a posição de LIR em relação ao movimento em direção à diversidade, heterogeinização, ser considerado tão fundamental quanto aquele em direção à identidade, governado pela segunda Lei da Termodinâmica, para a qual não se conhecem exceções.[19] Nisto, entretanto, O PDO realiza o que pode ser considerada uma função reguladora kantiana de fim-aberto, dando uma espécie de unidade sistemática ao conhecimento em geral, não só da mecânica quântica.

Minha conclusão é que é melhor considerar-se PDO como sui generis Constitutivo e regulador. Ao se buscar modelos de oposição dinâmica, é essencial não se referir a sistemas que envolvam os princípios da lógica padrão que exclui, a priori, a interação entre os termos. Já afirmei, no capítulo anterior, que PDO é um princípio estrutural metafísico.

Entretanto, será PDO um princípio científico e, se tal, um ao qual não se pode ignorar nem na filosofia nem na prática da ciência?

[19] Existem, por certo, inúmeras exceções, porém elas consituem uma descrição alternativa de entidades ficcionais, não existentes.

6.7.2 – *Oposição dinâmica como um princípio científico: ligando a física com a estatística*

Referi-me em minha discussão sobre causação probabilística à dificuldade de se combinar considerações estatísticas e não estatísticas em um mundo que parece ser fundamentado nas constantes físicas, indicadas no Capítulo 4 em relação a ambas. Sklar chama a isso de "o curioso entrelaçamento de leis integrais (isto é, as das dinâmicas das entidades quânticas) e de generalizações no esquema explanatório".

Se tal distinção for mantida, entretanto, o problema novamente é deslocado para se decidir que fundamentos as suposições estatísticas adicionais diferentes das dinâmicas fundamentais e/ou se os postulados fundamentais estatísticos são necessários para incluí-los na física. Noto, de passagem, que se tal conceito fosse sustentado, isto significaria o fim do acidente e da contingência como termos metafísicos válidos (exceto em relação à famosa questão não resolvida da indeterminação do decaimento radioativo).

A posição de LIR é que o PDO é exatamente tal postulado. O lócus de intervenção das flutuações estatísticas (as quais, em minha visão seguem, em uma escala micro, as regras determinísticas) tanto no nível microscópico quanto macroscópico está a transição entre potencialidade para atualização e vice-versa que aparecem toda mudança, porém a formalização desta ligação como um princípio científico em sua interidade ainda tem de ser levantado. Isto vai requerer um esforço experimental, apropriadamente planejado para se testar estas suposições sem, tal como neste livro, confiar-se em dados desenvolvidos para outros propósitos. Porém, o conceito de um princípio científico também é passível de interpretação. Se a causação pode ser vista como um processo físico, como em LIR, assim, isto pertence como no conceito de Cassirer, a um novo tipo de afirmação da física pela qual ambas as medidas e leis ou princípios são entrelaçados (Laudisa 2006).[20]

Massimi propôs que, para se entender melhor um princípio científico, deve-se vê-lo no contexto da reinterpretação do kantiano *a priori* como formulado por Cassirer, e o princípio de sistematização nos termos reguladores. Um princípio científico realiza uma tarefa reguladora de sistematização e confere ordem ao conheci-

[20] Como citado por Laudisa, Cassirer falou sobre "um definitivo elemento comum a todas as formas possíveis de conhecimento científico, nunca perfeitamente alcançado". Que a noção de que o PDO possa ser tal elemento, eu deixo como uma possibilidade inacabada no espírito do questionamento de Cassirer.

mento empírico, enquanto é uma parte integral do mesmo conhecimento (minha ênfase). Isto poderia servir como uma definição alternativa de Lógica na Realidade!

No meu ponto de vista, é ocioso tentar argumentar se as entidades portadoras de propriedades e em relação com outras entidades seriam ontologicamente anteriores às leis da natureza ou não, isto é, se atinge a realidade objetiva é atingida porque está em conformidade com a lei, e não o oposto. Por outro lado, minha definição categorial dos domínios diferentes da realidade de acordo com a evidência de o PDO se apresentar funcionalmente ou não, sugere que algo fundamental sobre a oposição dinâmica que pode merecer o appelation controlée de uma lei da natureza.

6.7.3 – *Oposição dinâmica como lei da natureza*

Uma lei da natureza é definida como uma relação geral que se sustenta entre propriedades de entidades físicas ou sistemas, ou entre quantidades físicas que resultem de medições feitas nestas entidades. Leis, supostamente, devem ter validade universal e um alto grau de acurácia e consistência, conferindo, assim, uma descrição que auxilie na compreensão conceitual dos fenômenos. Implícita à noção de uma lei da natureza está a que tais leis governam o comportamento de todas as entidades do universo.

A posição de Hume e seus seguidores é de que não há necessariamente relações ou conexões na nautreza – conexões, forças ou disposições (ver Seção 6.3.4) – que poderiam coletivamente ser chamadas de propriedades modais. Consequentemente, não há leis da natureza. Em comparação, a metafísica da Lógica da/na Realidade é fundamentalmente anti-Hume; em LIR as conexões necessárias, inclusive as de causa e feito, são de ordem a não admitir coisas com existências distintas dos eventos ligadas somente por contiguidade.

A maioria dos realistas acredita que as leis da natureza e características modais reais existam verdadeiramente, porém eles se dividem na explicação quanto ao conteúdo e seu papel. Por exemplo, o conceito de uma lei da natureza acrescenta valor explanatório além das propriedades modais em si? O debate sobre as leis da natureza é se a descrição de um aspecto da natureza como lei implica em que haja mais do que as equações e/ou descrições das propriedades de espécies naturais que a contém. Se assim for, deveria ser possível estabelecer no que isto consiste. Se não houver nada além disso, seria necessário perguntar se há algum valor em se descrever um fenômeno com os critérios de uma lei em oposição àqueles que não o são, geralmente designados acidentes.

Uma outra forma desta divisão é aquela entre leis mais e menos fundamentais, em outras palavras, a designação deveria mudar algo, como uma lei, ou não de acordo com o nível de realidade? Os realistas também se dividem em outros assuntos, em particular se as leis são necessárias e contingentes, e qual seria o significado de uma lei contingente. Existe uma questão correlata de qual seria o domínio apropriado de uma certa lei não fundamental, dado que existem domínios nos quais elas são claramente falhas ou incompletas. Finalmente, existe alguma vantagem cognitiva e heurística em definir algo como o PDO de LIR, como uma lei da natureza?

6.7.4 – Posições metafísicas

O problema do caráter metafísico das leis da natureza pode ser enfocado pela referência ao tratamento dado por LIR à identidade e à diversidade como características categoriais não-separáveis, baseada na discussão exposta na Seção 4.4.1.2. A Lógica padrão é a lógica das identidades e as leis da natureza expressam estas identidades como sendo dependentes de conexões necessárias entre estados distintos. O oposto, a posição antagônica, como já dito, é a de Hume, que tais conexões não existem nem precisam ser postuladas para se explicar as regularidades observadas na natureza. Munford (2005) descreve esta posição como a "Lei sem-lei de Hume".

Atualmente, são os realistas nomológicos que pensam haver leis metafísicas reais da natureza e que tais leis correspondem às relações entre entidades. Este enfoque, entretanto, desloca o problema das relacões serem necessárias ou contingentes. O argumento seguinte é sobre se a necessidade é metafísica, enraizada nas características reais do mundo; se é uma necessidade analítica, enraizada no significado das proposições; ou é uma necessidade lógica enraizada na forma (sintaxe).

Roberts (2005) diferencia entre duas formas de leis da natureza, como a seguir:

(1) P é uma lei relacionada à teoria T se é sugerida por T e exerce um papel de R dentro de T
(2) P é uma lei da natureza se é uma lei que se relativa a alguma teoria verdadeira.

Neste relato metateórico, a definição (2) de uma lei da natureza é tautológica, a menos que haja uma compreensão independente de uma teoria de um operador. "É uma lei que...". Diz Roberts que há uma teoria melhor para se definir uma lei fundamental física do que uma lei postulada por uma teoria fundamental física: (1) certas teorias contém proposições que desempenham um papel especial nestas teorias que são, ou podem ser designadas como leis fundamentais desta teoria; e (2) uma teoria cujas proposições todas (ou quase todas) são leis é uma teoria fundamental física.

Roberts sugere uma nova forma de se definir (1) as leis fundamentais da natureza. Ele afirma que as correlações dependentes de mensuração são garantidas não pelos princípios constitutivos pelo significado, mas pelas leis da natureza. Isto, por sua vez, depende, entretanto, de uma proposta de que para ser uma lei de uma teoria é preciso desempenhar um papel indispensável ao evidenciar que as quantidades teóricas postuladas por tal teoria sejam de fato mensuráveis. Tais leis, por sua vez, parecem difíceis de se diferenciar de princípios, já que, se leis podem ser princípios dos quais se pode derivar sistemas de equações diferenciais, eles são "bem equipados" para garantir a mensuração das quantidades teóricas.

Meu enfoque nos dois níveis permite a aplicação aqui das dinâmicas epistêmicas entre níveis que propus. Elementos são partes das leis e leis são partes de teorias e vice-versa. Não é necessário assumir uma posição dogmática se LIR é uma lei ou uma teoria de um ponto de vista específico. Munford se refere a três exemplos gerais tirados da existência das leis: primitivismo, que afirma que correspondem a uma categoria distinta não redutível; eliminativismo, que rejeita leis como uma categoria em separado; e reducionismo, que diz existirem leis, porém elas ou os fenômenos que descrevem, podem ser responsáveis por mais coisas que não são leis. Minha opinião é que algo expresso pela expressão "lei natural" existe e existe dentro da subcategoria de Não-Separatividade e, consequentemente, redutível às interações dualísticas sujacentes do universo. Como exemplo geral, LIR é tanto é reducionista quanto eliminativista. As conexões modais nomológicas do mundo são inerentes em suas propriedades conectadas e tais características estão realmente no mundo sem que haja nenhuma lei para fundamentá-las. O trabalho das leis é funcionar como um recurso heurístico para chamar a atenção para a interação entre as teorias e seus elementos.

Assim, tenho mais um enfoque para o debate atual se as leis da natureza que obtém no "nosso universo", este que nos permite vivermos segundo o fraco princípio antrópico (Capítulo 1), são uma seleção de um (infinito) conjunto de leis que permitem muitos universos diferentes (o multiuniverso). LIR defende a visão expressa por Davies (2007) que é não é necessário se apelar para "algo" fora de nosso universo para se explicar a "sintonia fina" das leis da física. O PDO inerente ao que existe "dentro" dá conta de algumas explicações que ainda faltam destas operações e destas leis, sem buscar "fora" delas.

Se o arrazoado acima for aceito, não constitui, então, nenhuma diferença se o PDO e sua lógica e ontologia não constituem um corpo de leis naturais. Por exemplo, o que os constrangimentos anômicos,[21] têm em comum é o limite para a substituição das leis como fontes de compreensão ou para fornecer saídas epistêmicas ou pragmáticas, mas os benefícios não estão ligados à generalidade, a uma propriedade formal unificadora e explanatória das leis. As noções de LIR são mais substanciais, realistas e causais, assim como gerais, e a conclusão mais simples é que podem ser vistas como lei e como não-lei.

Acredito que esta discussão de leis da natureza do ponto de vista de LIR constitui um exemplo do segundo objetivo deste estudo: mostrar como as teorias, em si, podem se beneficiar do enfoque da contradição pela referência explícita à presença delas na interação entre seus conceitos constitutivos e suas contradições.

6.7.5 – *As leis da natureza em uso*

Tem-se feito muito esforço para dar substância à noção de leis da natureza usando-se um comportamento sob suposições contrafatuais ou condicionais para se fazer uma distinção clara entre leis e verdades acidentais. O conceito de acidente tem uma longa história na filosofia, porém sua melhor definição, para o meu objetivo, é a de um fenômeno cujas causas parecem ser essencialmente indeterminadas. O argumento, a grosso modo, é que as leis da natureza sustentadas por qualquer suposição contrafatual seja logiccamente consistente com toda consequência lógica das leis. Leis podem ser definidas como um conjunto estável de verdades; verdades tem uma espécie de necessidade; e uma verdade acidental (a verdade de um acidente) não têm este sentido de necessidade. (Lange 2005).

[21] Aspectos não-lei de processos reais (ver abaixo Cat 2005).

Entretanto, uma vez que esta definição foi feita, é preciso ficar claro que se está no domínio da lógica binária.[22] A noção da verdade proposicional que é usada é incompatível com LIR e sua descrição da realidade. Suposições contrafatuais são recursos epistemológicos sem implicações diretas de processos físicos e a discussão se as contrafactuais ou leis são ontologicamente anteriores é uma questão do ramo da ontologia clássica. Do ponto de vista dos fenômenos reais, não exitem acidentes definidos como eventos indeterminados; os argumentos que dependam de uma definição das leis totalmente distintas de regularidades acidentais não podem ser sustentados.

Do ponto de vista de LIR, as leis podem ser interpretadas como governando ou caracterizando tanto A – modelos de sistemas reais, equivalentes à visão semântica das teorias, como B – os próprios sistemas reais. Assim, tenho um quadro em dois níveis A e B para analisar no sentido como demonstrado na Seção 5.2. Se uma inconsistência na natureza for constitutiva, é preciso estabelecer-se uma relação entre tal inconsistência e o conceito básico que reza que eis não podem ter exceções. Para esta discussão, a definição de um modelo é uma estrutura conceitual que faz a mediação entre a aplicação da teoria abstrata e os fenômenos e dados, ou simplesmente fornece a compreensão por meio da representação ou explicação. Não há nenhum requisito de que alguma teoria seja segundo a lei – "legítima" – e restrita, consistente e inconsistente, desde que não tenha que ser totalmente ambos ao mesmo tempo. A estrutura do enfoque de LIR acomoda a ideia de que leis podem se aplicar mais ou menos completamente aos modelos, dado que os modelos, em sua semelhança com os fenômenos subjacentes, também irão apresentar as características categoriais de LIR. (Cat 2005)[23]

Também fica claro nesta discussão que, para se fazer análises válidas, é preciso fazer-se uma distinção na categoria geral das leis

[22] Como consequência, o conceito de que existem leis da lógica como lógica é geralmente entendido como verdade banal; a "lei do meio excluído" garante a verdade das proposições da forma ou p ou não-p.

[23] Onde, por exemplo, a lei da elasticidade de Hooke descreve acuradamente como deformação, o material está em uma região na qual as propriedades estruturais internas dos átomos e das moléculas determinam a constante elástica, mas o comportamento macroscópico é governado pela lei e suas dinâmicas simples e não antagônicas. A "linguagem" da energia e da oposição dinâmica de LIR se adequa, assim, muito às discussões, por exemplo, sobre a força dos materiais como uma medida da resistência à quebra, sendo a resistência uma potencialidade dependente da microestrutura do material, isto é, da integralidade das potencialidades residuais na interface entre as moléculas. Uma ruptura não é uma condição de limite, porém de local estrutural onde a energia potencial mecânica macroscópica Um se transforma em ruptura da energia de superfície Us. A quebra – ruptura – como um local de atividade física, é descrito como uma oposição (palavras de Cat) entre Um e Us; à medida que Um diminui, Us aumenta.

da natureza. As questões não são as mesmas para uma "lei da gravidade" ou a "lei da termodinâmica", que não têm exceções conhecidas, e a Lei de Hooke, por exemplo, que governa a deformação elástica dos sólidos onde existe um domínio de evento bem específico, a saber fratura, na qual e dentro da qual não mais se aplica. O domínio de aplicação de algumas leis da natureza e a compreensão correspondente dos fenômenos, isto é, o poder explanatório das teorias relevantes, pode ser esclarecido olhando-se para o conjunto dos elementos representativos e os processos que ficam por fora do conceito da lei propriamente dita. Cat (2005) chama esses elementos de anômicos e eles incluem condições limitantes, descrições de estados, estruturas, coações, limites e mecanismos. Este conhecimento da excentricidade da lei é central, no seu modo de ver, para tanto modelar o mundo quanto para intervir nele.

Com tal conteúdo para os elementos anômicos, pode-se perguntar que papel resta para as próprias leis da natureza desempenharem do ponto vista metafísico. O resultado é que exatamente neste domínio intermediário, ou limítrofe, "a ligação" do "legal" e do assim chamado extralegal, que os conflitos e dicotomias têm sido examinados exclusivamente pelo ponto de vista da lógica clássica. A maioria, se não a totalidade dos assuntos levantados nos Capítulos 5 e neste, parece estar envolvida, inclusive a continuidade, no domínio da aplicação do cálculo diferencial e da descontinuidade do limite.

Um problema a mais é a diferença nas formas da quebra de simetria, explícita e espontânea. A quebra da simetria explícita envolve um fator significante claramente externo em termos de LIR, um fator livre de qualquer interação anterior. Como já mencionado, a quebra de simetria espontânea (SSB) envolve assimetrias nos estados dos sistemas que não estão presentes nas equações anteriores do estado. Elas e o surgimento resultante de novas propriedades podem ser descritas como uma mudança na ordem de um sistema devido a instabilidade sob pequenas perturbações da estatística interna. Os fenômenos que exibem tal comportamento no nível macroscópico incluem turbulência, todos os tipos de mudança de fase, supercondutividade e aparecimento de ferromagnetismo. Tais mudanças são capturadas por uma lei, ou por uma descrição estrutural do estado do sistema? Se as leis definidas como aplicáveis antes da quebra de simetria, com carater unificador, e algum outro modelo como o daqueles de onde derivam os estados assimétricos, então, é óbvio que o segundo é aquele que traz o papel explanatório.

Em termos de LIR, para que qualquer processo prossiga, alguma forma de quebra de simetria é necessária para sair do estado de dialética "congelada" em um limite temporário de não contradição (de identidade ou de diversidade) mas é enganador chamar a isso de espontâneo. A categoria de processo de LIR implica em uma interação dinâmica de estados atuais e potenciais que capturam o fenômeno, "antes e depois". Assim, LIR tem um conteúdo que é uma espécie de lei que confere uma interpretação do valor critico de uma propriedade. É como um mecanismo que descreve a interação das diferentes entidades envolvidas com suas causas (e efeitos) respectivas, aspectos que aumentam o poder explanatório do conceito de quebra de simetria. Não são só as leis as portadoras do conhecimento cientifico, mas também as estruturas e os mecanismos, como exibido na discussão sobre o realismo científico/estrutural.

A diferença entre condições limítrofes e coações é que as condições limítrofes são dependentes do tempo e as coações não, uma propriedade que vai reaparecer em conexão com minha análise da base para evolução.[24] Em LIR, o tempo não é fundamental, para começar, e a relação entre um regime de condições limítrofes e um de coação pode ser explicada em termos de distinção ternária/binária. Esta é a base da qual parto para dizer que uma simples mudança física de fase, sem representação interna, pertence à categoria de Separatividade. Cada caso de fronteiras e limites físicos levanta considerações conceituais próprias, porém LIR acrescenta a generalização que nenhum desses limites pode ser considerado absoluto em uma escala de longo período de tempo. LIR, na essência, encaixa uma definição de princípios de ligação ou regras de correspondência que conectam ou coordenam os termos teóricos abstratos a ou com termos mais concretos aos quais a teoria abstrata deve ser aplicada. LIR confere uma base para incorporar uma função apropriada para as leis, modelos e trocas filosóficas gestálticas que devem ser feitas dependendo do nível de descrição que está no centro das atenções. O que pode ser considerado como um simples desvio epistemológico ou troca entre, digamos, dois níveis de explanações, não pode ser interpretado apropriadamente a não ser que o desvio ou troca seja visto como um processo dinâmico, na categoria de Processo, no qual os níveis ou elementos estiverem conectados seguindo os axiomas de LIR.

Agora, vou mudar de vários aspectos teóricos da lógica da e na realidade desenvolvidos acima para suas aplicações em algumas áreas selecionadas da filosofia e ciência. Antes disso, entretanto, fa-

[24] No nível cosmológico, desaparece a diferença entre a lei central e uma restrição auxiliar, desde que na representação do campo quântico efetivo do universo, a função de onda do universo é descrita pela equação de Wheeler-DeWitt, onde o tempo está ausente.

rei uma referência ao filósofo que eu e outros consideramos como o maior precursor de Lupasco, isto é, Hegel.

6.8 – FRIEDRICH HEGEL: IDEALISMO E/OU CONTRADIÇÃO?

Não busquei neste livro referir-me, exceto de passagem, ao maior precursor da lógica na/da realidade. Não obstante, por causa dos paralelos com a dialética de Hegel e a lógica e ontologia que o leitor pode ter reconhecido, devo mostrar com alguns detalhes como LIR se diferencia do sistema de Hegel. Lupasco considerava seu sistema mais inclusivo e mais extenso do que o de Hegel. Entretanto, não se pode considerar Lupasco hegeliano ou neo-hegeliano sem especificar a diferença fundamental entre o idealismo de Hegel e o realismo de Lupasco. Compartilho deste realismo e tenho tentado mostrar meu apoio nas seções deste capítulo.

Tanto Hegel quanto Lupasco partiram da visão da natureza contraditória ou antagonística da realidade; ambos desenvolveram sistemas lógicos elaborados que lidam com a contradição e foram mais longe do que a lógica formal proposicional; ambos aplicaram estas noções ao indíviduo e à sociedade, à consciência, à arte, à história, à ética e à política.

Para dar um apanhado geral da relação complexa entre Hegel e LIR, vou examinar a lógica; a origem e o lócus; e as consequências da contradição nos dois sistemas. Hegel encorporou a contradição na lógica e rejeitou a ideia da lógica "formal" clássica que, segundo ele, era um estudo da forma do pensamento abstrato fora do conteúdo.[25] Isto é semelhante à visão de LIR, também na noção de que os pensamentos e conceitos refletem o universo de algum modo, porém as dinâmicas envolvidas são muito diferentes. Hegel propôs três axiomas para descrever a realidade, que diferem da nossa primeira reformulação dos axiomas clássicos: A é A; A é não-A; não-A é A afinal, ou mais, eles são todos juntos. Eles implicam em uma sequência diacrônica de A, não-A e A como tese, antítese e síntese, ao passo que eu sugeri tanto uma existência sincrônica e diacrônica de A, não-A, não-A e estado T como um terceiro termo incluído, com o entendimento de que "ïnclusão" se refere ao local entre os dois primeiros termos, mas em um outro nível de realidade ou complexidade.

---

[25] Em um artigo para publicação "O Que É Lógica Formal?", Jean-Yves Béziau demonstra, do ponto de vista da lógica contemporânea, que a noção de "formal" nem é essencial nem útil para sua caracterização.

As contradições de Hegel tiveram sua origem nas manifestações do Espírito como Ideia ou Conceito e, governadas pela Necessidade Absoluta como uma Teleologia Interna, lutam para retornar a ele em uma dialética ascendente via o veículo da consciência humana na história, finalmente em posição de entender o processo. À primeira vista, Hegel parece ter aceito a contradição como fundamental até que se percebe que, apesar da maioria das relações ontológicas significativas serem de oposição entre duas coisas que mutuamente se definem, o que é essencial é sua identidade interior. De fato, se um elemento estiver em contradição consigo mesmo como sua negação, ele desaparece. Este argumento serve somente à conclusão ontológica de Hegel que coisas finitas desaparecem ou morrem por serem tentativas frustradas de "incorporar o infinito" e deixa claro que Hegel carecia de uma base física/metafísica para a vida, a forma e a diversidade de valor ontológico igual.

A lógica de Hegel ainda é aristotélica no meu ponto de vista, integrada em uma "dialética metafísica" (Lupasco 1986), na qual a dualidade contraditória introduzida por ele era continuamente abolida por sínteses cada vez mais puras e mais amplas de termos antitéticos, finalmente alcançando o Aufhebung. Priest traduz isto como sublação, uma transição dialética na qual um estágio inferior é tanto anulado como preservado em um nível superior e Versöhnung, reconciliação, porque a nova unidade não descarta a distinção. Aqui, pode se ver o quadro de Hegel tanto como sincrônico quanto diacrônico, já que os três termos estão, ao menos às vezes, presentes ao mesmo tempo. Ainda assim, a contradição é inerente mesmo na identidade suprema do espírito absoluto (*Geist*), já que ele tanto é incorporado quanto oposto à incorporação. Isto nada mais é do que a expressão filosófica de tornar-se macrofísico, governada pela Segunda Lei da Termodinâmica. A dialética subsequente de Marx e Engels simplesmente transpôs, para o nível social da realidade, o mesmo direcionamento hegeliano em direção à síntese envolvendo a supressão, em contraste com Hegel, de toda contradição. Pode-se, de preferência, pegar a ideia de Hegel que todo fenômeno é um "fragmento" de *Geist* que reflete as propriedades do segundo para prenunciar a visão dinâmica e contraditória da energia, desde que a diferença de papéis e comportamento não sejam ignorados. Por exemplo, a descrição de Hegel da relação da parte/todo é próxima de LIR

> ... partes e todo não são idênticos, cada um só existe em oposição ao outro e de maneira que cada um exista por si mesmo, cada um precisa, como que reduzir o outro para um status

> de satélite, dependente de si. Relacionam-se essencialmente; cada um só é si mesmo em relação com outro que é sua negação... as contradições nela (realidade) que podemos ver observando a parte e o todo, mostram que há um movimento, que está constantemente indo da unidade para a multiplicidade e novamente de volta. Esta relação de exteriorização é de força (energia) e sua manifestação. É o todo visto dinamicamente como uma força interior que produz realidade externa como sua manifestação.

É fácil se verificar um "status satélite" como resultado da potencialização. Todo este quadro iria requerer mais para se encaixar na lógica da realidade é um quadro mais completo de energia como uma "força interior" que enraíza a contradição.25

O sistema de Lupasco, entretanto, envolve duas "dialéticas", ascendente e descendente (divergente) em direção às não-contraditórias da identidade e diversidade, e uma terceira dialética convergente em direção à contradição. Como acima, a origem da contradição é inerente à energia e é a única realidade existente. Dizer que a realidade material/energética foi o resultado ou a emanação de alguma outra necessidade tal como o fundamento (base) do real corresponde a tautologia ou misticismo, e "as descrições lógicas obscuras de Hegel permaneceram sem futuro para a lógica e a ciência". Como Lupasco expressou-se: o sistema de Hegel "era somente a metade da dialética". (Lupasco 1947) O valor afirmativo da identificação sempre transcende o valor negativo da diversificação. Em LIR a contradição se estabelece no nível físico básico.

Como ressaltou Taylor (1975), a tese de Hegel depende da premissa da necessidade ontológica que, por sua vez, depende da contradição do finito. Hegel estabeleceu ou expôs sua estrutura ontológica em "altos" níveis, porém seu projeto exigia uma demonstração de sua ontologia em níveis os mais inferiores, de simples seres limitados, e sua tentativa de provar a contradição fracassou. Sugiro que o realismo de LIR responde bem a esta objeção maior à coerência do sistema de Hegel, sem necessitar de um compromisso com sua tese básica, a parte idealista de sua doutrina.

O quadro hegeliano do mundo tem uma relevância atual como a base de uma visão filosófica relevante da "subjetividade encarnada, do pensamento e liberdade surgindo de uma corrente de vida, encontrando expressão nas formas de existência social e se descobrindo nas relações com a natureza e com a história". No meu ponto de vista, como exemplificado no livro todo, a visão de contradição de Lupasco fundou uma dinâmica, enquanto que a de

Hegel não o fez, precisamente porque seu sistema não é fundamentado metafisicamente e fisicamente nos "níveis mais inferiores de simples seres limitados", isto é, entidades microfísicas. Lupasco (1987 b) demonstrou que não há necessidade dedutiva em Hegel para a tese gerar antítese, muito menos uma fusão subsequente.[26] Minha visão é que LIR pode ser considerada como um Hegel naturalizado, já que uma base física na realidade foi definida para a mudança hegeliana.

Alguns comentários sobre lógica dialética podem ser aqui apropriados. Como Priest (1989) também comentou, Hegel fazia distinção entre dialética e lógica formal – que era para ele a lógica aristotélica no seu tempo. A lei da não contradição se mantém na lógica formal, porém é aplicável sem modificação somente no domínio limitado da estática e do imutável. Naquilo que é geralmente entendido como lógica dialética, ao qual LIR se assemelha superficialmente, a lei da não contradição é falha. Os desenvolvimentos subsequentes da lógica formal, a começar por Frege e Russell, forçaram a rejeição da concepção da contradição de Hegel, ou a interpretação não literal. Os neohegelianos têm tentado preservar este princípio de contradição enfatizando o fator tempo: A não é idêntico a A porque o tempo passou e mudanças ocorreram; contradições acontecem uma depois da outra etc. Artigos com o propósito de descrever a lógica dialética ainda aparecem. Em um exemplo, uma relação é proposta com uma dinâmica não linear pela qual a lógica dialética é aprimorada pela lógica matemática. Esses e outros movimentos, no entanto, não abordam, assim como Hegel tampouco o fez, a questão do que impulsiona a mudança de tese a antítese até a síntese, isto é, um termo "não se sustém por si mesmo", mas vai além para seu oposto ou contradição. Russell demonstrou, antes de Lupasco, que a lógica de Hegel podia ser desconstruída porque ela ainda pressupunha uma lógica tradicional aristoteliana, porém não por esta mais importante razão.

Piaget, também, não foi além da forma padrão hegeliana do materialismo dialético marxista. Isto concorda corretamente com

[26] Lupasco rejeitou a relação dinâmica de Hegel entre ser e tornar-se, pois queria limitar a contradição ao domínio do tornar-se, o que drasticamente limita o valor da tese de Lupasco. De fato, o universo de Lupasco consiste de quase nada para a não ser Tornar-se, como uma contradição funcional, a alternância entre atualização de um fenômeno com a potencialização de sua contradição, e a atualização do primeiro e mais os estados T. A contradição está ausente somente nos casos de afeto ou afetividade que não têm aspectos energéticos e é o único constituinte do ser. Esta posição metafísica é incompatível com o não-ingênuo realismo de LIR.

o papel central do conflito e contradição na transformação das realidades sociais. No entanto (Priest 1989), a dialética marxista é falha ao dar conta das verdadeiras contradições que envolvem a sociedade; uma lógica inconsistente ou para-consistente se faz necessária para tal estimativa, embora, para mim, isto só não seja suficiente. A lógica na forma de LIR parece ser necessária para caracterizar a emergência de novas estruturas das contradições reais.

6.9 – A ABORDAGEM DE LIR À FILOSOFIA

Em diversos pontos da discussão prévia, referi-me às dificuldades associadas aos argumentos filosóficos de várias espécies e sugeri que LIR pode trazer contribuições específicas para resolvê-las. O propósito desta Seção é colocar a caracterização de alguns aspectos gerais da filosofia e das estruturas filosóficas e o que as aplicações dos princípios de LIR podem conseguir. Minha crítica aos argumentos filosóficos é que eles frequentemente dependem de alguma espécie de separatividade absoluta de termos opostos ou dicotômicos. Isto acontece via a importação, como já apontado, implícita ou explícita, dos princípios da lógica binária exemplificados nas noções padrão de tempo, espaço e causalidade.

Minha definição global de filosofia é de um conjunto de disciplinas – lógica, ontologia, metafísica, epistemologia – e seu uso via razão e análise para se chegar a um ponto de vista sobre o que é para os seres humanos estar vivo e pensar. Tal definição tem as seguintes consequências:

1. As relações entre as disciplinas podem ser extremamente complexas, porém, repito pragmaticamente, os domínios podem ser identificados pela forma preferida de descrição. Por seu lado, isto pode ajudar na caracterização da relação chave adicional, a saber, entre a filosofia e a ciência, como modos diferentes de constituição de investigação.
2. As afirmativas filosóficas devem partir de um pressuposto de algo significativo sobre a realidade subjacente, física ou mental, e consequentemente é legítimo se perguntar se são coroadas de êxito ou não.
3. Se, por outro lado, as afirmativas se baseiam em metáforas (e nada mais), é legítimo se perguntar como é a realidade a qual a metáfora se refere.

Os termos chave de minha (muito limitada) análise da filosofia no sistema de LIR são experiência, separatividade e imanência e transcendência.

Experiência

A lógica da/na realidade é a lógica da experiência, assim como da física, que dá o valor ontológico equivalente aos fenômenos físicos e mentais. É uma posição filosófica que coloca a experiência como parte da filosofia sem, no entanto, equacioná-la como o empirismo de Hume. Lupasco dizia que "experiência é lógica e lógica é experiência" e lógica, experiência e método eram sinônimos. (Lupasco 1947) Esta posição conflita com a afirmativa atribuída a Wittgenstein (Ambrose 2001) com o efeito de:

> Vou excluir de nossa discussão questões que são respondidas pela experiência. Os problemas filosóficos não são resolvidos pela experiência, pois em filosofia falamos, não de fatos, mas de coisas para as quais os fatos são úteis.

Além de Heidegger e Sartre, alguns menos conhecidos filósofos europeus aceitaram a relevância filosófica da experiência, como Piaget, Bachelard e Gonseth. O sistema de Gonseth, por exemplo, tem a vantagem de fornecer uma conexão suave com a ciência (Pouget 2004) através do reforço das perspectivas teórica (lógica no sentido padrão), experencial e intuitiva. Sua "metodologia aberta" se refere à abertura a experiência. As interações implícitas na abordagem de Gonseth podem bem se descritas em termos lupacianos, e contrastadas com a visão de Deleuze vistas abaixo.

Wittgenstein afirma em Tractatus que a lógica não lida com o mundo, mas com o possível. Mas, tal dualismo é hoje insustentável. (Peruzzi 1994) O desenvolvimento da abordagem categorial das modalidades esclarece como o possível permeia ou se entrelaça com o real. A teoria de LIR enfatiza o papel das potencialidades, a começar do nível da física básica, e fornece uma interpretação de "entrelaçamento".

Separatividade

Como já demonstrei, a maioria dos argumentos filosóficos parece depender de alguma forma de separatividade absoluta dos termos dicotômicos. Isto acontece *via* a importação, explícita ou implícita, dos princípios da lógica binária exemplificadas no uso das noções de tempo, espaço e causalidade padrão.

O conceito filosófico de Derrida da *Différance*[27] é o que mais apoia os princípios de LIR. Ele questiona a estrutura de oposições binárias (na visão de LIR, a falta de reconhecimento de como interagem), e diz que *différance* "nos convida a desfazer a necessidade de equações equilibradas, para se ver se cada termo em uma oposição não está, afinal, como cúmplice do outro. No ponto em que a *différance* intervem, todas as oposições conceituais da metafísica, até o limite em que tem como derradeira referência a presença de um presente... (significante/significado; diacronia/sincronia; espaço/tempo; passividade/atividade etc.) tornam-se não-pertinentes. Uma nova definição de dialética se faz necessária". (Derrida 1974)[28] LIR se apropria desta intuição e fornece uma nova "estrutura" das oposições em questão e o que pode significar "ser um cúmplice". [29]

Deleuze é um filósofo contemporâneo, por outro lado, que considerou a filosofia como um construtivismo (Deleuze e Guattari 1991), com uma lógica intuicionista implícita que depende da manutenção de uma lei absoluta de não contradição. Consequentemente, todos os conceitos usados por ele são colocados na subcategoria de Separatividade.

Assevero, assim, que apesar, ou melhor, pelo fato das várias disciplinas filosóficas (disciplinas em meio à filosofia) se entrelaçarem, a aplicação de PDO e sua consequente ontologia define domínios da filosofia que se caracterizam ou pela lógica binária ou pela lógica ternária de/na realidade se aplicam primariamente. Assim, aspectos de LIR podem ainda ser considerados em meio às tradições múltiplas da filosofia analítica, como um sistema lógico no qual processos físicos, assim como proposicionais, podem se traduzir.

Filósofos podem também notar que o paradoxo da análise não surge em LIR, já que o Axioma LIR1 *analysandum* A e *analysans* C na forma de "A é C" não pode ter o mesmo significado exato devido á identidade. A é e não é C e isto dá substância ao conceito que afirma que a afirmação pode ser informativa se C tiver "um sentido diferente ou mais ricamente articulado do que A". Finalmente, LIR

---

[27] O neologismo *différance*, com um a na terceira sílaba, difere da palavra diferença em francês que se escreve *différence*. *Differance* é um tipo de dinamismo em LIR.

[28] O conceito de Derrida sobre a suplementaridade pode ser visto como um tipo de terceiro termo emergente.

[29] Priest (2002) também mostra que a noção de *differance* exemplifica tanto a inexpressibilidade de todas as expressões linguísticas e sua própria expressão e que esta contradição real é inerente ao sistema de Derrida.

se opõe ao que Dummet propôs como o axioma fundamental da filosofia analítica, a saber, que " a única rota para a análise do pensamento passa pela análise da linguagem". A análise de LIR sobre o "pensamento" passa pela análise dos processos energéticos à mão.

Imanência e transcendência

Discuti imanência e transcendência anteriormente neste capítulo em relação à causação e ao determinismo, e propus que há uma relação contraditória entre eles. A ausência de tal relação em Deleuze ilustra ainda mais a minha tese.

Deleuze mergulhou fundo na relação entre eventos reais e conceitos filosóficos e "eventos", especialmente, a imanência, transcendência, vida e significado. Seu trabalho é muito significativo para este estudo pelo *modo* como ele rejeitou a dialética (Lardreau 2006), embora tivesse aceitado uma relação recíproca entre seus termos mais importantes – Imanência e Vida.[30]

O melhor modo de resumir seu sistema é vê-lo como uma estrutura de relações abstratas entre termos que definem dois domínios – "filosofia" e "ciência". A filosofia de Deleuze inclui estruturas transcedentais de diversas espécies: dois níveis de estruturas idealizadas: um caos pré-filosófico e um plano de imanência (no qual operam jogos de linguagem), que atravessam o caos (Bento Prado 2003); o campo transcedental; a superfície metafísica e o plano da imanência. Exemplos de separatividade em "filosofia" são encontrados na construção de significado como superfície metafísica de Deleuze, ou uma "linha", um meio entre extremos (Badiou 2006), que são os locais de separação dos diferentes aspectos dos fenômenos, proposições e coisas. (Deleuze 1969)

O plano da imanência cria um campo no qual os conceitos e significados são produzidos, circulam, colidem etc. A vida é transcendental, mas o plano de imanência é *uma* vida; não é a imanência na vida, mas a imanência que não está *em* nada". Se fosse imanência na vida perderia seu carater como um ser que possui em si a razão de ser, em oposição ao ser cuja existência depende de outro.

---

[30] Vida é simplesmente um conceito mais afirmativo e melhor especificado do que Imanência. Vida de preferência à Imanência se opõe à Transcendência não só como conceito geral, mas como forma na qual (ou pela qual) a transcendência se especifica, a saber, pela Dialética. Oposições de termo-a-termo permanecem como uma parte essencial da filosofia – negação/Transcendência vs. Afirmação – Imanência e Dialética, colocada em oposição à Vida, em oposição a um "imanetismo" integral. Transcendência, assim, é especificada pela Dialética, porém sua relação com a Imanência não é Dialética. Para LIR, estas relações não são dinâmicas, pois as relações entre elementos não-absolutos constituem a "dialética", e não há diferença entre oposição e dialética.

Uma tarefa crítica para a filosofia é reter uma propriedade – o infinito – que é considerado perdido para a ciência.[31]

O objetivo da ciência não é o de reconhecer objetos; é tarefa da ciência converter os objetos do plano da imanência em estado de coisas.

A filosofia de Deleuze ilustra os resultados de uma aplicação dos conceitos de imanência e transcendência que não define nem inclui nenhuma relação dialética dinâmica entre elas. O domínio da filosofia de Deleuze é um reino, governado pela lógica binária, de entidades indeterminadas, idealizadas, humenianas em sua falta de interação efetiva. No domínio da realidade na qual se aplica LIR, a existência de todos os seres depende e se define pela dos outros. Infinitos e infinitesimais não existem, mas são substituídos por valores trasfinitos e aspectos imanentes e transcendentes dos fenômenos que alternadamente se atualizam e se potencializam.

Minha conclusão no momento, que será válida para meu uso do termo "filosófico" até o fim deste livro, é que LIR está apta a discutir problemas filosóficos em termos físicos e dinâmicos que não requerem recursos de estruturas imaginárias, abstratas, para separar ou definir aspectos da realidade. Qualquer destes aspectos considerados "virtuais" ou "possíveis" em Deleuze, também o são "na filosofia" mas, "na realidade" são exemplificados como potencialidades.

A prática da filosofia como uma atividade que é "caótica", não sujeita a regras formais (Wittgenstein), faz com que ela se aproxime de uma forma de criação artística; seus "jogos de linguagem" são, sob este ponto de vista, exatamente isto, jogos, *Glasperlenspiele*, e não têm necessariamente nada a nos dizer sobre a realidade ou o comportamento real. Os jogos como ordinariamente se conhece são entendidos como fenômenos binários, com ganhadores e perdedores. Somente jogos infinitos ou transfinitos, nos quais o objetivo é fazer com que o jogo continue, parecem envolver relacionamentos dinâmicos reais, aos quais se podem aplicar as regras de LIR.

O exemplo de Deleuze não deve ser entendido como se eu acreditasse que todas caracterizações filosóficas envolvem estruturas imaginárias ou processos. Como contraexemplo, sugiro a visão de Jankélévitch sobre a ironia como sendo capaz de transformar aparentemente atitudes conformistas em "sínteses superiores", isto é, algo com um significado real a mais. Este é um processo emer-

[31] Discuti os conceitos de infinito *versus* transinfinito na .1. Segundo o poeta argentino Jorge Luis Borges:"Infinito é um conceito que corrompe e altera todos os outros".

gente real em LIR. O oposto deste "conformismo irônico" é um "extremismo conformista" que se movimenta para trás, "através de antíteses superficiais e mecânicas" em direção a uma tese não--contraditória de onde começou. (Jankélévitch 1964)

A visão de Lir aqui expressada, em última análise, combina-se como na concepção de D. W. Smith (2004), com os pontos de vista fenomenológico e ontológico, em particular em relação com as questões filosóficas mais complexas de vida e mente. Difere da de Smith em seu quadro de ontologia, como mostrei acima, mas também é uma abordagem que engloba as estruturas de todos os fenômenos reais, incluindo-se a mente.

6.9.1 – A filosofia da mente

A existência de um fenômeno no universo capaz de refletir em sua própria existência e a ele referir-se simbolicamente é apenas uma das inúmeras formas em que a mente humana foi descrita. A filosofia da mente pode ser considerada a soma de todas as teorias que tentam explicar seus aspectos físicos e quase físicos – aspectos biológicos, neurológicos, causais, computacionais – e seus componentes psicológicos – intelectual, emocional, social, e as relações entre a mente e os objetos, internos e externos, físicos e linguísticos, que são processados por ele. Ao se trabalhar com o conceito de mente, é também necessário que se trabalhe com conceitos correlatos da consciência e da intencionalidade, o caráter singular dos fenômenos mentais considerado por alguns paralelos, e por outros equivalentes aos da mente. A consciência, por sua vez, é acompanhada, ou pode ser equivalente, às suas propriedades autorreferenciais, a autoconsciência. Assim, o problema é enorme, e neste livro farei apenas uma introdução com base na teoria LIR de consciência e mente.

O problema central para a filosofia da mente é mostrar como códigos físicos, os processos neuropsicológicos, ocorrem no cérebro e dão origem a códigos mentais que retêm as propriedades da intencionalidade, as "relações", a individualidade e, até certo ponto, os poderes causais ou a funcionalidade. O ponto fraco de algumas posições atuais (Esfeld 2006) é que códigos físicos e mentais devem ser idênticos (teorias da identidade da mente [ITM]). O princípio da oposição de LIR em todos os níveis da percepção, o processamento mental e a ação, dão base científica para que se diga que alguma coisa é igual *e* diferente, aqui os códigos mental e físico, na oposição dinâmica ao mesmo tempo. Já foi mostrado que a energia exigida para as respostas do cérebro para controlar os estímulos é extremamente pequena se comparada com a quantidade de energia que o cérebro normal e continuamente gasta. LIR apoia a ideia que o "equilíbrio de forças opostas" (Raichle 2006), que tem um custo energético alto, é um elemento necessário para funcionamento do cérebro.

Neste ponto, eu apenas afirmo como postulado, que *nenhuma* teoria da mente, filosófica ou metafísica, com base em entidades, físicas ou mentais na categoria da Separatividade, pode dar uma explicação adequada dos fenômenos mentais. Entretanto os filósofos da mente podem já ver que a revisão da tese básica de Brentano é possível na medida em que ela envolve a *separação* do mental e do físico. Se há uma atitude filosófica que LIR endossa, ela é certamente a atitude de buscar os elos dos aspectos dos fenômenos, e não o que os separa.

Minha outra afirmação, que deveria ser óbvia, é que a complexidade dos fenômenos físicos e suas relações de autorreferencia parcial excluem a aplicação dos princípios da lógica clássica, exceto os modelos de funcionamento do cérebro mais reducionistas e mecanicistas. O fato do princípio da bivalência continuar a ser usado ou estar implícito nas discussões da intencionalidade, é, para mim, apenas uma medida do tamanho do problema.

6.9.2 – *A naturalização da fenomenologia*

Afirmei que o PDO e as estruturas categorias da lógica na/ da realidade estão também fundamentadas no nível mental. O dualismo de LIR não engloba um "flerte" com o dualismo clássico, indefensável, do corpo e da mente, um neurológico e o outro mental. Entretanto, por que deveria a simples presença de uma dinâmica, um dualismo interativo, uma física não reducionista, que envolve potencialidades e também realidades, garantir a preservação de qualidades específicas do pensamento humano, isto é, explicar adequadamente sua operação? Uma teoria científica bem sucedida deveria explicar a cognição humana de seus fenômenos, o fato de as coisas terem aparência, mas as aparências podem também ser compartilhadas. O objetivo final é transpor a lacuna de explicação entre uma mente fenomenológica (consciência) e o cérebro, e tornar natural a fenomenologia, unindo a experiência consciente subjetiva no alcance da ciência natural. As observações que seguem indicam as orientações que a discussão de LIR deve tomar.

Qualquer entendimento da consciência e da mente deve explicar os eventos externos na forma em que são conhecidos – dados fenomenológicos – e seu processamento interno. Ocorre porém que a fenomenologia não pode ser absorvida pelas ciências cognitivas como tal, sem sofrer modificações substanciais. Para que a fenomenologia seja científica, é necessário que ela sofra um processo de 'naturalização', mas há limitações inerentes tanto nas ciências cognitivas quanto em outras abordagens atuais. A maior parte destas teorias envolve um tipo de realismo e objetivismo que eliminam toda a dimensão subjetiva, 'irracional', dos fenômenos sob estudo como fenômenos 'não científicos', ou confere a eles uma categoria lógica de segunda classe.

Como exemplo, a estratégia de Smith para a naturalização da fenomenologia é ampliar o conceito de mundo natural aos processos de intencionalidade, vistos como fenômenos físicos. Mas, seu 'Unionismo' está sujeito à condição de que a união mental e física deve ser entendida como produto de uma constituição categorial, não como realidade factual. Alega-se que a naturalização desta forma evita a "redução a processos causais ou computacionais nas linhas vistas pela ciência da cognição", mas é difícil ver que a intencionalidade assim definida não seja epifenomenal.

LIR questiona a estrutura da ciência da cognição e a crítica de Smith por abrigarem conceitos clássicos de causa e separatividade entre interno e externo. Como na ciência da cognição padrão, LIR pode propor uma "relação explícita e próxima entre os mecanismos do cérebro, suas experiências dentro do organismo, e o mundo a sua volta com o qual há crescente união" (Petitot et al. 1999), mas a base para esta união, da mesma forma que em minha crítica a Maturana no Capítulo 8, precisa ser explicitada.

No próximo capítulo, retorno aos problemas da ciência física, reconhecendo, entretanto, que eles incluem a estrutura do mundo fenomenológico.

Referências

Ambrose, Alice, trans. 2001. *Wittgenstein's Lectures*. Amherst, MA: Promotheus Books.

Arntzenius, Frank. 1999. Notes to Reichenbach's Common Cause Principle. *In The Stanford Encyclopedia of Philosophy*, ed. Edward N. Zalta. http://plato.stanford.edu/archives/entries/Rpcc/notes.html/.

Badiou, Alain. 2006. *De la vie comme nom de l'être. Philosophie* 89:78-93.

Bell, John L. 1998. *A Primer of Infinitesimal Calculus*. Cambridge: Cambridge University Press.

Bell, John L. 2006. Abstract and Variable Sets in Category Theory. *In What Is Category Therory*? Monza, Italy: Polimetrica International Scientific Publishers.

Bento Prado de Almeida. 2003. Plane of Immanence and Life. *In Introduction to Deleuze's Philosophy*, ed. J. Khalfa London: Continuum Editions.

Bird, Alexander. 2006. Potency and Modality. SYNTHESE 149: 491-508.

Borgès, Jorge-Luis. 1951. *Historie de l'infamie. Histoire de l'eternité*. Paris: Éditions du Rocher.

Boyd, Richard. 2002. Scientific Realism. *The Stanford Encyclopedia of Philosopy (Summer 2002 Edition)*, ed. Edward N. Zalta. http://plato.stanford.edu/archives/spr2002/entries/scientific-realism/

Bueno, Otavio. 1999. Empiricism, Conservativeness and Quasi-Truth. *Philosophy of Science* 66:474-485.

Cao, Tian Yu. 1997. *Conceptual Developments of 20th Century Field Theories*. Cambridge: Cambridge University Press.

Carvalho, Tadeu. 2006. Thesis, State University of Campinas, Brazil.

Cat, Jordi. 2005. Modeling Cracks and Craking Models. *SYHTHESE* 146: 447-487.

Davies, Paul. 2007. Why is the Universe Right for Life? *Public Science Symposium*. Montreal, Canada: McGill University, January 25.

Debrun, Michael. 2000. A Ideia de Auto-organizaçao. In *Auto-organização: estudos interdisciplinares*, eds. M Debrun and O. Pessoa Junior. Campinas, Brazil: University of Campinas, Center for Logic, Epistemology and the History of Science 30:13.

Deleuze, Gilles. 1969. *Logique du Sens*. Paris: Les Éditions de Minuit.

Deleuze, Gilles and Felix Guattari Felix. 1991. *Qu'est-ce que la philosophie*? Paris: Les Éditions de Minuit.

Derrida, Jacques. 1974. *Of Grammatology*. Baltimore, MD/London: Johns Hopkins University Press.

Drewey, Alice. 2005. Essentialism and the Necessity of the Laws of Nature. *SYNTHESE* 144: 381-396.

Emmeche, Claus. 2003. Casual Processes, Semiosis, and Consciusness. *In Process Theories: Cross-disciplinary Studies in Dynamic Categories*, ed. J. Seibit. Dordrecht, The Netherlands: Kluwer.

Esfeld, Michael. 2006. From Being Ontologically Serious to Serious Ontology. In *John Heil Symposium on His Ontological Point of View*, ed M. Esfeld. Frankfurt (Main)/ Germany: Ontos-Verlag.

Heil, John. 2005. Dispositions. *SYNTHESE* 144: 343-356.

Hitchcock, Christopher. 2002. Probalistic Causation. In *The Stanford Encyclopedia of Philosophy (Fall 2002 Edition)*, ed. Edward N. Zalta. http://plato.stanford.edu/archives/fall2002/entries/causation-probabilistic/.

Hoefer, Carl. 2005. Causal Determinism. In *The Stanford Encyclopedia of Philosophy (Summer 2005 Edition)*, ed. Edward N. Zalta. http://plato.stanford.edu/archives/

sum2005/entires/determinis-causal/.
Jankélévitch, Victor. 1964. *L'Ironie*. France: Flammarion, Champs.
Khlentzos, Drew. 2004. Semantic Challenges to Realism. In *The Stanford Encyclopedia of Philosophy (Winter 2004 Edition)*, ed. Edward N. Zalta. http://plato.stanford.edu/archives/win2004/entries/realism-sem-challenge/.
Ladyman, James and Don Ross. 2007. Every Thing Must Go. Metaphysics Naturalizade. Oxford: Oxford University Press.
Lange, Marc. 2005. Laws and Their Stability. *SYNTHESE* 144: 415-432.
Lardreau, Guy. 2006. *L'histoire de la philosophie comme exercise différé*. In Gilles Deleuze; Immanence et Vie. Paris: Presses Universitaires de France, Quadrige
Laudisa, Federico. 2006. *Le principe de causalité entre empirisme logique et néokantisme. Philosophie* 89: 78-93.
Longo, Giuseppe. 1999. The Mathematical Continuum. *In Naturalizing Phenomenology. Issues in Contemporary Phenomenology and Cognitive Science*, eds. J. Petitot et al. Stanford, CA: Stanford University Press.
Lowe, E. J. 2002. *A Survey of Metaphysics*. Oxford: Oxford University Press.
Lucas, John R. 1961. Minds, Machines and Gödel. *Philosophy* XXXVI: 112-127.
Lucas, John R. 1990. Paper Read to the Brighton Turing Conference, April 6, 1990, in Brighton, England. http://users.ox.ac.uk/~jrlucas/Gödel/brighton.html.
Lupasco, Stéphane. 1947. *Logique et Contradiction*. Paris: Presses Universitaires de France.
Lupasco, Stéphane. 1967. *Qu'est-ce qu'une structure*? Paris: Christian Bourgois.
Lupasco, Stéphane. 1986. *L'énergie et la matière vivante*. Monaco. Éditions du Rocher (originally published in Paris: Julliard, 1962).
Lupasco, Stéphane. 1987a. *L'énergie et la matière psychique*. Paris Editions le Rocher (riginally published in Paris: Julliard, 1974).
Lupasco, Stéphane. 1987b. *Le príncipe d'antagonisme ET la logique de l'énergie*. Paris: Editions du Rocher (originally published in Paris: Éditions Hermann, 1951).
Massimi, Michela. 2005. *Pauli's Exclusion Principle. The Origin and Validation of a Scientific Principle*. Cambridge: Cambridge University Press E-book. http://www.cambridge.org/9780521839112.
McArthur, Daniel. 2006. *Journal for General Philosophy of Science* 37: 209-224.
Menzel, Christopher. 2003. *Actualism. In the Stanford Encyclopedia of Philosophy* (Spring 2003 Edition), ed. Edward N. Zalta. http://plato.stanford.edu/archives/spr2003/entries/actualism/.
Miller, Alexander. 2002. Realism, In *The Stanford Encyclopedia of Philosophy (Winter 2002 Edition)*, ed. Edward N. Zalta. http://plato.stanford.edu/archives/win2002/entries/realism/.
Morganti, Matteo. 2004. On the Preferability of Epistemic Structural Realism. *SYNTHESE* 142: 81-107.
Munford, Stephen. 2005. Laws and Lawlessness. *SYNTHESE* 144: 397-413.
Peirce, Charles Sanders. 1955. Philosophy and the Sciences: A Classification. *In Philosophical Writings of Peirce*, ed. J. Buchler. New York: Dover Publications (originally published as MS *Minute Logic* II.1.203 (1902). Vol. 1 of *Collected Papers of Charles Sanders Peirce*, eds. C. Hartshorne and P. Weiss (Cambridge, MA: Harvard University Press, 1931)).
Penrose, Roger. 2005. *The Road to Reality*. New York: Knopf.
Peruzzi, Alberto. 1994. Prolegomena to a Theory of Kinds. *In The Logical Foundations of Cognition*, eds. J. Macnamara and G.E. Reyes. New York: Oxford University Press.
Petitot-Cocorda, Jean. 1992. *Physique du Sens*. Paris: CNRS Éditions.

Petitot, Jean et al (eds). 1999. *Naturalizing Phenomenology. Issues in Contemporary Phenomenology and Cognitive Science*. Stanford: Stanford University Press.

Poli, Roberto. 2004. Process Semantics. *In After Whitehead: Rescher on Process Metaphysics*, ed. M. Weber. Frankfurt, Germany: Ontos-Verlag.

Pouget, Pierre-Marie. 2004. *Les Ambitions Légitimes de la Philosophie*. Pailly, Switzerland: Editions du Madrier.

Priest, Graham. 1989. Dialectic and Dialetheic. *Science & Society* 53: 388-415.

Priest, Graham. 1995. *Beyond the Limits of Thought*. Oxford: Clarendon Press.

Priest, Graham. 2002. *Beyond the Limits of Thought*. Oxford: Clarendon Press.

Raichle, Marcus E. 2006. The Brain's Dark Energy. *SCIENCE* 314: 1249-1250.

Roberts, John T. 2005. Measurability and Physical Laws. *SYNTHSE* 144: 433-447.

Salthe, Stanley N. 2004. The Spontaenous Origin of New Levels in a Scalar Hierarchy. *Entropy* 6: 327-343.

Schaffer, Jonathan. 2003. The Metaphysics of Causation. In *The Stanford Encyclopedia of Philosophy (Winter 2003 Edition)*, ed. Edward N. Zalta. http://plato.stanford.edu/archives/win2003/entries/causation-metaphysics/.

Schaffer, Jonathan. 2006. Le trou noir de la causalité. PHILOSOPHIE 89: 40-52.

Shoemaker, Sydney. 1982. Causality and Properties. *In Identify, Cause and Mind*. Cambridge: Cambridge University Press.

Sklar, Lawrence. 1992. *Philosophy of Physics*. Boulder, CO/San Francisco, CA: Westview.

Smith, David Woodruff. 2004. *Mind World*. Cambridge: Cambridge University Press.

Sober, Elliott and Larry Shapiro. 2007. Epiphenomenalism – The Do's and the Don'ts. In *Studies in Causality: Historical and Contemporary*, eds. G. Wolters and P. Machamer. Pittsburgh, PA: University of Pittsburgh Press, pp. 235-264.

Taylor, Charles. 1975. *Hegel*. Cambridge: Cambridge University Press.

Van Inwagen, Peter. 2002. *Metaphysics*. Boulder, CO: Westview.

Varela, Francisco J. 1999. The Specious Present. *In Naturalizing Phenomenology. Issues in Comtemporary Phenomenology and Cognitive Science*, eds. J. Petitot et al. Stanford, CA: Stanford University Press.

Weiner, Matthew and Nuel Belnap. 2006. How Causal Probabilities Might Fit into our Objectively Indeterministic World. *SYNTHESE* 149: 1-36.

Woodward, James 2001. Causation and Manipulability. In *Stanford Encyclopedia of Philosophy (Fall 2001 Edition)*, ed. Edward N. Zalta. http://plato.stanford.edu/archives/fall2001/entries/causation-mani/.

Capítulo 7

LIR E A CIÊNCIA FÍSICA: TEMPO, ESPAÇO E COSMOLOGIA

Resumo: Neste capítulo exploraremos a questão da natureza do tempo e espaço que determina de que forma são vistos os fenômenos e as teorias da realidade. A perspectiva LIR de tempo e espaço pode ser comparada com a concepção atual da relatividade em geral, e serão discutidos os problemas de tempo 'subjetivo' e 'objetivo' e do 'panorama' independente espaço/tempo. A forma de descrever espaço/tempo e a relação de simultaneidade e sucessão no quadro LIR é bastante nova, e aplica-se tanto à ciência como à filosofia, por exemplo, à metafísica do ser e do vir a ser. A mecânica quântica, inclusive a operação do conceito amplamente discutido da complementaridade de Bohr, são interpretadas nos termos de LIR. Da mesma forma que a mecânica quântica relacional, o realismo estrutural científico de LIR dá ênfase às relações mais do que aos estados, na medida em que matém o papel de ambos. Os recentes progressos que visam a unificação da teoria quântica e a gravidade na relatividade geral tendem a confirmar o papel de relações como as do quadro LIR. O princípio da autodualidade nessas teorias pode ser refletido no princípio de oposição dinâmica de LIR. A nova teoria cosmológica, o modelo cíclico do universo, é examinada a partir do ponto de vista LIR.

7.1 – TEMPO E ESPAÇO: OBSERVAÇÕES PRELIMINARES

As noções clássicas de tempo e espaço e de simultaneidade e sucessão ainda são latentes no raciocínio em quase todos os campos do pensamento e no comportamento humano no dia a dia. Para começar a colocar a teoria LIR em perspectiva, primeiro vou resumir a concepção de tempo e espaço de forma simples ou simplificada:

a) Espaço e tempo não são independentes, mas relacionam-se através das leis gerais e da relatividade especial, como a que deveria atribuir ao mundo um *continuum* quadrimencional de três dimensões espaciais e uma dimensão temporal.
b) Tempo e energia também se relacionam, no sentido que os tempos mais próximos do Big Bang correspondem a energias maiores.
c) No nível quântico, há dimensões adicionais, porém elas estão ocultas no nível macroscópico; são possíveis correlações entre os estados das partículas quânticas sobre distâncias (não separatividade); e o entrecruzamento entre estados de partículas dão base nova ao armazenamento de informação e troca encriptada.

As diferenças entre as propriedades quânticas e macroscópicas parecem não ter consequência no nível fenomenológico. Quando estou em viagem, a 3.000 km de distância de minha esposa, não estamos ligados em qualquer sentido físico, exceto a (desprezível) força gravitacional entre nós. A hora do relógio a que nos referimos é a mesma; não estamos viajando em velocidade relativística.

Entretanto, os problemas permanecem, uma vez que a unificação das noções de espaço e tempo indicada em uma estrutura física quadrimencional é epistemologicamente contraditória com relação à diversidade delas na experiência fenomenológica. E mais, mesmo na experiência humana, há a possibilidade, dado que há mais do que uma consciência individual, de duas estimativas 'de' tempo. No que segue vou me dedicar a poucos dos muitos problemas envolvidos em espaço e tempo. Por exemplo, o problema fenomenológico é uma das origens das posições antirrealistas que o tempo, entre outras coisas, é o que eu imagino que ele seja. A questão então é, se a posição solipsista (somente eu sou real) for rejeitada, o que conta para o consenso entre a maioria das pessoas sobre as medidas comuns de tempo e espaço? Se verdadeiramente o solipsismo é falso, no que ele viola determinados princípios fundamentais da física, fica difícil.

Outra maneira de colocar o problema do tempo é que, uma vez que sua aparência é muito real e sua realidade provavelmente diferente, mas não perceptível, que (presume-se) está presente no fenômeno quântico que nos constitui e no universo em que vivemos, qual seria a relação entre sua aparência real e sua realidade diferente, mas não perceptível? Ainda, há alguma suposição que tenhamos feito no modelo apresentado pela relatividade geral (GR) cuja origem está na lógica clássica que falsifica o debate? Com o propósito de discutir, vou supor que PDO é aceito e que os axiomas de LIR são aplicáveis em todos os níveis da realidade, inclusive no do universo em si.

Vou organizar minha análise da seguinte maneira: a Seção 7.2 apresentará a concepção LIR de tempo, espaço e tempo/espaço derivada do postulado fundamental e dos axiomas de LIR mais sua definição mínima de existência como existência de duas 'coisas' e uma relação oposta entre elas. A Seção 7.3 será uma revisão de determinados conceitos de tempo na filosofia, que, agora, podem ser reinterpretados. A Seção 7.4 examinará suas implicações para a filosofia sobre a exstência e o devir. A Seção 7.5 introduzirá as correspondências essenciais entre LIR e a mecânica quântica, principalmente a mecânica quântica relacional e a complementar. A Seção 7.6 revisitará a fundação completa da lógica da/na realidade. A análise estabelece a correspondência de seus princípios com as atuais formulações realistas da relatividade geral, que inclui as relações metafísicas, que também integra a teoria. *Finalmente*, proponho que um modelo recente da (atual) expansão do universo possa também ser interpretado em termos de LIR. Essa estratégia, espero, convencerá o leitor que os princípios da oposição dinâmica e os axiomas de LIR são conceitos importantes para a compreensão de fenômenos dinâmicos em todos os níveis da realidade, inclusive os do próprio universo.

7.2 – A TEORIA LIR DO ESPAÇO/TEMPO

7.2.1 – as categorias LIR de tempo

Propus uma categoria de Processo para descrever os aspectos de mudança ou transformação, aplicáveis a eventos reais que exemplificam a categoria de Energia (ou seu campo quântico equivalente). Também vimos que as entidades dessas categorias adequam-se aos axiomas da Contradição Condicional e da Assimptocidade que exigem, não só a atualização recíproca, como também a potencialização, porém nem a atualização nem a potencialização podem ser completas e absolutas.

Em LIR, tempo, espaço e espaço/tempo, na forma em que esses termos são comumente entendidos, não são categorias em si. São conceitos de dinamismo (Capítulo 3) que se encaixam na categoria de Oposição Dinâmica, o que me leva ao primeiro teorema de tempo:

Teorema 7.1: A atualização ou potencialização de um evento lógico não é uma função do tempo, A ou P, porém tempo é uma função da dinâmica da atualização e potencialização tA ou tP.

Se a atualização de um elemento ou de seu oposto for rigorosa e absoluta, o tempo deixa de existir; o elemento lógico é fixo e imutável. Esse tipo de processo é impossível. Se a consequente potencialização é, portanto, infinita, o elemento desaparece junto com a temporalidade. A noção de tempo entra então nos conceitos de uso, mudança e transformação, e todos exigem alteração de identidade. A atualização total ou a potencialização seriam equivalentes a um fim do tempo, na morte quente do universo, por exemplo, a homogenização absoluta da energia no nível mais baixo. Isso só é possível devido à existência de dualidades contraditórias cujo antagonismo energético é tanto a fonte como a condição parcial necessária e não finita das atualizações e potencializações. O tempo é, então, semelhante aos dinamismos que o geram, nem finito, nem infinito, mas transfinito. De novo, parafraseando Kant, o tempo não é uma condição dos fenômenos, mas condicionado pelos fenômenos em função de sua estrutura dinâmica lógica. O primeiro objeto a fundamentar tanto o tempo como o espaço seria, é claro, a singularidade do Big Bang, ou sua mais recente substituição não absoluta.[1] Repetindo, o tempo, como o espaço, como discutiremos, resulta do desenvolvimento de um processo que se atualiza, a consequência da estrutura dinâmica de um mundo energético.

Consequentemente:

Teorema 7.2: Os objetos e eventos não existem ou acontecem no tempo, eles são a fonte ou o desenrolar de seu próprio tempo.

A lógica clássica é não temporal, já que suas não contradições rigorosas, identidade pura e relações e implicações são totalmente fixas, incompatíveis com tempo e mudança. Junto com muito mais, o tempo é relegado ao domínio do psicológico e irracional. A lógica temporal é lógica modal que introduz operadores para discutir proposições cuja verdade é diferente no futuro, passado e presente

---

1 Ver abaixo, Seção 7.6.4, sobre modelo cíclico de universo.

aparentes, mas essa lógica não fornece um modelo para a dinâmica da mudança como tal. A Análise Infinitesimal Plana, que é baseada na lógica padrão, capta apenas os aspectos temporais dos fenômenos responsáveis pela descrição através de equações diferenciais, e não pelas realidades físicas que são descontínuas ou tanto contínuas quanto descontínuas.

A teoria de Varela de tempo biológico e subjetivo, por exemplo, que vincula tempo a afeto, tende a apoiar o ponto de vista LIR. As visões padrão da experiência e percepção de tempo (Le Poidevin 2000) presas a um quadro lógico clássico, não têm o mesmo ponto de vista. Como alternativa à noção filosófica clássica de tempo baseada na lógica clássica de identidade e homogeneidade, tempo na filosofia empírica de Bergson tem duração heterogênea, biológica, vital etc. Entretanto, tempo foi definido como fora da lógica, envolvendo outro *distinguo* clássico que era simplesmente o oposto de Kant – o que é heterogêneo em Bergson é lógico; o que é homogêneo não é.

De acordo com LIR[2] há três tipos de tempo: um tempo positivo que corresponde às atualizações identificadoras da causalidade positiva ortodedutiva, psicoquímica; um tempo negativo inverso ao anterior de diferenciação das atualizações. Os dois envolvem tanto as continuidades quanto as descontinuidades, como qualquer processo dialético, e seus resultados dialéticos na emergência de um terceiro tempo, tT, no meio, correspondendo a um mínimo de não contradição e a um máximo de tendência à contradição, como já vimos alhures. Este é o tempo das entidades quânticas e neurofísicas, que podem proporcionar base lógica à 'atualidade' de Varela (1999). De qualquer forma, seria correto dizer que o esquema LIR fornece uma descrição mais completa da relação entre 'passividade e atividade' e 'invariância e mudança' do que a sugerida pelo termo 'mistura' (ver abaixo, Seção 7.4.2).[3]

O trabalho de Carlo Rovelli sobre gravidade quântica inclui uma discussão sobre a forma na qual a variável 't' para tempo pode ser eliminada das equações de física básica. Não apenas tempo e espaço não são absolutos, como "tempo não existe". As equações descrevem a forma na qual duas quantidades efetivamente observáveis, um batimento pulsante e um pêndulo oscilante, evoluem com relação um ao outro (Rovelli 2006)

---

[2] Ver Lupasco (1987).

[3] Rovelli sugere que a ciência fundamental está em estado de confusão e que as ideias existentes podem não ajudar,"ou talvez algo falte e precisemos de uma nova ideia". O PDO é meu candidato para o"algo que falta"nas ciências, na filosofia e na lógica.

A pergunta é, não quantos batimentos ou oscilações por segundo, mas quantos batimentos por oscilação. No meu ponto de vista, não há motivo para não se estender este conceito a outros pares de entidades que estão em interação direta.

7.2.2 – As categorias LIR de espaço

A lógica aqui apresentada, em que tudo é processo e energia, dinamicamente categorial, é uma lógica por excelência do *a posteriori*. Assim sendo, se o espaço é um fenômeno lógico, ele é a *posteriori*, como o tempo, não uma condição Kantiana de atualizações de fenômenos, mas condicionados a eles. A simultaneidade exige espaço; se os eventos se sucedem ou não se sucedem um ao outro, pode desenvolver-se uma noção de espaço. No momento em que dois elementos existem ao mesmo tempo, simultaneamente, eles implicam, simplesmente porque eles não se aglutinam, em um espaço, um local com determinada distância entre eles.

De acordo com os postulados fundamentais da lógica dos fenômenos energéticos, a geração de uma série transfinita de dualidades de dualidades (sistemas de sistemas) gera necessariamente o espaço lógico entre elas, o que Lupasco chamou de configurações, ou formas lógicas. Lupasco identificou esse espaço com a configuração espacial da física quântica.

Chega-se ao elo entre espaço e tempo da seguinte maneira (Lupasco 1087):

> Em cada atualização, e precisamente porque existe uma atualização antagonista relativa a uma potencialização contraditória, e nunca a possibilidade de uma atualização absoluta, uma conjunção contraditória (de um determinado tipo) acompanha essencialmente e de maneira irredutível o desenvolvimento do processo de atualização e potencialização. Em outras palavras, há sempre uma simultaneidade de um elemento ou evento que é mais ou menos atualizada, e de um elemento ou evento mais ou menos potencializado.

Essa conjunção contraditória está presente durante o desdobramento de qualquer atualização, de tal forma que pode-se dizer que a temporalidade lógica gerada pela energia está sempre ligada a uma espacialidade lógica similarmente gerada. O espaço do universo em expansão é o espaço de um dinamismo que se atualiza ou se expande. Assim, esse conceito baseia-se na estrutura da energia em si e em seus aspectos lógicos. Há espaços e tempos que são *característicos* de fenômenos individuais, funções de suas atualizações.

Assim,

Teorema 7.3: Objetos e eventos não existem ou acontecem no espaço, mas são as fontes ou o desenrolar (*déroulent*) de seu próprio espaço.

Os objetos não estão no espaço, mas o espaço está nos objetos; os objetos não são localizados, eles localizam, criam localizações. É nessa maneira informal reconhecida que esse espaço tem as mesmas características que a configuração do espaço, isto é, ele é uma função do número de seus elementos e de seus graus de liberdade; é o que vincula os elementos, suas relações, o que permite a coexistência deles em um sistema e suas simultaneidades. Não há local espacial fora do que está fora dele. O espaço lógico e o tempo lógico constituem espaço/tempo característico de cada sistema, uma configuração espaço/tempo. O tempo não pode ser separado do espaço, existe apenas espaço/tempo.

Desta forma construo três (tipos de) espaços de forma análoga ao de três tempos: (1) um espaço positivo do mundo físico e de seus assuntos, de causalidade homogeneizante, de partículas que seguem a estatística Bose-Einstein e do conjunto M do Axioma de Escolha do conjunto teórico Zermelo-Frankel (cf Apêndice 2), um espaço que pode ser chamado espaço fotônico; (2) um espaço negativo ou heterogeneizante de configurações biológicas, partículas que seguem a estatística Fermi-Dirac, o conjunto N de escolha, ou espaço eletrônico; (3) o espaço dos fenômenos quânticos interativos e dos fenômenos psicológicos e estéticos, e também dos subconjuntos P do Axioma da Escolha.

Agora, vamos examinar a relação entre simultaneidade e sucessão.

7.2.3 – *Simultaneidade e sucessão*

Simultaneidade na forma como caracterizada acima é uma *conjunção* contraditória que exige a presença de elementos que são tanto idênticos como diversos: de outra forma a simultaneidade tenderia a desaparecer. A simultaneidade é espacializante na medida em que define, ou é o lócus, dos 'três espaços' mencionados acima e é, por isso, uma operação energética, não um dado espaço suposto. A simultaneidade energética é assim uma 'simultaneização'. Ela *implica* na passagem de um grau de potencialização para um grau de atualização, de uma determinada quantidade de energia atualizada, portanto movimento, sucessão de tempo: "Não há espaço sem passagem da sucessão para a simultaneidade e, assim, sem tempo, e não há tempo sem passagem da simultaneidade para sucessão, não há tempo sem espaço". Uma consequência é que a simultaneidade em LIR é similar à simultaneidade na teoria da relatividade atual. Em LIR a simultaneidade[4] não pode ser considerada absoluta dentro de um quadro de referência, embora não exatamente pelas mesmas razões.

Assim, a sucessão é considerada como disjunção ou exclusão contraditória, oposta à simultaneidade ou conjunção. A sucessão também envolve identidade e diversidade de elementos ao mesmo tempo, mas a sucessão envolve a atualização de uma série de identidades e potencialização de uma série de diversidades, algo como a escolha entre elementos ou eventos. A sucessão no tempo é uma série dialética de 'escolhas' metafísicas pelo sistema. A sucessão é também, neste quadro, a passagem de um determinado estado potencial, para um estado real, e vice-versa. Poderia não haver sucessão possível em termos de fenômenos energéticos se não houvesse sucessão potencial da 'sucessionização' dinâmica e atualização de seu potencial. Há atualização da sucessão – que é essencialmente a atualização em si – porque há potencialização da sucessão contraditória. Cada sucessão implica nesta dialética.

A conclusão é a seguinte: o espaço lógico, no sentido de simultaneidade ou conjunção, é dinamicamente oposto (em uma relação contraditória) ao tempo lógico como sucessão ou disjunção. A simultaneidade dos elementos no espaço baseia-se na sua sucessão de tempo, ou vice-versa. Nenhuma das relações contraditórias em processo rumo à completude absoluta, cada uma delas com o resíduo irredutível da outra; sempre haverá um espaço no tempo, algum tempo no espaço. Esse quadro é bastante novo para garantir uma formulação posterior dos pontos básicos.

Para que exista a sucessão, temporariamente, deve haver também a simultaneidade, espacialidade, na qual e através da qual a sucessão possa operar e se desenvolver. De forma inversa, para que

[4] A relativização do conceito neo-clássico de simultaneidade (ou do plano da simultaneidade) relativo a um quadro de referência resulta em paradoxos ao atribuir tempos, ou melhor, sequências temporais positiva, negativa ou zero para diferentes observadores, um conceito cuja importância metafísica é, de nenhuma maneira, entendida. No contexto da teoria da relatividade, não há definição *a priori* da simultaneidade de dois eventos distantes, e ele passa a ser sujeito de uma escolha arbitrária e convencional chamada convenção de simultaneidade e sincronização (Petit e Wolf 2005). O sentido de simultaneidade (e sucessão) em LIR é, na minha opinião, metafisicamente mais rico.

haja espaço e conjunção contraditória, a que constitui a disjunção e engloba a sucessão e temporalidade e coexiste com o espaço, deve haver potencialização. Uma vez que esses processos nunca chegam a um fim, sempre há um espaço no tempo, e um tempo no espaço. Espaços e tempos se desenvolvem dialeticamente, seguindo um esquema de ortodeduções, movendo-se, mas não alcançando os limites da identidade ou diversidade ideal, ou ao contrário, movendo-se em direção a um limite de contradição máxima.

A dialética dos três tempos energéticos e dos três espaços definidos nas Seções 7.2.1 e 7.2.2 e suas interações através da contradição e antagonismo, constituem espaço/tempo e tempo/espaço. A espacialização ou simultaneização homogeneizante do espaço positivo está ligada à temporalização ou processo de sucessão homogeneizante, contraditória e antagônica, um tempo negativo, potencializado pela atualização daquele espaço positivo, que tende a desaparecer assintomaticamente. É a negação idealizada da diversidade que dá origem à noção intuitiva de um tempo homogêneo infinito que não contém nada em si e abarca tudo.

Quando tanto a simultaneidade quanto a sucessão, isto é, o que define a estrutura do tempo e espaço, são ao mesmo tempo semiatualizados e semipotencializados, tem-se (Lupasco 1986b) o tempo negativo semiatualizado e o espaço positivo semiatualizado junto com o tempo positivo semipotencializado e o espaço negativo semipotencializado. Define-se isto como espaço/tempo (espaço-T) microfísico e mental. Essas complicadas interações envolvem como resultado a impressão, subjetiva e objetiva ao mesmo tempo, que quando se observa, ou quando se observa a si mesmo, há e não há um tempo psicológico, e há e não há um tempo em espaço psicológico no qual a pessoa existe e pensa.

A consequência deste quadro é que a concepção padrão de sincronicidade e diacronismo, como bem definido, separa as propriedades que não se contém. As próximas referências aos processos sincrônicos e diacrônicos (como nas próximas seções) devem ser desta forma entendidas.

Talvez a conclusão mais importante do ponto de vista LIR de espaço/tempo seja que a noção de espaço/tempo não é primitiva, ou seja, não se exige um histórico espaço/tempo múltiplo para a descrição das entidades como acontece nas teorias da física quântica, das cordas e da gravidade quântica. Ainda não apresentei uma interpretação LIR de questões fundamentais que permanecem como a questão de presença, persistência e localização espaço/temporal dos objetos, inclusive dos processos cuja dinâmica já caracterizei. Para fazê-lo, examinarei na Seção 7.6 a Cosmologia em seu atual desenvolvimento na teoria da relatividade de modo a considerar do campo gravitacional. Concordo com a afirmação bastante corrente que assuntos metafísicos não devem se misturar com a interpretação literal da teoria física, mas acredito que os dois não podem manter-se absolutamente independentes, e LIR oferece opções metafísicas que podem ser úteis.

7.2.3.1 – Lógica sincrônica e diacrônica

No período de 1950-1970 Suszko desenvolveu um conceito de distinção entre a lógica sincrônica e a diacrônica que deveria ser posicionado em relação à teoria LIR de tempo. A lógica sincrônica consiste em uma linguagem, axiomas, uma consequência e interpretações (modelos), como sempre (cf Capítulo 1). A lógica diacrônica é a representação formal das mudanças evolucionárias e revolucionárias das teorias científicas e do conhecimento humano em geral. Assim a lógica diacrônica parece ocupar muito do espaço conceitual de LIR.[5]

Entretanto, a abordagem de Suszko de mudança era estritamente formal. Ele criou um quadro para as noções abstratas das propriedades epistemológicas do assunto humano no qual a lógica diacrônica fornece apenas informações muito gerais do desenvolvimento do conhecimento. Essa lógica *não consegue* considerar os aspectos não formais, ou o que ele chama de aspecto pragmático (e eu chamo de dinâmico), do conhecimento. O 'aspecto diacrônico' nesta lógica limita-se à diferença na maneira em que o "assunto com noções semânticas relativas a si próprias fala sobre seus estágios mais recentes e futuros". O programa de Suszko por isso fica, para mim, no domínio da lógica binária.

7.3 – ALGUMAS PERSPECTIVAS ALTERNATIVAS DE TEMPO

Com esta seção teremos a oportunidade de comparar a teoria LIR de tempo e espaço com algumas ideias, todas elas referentes a problemas associados ao tempo fenomenológico, o que fará com que, de acordo com meu ponto de vista, as diferenças fundamentais tornem-se mais claras. A consequência será que a aplicação de PDO neste campo possa ser tanto desejável quanto viável.

[5] Sou grato ao Professor Jean-Yves Béziau por me introduzir no trabalho do logicista polonês Roman Suszko.

7.3.1 – O tempo na filosofia

É impossível resumir aqui tudo o que foi escrito desde a antiguidade sobre o assunto tempo como aporia, como paradoxo. De qualquer forma, a pouca intuição anterior de uma estrutura de tempo mais complexa pode ser resumida sob o conceito de 'ambos ao mesmo tempo', e o conceito medieval *coincidentia oppositorum.*

A concepção filosófica padrão de tempo é que ele é 'paradoxal' (Levinas 1998). Entretanto o que mais sabemos agora sobre tempo do que anteriormente? No meu ponto de vista, sabemos pouco mais do que o aceitável conceito de fluxo. Em certo sentido é como voltar a Heráclito, que dizia que todas as *coisas* fluem, não o tempo.

As ideias de Derrida (1993) também são pertinentes. Seu conceito de desconstrução influenciou muito a atual filosofia.[6] Derrida começa com a definição Aristotélica de tempo como aporia exotérica, tanto entidade como não-entidade. Ele critica a tradição filosófica de Kant a Hegel e sugere, como Heidegger, que a dialética Hegeliana é uma 're-edição' da aporia exotérica de Aristóteles, e continua sendo um 'conceito vulgar de tempo'. Derrida então pergunta se esta aporia exotérica é irredutível, e apela para uma "experiência diferente da que consiste na oposição, de ambas as extremidades de uma linha invisível, de outro conceito não vulgar ao chamado conceito vulgar". Finalmente Derrida pergunta (todos esses pontos são formulados como perguntas) se (essa) experiência pode ultrapassar uma aporia, ou ainda, testar a aporia, "E esta seria uma questão de ambos/ou, *ou não*? Pode-se falar – e se for possível, em que sentido – de *uma experiência da aporia*? Experiência *da aporia como tal?* Ou vice-versa: é possível uma experiência que não fosse uma experiência da aporia?" Este é o tipo de 'filosofia da experiência' que pode estar relacionado à discussão de LIR e a experiência na Seção 6.9.[7]

Embora Derrida faça aqui sua análise basicamente com referência aos conceitos de tempo e morte, fica claro que ele tem a intenção de usá-lo para outros fenômenos – "a interminável lista dos chamados quase-conceitos que são muitos pontos aporéticos ou pontos de deslocamentos; o duplo vínculo, a 'contradição não

---

[6] Aqui segui a tradução para o inglês de sua *Apories*.

[7] Minha abordagem aqui, como em outras ocasiões, propicia um vínculo entre os termos de uma aporia, e assim, ambos corrigem e aumentam a linha das discussões históricas sobre tempo que Derrida desenvolveu. Proponho que se veja a experiência de Derrida como um meio incluído emergente entre os termos ambos/ou da aporia.

passível de dialética' etc". Da mesma maneira que outros assuntos neste livro, meu objetivo não é chegar a uma conclusão final sobre tempo na filosofia, mas simplesmente apontar alguns caminhos alternativos para se falar sobre tempo que façam sentido a partir do ponto de vista lógico, metafísico.

7.3.2 – *O tempo na fenomenologia*

Varela (1999) deu uma contribuição original à fenomenologia e à filosofia. Ele diz: "A explicação comum de tempo herdada de nosso histórico cultural ocidental é inadequada". Entretanto ele também afirma: "A experiência de temporalidade trata já de início do fato fundamental de que existimos dentro de uma rede transparente de tempo". A opinião de Husserl sobre tempo subjetivo era a da aparência paradoxal de 'intencionalidade dupla', uma mistura de passividade e atividade, de invariância e mudança. A temporalidade se constitui através da complementaridade entre ingredientes espaciais e dinâmicos, afetos, e trajetórias em um panorama fase espacial.[8] O princípio dinâmico "*bootstrap*" (princípio *bootstrap* é o que afirma que critérios de consistência muito gerais são suficientes para determinar toda uma teoria) aplica-se de forma que as trajetórias fornecem "as condições para uma união incorporada, já que através de sua união elas dão forma a seu panorama dinâmico". Metaforicamente, o caminhante e sua trilha estão ligados intrinsecamente". Varela menciona sua hipótese neurofenomenológica que afirma:

> As explicações fenomenológicas da estrutura da experiência e seus complementos na ciência cognitiva relacionam-se entre si através de sujeição recíproca.

Dadas duas explicações – um processo de emergência externa com atributos neurobiológicos bem definidos e uma descrição fenomenológica próxima de nossa experiência vivida – Varela pede 'circulação' entre elas, isto é, suas sujeições recíprocas, *Incluindo tanto as pontes potenciais e as contradições entre elas* (ênfase minha).

Algumas perguntas podem ser feitas aqui em relação ao desenvolvimento que segue:

[8] Noto que, enquanto o conceito de tempo se desenvolve substancialmente, o conceito padrão de espaço (inclusive o de espaço fase parece perfeitamente adequado ao autor, que não lhe dedica outros comentários.

- A rede de tempo realmente existe, ou é uma metáfora?
- Como podem misturar-se a 'passividade e a atividade'?
- 'A união incorporada' é real ou é também metafórica?
- De onde podem vir as 'contradições', e qual é o seu significado?

De acordo com LIR, essas opiniões falham ao postular um fluxo temporal subjetivo independente nos quais as entidades e suas relações estão colocadas. De acordo com Grush,[9] Husserl intuía melhor quando afirmava que as relações em si constituem o fluxo do tempo subjetivo. O sistema LIR que leva a sério palavras como conexão, contradição e sujeição, e pede que se defina seus conteúdos, não passa, ao meu ponto de vista, de criticísmo bem intencionado.

O conceito de tempo ao ser colocado em objetos e sistemas pode, desta forma, ser empregado em geral como regra e não como exceção. Um exemplo importante é o do tempo biológico, como por exemplo os ritmos circadianos, como uma função dos processos biológicos. A primeira área de aplicação do que descrevi na Secção 7.2.2 como as *três* formas de tempo/espaço contraditoriamente relacionadas é a área do tempo subjetivo como uma função da cognição humana. Entretanto, os desenvolvimentos posteriores desta aplicação devem esperar uma discussão detalhada do ponto de vista LIR sobre a origem da consciência e conhecimento que está fora do escopo deste livro.

7.4 – A EXISTÊNCIA E O DEVIR NA FÍSICA MODERNA

Um artigo com o título "A Existência e o Devir na Física Moderna" (Savitt 2002) confirma o que se afirmou no Capítulo 3: não há definição do que deve ser. O problema a ser estudado é essencialmente o da definição de tempo: "O tempo flui ou decorre ou passa? O futuro ou o passado são tão reais quanto o presente? Contudo, a controvérsia que já existia entre Heráclito e Parmênides e seus respectivos seguidores é um bom ponto para se começar a discussão. As três posições metafísicas de tempo são:

---

[9] Grush (2006). Aqui, a discussão de confusão de conteúdo/veículo nas teorias, e a necessidade de uma estrutura teórica 'de nível médio' que possa ligar, sem depender de metáfora, os perfis temporais de um conteúdo sustentados por uma representação com o veículo – o substrato material de uma representação. LIR candidata-se a essa teoria.

- Presentismo = "Agorismo" > Somente o presente é real (Heráclito)
- Possibilismo = "Modelo árvore" > Passado e presente são reais
- Eternismo = "Universo Bloco" > Presente, passado e futuro são igualmente reais (Parmênides)

Dentre as posições acima a posição possibilista é a mais fácil de ser aceita intuitivamente, e é a que descreve mais facilmente as assimetrias entre passado e futuro.

7.4.1 – Tensores versus detensores

O debate atual na filosofia padrão de tempo gira em torno da questão do tempo ser tensionado ou não tensionado. Para os que afirmam ser o tempo tensionado, os eventos apenas existem realmente no presente, e eles têm propriedades de passado, presente e futuro. Essa é a opinião 'presentista' clássica. Os teóricos que adotam a opinião de tempo não tensionado negam que os eventos possuam as propriedades de tensão e, ao contrário, matém-se em relações imutáveis de anterior um a outro, simultâneo com outro, depois de outro ('eternismo').

Q. Smith (1986) defende a teoria do tempo tensionado ao mostrar que a crítica do início do século XX feita a ela por MacTaggart não se mantém. MacTaggart critica a ideia de que presentismo, passadismo e futuridade são atributos de eventos que vinculam um regresso infinito vicioso e uma contradição consequente. MacTaggart afirma que o tempo é irreal porque o conceito é autocontraditório: a ideia de presente, passado e futuro como atributos de eventos que vinculam um regresso infinito vicioso. Smith adota uma série de estratégias, que não vou reproduzir aqui, para mostrar que as suposições de MacTaggart (p.ex. de hierarquias de níveis de predicativos e inerências[10]) não são válidas. Mais ainda, que "o regresso infinito dos predicativos temporais genuínos e necessários é um regresso do *analysandum* e do *analysans* [11] (regresso benigno), não de contradições e tentativas de resoluções, e, consequentemente, falta o vício que MacTaggart a ele atribuía.

Embora sugerido pelos "fatos da experiência e da ciência ime-

[10] Essas inerências podem ser entendidas como as potencialidades em LIR.

[11] O *analysans* é uma sentença que torna explícito algo que está implícito no *analysandum*.

diata", não é logicamente necessário, como pressupôs MacTaggart, que os eventos ocupem momentos. Entretanto, sem a lógica da oposição dinâmica, esta afirmação é abstrata e simplesmente nega a intuição comum. Mais importante, o regresso, embora benigno, é infinito. Mantém-se o caráter ontológico do passado, presente e futuro que envolvem um número infinito de inerências. Smith acredita que as teorias detensoras de tempo estão erradas, pois as propriedades indicadas são "essências e elementos independentes do tempo", mas, de maneira interessante, se essas teorias estivessem certas, não haveria, é claro, qualquer posição regressiva, e assim, não há razão pela qual os regressos benignos (infinito) não existam na realidade.

McKinney (2003) interrompe o debate entre tensores e detensores ao mostrar que eles não compartilharam o ponto de partida semântico e metafísico (p.ex. re *existência*), e a confusão resultante engana os dois lados em um círculo vicioso. A opinião livre de tensão poderia ser aceita se ficasse claro que duas linguagens diferentes estão em uso, e que a linguagem dos tensores não representa a realidade, na medida em que as conexões lógicas entre sentenças na linguagem comum não representam conexões ontológicas entre os fatos no mundo. Entretanto, a visão sem tensão não conseguiu, até recentemente, dar conta de maneira satisfatória do devir.

Na concepção de espaço/tempo em relatividade geral discutida na Seção 7.6 o eternalismo está relacionado com o *perduralismo* (Lusana e Pauri 2006), no qual os objetos são entendidos como persistentes, temporariamente prolongados, e constituídos por partes temporais em tempos diferentes. O *presentismo* se assemelha mais ao *persistismo,* no qual objetos (inclusive pessoas), persistem na medida em que estão inteiramente presentes em cada momento de suas histórias. Quando se aplica os princípios de LIR, pode parecer que o termo 'inteiramente' e, desta forma, uma visão simplesmente perduralista não se sustenta, exige-se, para que o quadro seja completo, os aspectos de extensão do objeto no tempo, inclusive a manutenção da falta de tensão, observações relações observador – dependente de "anterior a", "simultâneo a", e "posterior a". Esses atributos de "passado", "presente" e "futuro" são tensionados no sentido que seus significados dependam de uma perspectiva temporal do observador.

A questão permanece no que se relaciona a saber se a metafísica de LIR proporciona um *insight* dos problemas chave do arco de tempo, isto é, se a *física* fundamental, e não um conceito obsoleto de tempo abstrato, é tensionado ou sem tensão.

Minha reposta não seria mais do que reafirmar as condições de existência do mundo real. O (relativamente) modesto objetivo de minha abordagem lógica é sugerir um *insight* em aspectos não estudados da mudança ou processo, conceitos categoriais que exigem tempo/assimetria. Não se sabe com certeza neste momento se as estruturas dinâmicas no universo refletem uma realidade fundamentalmente tensa, ou se o eternalismo – o universo 'bloco' – é de uma descrição correta. A resposta depende de futuros avanços em cosmologia, do modelo cíclico proposto por Steinhardt, discutido na Secção 7.7.1. Mesmo para eventos acabados em níveis macroscópicos comuns, a eliminação da espontaneidade e sucessão absolutas, e a relativização do tempo para as duas tendências em direção da entropia crescente e decrescente, propiciam tanto a identidade como a diversidade como a forma descrita acima propicia uma maneira alternativa de se pensar sobre os fenômenos e suas inter-relações.

7.4.2 – A existência e o devir revisitados

O maior problema na metafísica do tempo, ou na metafísica *tout court*, é saber como entender *qualquer* passagem ou devir e suas relações com a existência. Em minha opinião, as dificuldades nos diferentes quadros do devir e suas relações com a existência surgem em virtude do descuido dos aspectos dinâmicos, contraditórios e antagônicos dos termos usados: simultaneidade, passagem, espaço/tempo etc. Passagem, como definida usualmente, sem antagonismo, *é* autocontraditória e absurda, porque exclui a relação contraditória interativa entre tempo e espaço. A passagem é tanto objetiva como subjetiva (em ambos, no sentido amplo, como o lócus de atualização, e no sentido usual). Savitt cita a afirmação de Carnap que "tudo o que ocorre objetivamente é passível de descrição na ciência), e então argumenta que a passagem (devir) reflete algo em perspectiva ou algo subjetivo, e *assim fica implícito na física ou corretamente omitido por ela* (ênfase minha). Na perspectiva de LIR, (devir, algo em perspectiva ou subjetivo) a passagem fica realmente implícita na física e não seria, ou não é necessário omiti-la, pela mesma razão.

O devir temporal, em opinião derivada de Broad e Gödel, não precisa se parecer com movimento ou mudança qualitativa; pode haver, argumentam uns, um devir *absoluto* que é exatamente a sucessão de acontecimentos, de (conjuntos simultâneos) eventos. Aqui, chega-se quase perto do devir relativo de LIR, exceto porque

LIR propicia dinâmica ao 'acontecimento', e dá significado a 'exatamente', através do vínculo categorial de oposição da simultaneidade e sucessão, como mostrado acima.

Apresentada esta proposta, e se eternalismo no sentido detensor não é válido, o que então é *a existência* em LIR? Iniciei a discussão da existência no Capítulo 3, onde disse que existência e não-existência eram termos 'de arte' que descrevem de alguma forma a totalidade do universo ligado ao que defini como real no Capítulo 1. Sugeriria também que a existência e o devir, *como conceitos,* claramente apoiam um ao outro na relação dialética como definido no Capítulo 5: como se pensa o mundo como existência, o mundo como devir é potencializado e *vice-versa* na forma comum.

A discussão filosófica mais comum sobre a existência é a de Heidegger. Heidegger apoia talvez inesperadamente (e certamente não intencionalmente) a visão dinâmica da contradição na realidade quando descreve 'a existência' tanto como absolutamente indeterminada e ao mesmo tempo altamente determinada. "Do ponto de vista da lógica comum, temos aqui uma contradição óbvia: determinar, existência totalmente indeterminada. *Se não queremos nos enganar* (ênfase minha), *ficamos imobilizados no meio desta contradição. E essa nossa imobilização é mais real do que qualquer coisa que se possa chamar de real; é mais real do que cães e gatos, carros e jornais.*" Como em LIR, as contradições são fundamentais para a realidade, caracterizando-se por suas relações de contradição com a não-existência, como também com o devir. Jacquette está certo ao dizer que Heidegger baseou sua concepção na experiência humana, mas não é crítico dizer, como eu digo, que é mais fundamental que o pensamento de Heidegger! Heidegger via os limites que a lógica clássica ou tradicional impunha ao pensamento ("um tribunal de justiça criado para toda a eternidade": Heidegger 1959), entre os quais o princípio da não–contradição era a pedra de toque, e sua concepção confirma-se em LIR.[12]

Vou citar alguma afirmações de Savitt, e minhas réplicas, mas reconheço que nem todas as afirmações representam o próprio ponto de vista de Savitt:

[12] Aerts estabelece diferença entre um processo de visão da realidade que inclui existência e devir, e uma visão geométrica, que discute apenas a existência, e mostra que não há contradição entre elas. Uma lida, é claro, com duas visões das existência – a física e a metafísica, mas a distinção pode estar perdendo força: na visão física, a existência parece também significar os conteúdos físicos normais, sem"tempo", mas é necessário categorizá-las em NEO como Processo e Energia para poder caracterizar corretamente a existência, o devir e suas relações (Aerts 1996).

1. "O movimento é uma espécie de mudança, mudança de posição espacial com relação ao tempo. A mudança de tempo, então, deve ser a mudança de tempo com relação a.... o quê?"
LIR: Com relação a espaço.

2. Para que uma coisa mude, é necessário evidentemente persistir no mínimo de t_1 para t_2, mas os eventos comumente pensados nas discussões de passagem são eventos instantâneos, que não têm qualquer duração.
LIR: A instantaneidade absoluta e seus problemas estão excluídos axiomaticamente.

3. "Fatos futuros que dependem da escolha humana ou da mensuração do quantum se fossem fatos agora, poderiam comprometer a escolha humana ou a mensuração do quantum de uma forma considerada indesejável por muitos filósofos. É fácil convencer-se a si mesmo, então os fatos futuros desses dois tipos não podem realmente fazer parte do existir."
LIR: Podem, se forem vistos como potencialidades atuais Não é necessário separar o real (real) das potencialidades através de um presente distinto metafisicamente.

4. "Se é posível distinguir entre afirmações categoriais e não-categoriais (isto é, eventos existem no sentido categorial, mas determinados eventos podem ser passado, presente ou futuro), então, o eternalismo não é uma consequência direta da adoção do tratamento espaço/tempo da relatividade especial."
LIR: O conceito dinâmico de simultaneidade e sucessão se alinha a este, e o eternalismo pode ser rejeitado.

A abordagem de Stein, mencionada por Savitt, parece realista. Stein propõe uma relação *R* bilocalizada, de forma que *Rxy* signifique que *y* já seja, ou esteja definido com relação a *x*, e isso não ocorre em uma "relação de devir genuína". Stein, de uma maneira interessante, queria vincular sua definição de conceitos temporais à estrutura geométrica intrínseca. Essa intenção expôs sua relação *R* a críticas que Savitt demonstra estarem erradas. O diagrama atemporal de Minkowski (o cone de luz) representa a evolução dos sistemas ao longo de suas linhas do mundo. Esses diagramas não exigem 'animação', 'movimento' atribuído artificialmente. O que o quadro geométrico de Stein apresenta é a transiência ou passagem. LIR é compatível com essas instituições e poderia ser denominado, neste contexto, *uma possibilidade relativizada adequadamente.*

Quando falo em uma possibilidade relativizada adequadamente, quero dizer o seguinte: as experiências pensadas ofereceram suporte à relatividade da simultaneidade e todas parecem envolver distâncias cosmológicas, relativísticas (por analogia com as velocidades relativísticas). Talvez elas descrevam fenômenos que ocorrem em um determinado tipo de estado limitante, no qual as relações contraditórias entre tempo e espaço, simultaneidade e sucessão possam bem ser alteradas. O Axioma **LIR5** exclui esse limite clássico. O conceito de relatividade da simultaneidade como "como ponto de partida para nossas questões metafísicas, e não para responder questões" não pode ser apoiado. Meu entendimento da simultaneidade e sucessão não exige argumentos de quadro de referência.

Além disso, coloca-se a questão da relativização da *existência* com relação a um quadro, "noção difícil de entender ou aceitar". Savitt cita Gödel: "O conceito de existência... não pode ser relativizado sem que se destrua completamente seu significado". E então, pergunta:

> Seria então o conceito de existência, como o conceito de verdade, que quando relativizado (verdadeiro para mim, verdadeiro para você), é algo mais parecido com crença do que com a verdade? Ou seria como a simultaneidade, questão sobre a qual pensadores há um século ou mais se pronunciaram de forma bem parecida à de Gödel? Esta questão fundamental e difícil não foi resolvida.

Eu sugiro respostas a ambos os pontos: 'verdade é similar à crença vista em seus aspectos dinâmicos que também se aplicam à existência. Em segundo lugar, simultaneidade em LIR tem uma interpretação que não é relativizada como na teoria padrão original ou atual, mas ligada funcionalmente a seu cognato – sucessão.

"A Existência e o Devir" é também o título de uma seção da tese de Aerts (1996), que afirma:

> Embora se saiba que a partir da análise de Einstein do conceito de relatividade que não podemos conservar a visão clássica de realidade como sendo um conjunto de todos os eventos ocor-

rendo simultaneamente, não se propôs, de forma séria, uma equivalência relativística real para a realidade.

Do ponto de vista LIR, aqui tratamos exclusivamente do devir, não da existência. A introdução de tempo como uma quarta dimensão geométrica, e a proposição de um *continuum* espaço/tempo como "cenário real da realidade" não foi completa. Nesta interpretação não há mudança, é o quadro eternalista criticado acima. Aerts e outros, como vimos, mostraram que este resultado é a consequência de uma visão incorreta da realidade, e que se pode conciliar tanto o *continuum* quadridimensional espaço/tempo quanto a mudança, combinado processo e *insights* geométricos.

Na interpretação de Einstein da realidade, a possibilidade de viagem relativística do tempo possibilita a presença 'amanhã' de alguém em um local que existe no futuro, na terminologia de Aerts, um "acontecimento', uma parte determinante de sua experiência real, presente, "uma atualidade e não simplesmente uma potencialidade". A vantagem de minha abordagem, comparada à de Aerts e às visões geométricas padrão, é, como na discussão anterior sobre simultaneidade, que não há necessidade do recurso de uma viagem relativística espaço/tempo para que se confirme a existência atual de entidades e eventos futuros razoavelmente estáveis envolvendo alguém por referência à capacidade hipotética de observar diretamente esse alguém.

Aerts, em outra ocasião (1999) descreve uma visão 'criação descoberta' de mudança: as coisas fazem seu lugar ao invés de ter um lugar. Ao contrário da hipótese 'o espaço contém a realidade', a realidade não é contida dentro do espaço. "O espaço é a cristalização momentânea de um cenário para a realidade onde ocorrem os movimentos e interações do material macroscópico e das entidades energéticas." As entidades quânticas 'ocorrem' fora deste espaço dentro do espaço que "não é o espaço euclidiano tridimensional". A teoria descreve a realidade como trigeométrica, onde a estrutura geométrica do universo material surge em consequência das interações que caem no contexto tempo/espaço (Aerts e Aerts 2004).

É intrigante considerar que este 'espaço' é o que descrevi como espaço/tempo estado T. O realismo de LIR sugere esse tipo de conexão entre o sistema dos sistemas que constitui todas as realidades pessoais humanas e dá conta da 'realidade' que é independente deles. Entretanto, sem o aspecto de oposição dinâmica, não se tem base para o modelo proposto, que se assemelha a outros sistemas de pensamento nos quais se dá ênfase à geometria em detrimento da dinâmica. Em outras palavras, as teorias científicas que parecem ser realistas mas minimizam ou ignoram o papel fundamental da oposição dinâmica, devem ser vistas como idealistas da mesma maneira que a lógica binária da qual derivam.[13] Voltarei a esse assunto na Seção 7.6.

Hawley (2006) questiona se a ciência pode conduzir à metafísica, uma vez que ela, Hawlwey, acredita que os metafísicos tradicionais mais ou menos, mais menos do que mais, se justificam ao questionarem algumas afirmações metafísicas feitas, ou inerentes, à ciência atual. O exemplo mais pertinente gira em torno da natureza do tempo e do presentismo, que, como notamos acima, crê que apenas objetos e eventos presentes existem. LIR coloca-se diretamente contra o presentismo ingênuo ao apoiar os conceitos não absolutos da simultaneidade e sucessão como aplicáveis a espaço tempo. O presente não é absoluto, mas não necessariamente deve depender de uma estrutura como a relatividade especial. Epistemologicamente ignoramos a novidade de eventos distantes, mas o evento potencial de que teremos ciência em aproximadamente dez anos existe no presente, embora de forma contraditória, como potencialidade.

Minha posição neste livro é que a direção do fluxo de conceitos entre ciência e metafísica deveria ser da metafísica para a ciência. Entretanto, no meu ponto de vista, ao discutir a doutrina do realismo científico com um elemento científico negligenciado de forte corte metafísico, principalmente a oposição dinâmica das dualidades físicas fundamentais, inclusive seus aspectos não atuais, mas reais de potencialidade, afirmo que cheguei a duas conclusões: diminui a dependência do realismo estrutural nas estruturas matemáticas não intuitivas, isto é, ao introduzir conceitos de processos de estruturas mais acessíveis como componentes básicos de nosso mundo, dei aos metafísicos tradicionais base para que pudessem evitar tanto o reducionismo ou o antirrealismo como estratégias preferenciais para se falar em existência. Na medida em que LIR propicia um quadro não circular da existência e da não existência, e da existência e do devir, e ao mesmo tempo apoia a extensão da mecânica quântica aos fenômenos macroscópicos, LIR, também apoia a convergência da metafísica e da física sem a redução de uma à outra.

---

[13] Assim, é'lógico'que na teoria quântica das'variáveis escondidas'de Aerts, o conceito de superposição dos estados nas entidades quânticas"não é mais visto como um princípio geral sempre satisfeito""

7.5 – A MECÂNICA QUÂNTICA

O advento da mecânica quântica no século 20 resultou em uma 'revolução' na ciência e na filosofia, e ideias básicas sobre o que constitui a realidade objetiva, em oposição à nossa experiência subjetiva dela, tornou-se, como consequência, problemática. A revolução continua, e ainda não há consenso a respeito das implicações da mecânica quântica em outros grandes problemas da existência – a origem da vida e dos indivíduos e a consciência do eu. Neste livro, *sugeri que é também necessário haver uma mudança revolucionária para que se veja a relação entre conceitos como subjetividade e objetividade.* LIR, conforme meu ponto de vista, facilita a inclusão de princípios filosóficos e metafísicos na ciência e vice-versa, e deveria haver espaço para seu desenvolvimento. Essa ideia encontra eco na sugestão de Sklar que diz que "A física e a filosofia (inclusive a metafísica) são dois caminhos altamente interdependentes de busca do entendimento do mundo e de nosso lugar como conhecedores dele (Sklar 1992)".

Sklar sugere uma abordagem diferente que "procura a resolução de problemas (inerentes da visão quântica do mundo) na mudança de nosso pensar tradicional a respeito de algumas formas mais profundas e gerais que temos de descrever o mundo. No meu ponto de vista, a lógica. Ele pergunta se uma revisão de nossa lógica padrão poderia ajudar-nos a entender os fenômenos lógicos. Ao invés da lógica ser imutável e independente do conhecimento experimental, talvez a lógica seja um assunto tão empírico quanto a química e a geometria. Mas, a lógica quântica em si não resolve todos os dilemas dos paradoxos quânticos, mostrando que a mecânica quântica e a lógica quântica não conseguem dar uma descrição completa do mundo, mas que algo faltava e continua faltando também nesta lógica.

Agora já fica claro que uma explicação dos aspectos quânticos do mundo passíveis de demonstração através de experiências (ainda) vão exigir uma forma radical de pensar nosso quadro metafísico do mundo. No sentido metafísico, sentido de maior generalidade, a definição de alguns princípios ainda não definidos, ou que foram ignorados, teriam maiores consequências para o futuro da 'razão' no sentido mais amplo possível. Como já foi dito neste livro, pode haver aspectos da física que já estão acessíveis, e que podem encaixar-se nesta descrição.

Há uma pista disto na descrição normal da possibilidade (1) do sal dissolver-se em água que depende de (2) uma porção de sal com a real constituição de íons. Se a estrutura do espaço depende apenas da reunião de todas as relações espaciais possíveis, qual seria a realidade latente que dá base a essa estrutura como a estrutura em que o sal se baseia? Delineie a estrutura da realidade no Capítulo 5 de forma a poder dar uma resposta possível à segunda frase sobre o sal: o processo exige a energia potencial da solução, algo ainda "substância" no sentido clássico, mas não será necessário ser real e localizado.

Cao (1997) faz uma outra abordagem ontológica à física moderna com relação ao desenvolvimento das teorias de campo. Da mesma forma que Sklar, Cao vê a sinergia – 'penetração mútua' – entre a física e a metafísica, considerando que a física também possibilita o acesso direto à realidade metafísica. Cao descreve outro debate sobre a natureza da energia, e faz uma importante sugestão, bem próxima da tese deste livro: "E se a energia for tomada como substância *com a característica nova de ser sempre ativa, sempre mudando sua forma, mas mantendo constante sua quantidade* (ênfase minha)? Então o energeticismo pareceria ser precursor do funcionalismo de James e da ontologia do processo de Whitehead." Os princípios apresentados neste livro mostram a validade desta visão intuitiva, como também da 1ª Lei da Termodinâmica.

A teoria de Cao também me interessa por dois motivos: ela contém tanto a atual, embora menos usada teoria S-matrix (SMT), quanto a Teoria de Campo Quântico (QFT), e sugere a relação entre elas que foi descuidada, mas que pode vir a ser útil para entendimentos futuros. Este é um exemplo de interação entre *teorias* em que se aplicam os princípios LIR e NEO. E ainda, em SMT, como nos processo e nas relações do Realismo Estrutural Ôntico, os indivíduos, mais que as entidades, constituem a ontologia básica; em QFT, campos ou partículas são as entidades básicas. O segundo motivo é que Cao afirma que o crescimento do conhecimento científico não é unilinear, mas dialético. A convergência a qualquer forma de verdade estática é incompatível com a dialética, e o conceito de realismo estrutural científico, compatível com a visão LIR, se fortalece. (ver Capítulo 6)

7.5.1 – Duas lógicas complementares da complementaridade

Já foi amplamente documentado que a interpretação de Copenhague sobre a Mecânica Quântica (QM) é um resumo dos profundos *insights* originais de Bohr com relação à natureza real dos fenômenos quânticos e suas descrições, resumo de que Bohr tinha conhecimento (Faye 2002). Parte do problema devia-se, e ainda se deve, à ausência, tanto na linguagem científica, quanto na não científica, dos termos necessários para tratar dos aspectos contraditórios das partículas quânticas (Nicolescu 2002). Eu afirmo que se examinarmos detalhadamente os requisitos que Bohr estabeleceu para uma teoria correta a partir do ponto de vista da lógica da/na realidade, pode-se chegar a uma interpretação que satisfaz esses requisitos.

O princípio da complementaridade de Bohr como aspecto fundamental dos objetos quânticos, é um dos maiores avanços do pensamento do século 20. Bohr pediu a físicos, essencialmente, que aceitassem A e não A, onda e partícula características da partícula quantum, e suas descrições espaço/tempo (cinemática) e causais (dinâmica) ao mesmo tempo. Mais corretamente, o *explanadum* era que observava-se A e não A dependendo de qual teoria, ou questão experimental estava sendo colocada. Mas o que isso queria dizer? Na ausência de uma definição categórica de Bohr, o princípio da complementaridade passou a ser discutido como algo como uma simples justaposição. Além de não dar explicação ou descrição de como um aspecto garantia a existência contínua do outro, este quadro não parece correto onde A e não A parecem ter um caráter tão profundamente diverso em ambos os casos.

O trabalho anterior de Bohr mostra que ele via a complementaridade basicamente como um princípio epistemológico:

> A verdadeira natureza da teoria quântica nos força a ver a coordenação e causalidade espaço/tempo, cuja união caracteriza as teorias clássicas como complementares, mas características exclusivas da descrição, simbolizando a idealização da observação e da definição respectivamente.
>
> O termo 'complementaridade', já em uso, talvez possa ser mais adequado para nos lembrar que ele é a combinação das características unidas na forma clássica de descrição, embora apareçam separados na teoria quântica que, em última análise, permite que a consideremos como uma generalização natural das teorias da física clássica.

Mais tarde, Bohr parece ter se encaminhado para uma interpretação mais ontológica: os fenômenos, ou informação, eram mencionados como complementares, e não apenas descrições.

> Um fenômeno que no domínio atômico dos objetos exibe propriedades tanto das partículas como das ondas, que na física clássica, macroscópica, são mutuamente categorias exclusivas.

Se aceitarmos a natureza fundamental do antagonismo dinâmico, a relação contraditória real nos fenômenos quânticos deixa de ser inaceitável quer em termos físicos, quer lógicos, e ela pode ter aspectos epistemológicos e ontológicos. A natureza fundamental do antagonismo dinâmico não é fisicamente inaceitável porque as propriedades da onda e da partícula não estão totalmente instanciadas ao mesmo tempo, já que a mensuração de uma potencializa a outra. Ela não é logicamente inaceitável exatamente pela mesma razão. Pode-se dar duas respostas como objeção à afirmação que diz que esta formulação simplesmente reafirma o resultado de experiência: (1) se os aspectos da partícula são atualizados, os aspectos da onda devem estar potencialmente presentes, e vice-versa, pois de outra forma é difícil explicar como eles podem reaparecer; (2) o entendimento LIR não afirma que há qualquer problema com a dualidade das entidades quânticas que se observa em primeiro lugar.

Se pressupormos, apenas como argumentação, o princípio da complementaridade não contraditória, nos colocaremos contra a limitação à precisão da mensuração da constante de Planck, a 'contradição' constitutiva na natureza. (Lupasco 1987) Isto significa que um ou outro aspecto pode ser apenas parcial e nunca completamente atualizado e o outro sujeito da indeterminação pode ser representado por sua potencialização. Os processos contraditórios, a identificação e a diversificação, ou a atração e a repulsa, caminham em direção dos limites em ambas as direções das não contradições reais e potenciais (contradição real), mas elas, como a contradição, são apenas relativas, em função da natureza da energia. Em nível macroscópico, física clássica, o cálculo diferencial e infinitesimal e matemático baseado na continuidade e não-contradição funciona (muito) bem. É claro que as leis que governam o nível macroscópico da realidade abordam as leis da física clássica, mas apenas de maneira estatística e de probabilidade. Desta forma, a realidade retém sempre, conserva o fundamento contraditório. Alguns dos requisitos que Bohr estabelece para uma teoria correta, como resumido por Faye, são os seguintes (numeração dele):

> 6. Os conceitos da física clássica são as especificações exatas das categorias comuns das noções de experiências pré-científicas (senso comum) de posição, mudança de posição, causa e efeito que são parte da linguagem do dia-a-dia.
> 7. 'Conceitos clássicos', se não da física clássica, são uma pré-condição para o entendimento e comunicação dos resultados da experiência.

11. Na descrição em termos de mecânica quântica, objetos experimentais e esquemas de mensuração devem ser tratados como partes do objeto.
14. Os fenômenos quânticos são complementares já que suas manifestações dependem de mensurações mútuas exclusivas, e a informação obtida exaure todo o conhecimento objetivo possível do objeto.

Bohr acredita que as propriedades cinéticas e dinâmicas representadas por variáveis conjugadas poderiam ser atribuídas aos objetos quânticos apenas em relação às experiências reais, enquanto que a física clássica, em sua opinião, foi idealista ao presumir que o mundo físico tem tais propriedades independentemente da observação real. Assim, voltamos para a interpretação semântica antirrealista da MQ em termos das condições de verdade das sentenças sobre os objetos quânticos. Para esse estudo, o que é importante na posição mais recente de Bohr é que, quando justificada pelos resultados experimentais, as variáveis cinéticas e dinâmicas têm implicações ontológicas para a realidade das entidades quânticas, e a relação de incerteza de Heisenberg não é simplesmente uma relação epistemológica das limitações de nosso conhecimento do sistema. Complementares são os fenômenos e a informação, não apenas as descrições (embora elas também possam ser complementares como teorias, cf Capítulo 5). Bohr acreditava que as entidades quânticas eram reais, embora a MQ não forneça um 'quadro' desta realidade.[14]

O sistema LIR aplica-se aos pontos mencionados acima. Por exemplo, como já discutimos no livro, o conceito de conflito ou oposição dinâmica, agora real e potencial, é também parte integral da experiência e herança humana, e desta forma clássico no sentido proposto no item 7 acima.

Béziau afirma que "Não há princípio da complementaridade, e a complementaridade é apenas uma palavra para determinadas ideias filosóficas, para um *insight* que Bohr jamais conseguiu formular de forma clara". É correto afirmar que a compreensão comum da complementaridade é muito vaga para ter valor metafísico. Béziau desenvolve uma abordagem paraconsistente que vê os diferentes conjuntos de experiências sobre os fenômenos quânticos como diferentes pontos de vista que podem existir sem serem triviais em

[14] O modelo dinâmico de LIR não se junta diretamente a esse quadro, mas é uma forma de conceitualização movendo-se de um quadro para outro.

um estilo Jakowski de discussão lógica (Béziau 2001). Entretanto eu também sinto que Bohr, no fim da vida, desenvolveu uma filosofia coerente na medida em que aceitou um conceito, que é o conceito fundamental de LIR o da complementaridade dos opostos[15] no sentido ontológico.

Retornando à física, parece que Bohr buscava uma forma de justificar o item 11 acima no que diz respeito à separatividade do objeto de mensuração e dos esquemas de mensuração. Isso apenas pode ser feito, conforme meu entender, mudando-se o conceito das partes e do todo no decorrer de discussão sobre o realismo estrutural científico e não-separatividade.

Aparentemente Bohr suspeitava da possibilidade de várias modificações da lógica clássica da maneira como ela era entendida em meados do século XX para auxiliar na definição da física quântica, apesar da insuficiência da não-comutabilidade e não distributividade das variáveis quânticas, que sugere a álgebra e a lógica não Booleana. Foi apenas nos anos 1980 com o advento da lógica paraconsistente, que se tornou possível a primeira nova e grande abordagem à explicação formal do princípio da complementaridade.

Da Costa e Krause (2204, 2006) interpretam a complementaridade como o princípio geral da incompatibilidade, o que quer dizer que a combinação lógica dos aspectos da complementaridade em uma única descrição exige uma lógica não-clássica. Embora se aceite proposições complementares, sua conjunção parece não ser válida. 'Mutuamente excludentes' ou 'complementares' referem-se a sentenças ou proposições incompatíveis cuja conjunção leva a uma contradição na lógica clássica. Esses autores desenvolvem a noção das teorias-C (teorias da complementaridade) cuja lógica latente não é consistente. Entretanto, eles dizem especificamente que seus sistemas não se destinam a ser um relato condensado das ideias de Bohr, principalmente, a da extensão potencial da complementaridade a outros domínios macroscópicos. Esta interpretação não significa que as proposições contraditórias são sempre contraditórias, e assim este grupo da lógica é conhecido como para-clássico: "x é uma partícula faz com que x não seja uma onda" não

[15] Bohr escolheu o símbolo taoísta yin-yang como seu brasão quando recebeu os prêmios em 1947, o *Danish Order of the Elephant*, e também o Prêmio Nobel. O lema latino diz: "Os Opostos São Complementares", sugerindo que Bohr entendia a complementaridade da mesma forma que o antagonismo metafísico, o princípio mais fundamental da existência como um todo. O Tao envolve, entretanto, não apenas o *Yin* e o *Yang*, mas suas conjunções, que se pode ver como um estado T médio emergente incluído.

indica contradição rigorosa.Em termos de LIR, o fato de x demonstrar propriedades de partícula implica em que as propriedades de onda estejam potencializadas.

De acordo com meu ponto de vista, esta lógica latente das teorias-C é muito adequada para que se discuta as exigências epistemológicas da teoria quântica. Entretanto a discussão acima mostra que Bohr foi também, em parte, realista, e assumiu um compromisso ontológico com a existência real dos fenômenos. (O fato de alguém ser tanto realista como antirrealista é perfeitamente aceitável na estrutura LIR, desde que a pessoa não seja as duas coisas ao mesmo tempo.) Talvez, respondendo em parte desta teoria, da Costa e Krause ampliaram o conceito das teorias-C definindo 'as teorias da complementaridade com princípios de significado' denominados teorias-*Cmp*. A finalidade desta ampliação é acomodar a complementaridade como um princípio meta teórico da ciência, mantendo-o como uma espécie de princípio de significado em virtude de sua semelhança com a ideia da existência de contradições na lógica paraconsciente. Esse fato pode torná-lo inaceitável no círculo culto da lógica clássica, mas ele ajuda no entendimento e aceitação de informação incompatível. De fato, Costa e Krause mostram como a complementaridade pode ser vista de perspectivas como "referir-se tanto a um princípio de significado regulador geral, e também como lei (rigorosa) que pode ser adotada na linguagem da teoria adequada". Em outras palavras, o conceito das proposições da complementaridade pode ser inserido em determinada linguagem objeto sem tornar toda a teoria trivial. As proposições da lógica da complementaridade latente na teoria-*Cmp* é a lógica paraclássica mencionada acima.

A visão expressa nessas teorias é congênita em LIR. Ela sugere uma abertura para novos tipos de lógica, talvez paralógicas como LIR, que proporcionam caminhos diversos para o tratamento de domínios da ciência a partir de diferentes perspectivas com novos aparatos da lógica. Da Costa e Krause, seguindo Englert, sugerem que a complementaridade pode ser mais genérica e mais fundamental para a mecânica quântica do que o princípio da incerteza de Heiseberg. E mais, que a lógica deles pode ser modificada para lidar com tipos de incompatibilidade ainda mais genéricos, "incompatibilidade física', incorporando postulados fisicamente incompatíveis, como os comportamentos humanos.

O conceito de algo como a complementaridade extensível aos fenômenos físicos, é, sem dúvida, a tese central de minha lógica da/na realidade! A maior diferença é não apenas que eu designo meu PDO como meu princípio metafísico e metalógico, mas que eu incluo *ab origine* a base física para a mudança e emergência necessárias a uma descrição da realidade no nível quântico. No meu ponto de vista, o PDO foi ignorado ou rejeitado de acordo com o ponto de vista da lógica formal com base na não-contradição absoluta e na limitação às proposições e seus equivalentes matemáticos. A lógica paraconsistente e metalógica da complementaridade de da Costa e Krause são assim passos na direção certa que é a descrição lógica dos fenômenos reais, mas de acordo com o que penso, eles não chegam tão longe.

A aplicação do PDO e das categorias de NEO para cada perfil crítico do mundo quântico e não quântico, no nível tanto da realidade como no das descrições da realidade, resolvem alguns dos paradoxos que resultam das interpretações padrão. Os conceitos necessários são os da não separatividade da individualidade e da não-individualidade; parte do todo; subjetividade e objetividade em relação ao par experimento/experimentador; e das teorias do objeto e dos metaníveis. LIR baseia o comprometimento com a realidade das entidades quânticas necessário para o aspecto ontológico da complementaridade.

Com base nisso, eu proponho LIR como a lógica da complementaridade ontológica preferencial, e uma '*LIRC*' como uma teoria da complementaridade na qual o PDO desempenhe o papel de 'princípio do significado'. Pode-se então ver dois tipos de teoria da complementaridade, *LIRC e Cmp* complementares entre si: a última (sobre a qual trabalhos detalhados foram feitos) explica afirmações sobre os fenômenos quânticos no nível objeto e em meta nível, a anterior, os níveis correspondentes dos fenômenos em si.

Concluindo, se a LIR PDO tem base na física, ela deveria ser considerada na ciência e na filosofia, inclusive na filosofia da mente, tanto como extensão da complementaridade, como descrição alternativa dos fenômenos 'complementares'. A discussão é mais complicada do que no caso da complementaridade com base na lógica clássica, mas merece ser considerada.

7.5.2 – A Mecânica Quântica Relacional (RQM)

A Mecânica Quântica Relacional (Laudissa e Rovelli 2002) é uma interpretação dos fenômenos quânticos que despreza as noções do estado absoluto de um sistema, o valor absoluto de suas quantidades físicas, ou um evento absoluto. A teoria descreve apenas a forma em que os sistemas afetam um ao outro no curso das interações físicas. Estado e quantidades físicas sempre remetem à interação, ou à relação entre dois sistemas. Entretanto, presume-se que a teoria seja completa. Entende-se que o conteúdo físico da teoria quântica expresse a ontologia da rede de relações que conectam os diferentes sistemas físicos. Na minha opinião, esta formulação tem sólidas afinidades com os princípios de LIR, tanto do ponto de vista da impossibilidade dos valores absolutos, como de eventos isolados, e, o que dá no mesmo, a primazia das relações na estrutura do processo. Elementos e eventos não são os termos materiais da relação, são sempre a relação em si. E mais, RQM leva à ideia que, do ponto de vista ontológico formal, as relações podem ser vistas como subcategorias formais do Processo.[16]

Na RQM padrão, há uma dificuldade conceitual central que consiste na reconciliação da possibilidade da superposição quântica com o fato do mundo observado caracterizar-se por eventos com uma única determinação. De acordo com a teoria, uma quantidade observada, pode ser, ao mesmo tempo, determinada e não determinada. Um evento pode ter acontecido e, ao mesmo tempo, pode não ter acontecido. RQM oferece uma saída para o dilema. A QM torna-se uma teoria a respeito das descrições físicas da observação e dos sistemas observáveis com relação aos outros sistemas. Esta é descrição completa que pode ser considerada um tipo de meio incluído entre suas partes observadoras e observáveis, o sistema *S* medido e o sistema *O* medidor. Ao invés de se preocupar em saber onde colocar a 'fronteira' dos dois de Von Neumann, o foco dirige-se para suas relações dinâmicas. A comparação dos relatos de observadores diferentes não leva à contradição, pois a *comparação em si é um processo físico que deve ser entendido no contexto da mecânica quântica*.

A estrutura estatística das correlações torna suas implicações similares àquelas relações. A física relevante de um sistema *S* está totalmente contida dentro das correlações internas externas de seus subsistemas (que, eu acredito, são sempre o que conduz a '*S*'). A realidade física pode ser atribuída às correlações, e não às quantidades, que são os termos da correlação. Isso pode ser comparado à afirmação de Lupasco que diz que "tudo é determinado pela relação, tudo é relacional, tudo que existe, existe em relação à....". (Lupasco 1967)

[16] Em Whitehead (1978) os "fatos concretos da relação" são classificados como Preensões entre as categorias da existência, enquanto que o "mundo como processo" é a primeira categoria das explicações. Aqui não há necessidade de discussão; o que importa é a existência de uma relação conceitual entre relação e processo.

Essa abordagem impede a multiplicação ontológica das realidades da hipótese de 'muitos mundos' de Everett, que pareceu atraente a muitas pessoas. No ponto de vista relacional, evita-se essas abstrações epistemológicas, uma vez que as quantidades físicas são determinadas de forma única, enquanto que dão-se dois sistemas. Parece natural sugerir que é uma lógica que envolve três termos, não mais que três, adequada à mecânica quântica relacional. Pode-se dar interpretações relacionais a aspectos da relatividade especial e geral, proporcionando uma definição de tempo mais precisa, e essas interpretações são consistentes com a observação conhecida de que não há localização absoluta no espaço/tempo.

A abordagem relacional desperta as noções de estado do sistema, do evento, e a ideia de que o sistema, em determinado momento, pode ter apenas uma propriedade. (A meu ver, é o que teria que acontecer, principalmente, com a 'manutenção' das definições de processos baseados na lógica binária que precisar ser atenuada para que o progresso ocorra.) Laudisa e Rovelli dizem que, apesar da grande diversidade entre os autores que citam, "há uma ideia em comum latente em todas as abordagens RQM, e a convergência é notável." Os autores concluem dizendo:

Essa maneira de pensar o mundo tem, com certeza, grandes implicações filosóficas. A afirmação das interpretações relacionais diz que é a própria natureza que nos força a assim pensar. Se quisermos entender a natureza, temos por objetivo não circunscrever a natureza a nossos preconceitos filosóficos mas, antes, devemos aprender a como ajustar nossos preconceitos filosóficos ao que aprendemos com a natureza.

Amém. Tentei aqui mostrar um pouco da natureza e origem desses preconceitos em termos da operação da lógica da identidade prevalente e da não contradição, e sugeri como elas devem ser superadas.

7.5.3 – *Física quântica e consciência*

Como introdução a uma eventual discussão da teoria LIR de consciência, eu gostaria aqui de discutir apenas uma abordagem que atraiu muita atenção. Confrontados pelos aspectos indeterminados e determinados da consciência, assim como pela intuição que temos de que a consciência é algo fundamental no universo, muitas pessoas tentam ligá-la, e a si próprias *diretamente* aos fenômenos quânticos. Uma representação que seria aplicável poderia ser a função onda quântica para toda a rede neural, que seria uma sobreposição das funções onda de suas partes. Stapp e Penrose acreditam que é o caráter global compartilhado do pensamento consciente e da realidade quântica que torna a realidade quântica essencial à existência do pensamento consciente. Entretanto, até agora, não há alternativa para que se veja na incerteza dos processos mentais a operação dos *mesmos* princípios físicos como nos do nível quântico, no ponto de vista defendido por Stapp e Hameroff. Assim, a mecânica quântica seria aplicada diretamente a crenças, julgamentos, ideias etc, que poderiam ser vistos como fenômenos quânticos, apesar das excelentes provas biofísicas que o ruído termal resulta em total falta de coerência quântica (perda de informação). Em termos de LIR, a relação entre os fenômenos mentais e quânticos é uma operação nos dois níveis do PDO nas leis isomórficas que os governam.

A busca de Penrose por uma ciência da consciência ainda ausente, pelo entendimento científico da consciência, trabalho publicado em 1994, está longe de terminar. Compartilho com ele sua intuição: há um ingrediente científico essencial que falta, e é necessário incorporar problemas centrais da mentalidade humana a uma visão de mundo cientificamente coerente. (Penrose 1994) A imagem do universo exige uma ampliação que não somente envolva todas as partículas fundamentais e suas interações, embora essa imagem deva ser compatível com ela. Mencionei anteriormente as questões colocadas pela existência da não localização quântica, mas Penrose concorda que o estranho mundo no nível quântico é real e permite que objetos reais sejam construídos a partir dele. Depois de mostrar que a abordagem simplista baseada em atividade no nível microtúbulo no cérebro é inadequada, Penrose descreve a física ausente como um esquema físico altamente sutil, não computacional (mas sem dúvida, matemático) como uma 'redução objetiva' (OR). Mas, qual seria a fonte e natureza dos 'efeitos OR' que poderiam ser "usados para que surgissem os fenômenos vagos aos quais nos referimos como consciência?"

Como afirmei com relação à naturalização da fenomenologia, não há razão para supor que a consciência, como um fenômeno emergente, exigir categorias diferentes das dos outros fenômenos naturais com uma única exceção, a individuação humana (o problema mais 'difícil'), e não dos aspectos comportamentais da consciência.[17] Isto não é necessário em LIR uma vez

[17] O problema 'mais difícil' continua até hoje sendo o da individuação humana, por que eu sou 'eu' e não alguma outra pessoa, não os aspectos comportamentais da consciência.

que os aspectos comportamentais da consciência estão descritos em termos do contraditório mas as relações do processo físico entre os elementos e entidades apropriados. O ônus da prova deveria recair sobre os idealistas que devem mostrar a base de intenção como, de alguma forma, fora da física, da química e causa/efeito. Isto não é necessário em LIR, já que causa/efeito são definidos em termos de processos interativos entre os elementos e entidades apropriados.

Penrose afirma que a forma de operar da mecânica quântica é um mistério (da matemática); um mistério necessário que tem a finalidade de acomodar a mentalidade dentro da realidade física, e que teorias mais profundas tomarão lugar da mente em um mundo menos 'incongruente'. Mais importante para a minha teoria LIR – Penrose afirma que nem a física computacional, nem essa física ampliada por meio de aleatoriedade pode ser adequada. E mais:

> Cada uma das partes de nosso cérebro é constituída por ingredientes físicos sutis que de alguma forma nos tornam capazes de aproveitar a profunda organização de nosso universo escorados por princípios matemáticos...

As palavras mais importantes nesta citação: consciente, sutil, físico, de alguma forma e profunda organização, todas exigem explicação. No que concerne à matemática, a concepção de Penrose é a da matemática Gödeliana, e sugere que a 'escora' é tão lógica quanto matemática, em consonância com os conceitos básicos de completude e determinação nos teoremas de Gödel.

Os teoremas e a lógica de Gödel – como escrito – não se aplicam a fenômenos físicos ou mentais emergentes, mas LIR vê os princípios envolvidos, a dualidade da consistência e da completude, axiomaticamente, como outra explicação da dualidade fundamental do universo. O desenvolvimento lógico e ontológico atual empreendido em LIR proporciona uma ponte entre o PDO no mundo real e o dualismo Gödeliano. A relação entre consistência (ausência de contradição interna) e completude, na lógica, na linguagem e na matemática, está entre duas entidades abstratas. Para uma aplicação na física ou outra ciência, o que deve ser reconhecido é que uma relação *isomórfica* de oposição ou interação dinâmica pode existir no domínio físico entre elementos reais, processos etc, com a emergência de novos fenômenos como consequência em certos casos.

Na próxima Seção, vou ainda sugerir como a interpretação LIR de tempo e espaço altera as implicações metafísicas das teorias sobre o universo.

7.6 – RUMO A UMA COSMOLOGIA LÓGICA

A concepção lógica da existência que propus exige que a física do contraditório e as relações metafísicas para as quais desenvolvi uma categoria ontológica se justifiquem pela física básica do mundo. Todos os conceitos de LIR da realidade – existência, continuidade e determinismos, e seus opostos – deveriam estar relacionados a uma descrição do universo em si. Como notei acima, a cosmologia moderna desenvolveu-se em paralelo com a mecânica quântica, e os problemas de reconciliação de uma teoria que se aplica aos objetos quânticos e à Relatividade Geral que aplica a um grande número de fenômenos gravitacionais são também tópicos de pesquisa muito ativos. Talvez se possa ver os elementos envolvidos, os menores e os maiores, com características antagonistas em sua extensão e sua intensidade; em extensão na forma discutida em relação aos limites exemplificam ação, descontinuidade e subjetividade, enquanto intensidade é exemplo de continuidade, não variação e extensão matemática. Entretanto, muito mais é necessário. Nesta Seção, vou discutir a relevância de algumas recentes teorias cosmológicas relativas ao princípio da oposição dinâmica de LIR, e vice-versa.

7.6.1 – Espaço/tempo na relatividade geral

Na Seção 4.4.1 a respeito da autodualidade do campo quântico, especulei sobre a relação da dualidade com outras dualidades na física e suas correspondências com o quadro da dualidade dinâmica apresentada em LIR. Nessa Seção final sobre física, vou dar uma interpretação de outros importantes componentes da existência, o fenômeno da gravidade universal ou o campo gravitacional.

Uma maneira de caracterizar a cosmologia do início do século 20 é dizer que ela foi a cosmologia da *identidade* e da não contradição, com grande esforço despendido por Einstein e outros em busca das invariantes. Na relatividade especial, o tempo e espaço absolutos newtonianos foram substituídos por uma nova não variante (o intervalo universal *s*). Esta abordagem deu ao tempo uma nova realidade relativa a partir da qual tudo que dependesse do observador era eliminado. Os princípios da Relatividade Especial (SR) foram expandidos até seus limites, especialmente eliminaram a existência da energia e a dinâmica. Introduziu-se a Relatividade Geral (GR) com o objetivo de lidar com a ampliação da relatividade ao movimento não-uniforme, e aos fenômenos microfísicos e à mecânica quântica e de onda. Para a relatividade geral, Einstein propôs como a invariante mais geral a curvatura total do universo. Isso exigia uma geometria não euclidiana a partir da qual toda a heterogeneidade de seus pontos espaço/tempo no nível microscópico foram eliminados pela noção de corpos em contínua aceleração (devido à curvatura). Em outras palavras, através da exigência da covariância geral (mudanças de posição relativas à estrutura de referência), esses pontos espaço/tempo perderam, o que no meu ponto de vista, era crítico, principalmente o componente de individuação parcial realmente e dialeticamente necessário.

Foram propostas duas cosmologias para explicar a relação entre matéria e espaço/tempo: o universo de Einstein, no qual a estrutura geométrica do universo era determinada por sua massa total de matéria. O espaço/tempo curvo, finito foi reduzido à matéria e tempo absoluto, o tempo absoluto "do universo" era considerado uma espécie de *noumenon*[18*] subjetivo com o qual não havia qualquer tipo de interação.[19] No modelo de Eddington-De Sitter não havia relação causal entre a curvatura e a massa total; a matéria era responsável apenas pelas irregularidades locais.[20] No modelo de De Sitter, a intensidade descontínua ocupa a posição que a extensidade ocupa como objetividade externa no universo de Einstein.[21] Tanto Einstein quanto Eddington parecem ter evitado o dualismo *antagônico,* um jogando no sujeito o que o outro jogava no objeto, e vice-versa; para um é aparência, para o outro, realidade.

Lemaître foi o primeiro a formular claramente, em 1927, que o universo está em fase de expansão, e que, por isso, a matéria do

---

[18] * N.T: *Noumenon,* o que é em si mesmo, que é contrário ao fenômeno, que é o que aparece para nós.

[19] Em um trabalho sobre os novos fundamentos da geometria e computação, Michael Leyton criticou as teorias de Euclides a Einstein que maximizavam as não variâncias afirmando que elas 'não tinham memória'. Leyton propõe a base da geometria em um conceito de maximização do armazenamento da memória, isto é, da forma. Leyton demonstra que determinadas formas, descritas de maneira altamente técnica, contêm um grande volume de armazenagem de memória que pode ser organizado hierarquicamente, chamado *Processo-Gramática.* Infelizmente, a dinâmica do processo falha no muito amplo sistema de regras ao inferir a história da forma.

[20] Lupasco cita a afirmação estranhamente significativa de Eddington: "*O que é* é um envelope que flutua no infinito do *que não é*": dois termos com o mesmo valor ontológico, cada um deles definido pelo outro que o opõe ou nega, e a existência como um todo definida pelos dois so mesmo tempo. Isso muito se parece com a existência e o devir em LIR.

[21] Lupasco credita a Eddington ter visto o quanto *sua* visão da constituição do universo era uma criação de sua mente,'uma imagem de seu universo'. Parece que Eddington jamais imaginou explicitamente a visão oposta igualmente'lógica', nem que poderia haver algo muito fundamental apontado por esse conflito.

universo do modelo de Einstein[22] está se tornando rarefeita, aproximando o universo de De Sitter da forma geométrica pura. O modelo de Lamaître reconciliou a oposição entre os primeiros dois modelos; há uma tendência dualista de expansão e contradição, sugerindo que existe um antagonismo básico no universo entre as propriedades constitutivas desta expansão e contradição. À luz do trabalho de cosmologia atual, o quadro de Lupasco do universo de Lemaître apresenta interesse: a oposição dinâmica excluída nos outros dois modelos é mantida, e pode ser uma fonte no princípio da instabilidade e devir.

7.6.2 – *O duplo papel do campo métrico*

Como colocado acima, a Relatividade Especial (SR) descreve uma estrutura cronogeométrica absoluta do universo quadridimensional de Minkowski com uma geometria euclidiana em que está embutida uma composição relativa, dependende do observador de espaço/tempo. A simultaneidade 'distante' é definida por convenção. A Relatividade Geral (GR) é necessária para dar conta da natureza universal de interação gravitacional e dos aspectos da física a altas energias. Entretanto essa teoria remove toda a objetividade física de tempo/espaço, e está em conflito direto com a objetividade 'aparentemente real' do mundo fenomenológico. Existe, desta forma, necessidade por um tipo de descrição de composição independente do observador que daria suporte tanto à realidade do conhecimento científico quanto da experiência. O debate gira em torno de como dar significado físico ao *campo métrico* que é o conceito central da Relatividade Geral. O campo métrico é um termo usado na descrição matemática (tensor) da estrutura geométrica e gravitacional do universo como um espaço/tempo múltiplo de quatro dimensões (3+1) – pano de fundo para as manifestações de eventos físicos, mas também um participante dessas manifestações.

A solução proposta por Lusanna e Pauri (2005) começa por entender o campo métrico separado em duas partes: uma parte ôntica que corresponde aos graus autônomos de liberdade do campo

[22] Interpretações coerentes do fenômeno de tempo e a natureza de espaço/tempo estão, atualmente, sendo procuradas em termos de síntese da gravidade e da teoria do campo quântico. A teoria de Yilmz (Alley 1995), por exemplo, corrige certas simplificações feitas por Einstein, e sugere soluções para um determinado número de problemas, em especial a ausência de base para as interações de Newton na Relatividade Geral, uma necessidade reconhecida por Einstein.

gravitacional na ausência de matéria, e uma parte epistêmica correspondente à informação codificada em métrica que deve ser especificada para que se possa ter acesso à parte ôntica, que se refere ao aparecimento dos fenômenos gravitacionais.

A individuação física dos eventos/ponto deriva nos termos da parte ôntica do campo gravitacional. Confere-se identidade aos eventos/ponto por meio de uma estrutura de relações complexas na qual eles estão holisticamente enredados. Essa estrutura relacional inclui todos os elementos do chamado conjunto padrão completo, cujo suporte acontece através de uma solução clara das equações de Einstein (um universo claro de Einstein). A caracterização desses pontos inclui propriedades intrínsecas fundamentais exemplificadas nesses pontos incluindo massa, carga, giro e talvez outros. Mas, a caracterização proporciona também um significado físico à indexação coordenada desses pontos que fazem com que os eventos/ponto sejam equivalentes à existência do campo gravitacional como uma entidade ampliada.

Em suma, essa posição afirma que eventos/ponto de espaço/tempo existem individualmente, mas suas propriedades podem ser vistas tanto como extrínsecas e relacionais, o que confere a esses eventos/ponto, de forma holística, por toda a estrutura do campo métrico e a curvatura extrínseca, uma hipersimultaneidade (ver abaixo), e ao mesmo tempo suas propriedades podem ser intrínsecas, coincidindo com os graus autônomos da liberdade do campo gravitacional. "Desta forma, tanto o campo métrico como os eventos/ponto mantêm sua maneira de ser, de modo que a textura estrutural de espaço/tempo neste modelo não nos obriga a abandonar a postura de entidade real sobre o campo métrico e seus pontos." Esta teoria apoia LIR já que, para a descrição de tempo e espaço não há necessidade de pontos de base de ausência de dimensão (como as do cálculo diferencial) a serem postuladas, ou retiradas, seja para o campo quantum de causalidade efetiva, ou para o campo gravitacional e suas autodualidades.

Aqui, a tese segundo a qual as relações métricas podem existir em sua totalidade sem seus elementos de constituição (eventos/ponto como relacionados, alguns podem ser relações; esse ponto continua aberto) não se mantém. LIR alinha-se com esta física que dá base à individuação física de *alguns* eventos/ponto (entidades) enquanto garante a não-distinção necessária das partículas quantum. LIR insiste na relação contraditória entre identidade, que implica em não distinção, e diversidade, que implica em individuação.

Lusanna e Pauri (2006) propõem soluções para as equações

de Einstein em que há emergência dinâmica de 3-espaços 'instantâneos', os espaços instantâneos tridimensionais, em que se observa e, se descrevem os fenômenos comuns. Em suas surpreendentes metáforas, o campo gravitacional espaço/tempo e vácuo (matéria/energia livre) são "duas faces da mesma realidade". O 3-espaços está 'embutido' no múltiplo 4-D de Einstein. A teoria adequada é um novo tipo de estruturalismo que contém elementos tanto do ponto de vista substantivo como do relacionista, o que implica em um resultado holístico quadridimensional a partir de um desdobramento interno dos espaços instantâneos com três coordenadas espaciais (3-espaços). A realidade do espaço/tempo vácuo GR, os 3-espaços instantâneos dinâmicos e suas individuações dinâmicas do eventos/ponto descritos pela parte espistêmica do campo métrico é ontologicamente equivalente à realidade dos graus autônomos de liberdade do campo gravitacional como foi descrito pela parte ôntica do campo métrico. O que este revela é que GR contém o potencial para uma descrição diferente do múltiplo espaço/tempo quadridimensional implícito pela existência gravitacional universal e por um desenvolvimento "desdobrável" em folhas de 3-espaços observáveis.

Neste quadro, a individuação dos eventos/ponto envolve suas mudanças no tempo. Este é um atributo cuja informação não está totalmente contida no 3-espaço em um tempo *t*, o que não é inconsistente com o papel duplo do campo métrico em GR. É logicamente aceitável em LIR que um processo material complexo não possa ser descrito como totalmente presente ou ausente, e vejo aqui a base para a formalização final da concepção LIR de simultaneidade e sucessão.

Assim o programa de Lusanna e Pauri estabelece a base matemática para a reinterpretação de uma região 'conjunta' entre a realidade fenomenológica e não-fenomenológica, estabelecendo uma relação que é tanto física quanto epistemológica (Smith 1997). LIR concorda com essa interpretação que pode servir como extensão de seus fundamentos na física, como foi visto na Secção 4.5.2. Desejo enfatizar que não estou endossando esta teoria como a última palavra e a de maior autoridade a respeito de Relatividade Geral; isto não é uma monografia sobre física. Entretanto o programa é base de discussão que não apenas aborda as relações complexas entre espaço/tempo na relatividade geral e espaço/tempo fenomenológico, mas também revela as relações na física com propriedades dialéticas que LIR consegue formalizar em axiomas e categorias. Há, como sempre, os contrargumentos, mas eu aceito que a alternativa de ver as duas teorias se apoiando entre si deve ser considerada.

De acordo com o meu ponto de vista, a descrição de Lusanna e Pauri sugere que o *princípio* latente do campo métrico é o da autodualidade, expresso pelas propriedades apenas do campo gravitacional, que os autores descrevem como mais ontologicamente diversa do que qualquer outra. A crítica é que GR é uma teoria que, do ponto de vista físico, é radicalmente diferente. A GR tem como referência o campo gravitacional que evolui 'dentro' do campo gravitacional, e não a grupos matemáticos internos, e também leva ao duplo papel de ter uma só dinâmica (realidade) e aparência ao observador.

A autodualidade na teoria cosmológica remete a um tipo de solução às equações de Einstein,[23] para as quais LIR sugere uma interpretação física do mesmo tipo de oposição entre as propriedades inerentes como ocorre no campo quântico. Essa posição é reconhecida pelos princípios de representação teórica de autodualidade de Majid (Majid 1991), que afirma que a uma teoria física fundamental é incompleta a menos que o plano reverso implícito pela dualidade "par" de estrutura for considerada. A condição de autodualidade significa que a função avaliação f(x) possa também ser lida x(f), onde f é um elemento da estrutura dupla. A consequência é que uma vez que todos os elementos da realidade de LIR são duplos, eles acompanham esse princípio, como o faz a noção de dualidade-T na teoria das cordas mencionada no Capítulo 4. Essa forma de autodualidade foi apresentada por Majid para ser aplicada à teoria quântica e à da gravidade, já que os grupos Lie dão base tanto à geometria riemaniana (não euclidiana) necessária para a representação da gravidade e quanto para os números quânticos das partículas elementares na teoria quântica. Também interessante, conforme minha opinião, é a busca de Majid por uma axiomatização correta deste princípio através da extensão da lógica intuicionista a uma lógica cointuicionista[24] para tentar capturar a dualidade. LIR, é claro, parte da posição que a dualidade é, de qualquer forma, primitiva ontologicamente, e as relações podem ser expressas em termos contraditórios de atualização alternada e de potencialização dos elementos. A mudança necessária para a lei do meio excluído cai naturalmente.

O conceito que sugeri acima, o dos objetos (matéria/energia) serem a fonte do espaço/tempo, ou espaço/tempos deveria agora ser ampliado da seguinte forma: o campo gravitacional exclusivo da ma-

[23] Para discussão geral, ver van Holten (1996).

[24] Isto é, de fato, uma forma de lógica paraconsistente.

téria/energia tem o papel físico de individualizar fisicamente os pontos do desdobramento quadridimensional. O campo gravitacional é constituído por grávitons e instantons, considerados como partículas quânticas com um número quantum alto. Em outra metáfora de Lusanna e Pauri, que eu vejo como expressão da autodualidade da gravidade, esses grávitons não lineares são ao mesmo tempo "palco e atores dentro da peça causal dos fótons, glúons e outros personagens importantes (energéticos) como os elétrons e quarks".

7.6.2.1 – Simultaneidade: uma comparação de dinâmicas

O problema da simultaneidade dos eventos oferece uma boa oportunidade para se comparar sua descrição na relatividade geral e na lógica da/na realidade. Na seção 7.2.3 a origem da simultaneidade e da sucessão foi proposta como assunto de *necessidade lógica*, em virtude de algumas mínimas suposições sobre a existência e a mudança. A simultaneidade e a sucessão foram ligadas dialeticamente como operações que definiam não formalmente o espaço e o tempo respectivamente, associados a duas entidades sem referência à distância e proximidade. Entretanto, o efeito do campo gravitacional universal não foi considerado explicitamente.

O relato que emerge de GR produz a imagem de 'superfície' curva, complexa (hipersuperfície, que pode ser assintomaticamente 'chata') de simultaneidade na qual estão os eventos/ponto em todo o universo. A vantagem desta imagem é que ela corresponde à intuição de que eventos distantes *são* simultâneos aos eventos próximos, a despeito de ignorar-se a hora em que os eventos ocorreram. A vantagem deste modelo sobre o modelo da Relatividade Especial é que ele depende de uma definição quadro global, não inercial, de referência, mas isso é o mesmo para todos os observadores. Todos têm a mesma sequência de antes e depois, e a mesma noção de simultaneidade e a percepção instantânea de 3-espaços (espaço que não 'flui' como tempo).

Pode-se diferenciar as descrições ao se fazer referência respectivamente ao significado de dinâmica e dinamicamente: no modelo 'metafísico' de LIR, dinâmico na oposição dinâmica refere-se às interações físicas reais entre qualquer entidade e seu posto, ou na negação que resulta em uma potencialidade ou atualidade alternada de ambos. Onde aqueles estão ausentes, como no caso das três bolas de bilhar, não há dúvidas sobre elas estarem todas 'simultaneamente' sobre a mesa. No modelo GR, como em algumas formas de realismo estrutural, a dinâmica refere-se a um princípio de mudança inerente nas *equações*, de Einstein e de outros, que descrevem uma evolução não costumeira no 'tempo'. Essas são mencionadas como 'simetrias dinâmicas', campos tensores dinâmicos etc. Todas as estruturas cronogeométricas do universo de Einstein são dinamicamente determinadas nesse sentido. Os eventos/ponto localizados nas superfícies de simultaneidade são ácronos (desprovidos de tempo por si), mas são caracterizados por convenções determinadas dinamicamente sobre simultaneidade distante. Concluo que, entretanto, a simultaneidade em GR é ainda definida como *convenção* com relação a grandes distâncias. Não há referência explícita à simultaneidade, ou a sua ausência em eventos próximos, mas talvez devesse haver apenas como necessidade.

A maior diferença nas descrições de LIR e GR sobre simultaneidade está no tratamento das duas no que se refere a eventos *próximos* envolvendo entidades de mais complexidade tangível do que nos níveis quântico e ontológico. Outra maneira de dizer o mesmo é que sempre que processos de fenômenos exigem formalismo para suas descrições que são duplas no sentido LIR, mas não autoduplas, como no caso dos campos quânticos e gravitacional, aplica-se o quadro LIR. A lógica que propus descreve a evolução contraditória dos processos biológicos e cognitivos que envolvem estruturas de simultaneidade mais ricas do que as fornecidas por GR.

Depois de chegar a uma teoria *lógica* de tempo e espaço, ou espaço/tempo, podemos nos perguntar quais seriam as possíveis consequências práticas e teóricas que ela teria. Sugiro duas respostas preliminares: em primeiro lugar, esta lógica tornaria mais acessível os domínios contrastantes ou opostos da física cosmológica, na medida em que aponta para a operação do PDO sobre eles. É, se quiserem, uma confirmação da dualidade fundamental do universo nos domínios da percepção e não percepção. As estruturas da matemática e da física desses domínios são passíveis de descrição separada, mas estão ligadas funcionalmente como sugerem os axiomas LIR da LIR, principalmente da Associação Funcional, da Assintocidade e Contradição Condicional. Em segundo lugar, ela serviria como outra maneira de lembrar as pessoas que o espaço e tempo em que vivem experiências não são realidades eternas e absolutas, nem estruturas para as funções de sensibilidade, mas consequência da existência da matéria/energia em si.[25] Outro papel de LIR, talvez em razão da aplicação "em geral" do PDO, para facilitar o uso dos

[25] A frase de Lupasco foi: 'as criações contínuas do contraditório, da fertilidade dedutiva da energia'.

aspectos significativos das novas teorias nos níveis quântico e cosmológico da realidade e da existência humana agentiva.

7.6.3 – *Realismo estrutural e a metafísica das relações*

A razão para retornar à discussão do realismo estrutural e o papel das relações nele, é examinar seu significado físico agora que se estabeleceu o significado das relações para as teorias físicas mais fundamentais. Tanto as teorias do campo quântico como a Relatividade Geral descrevem as relações envolvidas no emaranhado quântico (não separatividade) e espaço/tempo respectivamente. Na discussão acima sobre a física cosmológica tentei dar sentido a sua evolução e sugeri que os aprimoramentos feitos devem-se em parte às descrições da gravidade e da dualidade e autodualidade da energia (os campos quantum e gravitacional) que trouxeram à tona a dualidade inerente à existência.

As relações metafísicas foram desenvolvidas por Lupasco em sua monografia sobre estrutura (1967) mencionada anteriormente: ele disse essencialmente que os objetos não podem aparecer (para nós) nem existir a não ser como elementos relatados para outros. Tudo é relacional; nada é autossuficiente. Há uma 'lei' da relação contraditória, cujos termos são *relações não definitivas* (meu grifo), que governam ou pressupõem o antagonismo contraditório do homogêneo e do heterogêneo, do mesmo e do diferente, etc. As duas relações essenciais na teoria LIR são as necessárias à formação e à continuidade da existência de um sistema físico mínimo, como descrito no Apêndice 2. São elas: (1) a relação de antagonismo ou oposição, cujos elementos são atração e repulsa; e (2) a relação de contradição, cujos elementos são identidade e diversidade, homogeneidade e heterogeneidade. Essas relações são correlatas, ou são a expressão da dualidade fundamental da energia na qual as relações são intrínsecas ou internas. Os aspectos relacionais de LIR também foram mencionados acima relacionados com a Mecânica Quântica Relacional (RQM), ocasião em que declarei que a abordagem relacional enfraquece as noções de estado do sistema, do evento, e a ideia que um sistema, em determinado momento, pode ter apenas uma certa propriedade. Isso é em parte a base para minha crítica à abordagem lógica pura à existências de Jacquette no Capítulo 3.

Há uma surpreendente similaridade entre o ponto de vista de Lupasco sobre a natureza fundamental das relações e o de Ladyman e Ross esboçado no Capítulo 6. Esses autores sustentam um realismo estrutural metafísico (Realismo Ôntico Estrutural, OSR) de acordo com o qual há, de maneira primitiva, estrutura no sentido concreto, relações físicas, com objetos derivados das relações. LIR dá um quadro desta 'derivação' em termos de uma pausa na concatenação ortodialética dos processos (Apêndice 1). O comprometimento ontológico com as relações em LIR e OSR, e também em RQM, coloca os objetos e suas relações no mesmo nível dentro da metafísica holística.[1] Esfeld vê o mundo de forma holística, atado por relações que não sobrevivem (cuja fonte não é) a propriedades intrínsecas. Não há prioridade ontológica, mas dependência ontológica mútua entre as relações espaço/tempo e os objetos que permanecem nas relações, consideradas como 'pontos' espaço/tempo na forma desenvolvida na teoria de Lusanna e Pauri. Esses eventos/ponto também definem as entidades de processo que LIR entende como povoando o universo, fundamentando a identidade e a diversidade.

Essa opinião afirma que quando espaço/tempo eventos/ponto são os relata, eles não existem individualmente. Suas propriedades podem ser vistas como extrínsecas e relacionais ao mesmo tempo, como também intrínsecas. O conceito que eventos/ponto fundamentam tanto as propriedades intrínsecas e extrínsecas ao mesmo tempo adequa-se à categoria da Oposição Dinâmica. Não fica claro se as relações em si, em nível primário, podem ou não ser descritas neste quadro como entidades capazes de manter relações com outras entidades. Em qualquer outro nível, se elas envolverem-se em uma interação energética, a descrição LIR é que as relações são reais, mas atuais e potenciais.

Antes eu mencionei o debate entre o grupo dos substancialistas que considera que a matéria existe tanto de maneira distinta do 'espaço/tempo' ou equivalente a ele, e o relacionistas que insistem que tudo o que há para os objetos físicos fundamentais são as relações nas quais se apoiam. No relacionismo, o significado físico de espaço/tempo depende das relações entre corpos: sua realidade específica depende das entidades ou campos presentes. A opinião apresentada acima, chamada ponto/estruturalismo, inclui elementos comuns ao substantivalismo e relacionismo. Lusanna e Pauri acreditam que sua análise pode oferecer um terceiro elemento de resolução do debate ao superá-lo (em termos LIR, a solução emerge da dialética como terceiro 'termo' incluído: o *tertium datur*). É a melhor solução para LIR, que a vê como lógica via princípio da oposi-

[1] Esfeld e Lam (por vir).

ção dinâmica e categoria da Não-Separatividade das entidades em todos os níveis da realidade.

Nesta 'estrutura espaço/tempo peculiar', a correspondência relação/relata não serve para nenhuma das opiniões extremas: todos os eventos concretos são apresentados através da estrutura relacional holística. Em LIR esta estrutura é 'estruturante' pois ela é a fonte de pontos que a sucedem. Esses pontos de espaço/tempos relativísticos-gerais, diferentemente dos pontos do espaço newtoniano homogêneo, têm um não-ponto rico, uma estrutura holística fornecida pelo campo métrico. Embora as propriedades físicas sejam conferidas aos eventos/ponto de forma relacional peculiar, o ponto/estruturalismo também não apoia a opinião relacionista padrão. Os eventos/ponto são indivíduos, mas em um sentido peculiar: eles existem de como constituidores autônomos, mas não podem reivindicar que suas propriedades não dependem das propriedades de outros. Não apenas as relações existem, mas os elementos que as carregam, mesmo se suas propriedades intrínsecas sejam também relações. Essa é outra afirmação da posição LIR a respeito da individualidade. Ela proporciona suporte para a extensão até os níveis mais altos da realidade, pois as relações (digamos, entre os humanos) podem rapidamente ser vistas como dependentes e independentes dos indivíduos.

Esfeld mantém que a distribuição das relações pode ser contingente da mesma maneira como o é a distribuição das propriedades intrínsecas. As leis da natureza, como em Humes, podem ser contingentes ao invés de serem necessariamente metafísicas. A versão LIR do realismo estrutural também não exige que as relações locais necessárias invalidem a contingência global, já que ela pressupõe a existência de domínios e entidades que não estão ligadas dinamicamente, mas que podem estar. Como já discutimos antes, situações de interesse no mundo macroscópico, entretanto, exibirão aspectos contraditórios da necessidade e da contingência.

Do meu ponto de vista metafísico, o que é essencial no que disse acima é a dependência mútua ontológica entre as relações e objetos independente da natureza das relações (quantum, espaço/temporal, ou interativas) e o que os objetos são (sistemas quantum únicos ou eventos/ponto espaço/tempo complexos que equivalentes aos processos maecroscópicos). Em minha opinião esta dependência é descrita em termos lógicos pelos axiomas de LIR e seus princípios fundamentais da oposição dinâmica. Falando mais especificamente do que em Esfeld, qualquer relação é parte objeto e qualquer objeto é parte relação, de forma que um é mais fundamentado em um determinado momento às custas do outro, seja física ou teoricamente, exceto no ponto médio da interação que, acima do nível quantum, é o ponto de emergência. No nível mais fundamental da realidade ou da existência, não se encontraria um único objeto 'que exista', mas no mínimo dois mais suas relações.

7.6.4 – Um modelo cíclico do universo

Um debate sobre cosmologia, como foi discutido no Capítulo 4 e acima, gira em torno da natureza do campo gravitacional e/ou da realidade das cordas como entidades fundamentais da construção do universo. Pode-se ver a natureza do campo gravitacional como prova da tendência geral no sentido de soluções mais equilibradas nas quais a oposição dinâmica está presente, e a teoria das cordas como a versão mais recente da tendência contínua em direção da identidade da cosmologia. O modelo cíclico do universo que discuto abaixo é um exemplo da natureza do campo gravitacional.

Os modelos do universo desde, o conceito original de Lemaître do universo em expansão, pressupõem uma particularidade única na origem do universo, ou como sua origem, o *Big Bang,* em que matéria/energia tinham temperatura e densidade 'infinita'. O ponto fraco deste quadro é a existência de uma particularidade, como seria possível explicar e, se como exigem algumas versões deste modelo, o *Big Bang* seria seguido por uma fase de contração, e qual significado poderia ser atribuído ao *Big Crunch* que necessariamente se seguiria.[2] O consenso a respeito do atual estado do universo é (1) que ele está se expandindo a níveis crescentes; e (2) parece ser composto por 70% de energia escura desconhecida, 25% de matéria escura fria, cuja natureza também não se conhece, e por não mais de 5% de matéria/energia comum. Escolhi o modelo proposto por Steinhardt e Turok (2002) para ilustrar como seria uma teoria com base nas categorias Energia, Processo e Oposição Dinâmica.

Neste modelo cosmológico cíclico, o universo passa por uma sequência interminável de épocas cósmicas que começam com um quase 'bang' e terminam com um quase 'crunch' (contração). A temperatura e a densidade na transição permanecem finitas. Ao invés de haver uma época inflacionária, cada ciclo inclui um período de

---

[2] Não discutirei aqui a especulação interminável de como essa noção pode ser aliada às noções de tempo e espaço (como 'era' antes do Big Bang). Essas questões aplicam-se apenas à visão tri-dimensional da realidade que nos é possível como objetos macroscópicos de médio porte, e, como já indicado, provavelmente, mal colocado.

expansão acelerado em ritmo vagaroso (como se observa atualmente) seguido de contração que "produz a *homogeneidade* (ênfase minha), achatamento e energia necessários para iniciar um novo ciclo". Steinhardt e Turok mostraram que o universo é infinito e plano, e não finito e fechado como nos modelos oscilatórios anteriores, e não são necessárias particularidades. Introduz-se uma energia potencial negativa e não a curvatura espacial para se provocar a reversão da expansão para a contração. Os autores também sugerem um mecanismo para a passagem do fim da contração para o reinício da expansão: pequenas frações de energia cinética são convertidas em matéria e radiação, mas ambos os lados da relação envolvidos terminam com o 'golpe'. Em LIR, há um potencial disponível para efetuar as mudanças. Em seguida, o campo escalar aumenta rapidamente, mas seu movimento é amortecido pela expansão do universo e então, o universo repousa antes da próxima fase de expansão, em um movimento que lembra o movimento de atualização e potencialização. O universo não chega nunca a um verdadeiro estado fundamental, mas 'flutua' sobre ele, aproximando-se assintomaticamente em um momento de um lado, e depois de outro lado do poço de potencial cósmico. O sério problema metafísico de um suposto 'primeiro ciclo' não é explicado neste modelo, mas a situação não é pior que as demais. Em trabalho teórico posterior, os autores mostram que o modelo cíclico possibilita uma explicação possível para o baixo valor relativo da constante cosmológica. Esse quadro oferece, entre outras coisas, mais estágios para a evolução do universo nos quais as constantes seriam mais adequadas à vida (Syeinhardt e Turok 2006) do que o modelo padrão *Big Bang*. Isso elimina a inquietante "singularidade epistemológica', já que em combinações do forte princípio antrópico (ver Capítulo 1) com a cosmologia inflacionária, a porção de espaço/tempo habitável, isto é, disponível para a vida, é infinitamente pequena.

É interessante notar que pesquisadores sérios chegaram à descrição cosmológica que segue bem de perto os princípios básicos de LIR. Um dos aspectos chave de minha abordagem é que as singularidades, ou os limites artificiais idealizados entre termos opostos necessários na lógica aristotélica, não existem de fato. Será fascinante ver se as descobertas futuras sobre a natureza da matéria escura e da gravidade negativa, talvez baseada no modelo cíclico, ilustraram mais diretamente o princípio do antagonismo. Esta teoria foi contestada por uma proposta que diz que a expansão do universo é um subproduto de enormes ondulações no tecido espaço/tempo. Essas ondulações, caudas pelo rápido inflar depois do suposto *Big Bang*, copiariam, nesta segunda teoria, as propriedades da energia escura. Recorreu-se a uma série de construções hipotéticas que são identidades separadas – as ondulações, o Big Bang e um tecido de fundo de espaço/tempo – todas incorporam conceitos de tempo, espaço e causalidade da lógica clássica. A despeito de suas complicações teóricas e matemáticas, esta teoria descreve entidades estáticas, produtos idealizados de processos em que elas não participam. Desta forma, vou arriscar apresentar uma previsão que, com base nos princípios que vimos falando, o modelo cíclico, no qual se pode observar a operação da oposição dinâmica, a atualização alternada e a potencialização, está bem próximo de estar certo.[1]

No capítulo próximo e final, vou examinar a aplicação de toda a lógica e conceitos desenvolvidos até agora no nível biológico da realidade.

[1] Um número recente da *Gedankenexperimente* sugere implicações adicionais e potenciais do mundo real de LIR. Por exemplo, Gingrich e Adami (2002) mostram que partículas cujos giros eram emaranhados quando em repouso, perdem o emaranhamento quando aceleradas a velocidades relativísticas, seu momento torna-se emaranhado para compensar, e vice-versa. Na terminologia LIR, a atualização do momento emaranhamento potencializa o emaranhamento do *spin*.

Referências

Aerts, Diederik. 1996. Relativity Theory: What Is Reality? *Foundations of Physics* 26: 1627-1644.

Aerts, Diderick. 1999. The Stuff the World Is Made of: Physics and Reality. *In Einstein Meets Magritte: an Interdisciplinary Reflection*, eds. D. Aerts et al. Dordrecht, The Netherlands: Kluwer.

Aerts, Diederik and Sven Aerts. 2004. Towards a General Operational and Realistic Framework for Quantum Mechanics and Relativity Theory. *In Quo Vadis Quantum Mechanics? Possible Developments in Quantum Theory in the 21st Century*, eds. A. C. Elitzur, S. Dolev and N. Kolenda. Berlin: Springer Verlag.

Alley, Carroll O. 1995. The Yilmaz Theory of Gravity and Its Compatibility with Quantum Theroy. *In Fundamental Problems in Quantum Theory, Annals of the New York Academy of Sciences*, eds. Daniel M. Greenberger and A. Zeilinger. New York: The New York Academy of Sciences 755: 464-475.

Béziau, Jean-Yves. 2001. The Logic of Confusion. *Proceedings of the International Conference on Artificial Intelligence*, IC-AI, in Las Vegas,Nevada.

Cao, Tian Yu. 1997. *Conceptual Developments of 21th Century Fields Theories*. Cambrigde: Cambridge University Press.

Da Costa, Newton C. A. and Décio Krause, Décio. 2004. Complementarity and Paraconsistency. *In Logic, Epistemology and the Unity of Science*, eds. S. Rahman, J. Symons, D. M. Gabbay and J.-P. van Bendegem. Dordrecht. The Netherlands: Kluwer 1: 557-568.

Da Costa, Newton C. A. and Décio Krause. 2006. The Logic Complementarity *In The Age of Alternative Logics: Assessing the Philosophy of Logic and Mathematics Today*, eds. J. van Benthem, G. Heizmann, M. Rebuschi, and H. Visser. Dordrecht, The Netherlands: Springer. Derrida, Jacques. 1993. Aporias. Stanford, CA: Stanford University Press.

Esfeld, Micahel and Vincent Lam. In Press. Holism and Structural Realism. *In Worldviews, Science and US: Studies of Analytical Metaphysics. A Selection of Topics from a Methodological Perspective*, eds. Robrecht Vanderbeeken and Erik Weber. Dordrecht: Springer.

Faye, Jan. 2002. Copenhagen Interpretation of Quantum Mechanis. *In The Stanford Encyclopedia of Philosophy (Summer 2002 Edition)*, ed. Edward N. Zalta. http://plato.stanford.edu/archives/sum2002/entries/qm-copenhagen/.

Gingrich, Robert and Chris Adami. 2002. *Physical Review Letters*, 30 December 2002, reviewed In SCIENCE 299: 185.

Grush, Rick. 2006. How to, and How *Not* to, Bridge Computational Cognitive Neuroscience and Husserlian Phenomenology of Time Consciousness. SYNTHESE 153: 417-450.

Hawley, Katherine. 2006. Science as a Guide to Metaphysics? SYNTHESE 149: 451-470.

Heidegger, Martin. 1959. *An Introduction to Metaphysics*. New Haven, CT/London: Yale Univertisty Press.

Laudisa, Federico and Carlo Rovelli, 2002. Relational Quantum Mechanics. *In The Stanfrod Encyclopedia of Philosophy* (Spring 2002 Edition), ed. Edward N. Zalta. http://plato.stanford.edu/archives/spr2002/entries/qm-relational/.

Le Poidevin, Robin 2000. The Experience and Perception of Time. *In The Stanford Encyclopedia of Philosophy (Fall 2000 Edition)*, ed. Edward N. Zalta. http://plato.stanford.edu/archives/fall2000/entries/time-experince/.

Levinas, Emmanuel. 1998. *De l'existence à l'existant*. Paris: Libraire Philosophique J. Vrin.

Leyton, Michael. 2005. Shape as Memory Storage. LN *Artificial Intelligence* 3345: 81-103., Dordrecht, The Netherlands: Springer Verlag.

Luca, Lusanna and Massimo Pauri. 2005. General Covariance and the Objectivity of Space-Time Point-Events. arXiv:gr-qc/0503069 v2 3 Sep.

Luca, Lusanna and Massimo Pauri. 2006. Dynamical Emergence of Instantaneuos 3-Spaces in a Class of Models of General Relativity. *Forthcoming in Relativity and the Dimensionality of the World*, ed. A. van der Merwe. Dordrecht, The Netherlands: Springer. arXiv:grqc/0611045 v1 7 Nov.

Lupasco, Stéphane. 1967. *Qu'est-ce qu'une structure*? Paris: Chirstian Bourgois.

Lupasco, Stéphane. 1986a. *L'énergie et la matière vivante*. Monaco: Éditions du Rocher (originally published in Paris: Julliard, 1962).

Lupasco, Stéphane. 1986b. La topologie énergétique. *In Pensées hors du Rond, La Liberté de l'espirit*. Paris: Hachette. 12: 11-28.

Lupasco, Stéphane. 1986a. *L'énergie et la matière psychique*. Monaco: Éditions du Rocher (originally published in Paris: Julliard, 1974).

Majid, Shahn. 1991. Principle of representation-theoretic self-duality. *Phys. Essays* 4:395-405.

McKinney, Shawn. 2003. The Problem of Shared Semantic Beginnings in the Debate over the Philosophy of Time. *In Proceedings of the Heraclitean Society*. http://www.wmich.edu/philosophy/heraclitean/vol20/mckinney.html/

Nicolescu, Basarab. 2002. *Nous, la particule et le monde*. Paris: Éditions Le Rocher (orginally published in Paris: Éditions Le Mail, 1985).

Penrose, Roger. 1994. *Shadows of the Mind*. Oxford: Oxford University Press.

Petiti, Gérard and Peter Wolf. 2005. Relativistic Therory for Time Compasrisons: A Review, Metrologia 42; 138-144.

Rovelli, Carlo. 2006. *What Is Time? What Is Space?* Rome: Di Renzo Editore.

Savitt, Steven. 2002. Being and Becoming in Modern Physics. *In The Stanford Encycopledia of Philosophy* (Spring 2002 Editions), ed. Edward N. Zalta. http://plato.stanford.edu/archives/spr2002/entries/spacetime-bebecome/

Sklar, Lawrence. 1992. *Philosophy of Physics*. Boulder, CO/San Francisco, CA: Westview.

Smith, Quentin. 1986. The Infinite Regress of Temporal Attributions. *The Sourthern Journal of Philosophy* XXIV: 383.

Smith, Quentin. 1997. The Ontological Interpretation of the Wave Function of the Universe. The Monist 80: 160-185.

Steinhardt, Paul J. and Neil Turok. 2002. A Cyclic Model of the Universe. *SCIENCE* 296: 1436.

Steinhardt, Paul J. and Neil Turok. 2006. Why the Cosmological Constant Is Small and Positive. *SCIENCE* 312: 1180-1183.

Van Holten, J. W. 1996. Gravity, Geometry and Physics. Lectures presented at the Summer school of Theoretical Physics, September, in Saalburg, Germany.

Varela, Francisco J. 1999. The Specious Present: A Neurophonomelogy of Time Consciousness. *In Naturalizing Phenomenology. Issues in Contemporary Phenomenology and Cognitive Science*, eds J. Petitot et al. Stanford, CA: Stanford University Press.

Whitehead, Alfred North. 1978. *Process and Reality*. New York: The Free Press.

Capítulo 8

EMERGÊNCIA, SISTEMAS VIVOS E ENCERRAMENTO

Resumo: O capítulo final usa o axioma fundamental de um meio incluído emergente e a estrutura dos dois níveis de LIR como base para a discussão da emergência na biologia. Os princípios de LIR permitem a formulação de uma física e de uma química dos sistemas vivos que inclui um lócus para as potencialidades necessárias à emergência. Desenvolvemos uma interpretação categorial dos problemas relacionados ao encerramento e à causação descendente usando as noções de tempo, simultaneidade e sucessão de LIR, descritas no Capítulo 7. Apresentamos LIR como um sistema lógico que pode compensar a incapacidade da lógica padrão de abordar assuntos gerais das ciências biológicas. Sugerimos a aplicação de LIR aos maiores problemas da origem da vida e evolução e da seleção natural, e salientamos o papel essencial do Princípio da Exclusão de Pauli como base da física para a emergência da diversidade e dos sistemas de vida. O capítulo termina com a comparação de LIR com várias posições atuais da semiótica, termodinâmica e contextual.

8.1 – INTRODUÇÃO

8.1.1 – Emergência

Como introdução às aplicações de LIR e de NEO às teorias da emergência e dos sistemas vivos no capítulo final deste livro, primeiro quero reafirmar a hierarquia de níveis da realidade de forma a facilitar a abordagem da conexão entre esses níveis:

- Sistemas Inanimados

- Vida = Percepção dos Sistemas
- Sistemas Conscientes
- Sistemas de Conhecimento

Para todos os sistemas, *mudança* pode ser definida como ato que envolve um novo estado ou nova posição de uma mesma entidade, e *emergência* como o ato de formação de uma nova entidade. Ambas mostram o problema lógico clássico do ponto em que a entidade se move ou passa de um estado para outro, ou uma nova entidade aparece, mas, como vou mostrar, as relações definidas por LIR evitam enfaticamente este problema. Além do mais, a justaposição dos quatro termos, não vida, vida, consciência e conhecimento, não significa que um grupo de sistemas é a *causa* do seguinte. Mais que isso, o estado anterior estabelece as condições de existência do posterior.

Deixei implícito que o conceito de emergência aplica-se a toda a realidade: pode-se considerar que até mesmo as partículas virtuais evanescentes 'emergem' do vácuo quântico. Entretanto, essa questão da emergência é mais relevante quando se trata de explicações de fenômenos de níveis da realidade superiores e mais complexos. Todas as ciências recebem uma parcela de novas interpretações de seus domínios em LIR, mas eu começo aqui a discutir a emergência com relação à vida, já que sem vida não há nem consciência, nem conhecimento! A discussão desses dois tópicos, como já disse, será abordada em outra ocasião.

Há (no mínimo) três pontos de vista conflitantes relevantes para o desenvolvimento de meu projeto sobre a constituição da emergência:

1. A emergência absolutamente não existe.
LIR: Essa posição tem como base o limitado quadro ontológico clássico.

2. A emergência é um conceito vazio: dizer que um fenômeno é emergente não é mais do que a descrição dos processos envolvidos.
LIR: Essa posição concentra-se no que está acontecendo sem a reificação de um termo, mas é muito reducionista.

3. A emergência pode ser associada a vários outros termos, como por exemplo, a biosemiose, todos eles equivalentes.

LIR: Pode-se dar à emergência uma interpretação geral que sugere distinções úteis com outros termos, e a intuição que esta abordagem recebe precisa de base e explicação mais acurada recorrendo aos princípios de LIR.

É curioso, e talvez significativo, que a forma deste debate seja muito parecida com o debate sobre as leis da natureza esboçadas no Capítulo 6.

Neste capítulo, vou mencionar uma série de exemplos retirados da literatura recente. É claro que minha seleção não será exaustiva, mas está aberta a (no mínimo) duas formas diferentes de objeção: o PDO não se aplica a um assunto específico, ou seus efeitos são negligenciáveis ou triviais. Neste caso, posso considerar a possibilidade de revisar minha tese relativa a esse assunto, mas concordo, depois de reflexão, transferi-lo para a categoria de entidades separáveis. Estou, certamente, muito interessado nas aplicações em que acredito que a Não-Separatividade se aplica. A forma de objeção relevante aqui é que o cerne de minha tese não se aplica a tudo, nem à teoria, nem à experiência. A objeção foi feita, por exemplo, no sentido de afirmar ser incorreto falar de lógica de qualquer tipo com relação ciência experimental externa, talvez sobre o domínio das entidades quânticas, ou que não há conexão funcional entre a teoria científica e os dados daquela teoria, entre a metafísica e a física. Minha contraestratégia será mostrar, como fiz com os assuntos anteriores, que as teorias dos sistemas biológicos (cf Apêndice 2) que não consideram a contradição no sentido LIR, levam a um impasse, se de fato, a partir de seus modelos, não forem totalmente excluídos os aspectos mais problemáticos em questão. Vou também incluir referências nas quais se nota a intuição de que é necessário algo como a minha lógica, ou nas quais ela se encontra em forma 'embrionária' em um conceito de uma teoria ou princípio de interligação ponte.

8.1.2 – Oposição na física ou na química dos sistemas vivos

O problema de tentar explicar a existência de qualquer mudança, mas particularmente da emergência dos sistemas biológicos em termos de física e química, era, e ainda é, resultante da manutenção das noções clássicas de causa, tempo e matéria/energia unicamente em termos da realidade. Esse fato é especialmente importante com relação aos sistemas vivos como eu demonstrarei agora.

Discuti anteriormente de que forma o Princípio da Exclusão de Pauli para elétrons estabelece a base para a heterogeneidade, em oposição real e epistemológica à segunda Lei da Termodinâmica, que é a base da homogeneidade. Esse princípio da heterogeneidade, ou a tendência à heterogeneidade, é o que é considerado, na lógica da/na realidade, a base para a existência de sistemas macrofísicos cada vez mais complexos, que, em última análise, conduzem aos denominados sistemas vivos no nível biológico da realidade. Esses processos levam de alguma maneira ainda não identificada a entidades e seus elementos constitutivos no nível biológico – o genoma, os gametas, outras células, órgãos e indivíduos vivos – todos envolvem a emergência de formas novas que tentei identificar como estados T, elementos do meio incluído em outro nível de realidade ou complexidade. A origem deles, por sua vez, está nas propriedades de substratos moleculares e químicos (níveis inferiores) e processos menos complexos, e insisti que todos os processos, em todos os níveis, caracterizam-se mais ou menos por aspectos facilmente identificáveis da oposição dinâmica fundamentados nessas propriedades. Exemplo dessa oposição é o modelo bem simples da seleção natural em consequência da 'pressão' do ambiente na evolução de uma espécie.

O postulado da oposição dinâmica, lógica e real no coração da energia, e em consequência, de sua incorporação à matéria e informação em todos os níveis mais complexos, exige que ela se ajuste às partículas fundamentais, prótons e elétrons, átomos e moléculas orgânicas e inorgânicas e, finalmente, aos organismos vivos constituídos por elas. Tudo que envolve este princípio é um sistema, um processo de sistemas de sistemas etc; portanto, tudo é um sistema capaz de interagir com outros sistemas de forma a poder chamá-lo antagonista. Na química, o íon cálcio, Ca++, é um sistema biológico 'ativo' como o são o íon tálio tóxico, Tl+, e o átomo de carbono com sua capacidade (potencial) para quatro ligações covalentes a outros átomos, o que torna possível moléculas complexas, um amino ácido, um polipetídeo, um hormônio, um gene, um ovo e um ser humano. A consequência que LIR propõe para a biologia e para a filosofia é que suas partículas são universais no sentido de se ajustarem a elementos químicos, materiais inorgânicos e orgânicos, macromoléculas, suas dinâmicas, a memória que incorpora através de seus desdobramentos, e a todas as outras sujeições que possibilitam a autorreplicação dos sistemas vivos.

Alguns dos primeiros estudiosos a propor a emergência acreditavam que as características primitivas da matéria poderiam manifestar uma forma primitiva de causalidade, envolvendo 'forças de configuração' fundamentais. Isso, em outras palavras, é a tese de LIR: as 'características' dos fenômenos, a começar pela energia, pode-se dizer, envolvem 'forças de configuração', em que uma parcela significativa de energia é codificada na forma potencial. É no espaço configurado que os estados reais e potenciais dos elétrons estão presentes, e é nessas duas características categoriais que estão os portadores da causação ascendente necessária para que a emergência ocorra. Tomemos o exemplo do íon de cálcio novamente – a combinação de seu tamanho e a carga positiva líquida resulta em potencialidades diferentes para interações, digamos, com moléculas de água se comparadas com o íon do lítio Li+, e sua atividade biológica, parte em consequência disto, é bastante diferente, por exemplo, no nível psicofísico.

Notei, não superficialmente, que a redução da química à física não é mais um problema. Cada entidade física é um sistema insaturado em seu potencial para interações futuras. Quanto mais complexo o sistema químico que emerge destas interações, mais partes desta insaturação serão retidas como propriedades causais de alto nível, que eu denominei potencialidades residuais do sistema. Estes consistem, mais uma vez, na capacidade de perder 'completamente um elétron, para formar uma ligação iônica, digamos de sódio para cloreto de sódio; de compartilhar elétrons em ligações covalentes, como na molécula de etileno insaturado; ou para formar ligações eletrostáticas, como as que ocorrem entre as moléculas da água e íons de cloreto de sódio. A maior estabilidade dos íons hidratados é a base termodinâmica para a solubilidade do sal na água.

Enquanto os detalhes da produção inicial das macromoléculas na origem da vida, como discutidas abaixo, permanecerem desconhecidas, o conceito de oposição ou antagonismo fornece um ponto de acesso para a análise desses processos.

8.2 – A ABORDAGEM DE LIR PARA EMERGÊNCIA

8.2.1 – A categoria de emergência

No Capítulo 4 eu propus a categoria dos estados T que são

a consequência da operação dos princípios e níveis da realidade. Uma vez que os estados T resolvem a contradição entre dois termos antagonistas em outro nível de realidade, "superior" parece razoável sugerir que o estado T emerge deles. Desta forma, pode-se considerar a lógica da/na realidade como a 'lógica da emergência'. Entretanto, devo estabelecer a diferença entre processos, estados T e emergência. Proponho uma categoria de Processos Emergentes como uma subcategoria de Processo, e Emergência como a categoria formal correspondente a ele. A Emergência foca no processo como processo, ou melhor, como normalmente é o caso, na série transfinita de processos de processos, enquanto o estado T é o ponto final (temporário) desta série ortodialética que tende à contradição vista como uma (id)entidade.

No ponto de vista antiemergentista (ver abaixo), a emergência fica reduzida a uma noção meramente epistêmica, isto é, descreve as relações formais entre as afirmações sobre um determinado conjunto de propriedades de processos, não as propriedades inerentes ou os processos em si. Como vimos, entretanto, as relações envolvidas nos processos e entre eles baseiam-se em propriedades inerentes da energia, e afirmações sobre as consequências para os níveis superiores da realidade não têm um caráter *a priori*. Então, o primeiro conceito que neste ponto eu introduzo, é o seguinte:

Tese 8.1: A emergência é uma categoria física e metafísica.

LIR fornece uma estrurura para análise das propriedades organizacionais das redes bioquímicas, as que não se manifestam no nível das partes, mas que resultam de interações antagônicas entre as partes. A organização pode ser explicada nos termos das propriedades componentes que dependem tanto das propriedades das partes como do estado do sistema. Essas partes têm uma estrutura parte/todo como se sugeriu anteriormente, sobretudo o todo está presente nas partes como potencialidade, e vice-versa. A emergência é a consequência da estrutura total de dois níveis das interações, a horizontal e a vertical. (Boogerd e al. 2005)

Com o objetivo de ver o que se pode alcançar através deste conceito, vou primeiramente examinar o desenvolvimento do conceito e depois ver como os princípios de LIR podem ser aplicados aos três pontos de vista descritos acima. Depois discutirei o problema de encerramento relacionado e os problemas específicos relativos à compreensão da vida e da evolução.

8.2.2 – Emergência e dualismo sob ataque

O conceito de emergência é o ponto central nas atuais teorias da evolução e em outros processos biológicos de desenvolvimentos. Esse corresponde às nossas noções intuitivas de vida e crescimento, criatividade e novas relações humanas. Entretanto, durante quase cento e cinquenta anos não se encontra no conceito de emergência uma sólida base metafísica, e ele está ainda vulnerável aos ataques dos 'antiemergentistas'. A maioria das posições contra a emergência pode hoje ser descartada, por serem posições reducionistas/materialistas ou neo-vitalistas. O 'errado', ao se adotar essas posições, é, não só elas não captarem os processos essenciais na realidade, ou elas favorecem um lado ou outro no debate. É que, como no debate entre realistas e antirrealistas, tomam-se posições excludentes e absolutas.

Kim (1999) apresentou um sério desafio à realidade da emergência. Suponhamos que o emergentismo implique na existência de propriedades fundamentalmente novas, cujos elementos são físicos, inclusive alguns macroelementos que não podem ser explicados ou deduzidos em consequência de microelementos complexos, ou em termos desses microelementos. O desafio de Kim, de certa forma, é que os emergentistas têm que enfrentar o seguinte dilema: como físicos, eles estão comprometidos seja com o reducionismo ou com o materialismo, ou se evitam o reducionismo, comprometem-se com um dualismo que não pode ser diferenciado de forma baseada nos princípios do vitalismo, fora das leis da física. Kim mostrou também que a emergência exige causação com tendência reflexiva, um fenômeno novo, emergente, que atua sobre seus elementos constitutivos. Como Symons argumentou, Kim defende que isto implica em uma certa autocausação circular, que é absurda. Voltarei ao problema da tendência de causação mais tarde, ainda neste capítulo.

Eu afirmo que o PDO fundamental e seus elementos categoriais relacionados, podem conter o peso filosófico necessário a uma abordagem que solucione dilemas como os propostos por Kim. *Muito especificamente, proponho LIR como dualismo sem vitalismo, com potencialidades das partículas fundamentais governadas pelas leis da física.* A consequência é igualmente importante para o primeiro desafio. O segundo desafio não funciona, mas LIR evita *o materialismo reducionista apresentando um mecanismo para a maioria, senão para todos, os aspectos críticos não físicos e subjetivos da vida (inclusive da consciência e da mente).*

No que considero outro ataque à irredutibilidade da emergência para explicar os processos biológicos, Wilson (2000) acredita que "poderosos princípios de complexidade" levariam a algoritmos mantidos em muitos níveis da organização. A partir desses algoritmos "autoagrupados, sustentáveis e em constante mudança, contudo organismos perfeitamente produtivos" de alguma forma serão possíveis. "Em outras palavras, eles serão organismos vivos." Entretanto, isso será verdadeiro somente se "existirem princípios gerais de organização que permitam que um organismo vivo seja reconstruído totalmente sem o recurso da simulação forçada de todas as suas moléculas e átomos". Se os mesmos princípios aplicam-se à mente, ao comportamento e a ecossistemas, haveria um corpo de matemática que "servirá como linguagem natural para a biologia, paralelo ao corpo que tão bem se aplica à física", e mostre como os princípios poderiam ser usados nos modelos, pressupondo-se que eles serão encontrados? Se os elementos essenciais da vida pudessem ser capturados por algoritmo, significaria que a crítica de posições similares de Lupasco (Lupasco 1973b) que "cada distinção não apenas flui normalmente da física, identificando extensões, mas são apenas epifenômenos...."

Do ponto de vista de LIR, a abordagem de Wilson, e outros como ele, são simplesmente o reaparecimento de um mecanismo de roupa nova. Associando-se o problema dos aspectos de inter e transdisciplinaridade das ciências (biologia, matemática, ciências da computação etc) com o conceito de que os algoritmos podem capturar os 'mecanismos' essenciais da vida, todas as diversidades dos fenômenos da vida ficam expostas a uma interpretação reducionista. Os elementos díspares de uma entidade viva não passariam de meios em direção a um fim que os transcende e os condiciona, aos quais não se poderia atribuir um poder independente, que, por sua vez, poderia precisar do recurso de uma forma de antagonismo existencial constitutivo. LIR procura corrigir este ponto de vista eliminando o tipo de diferença entre uma entidade viva e todos os aspectos de seus elementos. Na tentativa de evitar a má compreensão, repito que não estou dizendo que o íon do cálcio está vivo, mas que suas potencialidades contribuem para seu funcionamento nos sistemas vivos.

8.2.3 – *Uma perspectiva de Peirce*

Em sua discussão sobre os processos causais, semiosis e consciência, Emmeche sustenta a vantagem para a biossemiótica, a aplicação dos conceitos de sinais para os sistemas vivos, é que "eles não nos impõem uma metafísica dualista que separa os fenômenos em dois mundos ou reinos diferentes, que depois são difíceis de se reconectarem". Emmeche acha que o sistema de Peirce era uma combinação ideal do monismo semiótico, associado (como?) a uma teoria de categorias ontológicas. Peirce baseou sua teoria nas categorias de Primeiro (possibilidade), Segundo (existência) e Terceiro (realidade), sem a exigência de domínios ontológicos radicalmente diferentes. O 'Primeiro' é um 'Sinal' ou 'Representação' que está em genuína relação triádica com o 'Segundo', chamado seu 'Objeto', de forma a ser capaz de determinar um 'Terceiro', seu 'Interprete', para assumir a mesma relação triádica com seu Objeto na qual ele se posiciona em relação ao mesmo 'Objeto'. O termo 'Signo' foi usado por Peirce para designar a relação irredutível entre os três termos, irredutível por não poder ser decomposta em qualquer tipo de relação mais simples, como algumas formas de relação parte/todo.

Como se pode apreender de meus comentários acima sobre dualismo, não aceito totalmente esta teoria, que eu considero insuficiente em termos de dinâmica, embora seja comum interpretá-la como dinâmica uma vez que leva a uma 'cadeia de tríades'. Acredito que ela não seja suficientemente dinâmica porque não há energia que possa ser atribuída à relação triádica que a baseie na realidade (física). De acordo com meu ponto de vista, a estrutura de Peirce é um mecanismo heurístico criado para acompanhar as entidades envolvidas nos processos biológicos (Queiroz e al. 2005), mas seu uso não nos faz esquecer as propriedades reais do sistema.

Apesar de sua profunda intuição, Peirce não tem comprometimento ontológico no que diz respeito a seus conceitos. Ele escreveu claramente que sua 'faneroscopia' (fenomenologia) nada tinha a ver com a questão de se saber até onde os 'fanerons' que ele estudou correspondiam à realidade. A faneroscopia abstem-se de toda especulação no que concerne qualquer relação entre suas categorias e fatos fisiológicos, cerebrais e outros. Não assume, e evita constantemente explicações hipotéticas de qualquer espécie. Peirce afirma também que o idealismo objetivo é a teoria inteligível do universo. De maneira geral, como Kantiano, parece que Peirce sentia-se desconfortável com a contradição, e rejeitava mesmo as categorias mais dialéticas e as dinâmicas associadas ou implícitas de Hegel. Ele considerava o princípio da continuidade "o supremo guia para dar estrutura às hipóteses filosóficas", relegando a heterogeneidade e a descontinuidade a uma categoria secundária. O 'Esporte' e a pura sorte são as fontes da evolução e mudança na cosmogonia de Peirce. Essas opiniões não deveriam ser levadas à sério. Peirce estava ansioso para evitar ser chamado de realista ingênuo ou nominalista. Minha intenção aqui não é desconstruir Peirce, mas fornecer uma alternativa que funcione para o realismo ingênuo e para o dualismo clássico, e sugerir LIR como alternativa como um tipo de dualismo condicional.

8.2.3.1 – Lógica virtual e lógica orgânica

Há dois sistemas adicionais de lógica que valem ser mencionados, uma vez que derivam da visão de Peirce da estrutura da realidade: a lógica virtual de Kauffman e a lógica orgânica ou dicotômica de McCrone (2007).

De acordo com Kauffman (1997), a lógica virtual é "a que organiza a razão" sem ser a lógica (padrão), nem ser o verdadeiro assunto da disciplina na qual está inclusa... "é o eixo que nos permite circular de um universo de ideias a outro". Aqui a ênfase é na virtualidade, a totalidade com potencial ilimitado para vir a ser, com aspectos dinâmicos capazes de todas as mudanças possíveis. Peirce é citado porque a semióse é virtual, inclusive o aparecimento (no sentido de formação) de conexões entre coisas, eventos, fenômenos e processos vistos *a priori* como sinais que não interagem entre si. Kauffman então diz que a semióse pode ser a metodologia para se explorar a natureza no sentido da busca por modelos que "surjam do emaranhado da rede de relações interdependentes".

A afirmação de MacCrone que a lógica é a forma em que as coisas são e *devem* acontecer é, em princípio, simpática a LIR. A lógica orgânica é um modelo de realidade composta pela combinação de elementos monodíacos (o Primeiro de Peirce), diádicos (Segundo) e triádicos (Terceiro). Os processos começam vagos, um estado de pura (sic) potencialidade, colocados igualmente entre a existêncoa e a não existência. A imprecisão é a base da qual vêm as Dicotomias, a força motriz que resulta, e é a causa da fragmentação da base. As hierarquias, que em si têm estrutura triádica, fundamentam o resultado ou o destino das Dicotomias, estado de equilíbrio triádico que marca o resultado temporário e presumível do processo.

É relativamente fácil traduzir essa linguagem mais filosófica do que lógica para os termos de LIR, já que determinadas intuições subjacentes são similares. LIR propicia compreensão mais física e metafísica do movimento do atual para o potencial, e também do potencial para o atual, tendo como base a estrutura dualista da energia, sem o recurso da ideia de um potencial puro e ilimitado.

Em um outro ensaio, Kauffman (2002) mostra que a lógica virtual pode ser interpretada como uma nova lógica sem a lei do meio excluído. É então possível lidar ou sistematizar uma grande variedade de problemas relativos ao valores imaginários na matemática (Booleana) e nas construções geométricas tanto de Peirce, como de Spencer-Brown ("A lógica pode ser uma forma de geometria codificada"). Em minha opinião, o discurso de Kauffman acontece no domínio da lógica clássica, onde não há espaço para dar significado à afirmação, que de outra maneira é correta, que o sistema e seu observador não estão separados, nem são coincidentes. Em outra passagem, entretanto, ao tratar de séries de tempo e recursão, dá-se uma fonte da série de tempo "compartilhar o caos e mesmo assim parecer com os padrões biológicos de tempo. Incríveis mundos surgem além da dicotomia do Verdadeiro e Falso." O domínio além desta dicotomia é, é claro, o descrito neste livro, e a minha escolha de um mundo 'incrível' não é outra que o nosso!

8.3 – A EMERGÊNCIA EM PERSPECTIVA

É relativamente simples observar as duas formas de processo psicológico que impelem as pessoas a optar por um ou outro monismo de identidade ou diversidade como base de suas teorias preferidas da realidade, da existência e do pensamento. Essa tendência está muito bem ilustrada no debate científico ainda em progresso, entre visões mecanicistas e não mecanicistas da origem, do desenvolvimento emergente e do funcionamento dos sistemas vivos. As explicações mecanicistas têm tido um relativo sucesso com relação às visões dualistas padrão ou as vitalistas, mas mesmo nas atuais teorias da evolução e emergência, as noções clássicas de parte e todo, sincronicidade e diacronicidade, e previsibilidade e imprevisilidade tornam difícil conceber posições sólidas contraditórias aos conceitos reducionistas da evolução e posições céticas contra a emergência metafísica. Conceitos de sistemas, que lhes propiciam argumentação de qualidade, geralmente exigem também embasamento posterior na física. Finalmente, com o retorno do vitalismo em alguns países à educação e à política, a importância de se estabelecer uma teoria da evolução em bases mais sólidas do que o neo-Darwinismo vai, infelizmente, muito além do âmbito da ciência civilizada e do debate científico.

A história das ideias de emergência começa com a discussão entre mecanicistas e vitalistas no fim do século XIX e começo do XX. Os emergentistas britânicos tentaram desenvolver uma posição de compromisso, evitando substâncias vitais, mas conservando certo senso de irredutibilidade das qualidades vitais (O'Connor e Wong 2002). Mill, um dos primeiros emergentistas importante, tentou distinguir entre os modos de ação conjugada das causas que levam a: (1) um efeito total equivalente à soma de causas que atuam sozinhas – homeopatia; e (2) um efeito que não é resultado da soma dos efeitos de causas individuais, como em uma reação química – heteropatia. As leis e efeitos que correspondem à heteropatia foram denominados 'emergentes'. Os níveis hierárquicos foram vistos dentro dos níveis da heteropatia que podem ser governados pelas leis da homeopatia no que parece ser o modelo primitivo dos níveis da realidade ou strata. A definição de Mill de emergência envolve leis causais e interações e é tanto dinâmica quanto diacrônica.

Broad desenvolveu uma descrição sincrônica, não causal, covariacional da relação dos elementos emergentes com relação às condições que dão origem a elas. Broad estava interessado não apenas em resolver o debate entre mecanicistas e vitalistas, mas também em responder à questão se a biologia e a química eram passiveis de redução à química. Broad sugeriu que duas posições eram possíveis, uma mecanicista e outra emergentista. A posição mecanicista, na terminologia LIR, é a de pura identidade e homogeneidade, um único tipo de material, uma lei uniforme de composição, uma ciência, e assim por diante. Como antecipação, posso já afirmar, entretanto, que, embora a posição mecanicista possa ser vista como inatingível, *parte* dela deve ser incorporada ao quadro de uma teoria da emergência adequadamente antagonista. Há apenas um "tipo de material", e este material é a energia em formas diferentes, as consequências de sua oposição dinâmica, e as tendências homogeneizantes na matéria macroscópica estão presentes em todos os fenômenos.

Os emergentistas eram monistas físicos também, mas reconheceram

> conjuntos de matérias de várias ordens, a estratificação de diferentes espécies de substâncias com diferentes tipos pertencentes a diferentes ordens ou níveis. Cada nível caracteriza-se por determinadas propriedades fundamentais, irredutíveis, que emergem das propriedades de nível inferior. Assim, há dois tipos de leis: (1) leis 'intraordinárias', que se relacionam a eventos dentro de uma ordem... e (2) leis 'transordinárias', que caracterizam a emergência de propriedades de nível superior a partir das de nível inferior e as identificam.

Lembrando a estrutura de LIR, os fenômenos de níveis diferentes de realidade e de complexidade caracterizam-se igualmente por leis diferentes, se isomórficas, mas a emergência no estado T é regida pelo Axioma **LIR3** do Meio Incluído. A imprevisibilidade associada ao emergentismo de Broad não representa um grande problema considerando-se a posição contraditória do determinismo e indeterminismo. Esta imprevisibilidade não é elemento constitutivo da emergência, mas consequência da irredutibilidade metafísica das propriedades emergentes.

A descrição ontológica de emergência de Broad é, por isso, geralmente compatível com a posição LIR: nas duas, as leis da emergência não são totalmente irredutíveis às leis que caracterizam as propriedades nos níveis inferiores da complexidade (ou realidade), de outra forma não haveria base para a descontinuidade entre os níveis. LIR e Broad concordam que os elementos da emergência têm não apenas efeitos no mesmo nível, mas também dentro (ou em) níveis inferiores: portanto eles acomodam o conceito de causação descendente. Até aqui me abstive de fazer um relato explícito da relação entre as condições físicas necessárias e as emergentes, fora o que foi acordado, e o caráter geral e lícito. Dadas as condições estruturais exigidas, um nível novo invariavelmente aparece? Eu afirmo que sim, o universo é lógico e, até aí, determinista ao menos até esse ponto.

Pode-se fazer a mesma crítica com relação à afirmação que as propriedades emergentes não são epifenomenais porque elas passam por testes alternativos para eficiência causal para explicar a relação entre o mental e o neurobiológico, ou se um causa o outro, ou se eles têm propriedades similares de uma espécie de tipo indefinido. Essas posições estão próximas do padrão fisicalismo não redutível (NRP). Mais uma vez a teoria apresentada neste livro, pode, a princípio, ser considerada uma forma de NRP também, desde que se excluam conceitos e leis que não derivem da física fundamental. E mais, LIR não exige quadros de 'tipos naturais',[2] já que propõe algo fundamental, que está próximo da posição de Mill e Broad mais sincronia, ou melhor, a visão de tempo na qual o estado de coisas atual envolve tanto a sincronia como a diacronia na relação dinâmica discutida no Capítulo 6.

O trabalho de outro influente emergentista britânico, Samuel Alexander, em uma interpretação feita por Gillet (2006) é interessan-

---

[2] Não mais necessários em qualquer caso desde a crítica de Quince sobre os Tipos Naturais (Quince 1969), especialmente no Capítulo 3"Epistemology Naturalized".

te, pois é uma rara combinação do que, conforme o ponto de vista de LIR, são conceitos intuitivos corretos e incorretos de emergência.

Como demonstrado por Gillet, Alexander conseguiu combinar três posições metafísicas desejáveis: (1) Fisicalismo – todos os indivíduos são constituídos por indivíduos metafísicos ou são idênticos a eles, e todas as propriedades são realizadas por propriedades metafísicas, ou são idênticas a elas; (2) Integralidade da Física – todos os eventos microfísicos são determinados, caso sejam determinados por eventos microfísicos anteriores e por leis da física; (3) Eficácia de Causação Superior – a propriedades de nível superior que têm relação causal eficaz. Sujeito a redefinição de indivíduos, propriedades e causa feita anteriormente, esses princípios podem ser aceitos por LIR.

A contribuição significativa de Alexander para a teoria da emergência consiste das seguintes afirmações:

SA1: A nova propriedade emergente h é ao mesmo tempo nova e idêntica à combinação das propriedades de nível inferior.
SA2: Os realizadores microfísicos são usados para produzir algo diferente e que os transcende, mas não são alterados ou substituídos. Há uma transformação destas partes na construção de algo superior, mas as partes permanecem da forma que são.
SA3: Os realizadores não são passíveis de condicionamento e não são homogêneos, de forma que a entidade H de nível superior pode ter poderes causais próprios.
SA4: A nova propriedade emergente H é corresponsável com as propriedades de nível inferior na determinação de seus poderes causais. Uma das propriedades realizadoras fundamentais é que ela tem um poder de condicionamento cuja atribuição é parcialmente determinada pela propriedade de nível superior que ela realiza.
SA5: A influência determinante de H sobre a propriedade de nível inferior é *não-causal, instantânea, e não envolve força de configuração, e/ou transferência de energia.*

O problema é que, para garantir que a propriedade realizada *possa* influenciar o curso de eventos que levam a sua fundamentação, é necessária uma determinada forma de causação descendente que Gillet mostra em um argumento também usado por Kim, que afirma que aparentemente não pode ocorrer diacronicamente sem paradoxo, nem com H nem com a já transformada propriedade emergente que deve existir antes da transformação! A solução exige algo como o quadro LIR de sincronia e diacronia que apresentei no Capítulo 6 e que vou rever mais adiante no item 8.6.

A aceitação de SA4 e SA5 juntos é equivalente a abandonar a Integridade da Física. Esta posição não é aceitável na metafísica fisicalista defendida neste livro. Não creio que influências causais propaguem-se entre os objetos ou eventos de constituição não física, nem que influências não causais propaguem-se entre objetos ou eventos de constituição física. Aceito aqui a crítica implícita de Ladyman e Ross, em especial, da necessidade de aceitar a transferência de informação como uma transferência energética.

Para minha teoria de emergência, eu mantenho os aspectos desejáveis da estrutura de Alexander (isto é SA1–SA3), e elimino AS5, e ainda acrescento uma frase do próprio Alexander:

> SA4-1 "Os realizadores microfísicos são 'peculiares' ao "contribuir com poderes ligeiramente diferentes quando da realização de propriedades emergentes do que o fazem em outras condições."

A propriedade de nível superior sob meu ponto de vista, não tem que ter força ontologicamente *fundamental* quando exibe poderes causais. A força consiste de potencialidades residuais trazidas a ela de níveis inferiores. Vejo esse fato como uma descrição do que acontece no estado T, o ponto de interação máxima dos realizadores de nível baixo. Sem este princípio adicional, a interpretação de Gillet não elimina a fragilidade fatal do esquema de Alexander, mas a amplia através do recurso da determinação não causal.

A abordagem deste livro torna fora de lugar a relação de fusão metafísica que de tempos em tempos vemos. A ideia é que propriedades emergentes resultam de uma interação essencial (isto é, fusão) entre suas propriedades constitutivas, uma interação que é nomologicamente necessária para a existência de uma propriedade emergente. A legação é que a fusão é uma operação física real, não uma operação lógica ou matemática sobre as representações das propriedades. Isto é um tipo de síntese hegeliana (com base em uma identidade subjacente). LIR propicia uma alternativa à interação de que é tanto lógica como física, como tentei mostrar, e que se aplica a situações mais complexas do que às equivalentes a combinações e mudanças da fase física.

Algumas objeções feitas contra a emergência ontológica parecem dever-se basicamente ao desejo de manter a separação absoluta entre 'princípios de nível superior' e a microscópica 'Teoria do Tudo' subjacente. Prigogine é um dos autores que adota essa teoria. Prigogine sugeriu que as 'estruturas dissipativas' da termodinâmica do não-equilíbrio envolvem propriedades e princípios dinâmicos não redutíveis à física básica, e Laughlin e Pines:

> as propriedades genéricas de baixa energia (do estado cristalino) são determinadas por um princípio organizador superior e nada mais.

A independência *aparente* de vários princípios de nível superior confirmados, e a impossibilidade prática de derivá-los dos princípios fundamentais, de fato apoiam a emergência ontológica (contra objeções a ela). Tomo essa afirmação como base para o novo postulado sobre emergência como segue:

> **Postulado**: "Todos os princípios de nível superior refletem, e podem derivar de propriedades antagônicas básicas de energia que constituem os princípios fundamentais da existência, inclusive os da física básica. Assim, os fenômenos da emergência ontológica podem ser descritos pelos princípios de nível superior."

Em minha argumentação, os fenômenos do mundo vêm sendo usados para cobrir tanto as 'propriedades' (ou eventos e estados, que consistem em um sistema que tem uma propriedade), e *sistemas* e objetos como tal, vistos como 'meios incluídos' emergentes, que surgem de processos contraditórios dialéticos, verdadeiros e do mundo real. Surgem certamente algumas dificuldades provenientes da conjunção de sistemas e 'objetos', uma vez que eles são vistos como não dinâmicos e não sistemas. Merrick (2001) não toma posição a respeito do que é a emergência, nem a respeito da natureza da causação, para o que temos agora um quadro contraditório, mas ele, entretanto, atribui a ela poderes causais macroscópicos como fazem Laughlin e Pines. Merricks fala também das relações entre suas entidades microfísicas básicas, mas esta relação é obscura.

> A relação de substratos físicos com elementos emergentes pode ser: (a) uma relação de determinação causal ou fatos brutos, ou os elementos emergentes podem aparecer necessariamente (superveniência), ou (b) na melhor contingência, aparecer em todos os sistemas conseguindo um nível de complexidade exigido.

Com relação a (a) rejeito o conceito de fatos brutos (independente) inatingíveis aos postulados da lógica da realidade e da energia. Já (b) é concernente, o fato do surgimento de elementos emergentes é contingente, mas algumas palavras na questão devem ser esclarecidas. 'Na melhor' parece supérfluo, e a palavra 'todos' é inoperante. Elementos emergentes têm o *potencial* de aparecer; se aparecerão ou não depende dos aspectos de probabilidade dos sistemas adjacentes na não determinação geral do universo.

Vou discutir agora alguns aspectos gerais da emergência, começando com a emergência física fora da área específica da biologia.

8.3.1 – Emergência física

Muitos fenômenos físicos são descritos como emergentes: os tornados com certeza surgem de graus complexos de temperatura e umidade. Outros sistemas envolvidos em interações dinâmicas não lineares podem apresentar um novo comportamento com relação ao comportamento de seus substratos. De acordo com LIR, são processos microfísicos atualizados, (quase) puros, sem forma de representação interna ou semântica. Como exemplos temos os sistemas dispersos não equilibrados descritos por Prigogine, outras estruturas intrinsecamente simples como, por exemplo, as células de convexas nos líquidos aquecidos ou determinados sistemas químicos aqui descritos e discutidos *ad nauseam.*

Assim, é correto discutir esses sistemas, que são identidades "para todos os fins e efeitos", do ponto de vista essencialmente mecanicista. Batterman considera esses fenômenos emergentes, pois eles apresentam singularidades (pontos críticos) e não resultam simplesmente de causas subjacentes. (Batterman 2002) O que não é certo, no meu ponto de vista, é considerá-los modelos de uma boa estrutura emergente em outros níveis da realidade. Como já observado, a prevalência de estados T e emergência não é uma função fácil do nível da realidade, mas, é no mínimo, no nível macroscópico. Entretanto partículas individuais mantêm todas as suas propriedades para a entrada, desde que em condições certas, em configurações mais complexas e emergentes.

8.3.2 – Emergência normativa

A concepção fundamental metafísica da divisão entre dois tipos de substâncias, o mundo factual, não normativo, e o mundo mental, normativo e bastante intencional, remonta a Descartes. No resumido sumário de Bickhardt, a substância metafísica torna o processo problemático, a emergência impossível e a normatividade, inclusive a normatividade representacional, inexplicável. Mencionarei alguns dos principais argumentos feitos (Bickhardt 2003) para modelar a emergência ontológica de forma causal eficiente no processo metafísico, demonstrando o desafio de Kim (metafísico) e de Hume (lógico). As duas críticas são compatíveis com o quadro LIR-NEO.

Como discutimos anteriormente no Capítulo 6, o ponto de vista de Kim é de que todos os fenômenos de nível superior são epifenomenais causais, e a emergência eficaz causal não ocorre. Esse argumento depende do pressuposto de que partículas fundamentais participam da organização, mas *não* têm organização própria. Como consequência tem-se que a organização não é o lócus do poder causal, e a presunção da emergência de que um novo poder causal pode emergir em novas organizações contradiria a presunção de que as coisas que não têm organização detêm o monopólio do poder causal. O contra-argumento de Bickhardt é que as partículas como tal não existem; 'tudo' é campo quântico; esses campos são processos; processos são organizados; todo poder causal reside nessas organizações; e diferentes organizações podem ter poderes causais diferentes e, consequentemente, também poderes causais novos ou emergentes.

Em LIR, como vimos, atribui-se um grau de organização a essas partículas como partículas, como também no campo quântico (sua autodualidade) e, portanto, não há dificuldade em atribuir-se a elas poderes causais. E mais, no raciocínio acima, a simples possibilidade de emergência ser onipresente nas novas organizações dos processos não explica como ela ocorre. Em minha teoria, a oposição dinâmica inerente às partículas proporciona o mecanismo causal necessário.

Como mostra Bickhardt, o argumento de Hume é que as normas não podem derivar de fatos em função da pressuposta origem empírica do conteúdo representacional ou semântico. Assim, derivações válidas não vão além do que está disponível nas premissas com relação a seus termos básicos e que por isso nada fundamentalmente novo pode ser introduzido. Esta proposta provou-se frágil, e provou também que a emergência normativa é possível, por referência ao conceito linguístico de definição implícita. Em oposição à definição abreviada à qual a construção mencionada acima é equivalente, a definição implícita afirma que as sentenças formais definem implicitamente as traduções de termos não lógicos que geram uma interpretação consistente com o conjunto total de sentenças. É o sentido de Hume de redução de dados que é a forma menos comum das formas legítimas de definição. A restrição de Hume às premissas factuais reflete o comprometimento de substância ontológica: as sustâncias motivam as noções empíricas de percepção e representação, e as substâncias são em si não normativas.

Eu simplesmente notaria que uma teoria que fornece as características de processo energético adequadas a percepção e representação não precisa ter a possibilidade da emergência normativa demonstrada. A ausência de um princípio de antagonismo em energia leva Bickhardt a concentrar-se no lócus de seu modelo dinâmico correto de função normativa emergente em sistemas sem equilíbrio do tipo do de Prigogine. Os sistemas vivos estão realmente longe de apresentar um equilíbrio final, e a operação de sua complexa cibernética, próxima do equilíbrio dinâmico que defini, também exige energia de forma que a entropia seja maximizada no local e também globalmente, como sugerido pelo princípio de Produção de Entropia Máxima (MEP; ver item 8.8) através de um *input* funcional, e da interação com o ambiente.

Afirmo apenas que a operação do MEP é necessária, mas não suficiente para a emergência, e como se sugeriu várias vezes nesse livro, exige-se também alguns princípios de exclusão entre entidades semelhantes e sua mais simples expressão é o Princípio de Exclusão de Pauli para elétrons.

8.3.3 – Emergência e teoria da catástrofe

No Capítulo 5 discuti alguns aspectos da teoria da catástrofe de Thom e Petitot como uma teoria metafísica da morfogênese. Dei crédito a Thom e Petitot por eles terem dado nova vida ao problema da forma na biologia e em outras ciências. Mas eles foram longe demais; a forma em que uso a palavra 'vitalidade' aqui pode ser considerada sarcástica pelo fato de Thom ter considerado seu método como 'vitalismo geométrico'. Concordo com a crítica de Thom ao reducionismo na biologia como metafísico no sentido negativo, já que ele postula "uma redução dos fenômenos vitais à química física pura que jamais foi estabelecida de forma experimental" (Petitot 1988), embora o vitalismo "tenha por base um impressionante conjunto de fatos de controle e de finalidades que cobre a quase totalidade de atividades vitais". (Thom 1972)

Petitot converteu o vitalismo de Thom, pelo qual Thom foi

criticado (é claro), para algo que está longe de ser o vitalismo idealista e ingênuo do início do século XX. Ele é metódico e geométrico, compatível com o determinismo qumicofísico dos substratos e estritamente estrutural.[3]

Assim Petitot afirmou ter alcançado, através da teoria da catástrofe, a conciliação do princípio da finalidade (teleologia), inerente ao vitalismo (estruturalismo), à objetividade física (mecanismo, reducionismo). Posso afirmar não tê-los conciliado, mas proponho que se mostre através da aplicação do PDO onde cada um deles deixa de descrever seus próprios elementos corretamente, e também deixa de incluir os aspectos corretos do outro, e que existe uma terceira possibilidade de explicação. LIR elimina a necessidade de qualquer forma de vitalismo, e propõe uma relação funcional entre a física, a química e os fenômenos biológicos baseados na recorrência do antagonismo energético em diferentes níveis da organização e da realidade.

O modelo puramente geométrico topológico da realidade na teoria da catástrofe, como já coloquei, não captura o mecanismo dialético da realidade do processo – da emergência, em outros termos. Tive dificuldade em mostrar que as categorias da lógica na/da realidade em minha Nova Energia da Ontologia (NEO) exemplifica a forma de dualismo condicional comparável ao Axioma **LR2** da Contradição Condicional, cujo princípio é que dois elementos da dualidade não são totalmente separados e independentes, mas ligados através de uma relação de oposição dinâmica.[4] Agora vou mostrar com mais detalhes como os princípios e categorias de LIR propiciam o enfoque das questões da emergência no nível biológico.

8.4 – EXPLICANDO A EMERGÊNCIA

Resumindo, com base nos princípios de LIR, emergência como processo não é separável ou diferente de seus fundamentos. É tão errado dizer que a emergência 'é' algo, como dizer que a causa ou consciência 'é' algo. O único critério ou lócus para a emergência é a existência real de todas as entidades ou processos, isto é, todos os que consistem em energia em mudança. A emergência não acontece em ou entre entidades temporais não espaciais seguidoras

[3] Petitot conseguiu incorporar em sua síntese o conceito de *entelechy* que Goethe desenvolveu como o constitutivo *a priori* do universo das formas, a base de seu vitalismo idealista especulativo.

[4] Os processos que substanciam a oposição dinâmica podem também ser a fonte em nível mental dos fenômenos emergentes na forma em que são incluídos estado T meio pelo Axioma LIR3.

da lógica binária. Examinei no Capítulo 3 o status ontológico desses objetos, ou de suas representações mentais, a natureza da 'não existência' *vs.* existência, e o que pode significar para esses objetos existir em 'outros mundos'. Por outro lado, o grau de emergência em nosso mundo em pequenas escalas de tempo pode ser mínimo: uma bola de bilhar que é jogada e alterada no processo, não é, para todos os fins, uma 'nova' bola de bilhar, mas ela pode ser assim considerada, seja lógica ou fisicamente (experimentalmente). Na medida em que isso for aceito, a emergência poderá ser vista como ela é, um princípio metafísico universal.

Portanto como resultado de minha análise dos dados, afirmo a segunda tese da aplicação de LIR na emergência biológica:

> **Tese 8.2:** A lógica da/na realidade, e sua ontologia de nova energia associada, NEO, fornece uma doutrina da emergência que é tanto fisicalista como dualista, mas seu dualismo segue a categoria de oposição dinâmica e o axioma da Contradição Condicional, e confirma a realidade física e metafísica da emergência.

Vamos agora comparar essa tese com os três pontos de vista mencionados no primeiro item e ver como eles podem ser interpretados usando os princípios de LIR. Como ficará claro, apoio os dois últimos, o primeiro, não.

8.4.1 – A emergência é um conceito dogmático?

A posição aqui assumida por Maurel (2005), por exemplo, é consequência da frustração pela falta de explicações corretas sobre a origem e funcionamento dos sistemas vivos. Essa posição é expressa pela resistência à emergência, que se caracteriza como um 'artifício', na mesma categoria da lógica (padrão) e reducionismo. O fato da vida ter 'emergido' da não vida é considerado um mecanismo linguístico que não consegue descrever de forma nenhuma a cadeia de eventos necessários à construção das moléculas biológicas e das macromoléculas. Assim, a emergência não é um conceito válido porque a teoria subjacente não se encontra disponível.

O problema é real, sem dúvida. Há, embora ainda não haja consenso, um atalho que parte do mais simples aminoácido, resultado provável da combinação de pequenas partículas produzidas por descargas elétricas na atmosfera primitiva, em direção a peptídeos, talvez com a ajuda de elementos catalizadores inorgânicos, responsáveis pela emergência de polipeptidos com capacidade de autorreprodução. Não há uma forma detalhada que nos faça entender como "as moléculas adquirem uma ordem que as coloca no lugar certo, na hora certa" na organização de uma entidade pré-biológica. Para este autor, o termo emergência corresponde a um tipo de dogma da vida revelado, um pouco misterioso, para não dizer místico, que remete a uma súbita aparição de propriedades *cujos fundamentos são desconhecidos* (ênfase minha).

Um problema metafísico adicional, relativo à formulação de Kim, mencionada acima, é o seguinte: se as propriedades emergentes dependem de fato da metodologia da explicação científica, como uma explicação científica não é reducionista e mecanicista?

A posição acima demonstra o ponto que desejo abordar: LIR não pode, em nenhum caso específico como este, descrever como um evento de síntese química sobre determinada superfície de ardósia ou argila *x* um bilhão de anos atrás pode ter sido o 'verdadeiro início' da vida, a identidade óbvia que é a única coisa que satisfará a maioria das pessoas.[5] LIR, em certo sentido, procura mudar o clima no qual essas perguntas são feitas, e procura ver quais outras perguntas poderiam ser feitas, e quais respostas seriam convenientes a elas.

Para começar, pode-se dizer que a aparição das pequenas partículas de vida, amônia, formaldeídos, e assim por diante, exigem um *input* de grandes quantidades de energia, e catalizadores potenciais como, por exemplo, materiais de silicato que têm superfícies de alta energia. Uma vez que essas estas energias parecem ter tido consequências reais, pode-se supor que estes desenvolvimentos na existência não são acidentais, mas deterministas, inerentes às potencialidades da natureza. Uma estratégia melhor, que, em breves palavras é a deste livro, é examinar detalhadamente o que o fato de ser inerente envolve sem que se postulem novas leis da física, mas examinando como as leis existentes podem ser interpretadas, como em LIR, de forma contraditória.

Se aceita-se que PDO explique *algo,* que as potencialidades têm *algum* papel funcional, e que 'tempo' é uma propriedade complexa da matéria envolvendo tanto os aspectos sincrônicos como os diacrônicos, talvez se esteja em uma posição mais favorável para avaliar e apoiar novas teorias que substanciam o conceito de emergência. Vou agora fazer o mesmo com alguns trabalhos da escola dinamarquesa.

[5] Ou fará com que rejeitem o realismo científico.

8.4.2 – *A síntese de Emmeche*

Emmeche (2000) fez uma vigorosa crítica do que chamei, em várias partes deste estudo, de tentativas de construir teorias da vida ou da existência usando, implícita ou explicitamente, os axiomas e conceitos da lógica binária. Considerando os problemas espistemológicos nestas teorias gerais sobre os sistemas vivos, ele vê uma série de 'conexões ocultas' entre diferentes áreas da experiência humana, como por exemplo biologia popular e biologia científica, e também conexões ocultas entre conceitos centrais da biologia teórica, como as funções, a semióse, encerramento e vida. Esses conceitos são, em minha opinião, de grande relevância para uma abordagem atual destas áreas.

Segundo este ponto de vista, deve haver alguma forma de 'protótipo de falácia oculta' na maioria dos discursos que resulta na *reificação de suas próprias abstrações* e esconde referências semânticas vagas, básicas e problemáticas aos de tipos de sistemas particulares, em outras palavras, no mundo real. Seguem os cinco exemplos dados:

- A teoria da autopoiesis, os sistemas de 'autoprodução';
- termodinâmica de não equilíbrio, que busca seus exemplos basicamente no mundo físico macroscópico, ou em entidades biológicas primitivas como os moldes de lama, que ele compara, no que corrobora minha abordagem, a simples silogismos;
- teorias de modos duplos da vida, na qual o protótipo oculto é a dualidade genótipo/fenótipo da genética clássica;
- estudos da complexidade, com seu alto viés e agenda computacional que levam à
- pesquisa da vida artificial.

Autopoiesis é o termo que Maturana e Varela deram para a contínua produção por meio de uma rede de vários componentes que compreendem e sustentam esta rede e seus processos de produção. Apesar do *insight* extraordinário destes pensadores e de seus seguidores, creio que a abordagem que eles fazem dos sistemas sofre da retenção de termos abstratos e absolutos, de que a causação circular é um exemplo. Maturana fala realmente da inseparatividade dos sistemas vivos e de seu nicho, e o termo usado para denotar sua interdependência é a união estrutural. A união estrutural é o resultado conjugado da abertura termodinâmica e macrofísica que permite (como?) o fluxo de matéria e energia através do organismo, e encerramento operacional, que possibilita a autopoesis e a homeostase. A adaptação que resulta é uma relação *invariante*, pois as operações do sistema vivo "aderem ao meio que as cerca, não as contradizem (sic), nem as entrava". (Maturana 2003)

Minha crítica a esta abordagem não é tanto porque ela não se refere explicitamente a determinada forma de oposição dinâmica no nível dos organismos vivos, embora eu creia que essa referência fosse desejável. Ocorre que sem alguns destes conceitos de oposição, e do conceito de potencialidade, e também de atualidade integrada por ele, os sistemas descritos não podem relacionar-se quer física ou quimicamente a quaisquer níveis de substrato.

No sistema de Maturana o resultado de uma interação entre um organismo e um estímulo externo não é determinado de forma alguma por aquele estímulo, mas apenas pelo estado agregado do organismo em si, em um dado momento. Os efeitos das interações moleculares ramificam-se e ampliam-se, tornam-se comportamento no nível macromolecular, por todo o percurso até o nível do organismo, e o mesmo é verdadeiro na via contrária, na outra direção. Na visão de LIR, como já afirmei, deve-se procurar nas potencialidades das moléculas envolvidas a fonte da causação ascendente (e descendente).

Emmeche propõe como alternativa aos cinco pontos enunciados acima o mínimo de complexidade do código biológico endossemiótico como um requisito de manutenção da vida. Ele especula a respeito das leis da complexidade desconhecidas que podem estar envolvidas e os tipos primitivos de metabolismo que cobrem o *continuum* não vida – ou vida/vida primordial. Obviamente LIR não dá a descrição destas leis desconhecidas, mas como afirmado acima, seus postulados básicos podem ser vistos como constitutivos primordiais destas leis desconhecidas.

A conclusão de Emmeche exemplifica os aspectos não absolutos de um ponto de vista com base em LIR. Para o protótipo de um organismo, digamos, uma única célula, a biossemiósis implica em funcionalidade, e funcionalidade só é possível sob operações de encerramento no sentido especial de categoria de encerramento que vou propor abaixo:

> Este encerramento é um fenômeno emergente de caráter semiótico, e como *encerramento*, é apenas parcial, imperfeito, relativamente aberto. Portanto podemos concluir: (1) a síntese é necessária; (2) também é necessário que haja explicação epistemológica destes conceitos; (3) recusa-se a hipótese nula de que quatro noções de vida – a biossíntese, a funcionalidade,

a emergência e o encerramento expressem características de vida independentes.

Como suporte deste entendimento de emergência, Emmeche et al. (1997) recorre a uma teoria de níveis da realidade ontológica, materialista, mas não reducionista, que inclui o conceito de suas origens. Nesta visão "emerge" várias outras relações com a teoria LIR.

Emmeche mostra que a 'emergência' descrita através de noções (formais) computacionais, matemáticas e algorítmicas não consegue capturar os aspectos chave da emergência do mundo real. Citando Cariani, o comportamento emergente aparente no autômato celular não é intrínseco ao sistema formal, embora ele possa ser a fonte de indicação para o observador. Como mencionei acima, simples exemplos da emergência termodinâmica (comportamento auto-organizador) na física e na química não se relacionam com facilidade à teoria da evolução biológica. Este ponto é consistente com meu entendimento da divisão geral do mundo nos domínios de aplicabilidade da lógica binária e ternária. A lógica binária é adequada a casos de emergência matemática e de computação, mas exige-se a lógica ternária para que se possa entender a emergência biológica e psicológica. Pode-se observar a emergência na lógica binária, e o domínio binário não deveria se constituir em fonte de espanto já que ele é o perfil básico de nosso mundo, mas são as propriedades da lógica trinária que explicam a lógica binária. A emergência macrofísica 'termodinâmica' sem uma fonte adequada de homogeneização resulta em entidades ou processos 'estáticos' e limitados.

A renovação da relação entre a determinação e a predição tem como consequência que "não é mais problema afirmar-se que os sistemas com processos emergentes podem ser determinísticos; o conceito de emergência não implica necessariamente na presença da indeterminação, nem em qualquer tipo de 'invenção' do processo". Emmeche apoia Thom em seu debate com Prigogine: a lógica trinária entende o evento imprevisível como o nível mais profundo da explicação. Para Thom a ciência é a inclusão de um processo imaginado no espaço de processos virtuais (em minha opinião, potencial) apoiando uma visão ontológica da ciência 'expulsando' as várias ideias de indeterminação como fatos relevantes. A aplicação do PDO à determinação, à indeterminação e à não determinação esclarece esta posição, e dá base à posição contra Prigogine, que afirma que a potencialidade no sentido de possibilidades existentes para um determinado processo é uma necessidade fundamental.

"A emergência não é uma força criativa onipresente, mas simplesmente o fato de alguns destes processos virtuais (isto é, potenciais) possuírem novas propriedades."

Emmeche define os níveis ontológicos primários e propõe a diferença entre "a primeira emergência de um nível primário e repetições posteriores das criações das entidades". Alcança-se a constituição de níveis através da aplicação de condições que iniciam e constrangem, por meio das quais a constituição do nível primário é um processo emergente que seleciona as condições de constrangimento para os níveis subsequentes. Em LIR, como em Emmeche, a *potencialidade* descreve uma entidade em um determinado nível em relação aos níveis superiores e inferiores a ela.

A diferença significativa entre os níveis primários acima e os de LIR, é que o nível quântico é englobado como "fisicoquímico". Esse fato oculta a clara diferença na aplicação das leis entre entidades físicas microscópicas e macroscópicas e resulta em erro de categoria. A tese deste livro fornece duas hipóteses que são ontologicamente aplicáveis: (1) o nível microfísico é o nível de menor relevância; e (2) a noção da relação antagonista e alternante entre o real e o potencial não se aplica apenas a ele, mas também aos níveis subsequentes. Qualquer 'próximo nível' não existe (não está atualizado) *sincronicamente* com relação ao nível inicial, mas existe como potencial não localizado nele. No item 8.6 discuto de maneira similar a causação descente.[6]

É verdade que o surgimento dos sistemas biológicos na fase espaço do universo é determinado pela física, e dadas determinadas mudanças específicas, o universo *deve* ter se desenvolvido de forma a levar a espécies diferentes. As espécies que conhecemos não teriam sido realizadas, e existiriam apenas como potencial. A existência de uma evolução paralela sugere, entretanto, um quadro não cético, mais simples. A existência de alguns graus de organização no nível mais baixo físico/químico implica no fato de que uma resposta evolucionista às condições externas similares *pode* ser similar. Esse é um argumento alternativo que não exige postulação de contatos físicos anteriores entre massas de terra que permitam migração animal. Argumento semelhante pode ser feito com relação ao aparecimento de pirâmides no Egito e na América Central, sem a intervenção de alienígenas provenientes do espaço externo. Mais assustador, é um modelo possível para o desenvolvimento de células terroristas na ausência de um 'mastermind'.

---

[6] Para ponto de vista oposto, veja novamente Salthe, Capítulo 6.

8.4.3 – Biossemiótica

A nova tese de Emmeche de que a semiótica de Peirce (teoria dos sinais) pode ser estendida até processos semióticos comparáveis (Emmeche 2003) no plano físico e biológico, é um grande avanço em direção à necessária teoria da emergência. Se o atual universo físico e seus elementos químicos é realmente uma "forma específica de 'codificar' a energia do universo", e os fenômenos biológicos são uma forma específica de 'codificar' a química orgânica, e se, como discutimos acima, a energia é inerentemente antagônica explicando a oposição dinâmica, então todos estes processos semióticos também codificam este antagonismo fundamental e seus predicados ontológicos. De fato, todos estes processos associados aos sistemas vivos podem ser capturados em uma subcategoria NSC dos Processos Emergentes nos quais o conceito chave axiomático metafísico é o da oposição dinâmica.

Nesta biologia teórica, por exemplo, os códigos analógicos e digitais são apresentados como formas de atividade igualmente necessárias, interdependentes "que surgem como gêmeas na individuação da lógica que chamamos vida (Hoffmeyer 2000)". Em geral, a biologia teórica sempre foi forçada a considerar dois elementos dinamicamente relacionados e um terceiro elemento emergente, mas a disponibilidade de um quadro lógico facilita a discussão do processo envolvido. De fato, vou mostrar que a lógica e a ontologia que proponho proporcionam uma forma de unir o *corte epistêmico,* o corte entre o conhecedor e o objeto conhecido, e também unir vida a não vida, de forma coerente com a união que proponho de 'corte' ontológico/metafísico.

8.4.4 – Morfogênese quântica

O conceito de morfogênese quântica, desenvolvido por Aerts et al. (2003) sugere um tratamento universal da morfogênese, entendido como uma mudança de forma estável tanto dos sistemas quânticos como dos não quânticos, que não depende dos detalhes das interações que formam um ecossistema concreto, um organismo ou uma sociedade. Os sistemas são descritos por um estado/espaço abstrato, e os aspectos seguintes mostram a relação com LIR:

1. Permite-se um conjunto de proposições inconsistentes entre si, assim a lei da não contradição absolutamente não se mantém. As situações envolvem lógica e contextos não

Booleanos, nos quais o valor lógico das proposições depende da história do sistema.
LIR: A relação recíproca entre o grau de atualidade e potencialidade de um fenômeno e suas contradições no princípio do antagonismo são estas 'proposições'.
2. Os sistemas são probabilísticos. A morfogênese é descrita em termos de probabilidades e incertezas associadas a um determinado conjunto de proposições. A natureza contextual das proposições exige distribuições de probabilidade não clássica (não kolmogoroviana).
LIR: Os valores da lógica LIR são contextuais, isto é, também dependem da história dos sistemas (são sistemas de sistemas etc), e os deslocamentos do atual para o potencial e vice-versa são probabilísticos.
3. O *feedback* é um elemento crucial. As mudanças no ambiente e no sistema interagem e uma influencia a outra.
LIR: Todos os sistemas complexos envolvem *feedback*, o que possibilita um paralelo com a construção de Aerts.[7]

O ponto chave de Aerts é o seguinte:

> "O que torna nossas construções essencialmente diferentes dos modelos que se encontram na literatura é o papel de não comutatividade do sistema das proposições. Proposições não comutativas relacionam-se através dos princípios da incerteza, e são típicas de sistemas que não podem, sem uma destruição essencial, separar-se em partes independentes."

Desenvolvi esse conceito no Capítulo I, e sugeri o conceito de atualidade e potencialidade como semelhante à probabilidade (*probability-like*), como base para uma axiomação mais formal para LIR. Aerts esperava que seu "modelo de mecânica quântica para a camada cognitiva da realidade pudesse converter-se em inspiração para o desenvolvimento de *uma lógica interativa* que considerasse mais as influências sutis dinâmicas e contextuais sobre o verdadeiro comportamento das entidades cognitivas do que apenas os da pessoa cognitiva." Isto é o que proponho, e LIR, em princípio, pode fazê-lo.

[7] A razão é, como discutido em detalhes no Apêndice 2, Teoria dos Sistemas, que cada retorno de *feedback*, natural ou artificial, (cibernética) pode ser visto como dialético envolvendo oposição dinâmica, já que cada cibernética envolve uma alteração, uma perturbação através de uma agressão contraditória, seguida pelo retorno ao (estado de) regulação que deve prevalecer para que o sistema seja temporariamente estável.

8.4.5 – *Metade da história*

Volto por um momento à negativa de Bickhard à argumentação de Kim contra a emergência. Ele afirma que não são as partículas as unidades fundamentais da física, mas os campos quantificáveis. Esses campos quantificáveis são processos, e processos são inerentemente organizados, já que um processo ponto é uma noção incoerente. "Os processos estão distribuídos no espaço e no tempo, ao contrário das partículas ponto desprovidas de dimensão." Os campos são formulados em termos de equações diferenciais, e estas equações não são passíveis de definição em conjuntos ponto.

Enquanto, como indicado, concordo com as conclusões de Bickhard, sua argumentação de alguma forma faz pressuposições clássicas, como por exemplo, sobre a relação entre partículas e espaço/tempo que diminuem sua utilidade. Cao, mencionado por Bickhard, afirma que a teoria da eletrodinâmica quântica (QED) dentro da teoria do campo quântico (QFT) tem um mecanismo ontológico subjacente de interação que essencialmente é o campo, e não a partícula. Entretanto, como campos quantificáveis no local, eles devem perder em grande parte (não completamente!) sua continuidade (Cao 1997). Mas, em termos de LIR, os campos quânticos explicam tanto a continuidade como a descontinuidade. E mais, como discutimos no Capítulo 4, os processos emergentes nos pontos críticos quânticos, de forma diferente das alterações de estado macrofísicas, têm aspectos de partículas e de campo.

Tanto nas descrições da partícula como nas do campo, parecem estar envolvidos determinados princípios de organização que dão base à emergência no nível quântico, e eu sugeri que a oposição dinâmica nada mais é do que esse princípio. Assim sendo, LIR e as categorias de NEO apoiam a teoria da emergência, a evolução e a vida que contém, no mínimo, um princípio físico (científico) geralmente aplicável (ou lei da natureza, ver Capítulo 6). Esse princípio poderia fornecer a justificativa metafísica para a interpretação das relações entre os termos das dualidades que se observam nos mundos físico, biológico e cognitivo. Não há razão para supor que elas sejam irrelevantes para os fenômenos emergentes de nível superior que envolve a auto-organização, e que essa auto-organização siga regras totalmente diferentes porque os processos quânticos implícitos no universo não são (ainda) totalmente conhecidos.

Minha conclusão é que o PDO é uma condição adicional *necessária* para a vida e para a evolução, mas não é *suficiente*, ou ainda, não sabemos se ela é suficiente ou não, e se não é, quais categorias um princípio adicional poderia envolver. Afirmo que há algo de 'verdadeiro' e potencialmente aberto e fecundo nesta ignorância. Isso se assemelha, embora formalmente, à posição antirrealista que afirma que as proposições sobre a realidade são ou verdadeiras ou falsas, mas não conseguimos escolher a correta.

Entretanto, *acrescentei* mais um estágio explicativo entre nós e o universo, que consiste em um modelo de realidade e um conjunto de suas categorias que retêm os aspectos essenciais dos sistemas vivos. Considerei seriamente no desenvolvimento deste 'estágio inferior' a confrontação aparente ou oposição dinâmica entre a matéria negra e a energia negativa (cf item 7.6.4 a respeito do modelo cíclico do universo). Se pressupomos que esta oposição pode ter produzido, como subproduto emergente, matéria/energia padrão, na qual a oposição é também inerente, não é absurdo seguir o PDO a níveis superiores de organização para ver os insights que podem surgir.

Vejamos agora como o quadro LIR pode aplicar-se ao conceito de encerramento nos sistemas biológicos.

8.5 – ENCERRAMENTO NOS SISTEMAS VIVOS

8.5.1 – Definindo encerramento

Normalmente define-se o termo encerramento como a criação de um discurso completo e autossuficiente em uma determinada disciplina. O conceito desenvolveu-se a partir de uma teoria: o encerramento, o fechamento, de um conjunto e de sua estrutura interna propicia o acréscimo de elementos adicionais. O encerramento na lógica proposicional significa que a lógica contém todas as normas necessárias para o desenvolvimento de teoremas futuros. A ideia básica do encerramento em geral é a de separar objetos em uma classe de interesse que está inclusa no domínio, e na exclusão de outros objetos ou classes. Mas também, como demonstrou Aerts, há uma conexão formal firme entre a mecânica quântica e o encerramento (Aerts et al. 2005), e então uma relação potencialmente significativa com os aspectos quânticos similares de LIR. Esta seção compara o papel de LIR e do encerramento na explicação da emergência, do desenvolvimento e evolução de sistemas estruturalmente estáveis no nível químico, biomecânico, biológico, psicológico e cultural.

Os proponentes do encerramento o definem de várias formas

(Chandler e van de Vijver). Nas ciências físicas o conceito de encerramento implica na abordagem dos problemas básicos da organização da matéria no espaço e no tempo, em que os pressupostos da teoria são, com frequência, aplicáveis. A termodinâmica que tem como base sistemas isolados no equilíbrio começa como um encerramento bem definida, mas muitas outras teoria científicas carecem de uma lógica persuasiva do encerramento. Em LIR, é claro, a propriedade lógica do encerramento é *também* uma propriedade dinâmica do encerramento – encerramento com relação a um sistema dinâmico.

Assim, são as características da energia em geral que podem explicar o encerramento. Por exemplo: eu acrescentaria à base teórica do encerramento, o Princípio de Exclusão de Pauli, dando a ele igual importância àquela dada à termodinâmica, estejam os sistemas em equilíbrio ou não. Isto significa que nenhuma teoria da emergência poderia ser fechada sem referência ao princípio de Pauli. Entretanto, nada há em LIR que possa ser entendido como uma afirmação, ou que esteja implícito que o mundo real não esteja fechado sob as leis da física.

Há muitos problemas relativos ao encerramento, sejam eles implícitos ou explícitos, que a lógica da/na realidade pode esclarecer. Por exemplo, a ideia que os organismos vivos constroem seu próprio tempo a partir de uma dinâmica molecular/biológica interna, é difícil de conciliar com a explicação relativista padrão, mas não contraditória de espaço/tempo. A maneira em que o tempo se 'interliga' com o espaço em encerramento temporal biológica pode ser abordada se examinarmos a oposição dinâmica na relação dependente entre os organismos e sua dinâmica de nível inferior.

8.5.2 – A categoria de encerramento

Tendo em vista os comentários acima, acredito ser útil considerar o encerramento, da mesma forma que a emergência, como uma subcategoria do Processo.

Tese 8.3: O encerramento é uma subcategoria formal do Processo que descreve um conjunto mais ou menos completo das relações funcionais entre um sistema e seu ambiente que incorpora os perfis categoriais da dualidade antagonista e se ajustam aos Axiomas de LIR.

Assim, o encerramento é acompanhada, como qualquer processo real, por seu oposto da Não-Encerramento. Na realidade, as pessoas falam livremente de sistemas autônomos que têm por base *uma forma especial de encerramento* que envolve relações ativas e funcionais com o meio ambiente, portanto com o que está *fora* do sistema, no encerramento não encerrado. A visão categorial de LIR--NEO possibilita uma maneira formal de se discutir o encerramento interna e externa, e suas associações, como Moreno (2000) coloca, "de uma forma tal que elas não podem existir uma sem a outra". Em outros termos, a afirmação de Moreno é uma afirmação menos específica do PDO. (Para os que relutam em aceitar a afirmação que o encerramento é, neste sentido, fechada *e* não fechada, ou 'radiantes' como sugeriu van de Vijver, eu proponho o termo *exclausura*, que capta o conceito francês *éclosion* – aberto ou nascente).

8.5.3 – Abrindo um encerramento

Em continuidade ao pensamento da seção anterior, devemos nos lembrar que, conforme o conceito LIR de níveis da realidade, as diferenças nas leis e conceitos fundamentais existem quando se transita das contradições entre elementos em um nível da realidade para outro, de acordo com o Axioma **LIR3** do Meio Incluído. Por outro lado, também ocorre movimento entre os níveis hierárquicos da organização *dentro* de um nível da realidade, e deve haver algum tipo de mecanismo energético que também conduz este movimento. Em outras palavras, o objetivo correto de uma análise, aplicada aos estudos das hierarquias nos sistemas complexos, seria o de dar sentido aos verbos nas frases como "*subir* um nível na escala" ou "uma variação aberta que *é reorganizada* em determinado nível superior".

Lemke (2000) apresenta uma hipótese sobre o relacionamento entre a semiótica e a dinâmica de sistema complexos auto-organizantes[8] no nível biológico da realidade. A definição padrão peirceana de semiótica é a de um processo que cria significado, um processo de construção de uma entidade material ou de um fenômeno como um *sinal,* e não de simplesmente interagir com ele de forma energética: "a interpretação semiótica difere da simples interação física". Pode-se considerar aqui a informação e o significado como energia, mas o *distinguo,* não é simples; o significado está em um nível superior de interpretação no sentido da Seção 5.2, 'significado para'. Essa é a distinção essencial entre a informação considerada no sentido de Shannon, como simples negentropia, e o que Logan (2007) chamou de informação instrucional ou biótica. A lógica

[8] Ver Seção 6.2.8.2 sobre auto-organização.

padrão é aplicável no caso da negentropia, já que ela representa apenas os aspectos não contraditórios da diversificação. No caso de Logan exige-se LIR, pois ela envolve a emergência e o significado descritos abaixo como "semióse topológica".

A partir disto decorre o que é efetivamente o Princípio da Alternância e o Princípio da Emergência: um novo nível na escala hierárquica da organização dinâmica emerge se, e apenas se, um novo nível na escala hierárquica da interpretação semiótica emergir. Os exemplos de alternância tipológica, ou semióse tipológica, parecem ser essencialmente equivalentes ao que chamei de alternância entre os casos limitadores de termos opostos sem dinâmica interna. Define-se este termo como uma generalização do sinal digital e como o princípio para a matemática e para os sistemas de símbolos científicos, isto é, os que são dinamicamente inertes. A semióse topológica, por sua vez, é uma generalização da noção do sinal analógico.[9] Na semióse topológica todas as interações, todas as respostas etc, do organismo envolvem a oposição dinâmica, e em qualquer movimento para qualquer nível superior, digamos, mesmo de complexidade, que a oposição resulte na emergência de um estado T, equivalente ao meio incluído lógico. Não há motivo pelo qual este estado T não possa ser, neste nível, um tipo discreto. Em termos semióticos, cada nível superior se caracteriza por seu próprio paradigma exaustivo de tipos, e *nos* níveis de organização, onde apenas a diferença tipológica interessa, e *para* níveis para os quais isto é verdadeiro, fala-se em encerramento semiótica *dentro* do nível. Mas, se o Princípio da Alternância está envolvido, então através dos conjuntos de três níveis semióticos há sempre, em algum lugar, a ausência do encerramento topológico semiótico, e é esta a fonte de variação *potencialmente* aberta cheia de significado, reconhecida em algum nível superior novamente em um novo encerramento *topológico/semiótico*. Para mim, este é o exemplo mais interessante do papel funcional, dinâmico, desempenhado pela ausência, pela falta.

8.6 – CAUSAÇÃO DESCENDENTE

8.6.1 – A categoria da causação descendente

Define-se causação descendente (Heylighen 1995) como o in-

[9] Lemke oferece uma tabela útil com o sugestivo nome de "Trans-organização através dos modos de topologia de nível N-1 à topologia de nível N, e topologia de nível N-1 à topologia de nível N".

verso do princípio reducionista padrão, principalmente o comportamento de um todo, ou de um sistema ser totalmente determinado pelo comportamento de suas partes, seus elementos ou de subsistemas. "O todo é, até certo ponto, limitado pelas partes (causação ascendente), mas ao mesmo tempo, as partes são, de certa forma, limitadas pelo todo". Assim, a determinação não é completa. É necessário, porém, dar uma explicação para o fato das partes e dos todos terem esta capacidade. De acordo com os princípios LIR, isto ocorre porque eles compartilham em parte as propriedades recíprocas. A abordagem LIR tenta resolver os problemas inevitáveis decorrentes dos conceitos clássicos de espaço, tempo e causalidade como categorias com *características categoriais separáveis*, e elas incluem a causa final e efetiva.

Desta maneira, crio a categoria material dos processos fundamentando a causação descendente também como uma subcategoria do Processo – Causação Descendente que se adequa aos Axiomas da Contradição Condicional etc.

Emmeche (2003) também afirma que a causação descendente, como a emergência, deveria ser considerada como uma categoria dos processos que a fundamentam. Entretanto, eu não concordo que ela seja uma categoria formal de causa que é independente de qualquer causa tempo/sequencial efetiva. Por isso reformulo a afirmação de Emmeche dizendo que a causação descendente de um nível emergente para o nível partes *expande-se* no tempo sequencial, *e* é um movimento pela fase espaço. Desta maneira, o uso da palavra 'movimento' não suscita a questão (com a implicação da noção de tempo), e o quadro não é simplesmente uma analogia metafórica frouxa.

8.6.2 – Causação descendente reflexiva sincrônica

Os processos de causação descendente nos fenômenos biológicos emergentes são aqueles pelos quais, por exemplo, um organismo atua em seus próprios constituintes de uma maneira distinta do comportamento daqueles constituintes. Symons (2002) dá um quadro metafísico da causação descendente em seu ensaio sobre emergência e causação descendente reflexiva. Em sua opinião, a emergência fornece a estrutura conceitual necessária para o entendimento das noções correlatas da causação, explicação e individuação exigidas para que se explique a causação descendente. Ele afirma que (1) uma interpretação probabilística da causação dá um sentido significativo no qual o todo age em suas partes sem tornar-se algo diferente de si no processo; (2) a propriedade estrutural do todo, em virtude se sua propriedade emergente, exerce uma mudança no poder causal das partes, mas um "tipo estranho de mudança", principalmente, mudança em seu *potencial* (ênfase minha) de comportamento no momento imediatamente seguinte a sua entrada no todo.

Na categoria LIR de processo (mudança como processo), a passagem, espiral, não circular, do real para o potencial e vice-versa, deve ser buscada em fatores estatísticos e probabilísticos, e o quadro de antagonismo dos todos e partes elimina o 'riso filosófico' das coisas se tornarem outras que não elas mesmas, já que, para começar, elas não eram 'todas elas mesmas', mas sistemas dinâmicos, propriedades compartilhadas com outro membro do par, dado os predicados de NEO aplicados nesse caso, às partes e aos todos. O ponto (2) do parágrafo acima, associado à experiência pensada em que se baseia, mostra o poder do conceito de potencialidade como causa ou mecanismo de causação descendente.

Symons aponta o problema de se tentar resolver as diferenças entre constituição e identidade de que algo é feito, e o que a coisa é, usando conceitos funcionalistas de algo 'a meio caminho' entre o fisicalismo e o dualismo clássico, equivalente ao exemplo do conceito de 'ambos ao mesmo tempo' que eu critiquei como não explicativo.

Como venho propondo ao longo deste livro, LIR discute a realidade das entidades e as relações entre elas. Tanto a realidade como suas relações acomodam e sustentam um conceito de emergência e estimulam sua meta de "propiciar a reformulação de nossos pressupostos metafísicos para dar conta da utilidade dos fenômenos de alto nível". LIR, ao contrário das posições materialistas não reducionistas padrão, propicia a distinção entre o poder causal dos eventos mentais enquanto eventos mentais, e o poder causal dos fenômenos microfísicos que realizam, mas não os incorporam por si. Em ambos está incorporado o PDO, e a função das entidades microfísicas é atuar como portadora do conflito entre as propriedades internas e externas da energia dos níveis superiores, onde elas se combinam de formas mais ou menos complexas. LIR visaria mais uma vez a significância deste conceito para uma nova filosofia da mente.

A abordagem LIR pode ser usada para enfraquecer a crítica epistemológica de Kim a respeito da causação descendente reflexiva que sugere que os fenômenos de nível superior são apenas artifícios de nossos sistemas de representação. Como notei, não tenho dificuldade em aceitar os pressupostos metafísicos que as propriedades não básicas supervém seus constituintes físicos ou que o mundo se feche sob as leis da física. A superveniência nesse sentido exige apenas a aplicação generalizada da categoria de Oposição Dinâmica, mais a definição que dei da relação entre causa e efeito. Eu me liberei da relação entre causa e efeito. Parece-me que isto vai longe, em busca do apoio que os emergentistas precisam para legitimar os fenômenos emergentes como reais.

Usando LIR, pode-se dar uma série de exemplos de causação descendente que envolve os sistemas físicos, biológicos ou neurofísicos. Por exemplo, na dialética interna dos conceitos (Lupasco 1979), o sistema resultante (de sistemas etc) envolve a interação de todas as três dialéticas correspondentes que contribuíram, isto é, das de estado T em si 'nível superior', com as de 'nível inferior' das quais elas emergiram. Entretanto, como pode a existência da causação descendente como interação conciliar a exigência da descontinuidade dos níveis de realidade, envolvendo uma mudança nas leis aplicáveis em cada nível?

Sugiro que onde os princípios se aplicam, e emerge o estado T a partir da oposição dinâmica dos dois termos, a conciliação pode ocorrer mesmo que em outro nível de realidade ou de complexidade. A complexidade pode ser um nível hierárquico dentro do mesmo nível de realidade (p.ex. sociopolítica), desde que os elementos contraditórios estejam em relação dinâmica, e não em uma relação lógica clássica de conjunção ou disjunção (Nicolescu, 1999), e complexa o suficiente para esclarecer uma determinada forma de representação interna. LIR é também uma lógica da complexidade que permite atravessar diferentes domínios do conhecimento. Em níveis superiores e ontológicos da realidade, a 'complementaridade dinâmica' de Paul (2002, comunicação primitiva) pode ser o princípio organizador, e não de contradição no sentido de contra-ação, como já foi notado anteriormente. Mas em todos os níveis, os que envolvem fenômenos mentais complexos, nos quais os componentes macrofísicos e biológicos estão ausentes (quase), e aqueles nos quais os fenômenos biológicos são predominantes, a categoria estado T como meio incluído possibilita sempre (a reconciliação), e, na realidade, é uma conexão de causação descente entre níveis adjacentes. Neste panorama, como proposto na discussão dos níveis, é suficiente uma alteração de um parâmetro importante para caracterizar a diferença entre nível e metanível.

O maior desafio para a teoria da emergência, como formulada por Kim, é resolver o aparente paradoxo envolvido na causação descente reflexiva. Se considerarmos o panorama superposto do mundo natural como o mais aceitável em minha argumentação sobre os níveis da realidade no Capítulo 1, neste mundo as propriedades podem explicar outras propriedades no mesmo nível, em níveis superiores, ou inferiores. A causação ascendente e a causação no mesmo nível são de fácil compreensão mesmo para os reducionistas, apesar da não compreensão dos processos contraditórios que considero envolvida nos dois casos, mas que produzem resultados diferentes. A causação descente e ascendente envolve estado T; causações no mesmo nível, não, isto é, apenas as relações praticamente sem dinâmica interna, ou representação, enquanto nível, estão envolvidas, as condições de aplicabilidade da lógica padrão.

Na realidade Kim afirma que as propriedades servem como causas nas relações causais descendentes apenas se forem redutíveis às propriedades de nível inferior. Se não for o caso, e a causação descente for também transitiva, ela será circular, equivalente à autocausação. Ao introduzir o conceito de tempo, Kim tenta mostrar que a causação descendente reflexiva é paradoxalmente inaceitável "em virtude do pressuposto que para que uma entidade seja responsável por um ato, ela deve ter tido o poder de desempenhar o ato antes de desempenhá-lo". Num sentido profundo, esta declaração de Kim é literalmente verdadeira, embora não se deva procurar este 'poder' em alguma estrutura impossível de ser atualizada. O poder está lá como *potencial,* ou, talvez melhor, na interação de um conjunto de potencialidades das partes, como ficou implícito no ponto (2) acima.

A causação descendente reflexiva diacrônica pode ser reduzida à superveniência removendo-se o aspecto reflexivo, livre de autocausação e autorreferência, mas isto significa um enfraquecimento inaceitável da emergência funcional. Melhor abordagem seria sugerir alternativas ao conceito usual de sincronicidade e diacronicidade, que se assemelham à lógica binária em termos temporais. Algo mais fundamental e 'interessante' do que a superveniência está contido no caso aparentemente diacrônico, uma vez que sinto que não há apenas consequências aditivas das interações, como se lidássemos puramente com propriedades categorias padrão. As causas e efeitos ocorrem no espaço/tempo que tanto é sucessivo como simultâneo, um ou outro aspecto em processo predominantemente atualizado e o outro, por sua vez, potencializado. Com a finalidade de reafirmar os conceitos básicos do antagonismo de uma forma diferente, pode-se colocar que ele é a oposição dinâmica entre as partes e o todo, executada pela estrutura do todo, que é a base para o efeito da estrutura em seus elementos constitutivos, o que é diferente dos poderes destes mesmos elementos constitutivos. No sistema de causa (ou causa/efeito) antagonista e probabilístico, pode-se propor uma explicação deste efeito 'que ocorre' tanto como sincrônico como diacrônico. Isto é o que proponho como interpretação da afirmação de Symons "o momento imediatamente seguinte a sua (das partes) entrada no todo".

Considerando-se o princípio da oposição dinâmica inerente à lógica da emergência e dos níveis da realidade e suas consequências para as propriedades causal e temporal dos fenômenos, eu mostrei de que forma a emergência parecer seguir naturalmente. Vimos no Capítulo 7 como a teoria de LIR respalda a posição não reducionista relacional da mecânica quântica. A causação descendente pode seguir como um corolário para *qualquer* indicação de relações causais acima do nível (quântico) da física básica. Na realidade, tentei demonstrar que o *aspecto contraditório essencial* destas relações é o mesmo para o nível quântico e para os fenômenos de nível superior, e assim, ele se mantém em toda a natureza. Assim sendo, nenhuma objeção à causação descendente ser uma forma reflexiva consistente com a emergência.

8.7 – A EVOLUÇÃO E A ORIGEM DA VIDA

Os processo envolvidos nos sistemas de vida contemporâneos no nível biológico estão mais ou menos acessíveis à investigação direta, e já se fez enorme progresso na determinação dos aspectos críticos da estrutura e funcionamento em todos os níveis, desde as macromoléculas biológicas, como as proteínas e os polinucleotídeos, até indivíduos completos e grupos. O uso da análise do DNA possibilitou modelos novos e mais precisos para a migração do homem primitivo de seu lócus inicial na África para o resto do mundo.

Biologia dos sistemas é o nome da nova disciplina que procura converter a massa de novos dados hoje disponíveis em explicação sobre o funcionamento de todos os organismos. Contando basicamente com a matemática e a estatística, novas técnicas repletas de dados e novos algoritmos são tentativas de construir modelos e fazer previsões sobre o comportamento dos sistemas biológicos. Segundo o ponto de vista de alguns estudiosos (Pennisi 2003) as semelhanças entre os circuitos evoluídos e os circuitos controlados trazem a esperança de que haja profundas leis da natureza que unam os sistemas vivos e os criados. Outros acreditam que as 'regras' da biologia permanecem imprecisas.

Apesar deste desenvolvimento, muitas questões sobre maiores períodos de tempo e de maior complexidade não podem ser estudadas diretamente, e permanecem sem respostas satisfatórias. Estes são os problemas da vida em sua forma mais ampla:

- Origem da vida – a emergência da forma animada a partir da matéria inanimada
- Evolução – a emergência de novas espécies
- Crescimento – a emergência de novas formas na vida de um indivíduo
- Reprodução – a emergência de novos indivíduos

O denominador comum a todos estes problemas é a emergência; como entidades mais complexas, ou menos complexas, porém mesmo assim novas entidades conseguem emergir de substratos de nível inferior. Como vimos, há intenso debate sobre o que é a emergência, e mesmo se ela existe como conceito válido, e também debates relativos à emergência 'inversa' – causação descendente, e o significado de encerramento para os sistemas vivos.

A morte e o desaparecimento, o 'oposto' destes processos, são, em certo sentido, bem entendidos intuitivamente, dada a incapacidade do sistema vivo 'resistir' a forças antagônicas e invasivas de vários tipos, seguidas pelo retorno ao nível inferior e macrofísico da matéria/energia. Processos de vida emergente, por outro lado, ainda não foram criados em laboratório, apesar de grandes esforços nesse sentido. Houve pouco progresso sobre a origem da vida desde a simulação de Miller em 1953 de produção de moléculas orgânicas na atmosfera da Terra. Tentativas de criar precursores das macromoléculas da vida através do processo de polimerização delas em modelos inorgânicos existentes obteve sucesso parcial, mas exigem condições altamente artificiais (Rasmussen 2004). Organismos 'simples' como as bactérias e vírus podem evoluir em pequenas escalas de tempo sob a pressão de drogas antibactericidas e antivirais, mas há pouca explicação sobre como estes processos, ou mesmo a embriogênese normal, estão relacionados funcionalmente a substâncias ativas biologicamente a partir de hormônios para substâncias como os íons de cálcio.

Em minhas afirmações no Capítulo 5, declarei que a lógica clássica influencia o debate na ciência de duas maneiras, porque (1) as estruturas internas de teorias como as da biologia teórica seguem as regras da lógica clássica; e (2) o domínio da descrição destas teorias é a realidade concebida em termos da lógica clássica, isto é, é representada erroneamente por ontologias clássicas.

O 'ideal' para mim seria, assim, que na biologia, como em outra ciência, (1) a argumentação fosse apresentada de forma a se ver novos conceitos e modelos de inferência que emergissem, mais ou menos de acordo com a teoria LIR sugerida, algo como o estado T emergindo do "clash' de alternativas opostas no nível teórico; e (2) que o domínio das descrições das teorias da biologia fossem entendidos como sugerido por minha da Ontologia da Nova Energia (NEO), isto é, envolvendo todas as suas categorias e subcategorias.

8.7.1 – A ausência de lógica na biologia

Talvez se esteja subestimando a lógica quando se afirma que ela não tenha tido qualquer importância na atual ciência da biologia. Considerando as limitações da lógica em função dos domínios da linguística e da matemática, a afirmação não seria surpresa, e posso entender a resistência dos biólogos em considerar que qualquer *lógica* teria explicações para a biologia. Como no caso de outras disciplinas, porém, eu afirmo que as pressuposições subjacentes da lógica clássica e neoclássica afetam fortemente os tipos de interpretação dos fenômenos biológicos e as teorias criadas para explicá-las. Corroborando minha afirmação, vou mostrar que se usa o recurso da dialética, da dualidade, função cujos elementos não podem ser entendidos quando, e na maioria dos casos, são entendidos como independentes um do outro. O fato de se chamar a atenção para a função de oposição dinâmica, na forma como definida por LIR não resolve totalmente o problema ou a dicotomia, mas há ganho no poder explanatório que propicia parâmetros para futuros experimentos.

O debate entre os mecanicistas e vitalistas apresentado anteriormente neste capítulo, pode ser entendido como um debate lógico no sentido da lógica na/da realidade. Hoje mais ninguém esposa as posições vitalistas, mas o debate reaparece em outras formas, no transcendentalismo da teoria da catástrofe e nas tentativas de explicar a emergência. As descrições dos processos da biologia em termos de *feedback* dinâmico mecanicista ou cibernético[10] (cf Seção 8.8.2) hoje são comuns, mas há pouca referência a estes processos como consequência *lógica* de algo mais fundamental. Em geral, qualquer posição logicamente binária envolve entidades ideais, idealizadas ou abstratas, como se preferir. Estas posições, como as que

[10] No Apêndice 2, 1 eu dou uma visão geral do desenvolvimento na cibernética e ciência dos sistemas de acordo com o ponto de vista LIR.

dão sustentação a seus argumentos, não são vitalistas, mas compartilham propriedades ou estruturas categoriais absolutas e exclusivas com o vitalismo.

A extensão da lógica na realidade e sua estrutura como ontologia permite outra forma de abordar a biologia. Esta abordagem de certa forma, é bastante nova, mas acredito possa ser útil como forma de assegurar que *insights* de posições conflitantes possam receber reconhecimento sério. Vamos então resumir algumas das posições atuais e alguns problemas a elas relativos, e propor alternativas LIR.

8.7.2 – Seleção natural

A seleção natural como base da evolução *parece* uma noção que incorpora o antagonismo, mas sob exame detalhado nada há que a distinga do conceito de vida puramente fisicoquímico. Essa noção pode ser colocada junto com outras noções de hierarquia reducionista, progresso e conflito maniqueísta. Algum tipo de causa eficiente parece ser a única base proposta para que a seleção natural opere, enquanto eu proponho um papel fundamental aos antagonismos encontrados nos níveis físico e químico da realidade e, consequentemente para os fenômenos da origem da vida e evolução também no nível biológico.

Tanto Lupasco como Emmeche criticaram o conceito de evolução de acordo com o paradigma neo-Darwiniano de seleção natural como brutal, cínico, algorítmico e mecanicista, adequado no mínimo à teoria para zumbis insensíveis. Entretanto, é necessário que se estabeleça as categorias da Emergência, do Encerramento e da Causação Descendente, embora não seja suficiente como abordagem à teoria da origem da vida e da evolução. Emmeche considerou a biossemiótica, como já notamos acima, como uma perspectiva promissora, mas estava preocupado que seu conceito de código da dualidade também pudesse implicar em uma falácia protótipo oculta, a dualidade genótipo/fenótipo da genética clássica (Emmeche 2000). Mais tarde ele descreveu a biossiótica como um "empreendimento teórico de correção" que possibilitava investigações de questões a serem colocadas e que haviam sido negligenciadas, segundo o ponto de vista dele, e o meu também, em função dos pressupostos materialistas reducionistas do neo-Darwinismo. Como observou Emmeche, "o grande desafio é não apenas considerar a vida como um processo semiótico, mas como um sistema molecular organizado, e investigar a relação entre os aspectos moleculares e semióticos dos processos de vida".

Considero que LIE e NEO fornecem outra forma de explicação 'interacionista' ao debate evolução/desenvolvimento que não padece da ausência de base física como as pesquisa de Kaufman, Maturana e outros. Acima de tudo, minha meta fica mais simples pelo fato do dualismo ingênuo não ser mais um problema. O dualismo contraditório ou condicional e sua concepção correlata de causa e efeito contraditórios oferecem uma abordagem não tradicional, não mecanicista, metafísica e metodológica.

Nesta Seção, vou, em primeiro lugar, abordar as falácias protótipo não ocultas (cf Seção 8.4.2.) em abordagem encerramento semiótica e corte epistemológico. Já que estas considerações são bastante abrangentes, elas propiciam boa base de teste para os princípios da lógica da/na realidade. Depois mostrarei minha maneira preferida de examinar o problema da vida.

8.7.3 – O corte epistêmico

O conceito de corte epistêmico foi originalmente formulado por von Neumann em sua demonstração de que a função de medição de alguma variável física é irredutível para a dinâmica dos dispositivos de medição (Pattee 2001). A lógica aqui está relacionada à separação necessária da memória simbólica e das leis da dinâmica necessárias à autorreplicação do sistema biológico. A separação foi considerada como um caso especial de problema epistemológico geral: como unir a separação entre o observador e o observado, o controlado e o objeto controlado, o sujeito do objeto.

A primeira observação que faço, do ponto de vista de LIR, é que esta separação, isto é, a existência deste corte, não é uma propriedade necessária de todos os sistemas, mas envolve uma categoria de processos nos quais a Separatividade é fundamentada, é acompanhada por outra na qual o corte é substituído por uma relação de interação que eu chamei de Não Separatividade.

O corte epistêmico aparece na perspectiva das leis dinâmicas que exigem que estas leis e as condições iniciais de um sistema sejam claramente separadas, as condições iniciais são passíveis de mensuração, e mensuração e leis não se influenciam mutuamente. Esta distinção intelectual entre as condições iniciais e as leis tem supostamente suas origens e incorporação nos organismos vivos. Nesta concepção, o que percebemos, e também nossa linguagem natural, respalda uma sintaxe determinista e/ou lógica, e uma semântica causal que se adapta à dinâmica clássica. Isto é verdade. Eu diria que a ciência está carregada deste conceito de comportamento estado/determinado como uma forma moderna do determinismo Laplaceano, o que não valida estas considerações como base para uma teoria da biologia em particular, ou da realidade em geral. Já mostrei que este entendimento de sintaxe e dinâmica é suspeito, já que não tem êxito em muitas áreas além da mecânica quântica. Por exemplo, a linguagem natural não pode ser descrita nem mesmo por extensões categoriais da lógica clássica.

Pode-se propor condições ou restrições para ligar o corte epistêmico. Uma restrição estabelece que, para que se promova espaço de configuração para processos hereditários deve haver mais graus de liberdade disponíveis para descrição do sistema total do que para acompanhar seu movimento real. Conforme a afirmação de Pattee, uma vez que as leis da dinâmica têm como base a energia, além de leitura da memória não integrável, o armazenamento de memória exige estados alternativos de energia. As restrições são formalmente equivalentes às leis, e a evolução dos sistemas depende de ambos.

A complementaridade das leis da dinâmica, e a função de mensuração são irredutíveis, conforme uma demonstração de Von Neumann que mostra que o contrário nos levaria a um retrocesso infinito de mecanismos de mensuração operando nos sistemas dos sistemas mais mecanismos de mensuração e assim por diante. Entretanto, Pattee pressupõe que a irredutibilidade epistêmica não implica em qualquer *dualismo ontológico* (ênfase minha), e que ela surge todas as vezes que seja necessário distinguir um sujeito e um objeto, ou em termos semióticos, entre um símbolo e seu referente. Mas o que resulta é um dualismo ontológico (leia-se metafísico), e as consequências estão sujeitas a minha versão da análise de Leibnitz (de similaridade e diferença). Se os termos são diferentes, eles não podem se comunicar ou interagir; se são os mesmos, não há corte. A única possibilidade de ligação ocorre se eles forem os mesmos e diferentes.

O entendimento clássico da disjunção lógica é que uma coisa é totalmente diferente de outra coisa. Assim, o corte epistêmico é basicamente equivalente ao clássico? Creio que sim. Os termos estão ligados apenas epistologicamente, não *funcionalmente*. Ninguém pensaria em 'separar' conjunção de disjunção. Entretanto, este fato não confere mais realidade ao corte, simplesmente demonstra sua limitação.

Pode-se argumentar que sem o corte epistemológico qualquer uso dos conceitos de mensuração das condições iniciais e do controle simbólico seria gratuito. Não concordo, e a categoria Sujeito e Objeto e seu meio incluído – Sugeito/Objeto – oferece uma abordagem alternativa à descrição da relação entre os termos deste quadro. Para relembrar minha definição – ser sujeito significa em primeiro lugar fundamentar a atualização (causa eficiente), e ser objeto a potencialização (causa final). Pode-se facilmente associar potencialização com controle simbólico e atualização com mensuração seguindo a abordagem implícita nos aspectos categoriais de Sujeito/Objeto.

A ausência da relação não interativa entre os dois lados do corte epistemológico, como proposto, leva a um impasse. Pattee admite que o corte em si é uma necessidade epistemológica, não uma condição ontológica. O que acontece ontologicamente no corte não é analisado, mas será verdade que apenas o lado sujeito do corte pode medir ou controlar? Para que os genes controlem a síntese de proteínas, eles contam com macromoléculas sintetizadas anteriormente como autorreferência adicional para serem a parte sujeito do corte epistemológico, "um encerramento molecular ovo/galinha que faz com que a origem da vida seja um problema tão difícil".

Pattee afirma:

> "O conceito de corte epistêmico deve surgir primeiramente na interface de controle genótipo/fenotipo. Imaginar a distinção sugeito/objeto antes da existência da vida seria totalmente gratuito, e limitar o controle apenas aos organismos superiores seria arbitrário. O problema da origem é ainda um mistério. Qual seria o evento epistêmico mais simples?"

Não começo a história da vida com as enzimas. Penso que o "evento epistêmico mais simples" foi a emergência da matéria/energia, na forma que a conhecemos hoje, no universo, ou multiverso, etc. Todas as distinções necessárias estavam presentes como potencialidades, às vezes mencionadas em contextos teológicos, independentes de qualquer interpretação LIR como isseidades (N.T. *haecceities,* qualidade ou característica de uma coisa que a torna uma coisa particular). Se considerarmos a definição anterior de sujeito e objeto de acordo com a lógica clássica padrão, o argumento de von Neumann de que a distinção entre sujeito e objeto exige a descrição das condições que exercem os processos de mensuração e controle, e que esta descrição não é passível de redução à dinâmica sob mensuração e controle, é correto, embora não completo, pois sujeito e objeto também fundamentam a conjunção categorial parcial (cf Seção 4.6).

Se pensarmos que os sistemas de símbolos são independentes das leis da física, no meu ponto de vista esta independência é *aparente*. Afirmar que os sistemas de símbolos genéticos evoluíram a partir da origem da vida, e que a semiótica não *parece* ter uma relação necessária com quaisquer leis físicas é também verdade, mas ela oculta o fato que os processos envolvidos fundamentam as mesmas categorias da Oposição Dinâmica e da Não Separatividade. Assim, posso concordar com Pattee nos seguintes pontos: (1) a ilusão do isolamento dos símbolos da matéria pode advir da arbitrariedade do aparente corte epistêmico; (2) o aparente isolamento da expressão simbólica da física parece provir da necessidade epistêmica, mas em termos ontológicos *ainda é uma ilusão*; o fato de se fazer clara distinção não é o mesmo que se isolar de todas as relações; (3) separa-se nitidamente o genótipo do fenótipo, mas certamente não os concebemos isoladamente ou independentes um do outro.

É possível elaborar mais detalhadamente o problema matéria/símbolo se usarmos a estrutura nível dois da Seção 5.2. Se a ilusão do isolamento for uma ilusão epistêmica, cuja realidade é aceita, o parágrafo acima *deve* significar que expressão simbólica *não está isolada metafisicamente da física*. Consequentemente, suas relações ou interações são reais, e pode-se considerar que ela tem dinâmica correta. A pergunta que persiste refere-se ao uso do antagonismo ou limites para caracterização destes dinamismos. Isto pode ser resolvido examinando-se os limites da memória simbólica como processos dinâmicos em si, coevoluindo com outros componentes dos sistemas biológicos.

Meu objetivo ao rever estas ideias foi fornecer um *background* para minhas afirmações essenciais, principalmente, que deve haver alguma forma de interação dinâmica entre os membros de várias dualidades envolvidas na evolução, e o corte proposto é a 'ilusão' mais séria. Se alguma coisa não é independente de outra coisa, então a relação de dependência deve ser especificada, ontológicamente ou de outra forma, e minha tese é que LIR e NEO o fazem.

8.7.4 – O encerramento semântico: o problema matéria/símbolo

Na terminologia LIR, os fenômenos macrofísicos estudados por físicos mostram uma tendência exclusiva no sentido da homogeneidade, seguindo a 2ª Lei da Termodinâmica. Isto é equivalente a uma profunda distinção categorial entre matéria e símbolo. Como implícito no Capítulo 5, os sistemas materiais, *em geral*, não contêm atividades ou funções simbólicas intrínsecas. Em posições extremas fisicalistas/reducionistas, os símbolos são considerados epifenomenais e destinados a tornarem-se supérfluos quando se encontram descrições materiais adequadas do comportamento simbólico. Como o fisicalismo clássico, o funcionalismo e o computacionismo fazem a mesma distinção entre matéria e símbolo, mas eles se concentram apenas na categoria simbólica. Os funcionalistas consideram sem importância a corporificação material específica da atividade simbólica. Os computacionistas e funcionalistas interpretam todos os processos em termos de computação, e ignoram a relação matéria/símbolo. Entretanto, é possível ver estas duas abordagens como limitantes, a primeira da identificação e a segunda da diversificação no sentido de ausência, ou falta de base ou significado. Modelos de vida e inteligência artificiais 'flutuam' no domínio abstrato, e suas relações com a realidade empírica parecem forçadas.

Por outro lado, os organismos dependem de controles internos simbólicos, e o processo de origem da vida exige, entre outras coisas, como componente essencial, a existência de alguma forma de código genético simbólico. Para que o processo de hereditariedade funcione, isto é, para que haja um potencial evolucionista de fim aberto, macromoléculas biológicas devem ter capacidades específicas para agir como modelos para a replicação exata e mecanismos que administrem as mutações. Aplica-se uma forma específica de autorreferência (Pattee 2000) à relação entre os aspectos materiais e simbólicos dos organismos vivos. A autorreferência que tem suficiente potencial evolucionista é um encerramento autônomo entre a dinâmica (leis físicas) dos aspectos materiais e os limites (regras sintáticas) dos aspectos simbólicos de uma organização física. Pattee denomina esta relação autorreferente de encerramento simbólico "porque somente em virtude dos aspectos simbólicos da matéria escolhidos livremente, os aspectos físicos determinados por lei tornam-se funcionais (por exemplo, sobrevivem, têm metas, significado, autoconhecimento, etc.). O encerramento semântico exige modelos complementares dos aspectos materiais e simbólicos do organismo."

Agora a definição de símbolo se torna crucial: o símbolo pode ser descrito como uma estrutura material relativamente simples, material que inclui os sentidos de energia e informação, que, enquanto conformes com as leis da física, têm função significativa ou semântica não passível de descrição por aquelas leis. As leis da física supostamente descrevem apenas as propriedades da matéria independentes de observadores ou mensurações individuais para serem suficientemente universais. Ocorre que os símbolos são selecionados em função de sua contribuição dependente de contexto à sobrevivência da unidade ou identidade individual em um ambiente local. Os aspectos universais da matéria descritos pelas leis não têm significado para os indivíduos; eles são o equivalente das constantes lógicas. Para garantir que a teoria da física possa tratar os símbolos como algo mais que a matéria descrita pelas leis, deve-se fazer a divisão da experiência em coisas que mudam e coisas que não mudam. Somente a independência dos aspectos materiais e simbólicos permite uma separação fundamental clara das leis e condições iniciais, que também inclui condições limite e limites.

A dificuldade neste quadro de função simbólica na evolução de desenvolvimento é que ele depende tanto da pressuposição de uma dualidade absoluta – mudança e não mudança – como de um obstáculo claro: as leis físicas descrevem apenas as propriedades da matéria que são independentes de observadores e mensurações individuais *na medida do possível.* Leis e mensurações são categorias diferentes, já que os indivíduos, não as leis, medem, mas o problema não se refere às leis, o problema é a relação entre o material supostamente complementar e os aspectos simbólicos. Da perspectiva da origem da vida e evolução, o problema é saber como as estruturas materiais que seguem as leis da física (ou seus equivalentes), estruturas sem função ou significância, evoluem gradualmente para entidades simbólicas processando estas funções e significâncias. É difícil verificar como a vida teria evoluído a partir da posição de corte epistêmico. A hipótese de que o mecanismo ocorre de "um tipo de causação descendente através da ação da seleção natural" não responde à pergunta de como os limites físicos se transformariam em controles semióticos.

A ausência de uma resposta a esta questão sugere que há algo errado com, ou algo que falta ao argumento, e LIR dá duas correções possíveis: (1) como se discutiu acima, o conceito de complementaridade passiva deveria ser substituído pela Contradição Condicional e pela Associação Funcional. Matéria e símbolo relacionam-se dinâmica e contraditoriamente: (2) a divisão assumida não é funcional. As exigências mínimas da teoria da evolução e da origem da vida são químicas que incorporam o PDO; uma física real da matéria viva que inclui os pormenores de como sujeito e objeto interagem; e o envolvimento da química e da física em potencial

– construção controlada da memória de macromoléculas ativas biologicamente como sugerimos acima.

8.7.5 – *Código da dualidade: a ligação do corte epistêmico*

Deveria ser óbvio que a abordagem simplista da continuidade (a posição não corte) da evolução tende a excluir os aspectos principais dos sistemas de evolução da vida.

> Os limites contextuais têm como função o aumento da complexidade da evolução. Partes, não mais independentes entre si, constituem a auto-organização dos níveis superiores; assim, os limites contextuais são os agentes da causalidade entre níveis, e de baixo para cima. Quando atuam de cima para baixo, enquanto criam partes, esses agentes criam, ao mesmo tempo, novos papéis para as partes.

A despeito da aparência peirceana de sabor pansemiótico, não há significado físico nestes limites contextuais. Eu proponho que os antagonismos dinâmicos básicos na energia tenham sido fornecidos pelos limites contextuais de nível superior e que tenham começado a operar no estágio primário pré-biótico, e que a maior parte da expansão subsequente do espaço biológico aconteceu guiada por estes limites, seja no nível 'superior' do universo, seja no nível 'inferior' do fóton. Os ciclos autocatalíticos, os tornados, ou outras entidades semelhantes são reais, mas há sentido importante no qual essas entidades são logicamente diferentes das entidades vivas, principalmente, elas não interpretam seu ambiente.

Como já notei, acredito que qualquer distinção absoluta entre o modo dinâmico e o linguístico é incorreta em função das origens dinâmicas da linguagem. O modo dinâmico nos sistemas vivos é sempre um modo semiótico tanto código índice (digital) como código analógico (simbólico), e faz a distinção entre os limites contextuais digitais e analógicos. Esta distinção, que tem base na dualidade da vida, é necessária para dar conta da origem evolutiva de qualquer corte epistêmico aparente.

Hoffmeyer (2000), através da introdução do conceito de conhecimento celular tácito, fornece o equivalente a um mecanismo antagônico alternativo para a evolução e desenvolvimento superior dos sistemas vivos que incorporam alguns conceitos chave de LIR. Hoffmeyer afirma que o aspecto conhecimento tácito da atividade celular (ou orgânica), a capacidade de reconhecimento das macromoléculas, é "a chave estranhamente ignorada pela biossemiótica". Como proponho abaixo nos sistemas modelo de evolução, o 'genocentrismo' é o único aspecto de um viés cultural geral em direção ao que pode ser chamado de 'digitalismo', *a destinação preferencial do real aos aspectos do mundo, números e sequências.* Os aspectos digitais referem-se a tudo que chamo de paradigma da identidade e seus binários.

A ideia que o valor de controle de desenvolvimento das moléculas "inovadoras, repressoras ou hormonais" não é uma propriedade química inerente, mas apenas uma *relação* complexa estabelecida por uma organização hierárquica coletiva que exige todo o organismo, é incompleta. Ela é *também*, em parte, uma *potencialidade* inerente, uma poderosa semiose ou sinal. Pattee não atribui natureza semiótica à sua organização hierárquica, a qual ele afirma "pertencer com segurança ao mundo da dinâmica". O conceito de código dualidade como esboçado aqui propõe que o modo dualidade é basicamente um modo semiótico. O que é essencial é a "interdependência do analógico e digital como duas formas igualmente necessárias à atividade referencial que surge, como pares, na individuação da lógica que chamamos vida". Os códigos digitais proporcionam acesso estável ao mundo temporal, e os códigos analógicos dão a base para a interação com o mundo, outra referência e preferência. "Afirmar que apenas o par digital é semiótico, enquanto que o analógico permanece na esfera da dinâmica clássica, é bloquear a única possibilidade para todo o corte epistêmico transcendente." Parece ironia afirmar que a dinâmica clássica passa aqui a ocupar, no modo de raciocínio clássico, binário, o papel 'desprezado' de fonte da diversidade!

Do ponto de vista de LIR, o que corresponde ao 'conhecimento tácito', como também às relações, são as propriedades químicas potencializadas inerentes às moléculas. Em certo sentido, elas são arbitrárias, mas estão presas ao processo categorial antagônico que impregna a existência. De acordo com esse ponto de vista, até mesmo o código digital apresenta um potencial residual de caráter semiótico potencial, e seria desaconselhável fazer uma separação muito rígida. A 'interdependência' do analógico e digital é um exemplo da oposição dinâmica contraditória, um aspecto em processo de atualização temporária e alternativamente às custas do outro, com o organismo emergente fazendo o papel de meio incluído.

O modelo de processo do qual surge a vida pode ter refletido a mesma lógica geral. O primeiro processo é uma 'interiorização', na qual as membranas constroem uma assimetria entre seus interiores e exteriores excluídos. As membranas pré-bióticas 'escolhem preferir' seus interiores a partir de seus exteriores, ou talvez isto possa ser visto como uma espécie de colonização do espaço interior.

Hoffmeyer cunhou o termo *autoficação* (selfication) para descrever um tipo humano especial de individuação natural como "uma fonte teórica necessária não redutível à termodinâmica, nem a uma hierarquia emergente de limites contextuais".

> ... Assim, arquiteturas persistentes aparecem como entidades engajadas na armadilha de evocar uma *realidade virtual* em seus interiores com a finalidade de lidar efetivamente com seus exteriores.
>
> ... O princípio geral aqui descrito deve ser chamado de *encerramento semiótico*, um encerramento que bloqueia os códigos analógicos (indexadores) e digitais (simbólicos) em um contexto compartilhado de autoficação.

Vejo o contexto de autoficação como um estado T emergente da interação dos processos analógico e digital. As potencialidades postuladas por LIR podem ser consideradas um termo alternativo para a realidade virtual física, estágio necessário na emergência da vida.

8.7.6 – Um quadro dos sistemas

Os conceitos de LIR e as categorias de NEO explicam a perspectiva simbólica/histórica sobre o desenvolvimento e evolução da biologia. Seu princípio básico é que um impulso estrutural epigenético, que não é apenas determinado geneticamente, constitui a ontogenia de um organismo. A epigênesis biológica implica que, embora o desenvolvimento do fenótipo seja possível por meio de uma estrutura inicial que inclua o genoma, mas que não se limite a ele, não é determinada por ele (Cecchi 2004).

A relação genótipo/fenótipo (fenótipo como célula, ou organismo completo) contribui para a expressão de um novo perfil estrutural, mas apenas como participante de um processo que ocorre no contexto estrutural distinto e operacionalmente complementar ao genótipo. O quadro LIR é muito parecido, mas propicia ainda uma descrição do nível inferior, processo contraditório que combina e liga o resultado nesta complementaridade.

Na posição cujo foco é o gene, afirma que ele estabelece e determina a direção em que a mudança estrutural do todo vai sofrer, independente da dinâmica anterior do todo. A posição sistema/

histórica enfatiza a relação recíproca entre o todo e as partes, e a relação organismo/meio ambiente para mudanças ontogênicas durante o desenvolvimento do fenótipo, e *também* como mudanças no genótipo, ou em qualquer outro componente na linhagem evolutiva. O fenótipo é o resultado do desenvolvimento entendido como a história ontogênica de um indivíduo.

Em outras palavras, um organismo é um todo único organizado em partes que se correspondem mutuamente, que existem apenas ao realizar um determinado modo de relação com seu meio ambiente, não como consequência do projeto ('projeto inteligente'), que atua em uma causa final aristotélica, nem como resultado de um componente interno, o gene, como causa eficiente, que atua como plano ou programa de construção.

As células, como sistemas biomoleculares, devem estar capacitadas a contínuas mudanças estruturais e devem, ao mesmo tempo, ser discretas, como já notamos acima, com limites autogerados como condição de existência. As macromoléculas estão ontologicamente relacionadas às células da mesma forma que os órgãos estão relacionados ao organismo. Não existem nem podem ser formados na natureza fora de seus contextos estruturais, ou em ambiente laboratorial. No caso de ambiente de laboratório, o contexto estrutural celular é até mais difícil de duplicar. Supõe-se que tanto as biomoléculas quanto as células que elas compõem tenham surgido juntas em um processo histórico de origem e evolução celular como totalidades multiestruturais.

O problema com esta posição de processo histórico é que ela é considerada *espontânea*, sem discussão, pelos que a propõem, o que é suficiente para torná-la suspeita, ao menos para mim. Como sugeri em outros casos em que se adota o recurso da espontaneidade, o recurso é examinar as entidades físicas e químicas em um nível inferior e fundamental, não todo o conjunto de símbolos atualizados, o que levaria em última análise ao panpsiquismo, mas as potencialidades adequadas de forma contraditória que garantiriam a emergência de um nível subsequente de entidades como as deste quadro.

Johnson (2000), em sua análise do papel funcional dos perfis categoriais da diversidade, apoia minha crítica a este quadro de sistemas, especialmente no que diz respeito a ecossistemas auto-organizados e sua seleção natural. Apesar do conceito de diversidade fazer parte do léxico dos ecologistas e dos cientistas sociais, qualquer entendimento formal ou quantitativo da diversidade, como o da complexidade, é limitado. "A dificuldade é que a diversidade somente tem significado em sistemas constitutivos heterogêneos, e faltam ferramentas analíticas para avaliar diversidade." Embora existam alguns conceitos detalhados sobre diversidade não local, parece não haver uma explicação satisfatória para a aplicação simples da seleção natural, seja para a diversidade local, seja para a global. Johnson sugere uma perspectiva multinível que afirma que a seleção natural é responsável pelo aperfeiçoamento do desempenho individual, mas na medida em que um sistema multinível se desenvolve, reduz-se a necessidade de seleção, pois procedimentos não competitivos de desempenho global começam a funcionar.

Prefiro, como reposta aos problemas sobre a *origem* dos processos de funcionalidade dos sistemas globais durante a evolução, o fato de o sistema global conter em si os aspectos estruturais relevantes, e os organismos individuais se formarem e existirem dentro dele, mas há também mecanismos para a coevolução global das características para propagação do sistema global. Os ecossistemas e os indivíduos contêm como potencialidades algumas das estruturas importantes necessárias para esta coevolução. Esta posição é consistente com a ideia da seleção natural ter uma função importante na produção potencial de novas *combinações* características fenotípicas, mas os efeitos das mutações do genoma ficam limitados em virtude das interações com o meio ambiente dos sistemas dos organismos que resultam de genes não mutáveis já presentes.

8.7.7 – Evolução como atualização do potencial orientada pelo contexto

Neste próximo exemplo de abordagem LIR à explicação da emergência da vida a partir da não vida e evolução, vou examinar as implicações do princípio LIR das duas propriedades opostas da matéria em busca da identidade ou homogeneidade e em busca da diversidade e heterogeneidade, reais e potencias, em diferentes medidas em relação a um modelo de evolução proposto por Aerts.

Como mencionei no Capítulo 1, Aerts também aplicou seu conceito, em especial o conceito de atualização potencial orientada pelo contexto (CAP) à teoria da evolução (Gabora e Aerts 2005). A ideia básica é que todas as entidades se desenvolvem através de um processo repetido de interações com seu contexto. Como antes, a interação entre contexto e entidade leva ao indeterminismo que define a distribuição de probabilidades não kolmogoroviana, que difere neste caso da distribuição clássica de oportunidade da teoria da evolução de Darwin baseada apenas na seleção natural. A posição de Darwin é vista como materialista, seleção por "tipos de matéria concreta e real" – estados materialmente atualizados.

Em uma teoria da evolução mais geral, os estados de potencialidade definidos com relação a um determinado contexto (estados de superposição na mecânica quântica padrão), coexistem com a realidade como base da interação contexto/entidade, possibilitando assim vários atalhos para a evolução que não existem no sentido clássico. O processo evolutivo geral é entendido como uma mudança incremental que resulta da repetição do CAP. Aerts acredita que esta teoria da evolução explica os processos de evolução real que não dependem de código, inclusive outro processo não darwiniano, isto é, processos não seletivos como por exemplo, a autopoies e a emergência e a simbiose, observando que o conceito de seleção natural tem pouca explicação para o motivo pelo qual as formas biológicas e os fenótipos tenham surgido primeiro. Um modelo de processo evolutivo pode consistir de segmentos determinísticos, onde a entidade muda de estado de forma previsível, seguindo seus estados anteriores, e/ou o contexto ao qual ela está exposta, e/ou de segmentos determinísticos onde isto não é o caso.

A 'pura' aleatoriedade ou indeterminação, condição necessária para a seleção natural de Darwin, é incorreta, não porque ela não exista, mas porque ela não é absoluta. Como vimos em LIR, a potencialidade e a realidade não apenas 'coexistem', mas elas se determinam mutuamente, e a potencialidade não é a superposição de estados, mas a propriedade da matéria que, com a realidade, pode definir um outro estado como um meio incluído. Finalmente, as potencializações, como fenômenos energéticos, não devem ser considerados não materiais simplesmente por serem não reais.

Aerts está correto ao chamar a atenção à CAP para descrever a evolução em outros domínios, como por exemplo, a criatividade e a cultura, que exigem formalismo não clássico em função da possibilidade de herança de características adquiridas. Não vou aqui levantar críticas ou alternativas. Quero mostrar que CAP, como as teorias de Pattee e outras já discutidas, também não conseguem explicar "por que as formas biológicas e os fenótipos surgiram primeiro", bem como em outros dois momentos críticos da história da vida.

1. Presumindo que antes da autorreplicação havia a formação aleatória de polímeros sobre determinados modelos, possivelmente inorgânicos, e alguns deles catalisaram a formação de outros em um conjunto fechado autocataliti-

camente, algumas potencialidades residuais devem ter sido envolvidas provenientes dos níveis inferiores para resultar na superfície de alta energia livre ou na estrutura que a catálise exige. Se for necessário que os polímeros unam-se uns aos outros para formar uma estrutura protocelular, é inútil dizer que eles o fazem espontaneamente. Outras interações dialéticas com o contexto, inclusive alguma internalização de elementos do meio ambiente, exigem também que as potencialidades estejam disponíveis para o processo.

2. A transição da replicação não codificada, auto-organizada para a replicação conforme as instruções dadas pelo código genético, é realmente importante na colocação de restrições sobre a transmissão de características adquiridas para a próxima geração. Mas, o que seria o "advento de instruções explícitas autoagrupadas?" Certamente está envolvido algo mais que processos aleatórios, mas falharam as tentativas de criar o DNA apenas a partir de moléculas no laboratório sob condições biológicas. A única coisa que posso sugerir é que a transformação posterior dos laços alta energia dos precursores do DNA e do RNA na complexidade adicional necessária ocorreu porque esta complexidade estava presente na forma de potencialidade. Parece necessário um entendimento melhor da interação entre os precursores e seus ambientes de protocélulas para definir o que eles são.

3. O mesmo problema existe com relação ao "advento da reprodução sexual", embora aqui a terminologia seja familiar: é necessário haver um casal (como contexto) para que se atualize o *potencial* do organismo na descendência. A questão permanece aberta com relação ao que pode ter estado na base da transição para esta forma do sistema vivo.

8.7.7.1 – Potencialidades orientadas pela exclusão

Como acima discutido, o quadro da origem da vida e evolução que surge do postulado fundamental é o da criação de entidades de crescente complexidade sob a influência de *dois* processos energéticos causais: um, o conhecido dinamismo da homogeneização descrito pela 2ª Lei da Termodinâmica, e o outro, muito menos conhecido, com um 'movimento' orientado para a heterogeneidade crescente da mesma matéria/energia. Este movimento expressa o Princípio da Exclusão de Pauli de uma maneira cada vez mais complicada, e eu poderia usar o termo "movimento/exclusão" para este processo para enfatizar sua importância fundamental com relação ao contexto.

A atualização predominante de uma tendência orientada para as entidades com níveis crescentes de heterogeneidade é possível através de um aporte de energia em formas livres ou ligadas – calor, radiação, laços químicos de alta energia, distribuição de carga elétrica desigual etc - para os átomos, para outros laços químicos ou eletrostáticos, para estruturas limitadas estéreis, para estruturas biopolímeras secundárias e terciárias, para células e órgãos. Parte desta energia, mas nem toda, se degradará em níveis inferiores ou em formas menos diferenciadas. Uma porção desta energia ocasionará o aspecto potencializado da entidade para um estado de igual ou até de maior energia para aquela a qual se opunha sua atualização na possibilidade da emergência de uma forma nova como um estado T. Nestas formas novas, estruturas homogêneas e heterogêneas, e funções homogeneizantes e heterogeneizantes estão presentes em novas configurações, mas em configurações nas quais as novas configurações predominam.

LIR afirma que as potencialidades necessárias e suficientes através do tempo para efetuar as transições mencionadas acima e no início deste capítulo consistem em uma reexpressão da heterogeneidade fundamental da existência de elétrons em dois estados de rotação, uma heterogeneidade que inclui o potencial para atualizações posteriores. Em qualquer nível uma entidade expressa homogeneidade e heterogeneidade, estabilidade e potencialidade funcional para efetuar mudança para o próximo nível.

Alguns leitores podem concluir que uma espécie de teleologia infiltrou-se na minha argumentação: dada a existência de, digamos, aminoácidos incorporando a assimetria (isômeros óticos), as proteínas seriam inevitáveis em todo o resto que segue. Não considero este fato um problema sério na totalidade da teoria. Não há mais teleologia no sentido usual idealista nesta posição, do que na afirmação que se dois elétrons de mesma rotação não podem estar no mesmo subescudo em torno do núcleo, um determinado número destes níveis serão possíveis, e com um aporte de energia, um elétron pode ser acrescentado ou removido, ou saltar para um nível de energia superior, proporcionando base para a química, biologia e para a vida. Não há necessidade de influência externa de estruturação como em outros processos autoestruturantes ou organizados (ver Seção 4.8.1 e abaixo). A vida é a incorporação do PDO na categoria de Não-Separatividade do self e do outro. Vou fechar este capítulo com mais algumas observações finais sobre a teoria biológica.

8.8 – OS PONTOS DE VISTA DA TERMODINÂMICA E DA CIBERNÉTICA

A finalidade desta seção final é usar os princípios categoriais antagonistas de LIR sobre realidade e potencialidade, e identificação (homogeneização) e diversificação (heterogeneinização), para apurar o quadro comum de funcionamento e autorregulação dos sistemas vivos, isto é, dos organismos orientados a um objetivo, cujo objetivo primeiro é a sobrevivência como requisito mínimo de reprodução.

No Apêndice 2, discuto a teoria LIR dos sistemas, que na realidade é outra proposta, em termos gerais, da necessidade lógica do PDO e suas consequências axiomáticas. Também mostro a relação de minha teoria sobre a Teoria dos Sistemas Gerais de von Bertalanfly e alguns de seus desdobramentos recentes.

Aqui vou apresentar alguns exemplos na química e na biologia que ilustram a operação destes princípios e os relacionam com as posições atuais na teoria da biologia.

- Redução e Oxidação

A Oxidação e a redução são claramente contraditórias no sentido da lógica LIR, já que uma sempre implica a outra. Na realidade fala-se sempre em sistemas de redução/oxidação (redox). A quantidade de energia potencial pode ser prontamente medida *in vitro* neste caso: ela corresponde ao padrão oxidação ou redução potencial. Os processos de oxidação/redução *in vitro* caracterizam-se também pela tendência de levar à homogeneidade ou à heterogeneidade. De qualquer forma, o ponto principal é não se restringir ao exame de valores individuais e representar os fenômenos, não em termos de substâncias ou elementos, mas como processos ou eventos e ações energéticas. A fotossíntese dá conta da redução de dióxido de carbono a carboidratos, polímeros solares complexos pelos fótons solares. É um processo biológico que ilustra um processo inverso à degradação da energia de acordo com a 2ª Lei da Termodinâmica, uma vez que nele os fótons são promovidos a elétrons que promovem a redução.

- Reações de Substrato de Enzimas

A maior parte dos processos catalisados por enzimas envolve duas ou mais etapas. Ao invés de termos um sistema que capta energia de um laço de alta energia *aqui* para ser usado *lá* para produzir a nova estrutura desejada, pode-se falar em termos de uma atualização da energia do laço e da potencialização da energia da heterogeneização dos novos sistemas biológicos, seguidos pela segunda etapa de sua atualização por outra enzima. A enzima herda *suas* propriedades de catalisação do código genético em função dos sistemas antagônicos físicos e biológicos incorporados nestes genes, homogeneizando, heterogeneizando, estruturando e operacionalizando. As enzimas e outros atos catalisadores no ponto crítico de estabilidade e instabilidade dos sistemas moleculares (fenômenos limiares) de forma que um simples 'estalo' estatístico será necessário para fazer a reação. Outros dualismos antagônicos são a operação de ativadores e inibidores de enzimas e hormônios que operam em pares de forma antagônica, andrógenos e estrógenos, por exemplo.

- Polarização, Despolarização, e Repolarização das Células Nervosas

Antes da excitação de estímulos internos e externos, o sistema nervoso das células está em estado de potencialidade, mantido pela atualização antagônica da polarização ou do equilíbrio estático – antagonismo de equilíbrio (Lupasco 1086). A excitação resulta em nova atualização, potencializando o equilíbrio dos íons, equivalente à heterogeneidade de sensações; o próximo passo é a inibição, o reequilíbrio (repolarização) das células nervosas excitadas.

Obviamente, para que estes processos ocorram é necessário haver um aporte de energia conforme os princípios da termodinâmica, mas estes princípios são ao mesmo tempo exemplos claros de sistemas cibernéticos fundamentando *feedback*. O princípio da oposição dinâmica aplica-se e explica a operação de feedback, como apresento na Seção 8.8.2.

8.8.1 – Termodinâmica e complexidade

Fiz referência à visão de Salthe e outros sobre a termodinâmica relacionada com causalidade no Capítulo 6. É interessante notar que a situação não evoluiu (sic), ao menos para um novo consenso, desde que Lupasco afirmou pela primeira vez em 1960 que com relação ao mundo macrofísico, alguns biólogos acreditavam que a vida poderia ser totalmente explicada por meio da 2ª Lei da Termodinâmica; os sistemas vivos simplesmente aceleraram o devir entrópico do universo (Salthe afirma que a evolução dos sistemas vivos cada vez mais complexos, que dissipam energia mais rapidamente do que os processos inorgânicos, "é a rota tortuosa do Universo em direção a sua própria negação").

O que atrai nestas teorias é que elas fornecem uma descrição bastante completa dos sistemas vivos em termos de emergência dos níveis, ou hierarquias de complexidade, campo vasto e complexo em si, o qual não examinei em detalhes neste livro. Elas se baseiam na noção bastante óbvia que os sistemas vivos individuais funcionam em termos globais, distantes do equilíbrio termodinâmico, degradando grandes quantidades de energia (entropia de geração) de onde se extrai o suficiente, em escalas diferentes, para suportar os processos químicos e biológicos de vida. Diz-se que estruturas dissipáveis mais complexas evoluem para captar a energia degradada de forma mais eficiente. Assim, não há 'diferença', por exemplo, entre o existir dos seres humanos e dos terremotos do ponto de vista da termodinâmica, e não é necessário nenhum princípio *fundamental* extra para explicar a emergência e o funcionamento de novas formas de vida, das estruturas biológicas e da mente. O quadro de causalidade que se aplica é o da finalidade clássica e da causa eficiente.

A posição termodinâmica exige várias teorias de apoio, inclusive uma irreversível cosmologia *Big Bang*, com sua singularidade inexplicável, e a exclusiva aplicação da 2ª Lei da Termodinâmica no que hoje conhecemos do universo da energia leve e da matéria. A existência de níveis imanentes da realidade ou da complexidade nas entidades reais é sugerida, mas a ela não se atribui importância fundadora, que pode implicar em um antagonismo interativo com outros fatores como significante causal. E mais, sabe-se que em processos mentais grandes quantidades de energia são degradadas. Os sistemas mentais na visão LIR são altamente contraditórios, isto é, não estão longe do equilíbrio dinâmico entre elementos opostos que podem ser chamados de movimentos vários, conceitos, crenças etc.

LIR propõe: (1) O Princípio da Exclusão de Pauli como princípio organizador, no nível dos elétrons; (2) um princípio isomórfico de exclusão no nível dos organismos, self e não self; e, talvez, (3) um princípio equivalente ao nível mental da individualidade humana. Para dar sustentação aos fenômenos da emergência, aos processos da evolução e da cibernética no nível inferior, muitas posições termodinâmicas não encontram outro recurso senão a espontaneidade. Para mim, esta é a inelutável área de conflito entre LIR e estas teorias, mas talvez novos *insights* possam surgir *deste* conflito.

8.8.2 – Cibernética e informação

O entendimento padrão da cibernética é que ela é uma ciência que estuda os princípios abstratos e o funcionamento de e em sistemas complexos. A cibernética concentra-se em como sistemas usam a informação e controlam processos internos e externos para conduzir e manter seus objetivos, ao mesmo tempo combatendo diversas agressões e distúrbios que perturbam ou poderiam perturbá-los. Tanto a chamada cibernética de primeira ordem como a de segunda ordem supõem a influência do observador, embora a cibernética de segunda ordem o faça de maneira mais explicita (Heylighrn 2001).

A cibernética é composta por um determinado número de leis e princípios, dos quais os seguintes são os mais importantes para análise:

- Variedade, Limite e Entropia

A variedade refere-se ao número de estados que o sistema pode exibir. Se este número é menor do que o potencial disponível, diz-se que o sistema é limitado. O limite é a diferença entre os estados e, como ele reduz a incerteza sobre o sistema, ele é um tipo de informação. A variedade e o limite podem ser expressos em termos de probabilidades, onde a variedade é equivalente à entropia. A entropia é máxima quando todos os estados são igualmente prováveis, neste caso a entropia reduz a variedade. Como em LIR, a probabilidade não deve somar zero ou 1.

- Transição Assimétrica

A variedade, e consequentemente a entropia estatística, diminui na medida em que o sistema se encaminha para o que para ele é um equilíbrio mais estável e dinâmico, pois ele parte de um número maior de estados em direção ao um número menor de estados. A Negentropia aumenta, mas é preciso energia para conseguir esta auto-organização. Nas estruturas dissipativas, a estabilidade é dinâmica, no sentido que o que se mantém não é o estado estático, mas o processo.

• A Lei da Variedade Necessária
Durante os processos regulatórios e de controle que envolvem *feedback*, em face a perturbações com uma variedade de possibilidades de ação, os mecanismos regulatórios devem ser capazes de produzir no mínimo tantos tipos de neutralizações quanto de perturbações. Assim o regulador deve ter o *potencial* máximo de variedade ou diversidade interna.

• Malha de Controle
Existe uma tendência nas posições padrão de relação de perturbação entre uma entidade e seu meio ambiente de focar a atenção no meio ambiente como agente, e na entidade como paciente. A cibernética vê corretamente as malhas de controle como simétricas: o meio ambiente pode ser o sistema, e a perturbação a meta. Eu vejo mais como um esquema como um de dois sistemas de interação no sentido original de LIR, um processo e seus conjugados contraditórios. Se as metas são incompatíveis, temos um modelo de conflito ou competição, e há a possibilidade de surgimento de uma nova meta. Se forem compatíveis, a interação pode resultar em simples compromisso ou cooperação.

Na posição de probabilidade de LIR, amplamente coerente com o exposto acima, cada cibernética, natural ou artificial, é uma dialética, já que cada uma envolve uma alteração, uma perturbação por meio de um processo contraditório antitético, seguido por retorno ao (estado de) regulação que deve prevalecer para que o sistema seja 'estável'. Em outras palavras, a cibernética, alternadamente atualiza determinados fenômenos e potencializa os fenômenos contraditórios e antagônicos. É uma "sistematização dialeticamente orientada de eventos energéticos, inerentes à natureza da energia" (Lupasco 1987b).

Usei o termo 'feedback' em ocasiões anteriores neste livro como uma propriedade natural dos sistemas dinâmicos complexos aos quais se aplica a lógica de e na realidade. Qualquer sistema cibernético (Lupasco 1979) tem a capacidade para *feedback*, para contra-ação usando o termo mencionado no Capítulo 2. Também, qualquer sistema que funcione normalmente, sem perturbação, tem a potencialidade de ser passível à perturbação, em função de mau funcionamento. O mesmo que preconiza a "Lei de Murphy" na cultura popular norte-americana que diz que:"tudo o que puder dar errado, dará". A perturbação é a informação que potencializa o funcionamento normal (probabilístico) do sistema e provoca a atualização subsequente e consequente do mecanismo de controle que o reequilibra ou regula.

A cibernética dos sistemas físicos caracteriza-se pelo retorno à identidade, um valor constante, à invariância, ou à homogeneidade: a cibernética da biologia resulta em uma varição posterior, à heterogeneidade. Esta tendência através de *feedback* negativo no sentido da homo ou heterogeneidade, é equivalente a um retorno à não contradição progressiva nos dois casos. Na dialética dos fenômenos quânticos ou psíquicos há uma terceira cibernética dialética, na qual o *feedback* leva à semiatualização e semipotencialização dos dois termos no estado T do meio incluído.

Kauffman e seus colegas propõem uma nova leitura da informação que une a matéria, a energia e a informação (Kauffman e al. 2006). Eles mostram que nem a definição de Shannon de informação como uma quantidade escalar de bits, vazia de significado, nem a informação kolmogoroviana que menciona distribuições de probabilidade padrão dos sistemas não interativos aplica-se na biologia. A informação deveria ser denominada 'instrucional' ou biótica, pois ela carrega significado e consiste de limites ou seus equivalentes físicos – condições limitantes que também, de certa forma, causam eventos, onde o vir a ser dos limites é, em si, parte organização em processo da organização da entidade. "Limites são informação e informação é limite." Este aspecto recursivo é característico das cadeias de Markov, o comportamento de probabilidade não kolmogoroviano de duas entidades mutuamente dependentes às quais LIR se aplica.

LIR traz o 'ingrediente que faltava' da oposição dinâmica ou antagonismo que reforça este quadro de informação para a evolução dos sistemas vivos. LIR fornece uma explicação cibernética de como um limite em sua manifestação física pode ser efetivo como causa.

Qualquer teoria de desenvolvimento ou devir biológico deve capturar a dualidade dos sistemas biológicos, isto é, a composição dos sistemas vivos pelos substratos não vivos. Isto pode ser apresentado como a existência, concomitante e contraditoriamente, como a presença de uma cibernética da matéria macroscópica e a cibernética da matéria biológica. Na ausência de uma lógica que definisse sua existência, houve pouca justificativa para tal distinção. Pode-se então examinar a relação única entre estas duas cibernéticas e a quantidade de informação presente, como segue: nos sistemas físicos, com o aumento da entropia positiva, que é a homogeneização, a quantidade de variedade ou informação diminui na proporção direta. Os fenômenos biológicos, deste ponto de vista, são altamente improváveis, e seu conteúdo informativo deveria também aumentar na proporção direta à negentropia gerada.

Conforme o ponto de vista dos sistemas vivos em si, em seu equilíbrio não simétrico com a matéria inorgânica, a produção de negentropia tem probabilidade *maior*, e o volume de informação deveria diminuir na proporção. Improvável, e, portanto, as perturbações 'homogeneizantes' ricas em informação fornecem a informação que inicia a massa de controle, permitindo que os sistemas pobres em informação mantenham sua heterogeneidade (corrijam-se etc).

Assim a informação pode variar direta ou inversamente à quantidade de entropia positiva ou negativa em produção de acordo com as probabilidades relativas da homogeneização e heterogeneização. Nos níveis microfísico e cognitivo, a entropia e a negentropia resultam em um aumento na quantidade de informação, já que a probabilidade de um desenvolvimento dominante tanto da homogeneização como da heterogeneização diminuem ou estão bloqueados (mas sua coexistência contraditória tem grande probabilidade). Esta é uma nova maneira de descrever a diminuição da indeterminação com aumento da contradição que é o corolário do PDO.

É neste ponto que a posição termodinâmica e a posição LIR/Cibernética se cruzam. A evolução das estruturas cosmológicas e físicas simples – longe dos sistemas de equilíbrio de dissipação (FFEDS) – exige degradação extensiva da energia e 'produção' de entropia. Definiu-se um princípio para estes sistemas (Lineweaver 2005) o princípio da Produção de Entropia Máxima (MEP) que afirma que as estruturas que destroem os graus de energia para seu crescimento ou manutenção organizarão as matérias de forma a produzir um volume máximo de entropia. Entretanto, o princípio limita-se a sistemas 'reprodutíveis' e Lineweaver questiona se o MEP se aplica a sistemas biológicos em função de seus *aspectos de não reprodução*. "A questão é que se a biogênese é passível ou não passível de reprodução não está claro, e sem isso o MEP não pode ser aplicado à atividade biótica." Se aceitamos que o MEP não se aplica, encontramos consistência na análise feita acima de acordo com os princípios de LIR. Esta discussão também sugere que é necessário um princípio, como o de exclusão funcional do tipo Pauli, além da 2ª Lei que baseia os aspectos não passíveis de reprodução dos fenômenos biológicos. Minha tese é, novamente, que os dois, junto com o princípio geral da oposição dinâmica, dão base tanto aos processos característicos de vida de proliferação monotônica e o da morfogêneses, alguns deles ocorrerão *perto* do equilíbrio.

8.8.3 – Teleonomia

Como observado acima, reapareceu uma forma de teleologia não teológica na posição termodinâmica da biologia que atribui um objetivo termodinâmico à operação da 2ª Lei como uma forma de explicar a vida e a evolução. Monod (1970) introduziu a *teleonomia* como uma das três propriedades fundamentais dos objetos biológicos junto com a morfogênese autonômica e a invariância reprodutiva. A teleonomia foi definida como o objetivo *aparente,* ou a posse de um projeto na organização dos sistemas vivos. Entretanto Monod contou com a sorte como base para mudança e um processo espontâneo de "combinação" para o funcionamento do DNA (ver Seção 5.5.1.2 sobre Espontaneidade). Depois, apesar desta e de outras explicações pobres, a teleonomia tornou-se popular como base teórica para discussões de fenômenos mentais e outros, por Edelman e outros.

LIR oferece a possibilidade de reter alguns dos elementos descritivos da teleonomia propondo uma base para a realidade da qual a teleonomia é a aparência. Eu lembro que a realidade e a aparência são reais, como também o é a dinâmica de suas potencializações e atualizações recíprocas. Um quadro alternativo de oportunidade e necessidade, determinismo e indeterminismo, foi apresentado no Capítulo 6. Como já dito anteriormente neste capítulo, a origem da vida e a evolução só são possíveis pelas potencialidades inerentes e residuais nas moléculas construídas a partir dos níveis físicos inferiores que coexistem com as atualidades.

Adeptos da teleonomia podem objetar aqui que eu construi as inerentes potencialidades e antagonismos de qualquer que tenha sido a primeira entidade quântica ou processo no universo responsável por todo o desenvolvimento subsequente. Esta entidade não é mais provável que outra totalmente organizada. A única resposta possível agora é que se todo o universo fundamenta a dinâmica contraditória, como foi colocado pelo modelo cíclico de Steinhardt

(Capítulo 7), e que a dinâmica está disponível para qualquer organização posterior de matéria/energia normal. (Admiti que a questão do primeiro ciclo ou primeira entidade está sem resposta, mas ela pode ter sido mal colocada.) O argumento dos criacionistas para o aparecimento da vida e suas complexidades, e também da teleonomia, falham. A existência do universo, que há algo além do nada, foi discutida a partir de uma perspectiva lógica/metafísica no Capítulo 3, e a análise subsequente foi uma tentativa de reafirmar suas mais fundamentais características. A questão de *por que* o universo existe, e o significado deta questão, se há um significado, está além do escopo deste livro.

Nas últimas páginas deste livro, na conclusão, vou abordar mais algumas áreas às quais os princípios de LIR podem ser aplicados.

Referências

Aerts, Diederik et al. 2003. Quantum Morphogenesis: A Variation on Thom's Catastrophe Theory. *Physical Review* E67, 051926. archref and link: quant-ph/0211105.

Aerts, Diederik, Jan Broekaert and Liane Gabora. 2005. A Case for Applying an Abstracted Quantum Formalism to Cognition. In *Mind in Interaction*, ed R. Campbell. Amsterdam: John Benjamins.

Batterman, Robert W. 2002. *The Devil in the Details. Asymptotic Reasoning in Explanation, Reduction and Emergence*. Oxford: Oxford University Press.

Bickhard, Mark H. 2003. Process and Emergence: Normative Function and Representation. *In Process Theories: Crossdisciplinary studies in dynamic categories*, ed. J. Seibt. The Netherlands: Kluwer.

Boogerd, F. C. et al. 2005. Emergence and its Place in Nature: A Case Study of Biochemical Networks. SYNTHESE 145: 131-164.

Cao, Tian Yu. 1997. *Conceptual Developments of 20th Century Field Theories*. Cambridge: Cambridge University Press.

Cecchi, Claudia et al. 2004. Answering Cuvier: Notes on the Systemic/Historic Nature of Living Beings. *Cybernetics and Human Knowing* 11: 11-19.

Chandler, Jerry L. R. and Gertrudis van de Vijver, 2000. *In Closure: Emergent Organizations and Their Dynamics*. New York: Annals of the New York Academy of Sciences 901.

Emmeche, Claus. 2000. Closure, Function, Emergence, Semiosis and Life: The Same Idea? *Closure; Emergent Organizations and Their Dynamics*. New York: Annals of the New York Academy of Sciences 901.

Emmeche, Claus. 2003. Casual Processes, Semiosis, and Consciousness. *In Process Theories; Cross-disciplinary studies in dynamic categories*, ed. J. Seibt, The Netherlands: Kluwer.

Emmeche, Claus, Simo Köppe and Frederik Stjernfelt. 1997. Explaning Emergence. *Journal for General Philosophy of Science* 28: 83-119.

Gabora, Liane and Diederik Aerts. 2005. Evolution as Context-Driven Actualization of Potential. *Interdisciplinary Science Reviews* 30(1): 69-88.

Gillet, Carl. 2006. Samuel Alexanders's Emergentism: Or, Higher Causation for Physicalists. SYNTHESE 153: 261-296.

Heylighen, Francis. 1995. Downward Causation. *Principia Cybernetica Web.* Pespmc1. vub.ac.be//DOWNCAUS.html/

Heylighen, Francis. 2001. Cybernetics and Second-Order Cybernetics. *In Encyclopedia of Physical Science & Technology,* ed. R. A. Meyers. New York: Academic.

Hoffmeyer, Jesper. 2000. Code-Duality and the Epistemic Cut. Tacit Knowledge. *In Closure; Emergent Organizations and Their Dynamics.* New York: Annals of the New York Academy of Sciences 901.

Johnson, Norman L. 2000. The Importance of Diversity. *In Closure; Emergent Organizations and Their Dynamics.* New York: Annals of the New York Academy of Sciences 901.

Kauffman, Louis T. 1997. Virtual Logic – Fixed Points and Paradoxes. *Cybernetics and Human Knowing* 4:65.

Kauffman, Louis T. 2002. Time, Imaginary Value, Paradox, Sign and Space. *In Computing Anticipatory Systems,* ed. D. Dubois. AIP *Conference Proceedings* 627. Liege, Belgium: CASYS-Fifth International Conferecence.

Kauffman, Sutart et al. 2006. "Propagating Organization: An Enquiry", preprint for puclication, May 2006 (by permission).

Kim, Jaegwon. 1999. Making Sense of Emergence. *Philosophical Studies* 95:3-36.

Lemke, Jay L. 2000. Opening Up Closure. *In Closure; Emergent Organizations and Their Dynamics.* New York: Annals of the New York Academy of Sciences 901.

Lineweaver, Charles H. 2005. Cosmological and Biological Reproducibility: Limits on the Maximum Entropy Production Principle. In *Non-Equilibrium Thermodynamics and the Production of Entropy: Life, Earth and Beyond,* eds. A. Kleidon and R. Lorenz. Dordrecht, The Netherlands:Springer.

Logan, Robert K. 2007. The Relativity of Information and Its Relationship to Meaning" preprint for publication, July.

Lupasco, Stéphane, 1973b. *Du devenir logique et de l'affectivité; Vol 2: Essai d'une nouvelle théorie de La connaissance.* Paris: J. Vrin. (Originally published in Paris: J. Vrin, 1935).

Lupasco, Stéphane. 1979. *L'univers psychique.* Paris: Editions Denöel/Gonthier.

Lupasco, Stéphane. 1986. *L'énergie et la matière vivante.* Monaco: Éditions du Rocher. (Originally published in Paris:Julliard, 1962).

Lupasco, Stéphane. 1987b. *L'énergie et La matière psychique. Monaco:* Éditions du Rocher. (Originally published in Paris:Julliard, 1974).

Maturana, H. R. 2003. Autopoësis, Structural Coupling and Cognition. *Cybernetics and Human Knowing* 9:5-34.

Maurel, Marie-Christine. 2005. L'apparition de La vie. In *Sciences et Avenir,* Julliet/ Août: 60-64.

McCrone, John.2007. Dichtomistic Logic. http://dichotomistic.com

Merricks, Trenton. 2001. *Objects and Persons.* Oxford: Oxford University Press.

Monod, Jacques. 1970. *Le hasard et la nécessite.* Paris: Point Seuil.

Moreno, Alvaro. 2000. Emergence of Formal Causation. In *Closure; Emergent Organizations and Their Dynamics.* New York: Annals of the New York Academy of Sciences 901.

Nicolescu, Basarab. 1999. *Le tiers inclus. De La physique quantique à l'ontologie. In Stéphane Lupasco; L'homme et l'oeuvre,* eds. H. Badescu and B. Nicolescu. Monaco: Éditions du Rocher.

Quine, William van Orman. 1969. *Ontological Relativity and Other Essays.* New York: Columbia University Press.

O'Connor, Timoty and Hong Yu Wong. 2002. Emergent Properties. *The Stanford Encyclopedia of Philosophy (Winter 2002 Edition),* ed. Edward N. Zalta. http://plato. stanford.edu/archives/win2002/entries/properties-emergent/

Pattee, Howard H. 2000. Causation, Control and the Evolution of Complexity. *Downward Causation*, eds. P.B. Anderson et al. Aarhus: Aarhus University Press.
Pattee, Howard H. 2001. The Physics of Symbols: Bridging the Epistemic Cut. *BioSystems* 60: 5-12.
Pennisi, Elizabeth. 2003. Tracing Life's Circuity. *Science* 302: 1646-1649.
Petitot, Jean. 1988. *Structuralisme et phénoménologie: la théorie des catastrophes et la part maudite de la raison, in Logos et Théorie des Catastrophes*. Geneva, Switzerland: Editions Patiño.
Queiroz, João, Claus Emmeche and Charbel Niño El-Hani. 2005. Information and Semiosis in Living Systems: A Semiotic Approach. *SEED Journal* 5-1: 60-90.
Rasmussen, Steen et al. 2004. Transitions from Nonliving to Living Matter. *Science* 303: 963-965.
Symons, John. 2002. Emergence and Reflexive Downward Causation. *Principia* 6: 14-39.
Thom René. 1972. *Stabilité strucurelle et morphogénèse*. Reading, MA: W. A. Benjamin.
Wilson, E. O. 2000. *Consilience*. New York: Knopf.

Conclusão:

NOVOS CAMINHOS E UM NOVO CETICISMO

A contradição é a salvaguarda da eternidade.
Stéphane Lupasco

Neste livro, dois termos relevantes para a filosofia e para a ciência, lógica e realidade, foram justapostos e erigidos a um novo tipo de correspondência. Questões fundacionais da lógica e da filosofia ainda estão sujeitas a debate, e a lógica na/da realidade propõe uma forma alternativa rigorosa de examiná-las (Corsi e al. 1989). Quine (1986) perguntou: "A lógica é um compêndio dos traços mais amplos da realidade, ou ela é apenas um efeito da convenção linguística?" Eu declarei que pode ser a primeira das duas alternativas, e que há uma maneira com base em um princípio para descrever o elo entre a ciência e a lógica, com evidência capaz de respaldar um sistema científico unificado.

Deu-se à logica uma interpretação ampla, a que ela se refere, na medida do possível, à processos esclarecedores da energia nas várias formas que constituem a realidade, e que ela também os descreve. A ideia que tudo que existe é energia e que tudo se comporta de forma normal em função das propriedades antagônicas inerentes à energia, é um conceito metafísico fundamental, que implica em lógica e método. Revi algumas áreas do conhecimento nas quais esta ideia pode ser de grande importância, seguindo especialmente duas linhas de investigação:

- Uma linha metafísica, a uma aproximação potencial entre a física, a lógica e a ontologia categorial.
- Uma linha lógica, a proposta de uma lógica transconsistente, ternária, aplicável aos domínios dos fenômenos complexos na e da realidade, e à existência, e suas teorias filosóficas e científicas.

Desenvolvi a lógica da/na realidade como uma lógica formal, baseada em um conjunto de axiomas formais e informais que implicam em relações metafísicas e físicas entre os elementos da lógica, buscando a construção de um modelo o mais próximo possível da realidade. As lógicas mais parecidas com minha lógica são a lógica probabilística indutiva e a lógica quântica, inclusive, em parte, na leitura contextual delas dada por Aerts. Os valores dos elementos descritos são apresentados como similares aos dos sistemas de probabilidade não padrão e similares à quântica, que eu chamei de valores da realidade dos graus de atualização, potencialização ou meio incluído estado T de um sistema dinâmico, de processo ou evento. Na metafísica de LIR, contexto e contextualidade são ontológicos, compreende as interações dos sistemas dinâmicos, e não apenas epistêmicos.

LIR fornece um 'toque' novo a conceitos de atualidade e potencialidade que existem desde Aristóteles: seus axiomas da Contradição Condicional vêm suas fundamentações recíprocas e alternantes nos fenômenos como base para toda a mudança e para, finalmente, a emergência de novas entidades como o meio incluído estados T. Propus que LIR tenta capturar a 'sensação' de processos reais no curso de mudança e propicia as bases para as inferências sobre eles. A categorização formal dos aspectos de mudança e suas bases na física da energia, e suas propriedades antagônicas no cerne de todos os fenômenos, possibilitou o desenvolvimento da Ontologia da Nova Energia (NEO). NEO permite a organização sistemática da realidade em categorias de entidades que podem ou não ser separadas de seus opostos ou contradições associadas. Os opostos correspondem ao domínio estudado pela lógica clássica e pela ontologia, com seus requisitos de exaustão e exclusividade, e as entidades da lógica binária, formal e dedutiva, e também aquelas que, no nível da realidade em foco, exibem, para todos os efeitos, numa interação mútua. O domínio das contradições é o dos processos e eventos reais, especialmente os dos níveis microfísicos, biológicos e mentais. Tentei mostrar o valor de minha teoria neste domínio na resolução de problemas metafísicos e científicos cuja origem foi, em parte, grandemente ignorada na realidade pela distinção estrutural proposta. Sugeri que a lógica na/da realidade é uma extensão válida da lógica que possibilita, entre outras coisas, uma teoria da realidade em termos da dualidade fundamental da energia e da gravidade. Sugeri que a dualidade da oposição dinâmica nos níveis macroscópicos reflete e é a expressão da autodualidade dos campos gravitacional e quântico no nível mais básico da existência.

Dei outros exemplos de áreas em que LIR pode ajudar a resolver dicotomias, como a distinção analítico/sintética, os debates sobre a relação entre o realismo estrutural e científico, e a estrutura fundamental de tempo e espaço. Os princípios metafísicos de LIR possibilitam uma nova leitura da relação entre causas e efeitos e as estabelece como propriedades essenciais dos processos, na realidade equivalentes aos próprios processos na medida em que sofrem mudança (de experiência).

LIR adiciona às lógicas clássica e neoclássica a noção de inferência e a implicação como *processos reais*, aplicáveis a fenômenos reais. A Lógica clássica é, em certo sentido, oposta, ou 'ortogonal' à realidade, caminhando em direção a abstrações da realidade. Estas abstrações têm, com certeza, uma forma de existência e de ser, mas a lógica padrão nada acrescenta ao conhecimento da realidade. Na realidade, a lógica clássica distorce a pesquisa em várias disciplinas no que diz respeito a soluções, por exemplo, da definição de emergência que se adeque a seus princípios. Não se deveria criticar o domínio da lógica na realidade por ser muito amplo, mas sim criticar o domínio da lógica por ser muito estreito. Vimos que a complexidade dos domínios binários da matemática e da linguagem, e as oportunidades para novas descobertas nestes domínios descritas pelos princípios da lógica clássica, são inexauríveis. LIR coloca tudo isso em uma perspectiva correta, evitando a tendência de sua aplicação fora do domínio, por exemplo, nas áreas fronteiriças das lógicas temporal e deôntica, sob a influência dos conceitos clássicos de tempo.

Entretanto, os leitores podem perguntar qual é papel de LIR, uma vez que a ciência e a ontologia são disciplinas que descrevem a realidade. A resposta é que LIR é a estrutura conceitual que estabelece as características lógicas e metodológicas da realidade, explicitando e sistematizando os princípios subjacentes da oposição dinâmica. LIR como teoria 'física' e metafísica, é também uma teoria sobre o que há no mundo. Seus princípios lógicos não só estão de acordo com os atuais desenvolvimentos da Relatividade Geral, como também corroboram aspectos da física que evitam qualquer compromisso absoluto tanto com a geometria como com a matéria/energia como sendo fundamentais no universo para a exclusão do outro. A Ontologia da Nova Energia (NEO) de LIR, inclusive a subcategoria crítica de Não Separatividade, atua como controle ou 'checagem da realidade' da validade da abordagem LIR. Assim LIR compartilha alguns elementos da ciência e da ontologia, mas fornece uma dimensão a mais da lógica ao panorama do mundo.

1 – NOVOS CAMINHOS

É difícil prever nesta encruzilhada os caminhos das futuras pesquisas sobre a Lógica na Realidade. É desejável, para reconhecimento, certo incremento no aspecto formal ou matemático para estabelecer LIR na tradição Ocidental. Por outro lado, as aplicações mais óbvias de LIR podem ser nas áreas das ciências cognitivas na posterior naturalização da fenomenologia. As questões da existência e do livre arbítrio podem ser passíveis de novas leituras, fornecendo base mais realista a esta intuição. O desaparecimento das barreiras da lógica padrão bivalente na filosofia do conhecimento e da crença pode também ser vantajoso. Dei alguns exemplos neste livro das vantagens na ciência teórica e experimental que também implicam na operação do PDO, e se pode esperar mais exemplos. É a *ausência* da interação antagônica entre homem e máquina, vista como elemento na categoria da *Separatividade,* que, de acordo com meu ponto de vista, confirma a singularidade da condição de vida humana.

Dois exemplos dos caminhos em que a abordagem LIR pode contribuir no debate são os que vêm a seguir. Eles indicam possíveis novas direções para a pesquisa filosófica e metafísica:

- LIR evita a dicotomia da oportunidade e necessidade como princípio de orientação de mudança.
- LIR tem como base a física e a experiência, e fornece a separação dos fenômenos em pré-semiótica, sem representação interna, e semiótica, envolvendo a complexidade qualitativa emergente, na qual os equivalentes de causa final e eficiência são funcionais.

LIR como lógica nesta interpretação consegue em princípio tornar naturais as operações que estão envolvidas nos fenômenos mentais internos e em sua expressão no comportamento e ação. LIR pode assim ser considerada um arcabouço teórico de fenômenos mentais, inclusive da intuição, considerada uma propriedade dinâmica essencial no mundo, parte inseparável do resto dele. LIR também respalda um modelo emergente interativo da função normativa e de representação que poderia resolver, de uma maneira nova, a oposição entre o chamado mundo factual, não normativo, e o mundo mental, normativo.

As ideias aqui expostas podem oferecer uma abordagem nova, por exemplo, aos problemas da lacuna de explicação em estudos da consciência da mesma maneira que o faz com o corte epistêmico nas teorias da evolução. LIR fornece respaldo potencial a uma versão da teoria da identidade da mente em que experiências da realidade interna e externa são processos no cérebro que retêm o caráter de primeira pessoa como fenômeno emergente. Estas são outras áreas em que as atuais teorias exigem a estrita separação de dois fenômenos ou termos e podem ser receptíveis à união pela aplicação dos elos contraditórios entre eles. A linguagem da física quântica e da cosmologia pode oferecer novas formas de formalizar esta abordagem, que tornará sua discussão mais simples e mais rigorosa, mas há partes delas que resistirão à formalização, pois ela é muito restritiva.

É verdade que minha abordagem vai na direção contrária à do bom senso geral em muitas áreas, mas também é verdade que muitos aspectos lógicos e filosóficos da ciência atual podem ser vistos como casos limitantes da dinâmica proposta, ou como detalhes de processos para os quais esta dinâmica fornece a estrutura. LIR não desvaloriza o grande volume de conhecimento amealhado com base na não contradição, mas o coloca em uma nova perspectiva. No futuro, não deverá ser considerado não científico considerar os aspectos contraditórios e o não contraditórios da existência e da ciência, e desenvolver teorias com base neles.

Priest, da Costa, Béziau e outros já mostraram que a lógica clássica não é o padrão para se julgar outras lógicas. A lógica clássica é uma sublógica de suas lógicas paraconsistentes, aplicável nos domínios limitados que defini. A lógica da contradição dinâmica, da e na realidade, reduz à lógica clássica os limites da não contradição para os fenômenos que eu abordei.

Volken (1997) faz eco a esta posição de contradição:

> É tempo de dar um novo status lógico à contradição... Será a lógica paraconsistente diferente que possibilitará este novo status a ser a ela atribuído. E se esta lógica perturbar nossos hábitos, ela poderá gerar teorias que ultrapassarão a existência das quais elas serão as generalizações. E, além de seus interesses intrínsecos, elas abrirão novos horizontes para nós, tanto epistemológicos, como matemáticos.

No que se refere aos níveis sociais da realidade, não é possível avaliar aqui as várias abordagens feitas a partir das perspectivas científicas, sociológicas ou políticas para se implementar aperfeiçoamentos mínimos na condição humana. Ao comentar o trabalho original de Lupasco, Ioan (1999) acredita que ele propicia "uma visão do real com base em parâmetros sistêmicos e morfogênicos que podem levar à reconciliação do homem com a natureza e das ciências exatas com as ciências sociais (humanidades)". As aplicações nas disciplinas correlatas da ética, política e nas ciências sociais podem assim constituir um caminho novo e frutífero a LIR.

2 – UM NOVO CETICISMO

Se há uma mensagem que este livro pode transmitir é na direção de um novo ceticismo. A definição epistemológica padrão de ceticismo afirma que deve haver erros inevitáveis de conhecimento de nossa experiência que impossibilitam o conhecimento correto do mundo. A lógica da/na realidade reformula este ceticismo ao apontar as relações interativas entre fenômenos em diferentes níveis. Podemos saber de forma correta, mas não podemos saber completa ou absolutamente, como tem sido reconhecido pela crescente aceitação do trabalho de Gödel. Esta posição não é nova. O que é novo em LIR é a proposta que se deve reconhecer não apenas as contradições na ciência e no conhecimento, especialmente no que diz respeito ao tempo, espaço e mudança, mas também a outro tipo de viés contraditório, mais ou menos inconsciente das presunções que as pessoas fazem e da metodologia que usam.

Como discutimos no Capítulo 5, os termos não deveriam ser usados de forma dogmática. Qualquer explicação, por exemplo, implica sempre em sua explicação contrária potencializada. As conclusões teóricas de LIR deveriam ser sempre entendidas condicionalmente: sempre se pode encontrar contraexemplos e casos fronteiriços. A tese central de LIR é que esses casos não invalidam a teoria. Não são patológicos no sentido negativo, não mais do que determinadas curvas matemáticas que mostram que propriedades fractais são 'patológicas.' *Elas são o aspecto lógico do universo no qual nos encontramos.*

Este ceticismo, aplicado aos novos desenvolvimentos na ciência e na tecnologia, pode levar ao reconhecimento de seus aspectos reducionistas que exemplificam basicamente a identidade ou homogeneidade, de um lado, ou excessiva diversidade do outro. A gravação digital do som, especialmente da música, envolve a redução na complexidade de ondas, e a diferença pode ser notada por ouvidos sensíveis. Trabalhos de inteligência artificial vêm a possibilidade de eliminação de qualquer diferença fundamental entre suportes vivos e não vivos. A navegação na realidade virtual, na

Internet e em outros lugares, oferece possibilidades não usuais de formas novas de percepção e associação humana, mas ela acarreta riscos a indivíduos frágeis. O ponto aqui é não diminuir o valor de descobertas e invenções altamente criativas nestes campos. É combater componentes ideológicos, absolutos, que podem contaminá-los ao reabilitá-los, 'com razão', ao dar um status lógico a aspectos não computáveis, imprecisos e intuitivos, de nossa existência biológica 'clássica'.

A aplicação deste princípio de ceticismo se aplica também a teorias e campos do pensamento. Por exemplo, as últimas palavras da conclusão do *Psique du sens* de Petitot (Petitot-Cocorda 1992) são que as humanidades *são* ciência natural (*"die Geisteswissenschaften sind Naturwissenscgaften*). Esta é uma conclusão desejável, até mesmo necessária, mas não é completa, e até parcialmente enganadora. A abordagem deste livro propiciou-nos dar significado a uma frase, o título de um livro importante de Hoffmann (1995) que afirma que duas disciplinas *são* e *não são* o mesmo, ao se examinar os diferentes modos nos quais os mesmo princípios lógicos subjacentes aplicam-se para caracterizar as disciplinas e os que a praticam.

A questão da existência de competição ou paralelismo nas teorias, particularmente nas teorias da lógica, não é simples. Concluo com uma análise deste assunto feita por da Costa, pensador da lógica paraconsistente, que já citei antes, e cuja posição fundamentalmente neoclássica sobre lógica é bem diferente da posição deste livro. Em um importante artigo (da Costa et al. 1999) da Costa fala sobre a questão da "problemática filosófica do conhecimento se a lógica paraconsistente é rival ou complementa a lógica clássica." Ele menciona as alegações de Priest que diz que a lógica paraconsistente é *rival* em função da existência de algumas 'verdadeiras contradições' (as aspas são de da Costa). A escolha deveria depender da problemática da rivalidade *versus* complementaridade e da crença da existência ou da não existência de contradições. Como prossegue da Costa: "A grande questão é saber se nosso mundo é ou não de fato contraditório, e esta questão ainda não foi respondida de forma definitiva". Um exemplo pertinente deste debate é uma tentativa (McGinnis 2006) de conciliar o aspecto clássico e o de paraconsistência em um modelo lógico, basicamente, a lógica deôntica. A lógica proposta depende da suposição que o mundo real (mundo em que se vive) é completo e consistente, sem contradições verdadeiras (dialetheias). Mas, mundos possíveis não reais, nos quais conflitos normativos (algumas coisas são obrigatórias e proibidas) existem, e seguem a lógica paraconsistente.

LIR, é claro, afirma que não apenas o exposto acima é possível, mas que mundos abstratos podem ser inconsistentes e incompletos, mas que o mundo real é também. Lupasco dizia que sua lógica da contraditória do meio incluído era a lógica correta "se, é claro, o mundo for lógico". Do ponto de vista da competição, a partir desta oposição, teorias novas e mais úteis podem surgir na linha sugerida por Cao para a antologia do desenvolvimento da ciência. Espero que este livro estimule o questionamento da dependência atual da lógica binária e contribua para a consideração compensadora de uma lógica da energia como lógica terciária da e na realidade.

O conceito de realidade – sendo também devir – é mais detalhado em toda a abordagem LIR, colocando aspectos do campo quântico e da relatividade geral em um contexto de oposição dinâmica que se expande para outros níveis da realidade. Vou concluir com um *insight* de Penrose do que pode estar no cerne da realidade física citado pela primeira vez no Capítulo 4, corroborado pelo recente trabalho de Lusanna e Pauri. Na discussão sobre o vácuo Penrose diz (Penrose 1991):

> Não podemos de forma alguma criar uma divisão nítida entre o que chamamos de 'matéria' ou 'substância' e o que chamamos de 'espaço vazio' – supostamente os vazios totalmente livres de matéria de qualquer tipo. Matéria e espaço não são tipos de entidades totalmente separados. A substância real não precisa estar claramente localizada no espaço. *Estas são sugestões de que nossa estimada visão de intuição sobre a natureza da realidade física está menos perto da verdade do que se pode pensar* (ênfase minha).

Talvez este livro ajude-nos a chegar mais perto, de uma pequena forma, não da verdade sobre a natureza da realidade, mas de novas formas mais úteis e abertas de estudá-la. Uma destas formas pode ser examinar a realidade como princípio esclarecedor da oposição dinâmica e da contradição, e tirar destes aspectos suas conclusões lógicas.

Referências

Corsi, Giovanna, Maria Luisa Dala Chiara and Gian Carlo Ghiardi, es. 1992 *Bridging the Gap: Philosophy, Mathematics ad Physics*. Dordrecht, The Netherlands: Kluwer.

Da Costa, Newton et al. 1999. Aspects of Paraconsistent Logic. *Bulletin of the* IGPL 3:597-614.

Hoffman, Roald. 1995. *The Same and Not the Same*. New York. Columbia University Press.

Ion, Petru. 1999. Stéphane Lupasco et la propension vers le contradictoire dans la logique roumaine. In *Stéphane Lupasco; L'homme et l'ceuvre*, eds. H. Badescu and B. Nicolescu. Monaco: Éditions Du Rocher.

McGinnis, Casey. 2006. Semi-Paraconsistent Deontic Logic. In *Paraconsistency with No Frontiers*, eds. J.-Y. Béziau and W. A. Carnielli. Amsterdam: North-Holland.

Penrose, Roger. 1991. The Mass of the Classical Vacuum. In *The Philosophy of Vacuum*, S. Saunders and H. R. Borwn. Oxford: Clarendon.

Petitot-Cocorda. 1992. *Physique du Sens*. Paris: CNR ÉDITIONS.

Quine. W. V. 1986. *Philosophy of Logic, 2nd Editions*. Cambridge, Mass.: Harvard University Press.

Volken, Henri. 1997. Le statut logique de la contradiction: l'approche paraconsistente. *In Introductions aux Logiques Non Classiques*, Vol. 11, ed. D. Miéville. Neuchâtel: University of Neuchâtel, Centre de Recherches Sémiologiques, pp. 257-271.

CLASSES E CONJUNTOS: O AXIOMA DA ESCOLHA [1]

1 – A LÓGICA DA DIALÉTICA CONGELADA

Os aspectos da teoria LIR que vou discutir neste apêndice derivam do conceito da operação que implica no processo dinâmico, cf Capítulo 2, cujos elementos seguem os axiomas **LIR 2, 3** e **5** da Contradição Condicional, do Meio Incluído e da Associação Funcional. Voltando à noção **e** e **u** de dois elementos na Tabela de Classificação de Conectivos (Seção 2.4.1), vou agora mostrar que estes elementos são, eles mesmos, implicações.

Onde **e** realmente implica em **u**, isto quer dizer que a não implicação está potencializada. Assim, dois elementos estão sempre ligados tanto por implicação positiva (padrão), como por implicação negativa, **e** não é o antecedente de **u.** Uma vez que nenhuma destas situações, conforme o axioma **LIR6** de Assintotismo, jamais é completa, isto significa que, basicamente, pode-se encontrar uma ligação para qualquer dos dois elementos ou eventos que parecem coexistir sem relação entre eles. Esta é a maneira formal de dizer que, de uma forma ou de outra, todas as coisas no mundo dependem umas das outras. Implicações positivas e negativas constituem as relações, umas mais ou menos reais e as outras mais ou menos potenciais, e *vice-versa.*

O próximo passo crítico nesta abordagem é ver que a co instânciação de uma implicação positiva real ou uma implicação negativa potencial, sua inversa, ou o estado T contraditório, implicação positiva e negativa igualmente real e potencial, constitui uma conjunção, um evento ou elemento na realidade.

---

[1] Ver Lupasco 1987.

$$\overset{©}{«}\ [(\supset_A) \supset (\bar{\supset}_P)] \vee [(\bar{\supset}_A) \supset (\supset_P)] \vee [(\supset_T) \supset (\bar{\supset}_T)] \urcorner ® \supset (e, u)$$

(Ap. 1.1)

A existência destes dois elementos é uma consequência dos axiomas LIR e pode ser encarada como uma retenção temporária ou interrupção na dinâmica em virtude da descontinuidade da mudança de real para potencial, esperando, por assim dizer, as condições estatísticas certas ('dialética congelada'). A mudança subsequente pode ser vista como uma *disjunção* dialética, e assim, o elemento ou evento tanto é o ponto de chegada como o de partida de uma implicação real positiva e uma implicação potencial negativa, ou *vice-versa.*

Então, diferentemente da lógica clássica, com elementos separados e estritamente atualizados, os elementos em LIR são conjuntos de implicações. Se **e** e **u** representam dois destes conjuntos, dialeticamente congelados, a primeira implicação positiva $\supset_A$ na fórmula (e $\supset_A$u) por sua vez desempenha o papel de um novo elemento, **m**, que abrange os elementos **e** e **u**. Como uma determinada implicação com identidade real composta, o novo elemento aparece como síntese de **e** e **u**, como uma classe que contém as classes que estes elementos representam.

$$\overset{©}{«}\ [(e \supset_A u) \supset_A (e \bar{\supset}_P) u] \supset_A [(e \supset_A u) \bar{\supset}_P (e \bar{\supset}_P u)] \urcorner ® \supset_A \overset{©}{«}\ [(etc...$$

(Ap. 1.2)

A próxima implicação positiva produz novos elementos, **n**, que são a síntese das sínteses, e assim em diante. Nestas sínteses estão sempre presentes as implicações negativas representadas pela formula (e $\bar{\supset}_A$u) em estados mais ou menos potenciais. Estas implicações negativas também se apresentarão como elementos, mas elementos não comuns do ponto de vista da lógica clássica. Estes elementos são elos, mas elos negativos, uma atualização da diversidade, uma síntese 'de retrocesso' ou negativa. Na realidade, eles multiplicam as diversidades, e podem ser representados por $\bar{\mathbf{m}}_p$ e $\bar{\mathbf{n}}_p$ elementos negativos e classes negativas. Aplicando-se o mesmo raciocínio aos estados T produziremos elementos $\mathbf{m}_T$ que são equivalentes, sínteses contraditórias, ou classes contraditórias.

Agora se pode ver mais formalmente o contraste com o sistema hegeliano mencionado na Seção 6.8: para a ortodedução dialética de sínteses positivas de sínteses positivas, o 'ramo' da árvore que Hegel viu, opõe-se também dialeticamente, a ortodedução de implicações negativas de implicações negativas onde cada implicação negativa, quando 'congelada' como acima, caracteriza uma noção ou conceito negativo.

$$\overset{\text{©}}{\text{«}} \, [(e \,\bar{\supset}_A u) \,\bar{\supset}_A (e \supset_P) u] \,\bar{\supset}_A [(e \,\bar{\supset}_A u) \supset_P (e \supset_P u)] \,\overline{\text{®}}\, \bar{\supset}_A \overset{\text{©}}{\text{«}} \, [(\text{etc...}$$

(Ap 1.3)

Ao se combinar estes conceitos e ao simbolizar a inclusão que ocorre por meio da implicação da implicação por (eu formulo:

$$\begin{array}{l} e_A \,.\, \bar{e}_P \,(m_A \,.\, \bar{m}_P \,(n_A \,.\, \bar{n}_P \ldots\ldots \\ \bar{e}_A \,.\, e_P \,(\bar{m}_A \,.\, m_P \,(\bar{n}_A \,.\, n_P \ldots\ldots \\ e_T \,.\, \bar{e}_T \,(m_T \,.\, \bar{m}_T \,(n_T \,.\, \bar{n}_T \ldots\ldots \end{array} \qquad \text{(Ap 1.4)}$$

Nesta concepção, todas estas implicações de implicações constituem forma e operam em conjuntos de conjuntos (*ensembles d'ensembles*). Mas estes conjuntos de conjuntos de ortodeduções também têm aspecto de classes. Na lógica clássica, a distinção ocorre conforme segue: classe é a união de elementos substancialmente idênticos, e tudo o que pode distinguir um elemento do outro é posto de lado. Conjunto é a união que pode conter todos os tipos de elementos, embora eles tenham que ser 'coisas' para que constituam um conjunto. Há apenas uma diferença de grau no princípio da inclusão entre um conjunto e uma classe. Se usarmos a tabela de deduções de Lupasco, aparecerá uma diferença funcional: classes são conjuntos gerados por implicações de implicações de ortodeduções. Aumenta a ortodedução positiva nos conjuntos/elementos formados pelo 'congelamento' ou retenção, a identidade atualizada por suas implicações positivas, e potencializa a diferença dos mesmos elementos que eles possuem em função das implicações negativas. Em LIR, tanto a classe como seus elementos são dualistas; a classe é sempre a conjunção contraditória de uma classe positiva ou negativa.

A lógica clássica das classes considera apenas a identidade de seus elementos. Em primeiro lugar, retira-se tudo do sujeito, e depois da classe, tornando a classe menos extensiva, até que se chegue, da espécie aos gêneros, seguindo a hierarquia Aristotélica, até uma espécie final, onde não há nada além da identidade pura – o vazio para LIR. O conceito crítico, aqui como em qualquer lugar, é que há uma identificação progressiva, mas ao mesmo tempo a potencialização de uma diferenciação crescente. A classe negativa acompanha indefinidamente a classe positiva.

A ortodedução negativa forma uma séria inversa de classes de classes, com a mesma dinâmica. Na lógica clássica, a classe negativa ficou subordinada, resumida a nomes como lógica da intenção ou inerente, ou lógica qualitativa. O processo pensado consistia em atribuir qualidade ou diversidade ao sujeito, como um recipiente passivo. Mas, na ausência de um conceito adequado de sujeito e objeto, o objeto seria definido como identidade, e o resto, os elementos da diversidade, como modos de ser ou acidentes da substância. Uma vantagem de LIR é que ela dá o fundamento metafísico adequado ao fluxo de diversidades, como uma classe negativa, mas classe negativa que não está nem totalmente separada, nem separável da classe positiva.

A terceira série contraditória das classes das classes na qual os valores das classes antagônicas são estados T, são classes de classes de contradições, complexos contraditórios de complexos contraditórios. Mas elas são de fato assuntos que prevalecem no nível quântico e na experiência psicológica e estética. Então eu formulo de forma mais geral do que antes, usando o símbolo < para a inclusão de uma classe em outra:

$$\begin{array}{l} (_{Am}\,\overline{(}_{P\bar{m}} < (_{An}\,\overline{(}_{P\bar{n}}\ldots\ldots \\ \overline{(}_{A\bar{m}}\,(_{Pm} < \overline{(}_{A\bar{n}}\,(_{Pn}\ldots\ldots \\ (_{Tm}\,\overline{(}_{T\bar{m}} < (_{Tn}\,\overline{(}_{T\bar{n}}\ldots\ldots \end{array} \qquad \text{(Ap 1.5)}$$

Esta fórmula especifica que os elementos são também classes, já que elas são operações, como classes, que geram a operação que é implicação. Como coloca Lupasco:

> Há algum elemento em nossa experiência que possa ser concebido ou ter vivido de outra forma que não como classe? Quando falo de tabela, ou tabelas, eu distingo este objeto como tal corrigir a divisão de sílabas de apenas enquanto membro de uma classe de tais objetos: a classe das tabelas. Quando falo desta tabela em particular (em todos seus detalhes) parece-me um verdadeiro elemento, e recorro ao que chamei precisamente de classe negativa de tabelas, na qual a identidade da classe de tabelas é mais ou menos potencializada pela atualização da diferenciação da diversificação da classe de tabelas, que formam um conjunto de diversidades, e assim constituem a classe negativa de tabelas.

Nunca se deixa o domínio das funções lógicas impostas e explicadas pela lógica da contradição, do contraditório.

> O que chamamos de particular, de individual em oposição ao universal, geral, nunca é entendido como tal, como um elemento

rigorosamente atualizado, e assim independente e absoluto. É, por sua vez, apenas uma classe, a classe negativa que é contraditória e antagônica à classe positiva; mas nossa compreensão, formada pela lógica clássica, somente considera (olha) para a classe positiva, na qual identidade é confundida com classe.

Para o pensamento clássico, tudo que está fora das relações de identidade está fora da noção de classe, e até da ciência. Nesta concepção, as relações de identidade e diversidade, de certa forma acompanham cada objeto, processo, relação ou operação, e confere a eles sua existência dinâmica.

2 – O AXIOMA DA ESCOLHA

O Axioma da Escolha refere-se à função *f* para qualquer conjunto A que inclui em seu domínio cada subconjunto de A e seleciona (escolhe) exatamente um elemento de cada subconjunto. Este axioma foi usado pela primeira vez por Zermelo para provar que os conjuntos podem ser bem organizados, e ele foi depois usado, não sem controvérsias, para solucionar problemas na teoria de conjunto e número (Suppes 1972). A relação com a lógica atual e com a filosofia é uma consequência das implicações do axioma para completude, continuidade e demonstrabilidade da matemática tendo em vista a incompletude dos teoremas de Gödel (Longo 1999).

Priest mostrou que sua Lógica do Paradoxo (LP) pode ser usada, entre outras coisas, para produzir um conjunto paraconsistente que fornece um quadro do "universo conjunto teórico". O universo contém todos os conjuntos, consistentes e inconsistentes, isto é, os que dão origem aos paradoxos conjunto teórico. Entretanto, nada aqui estabelece que esses paradoxos possam ou não ser resolvidos em algum nível superior; de acordo com minha opinião, nesta interpretação simplesmente se oscila de um termo para outro. Priest demonstra que as provas na metateoria da lógica paraconsistente relevante podem estabelecer seus resultados de maneira aceitável por esta lógica, mesmo se elas usarem essencialmente o raciocínio clássico. Em particular, o conjunto teórico ortodoxo de Zermelo-Frankel pode ser integrado a este conjunto teórico paraconsistente.

Em 1951, Lupasco fez menção a um projeto (Lupasco 1987), infelizmente nunca realizado, para um conjunto teórico contraditório, com base em PDO e na lógica do meio incluído. Ele mostrou, entretanto, que o Axioma da Escolha, que ele considerava um problema difícil para a lógica clássica, era a ilustração natural deste conjunto teórico. Como se nota acima, o *insight* chave, que ao mesmo tempo ilustra a diferença fundamental entre LIR e todas as outras lógicas, clássicas e não clássicas, é que cada elemento de um conjunto é uma dualidade contraditória, composta por um elemento e seu antielemento, de tal forma que o elemento expresse basicamente uma identidade e diversidade em potencial (ou não identidade) e o antielemento o quadro contraditório da diversidade e identidade. Na medida em que os conjuntos, como também os elementos, devem ser acompanhados por seus contraditórios, o sistema LIR descreve acima os resultados na existência de três conjuntos correlatos. Um destes três conjuntos é o conjunto M de Zermelo, em que a identidade dos elementos é atual e a diversidade dos elementos é potencial; outro, o conjunto P de Zermelo, é o da máxima contradição, (estado T), que forma subconjuntos, cujos elementos caracterizam-se tanto pela identidade, como pela diversidade; o terceiro, é *exatamente o conjunto N*, o da escolha, no qual a diversidade é atual e a identidade potencial. Este é o motivo pelo qual ele pode, e deve conter um elemento, e apenas um elemento de cada um dos conjuntos em P (de outra forma, se houver mais de um elemento, ele seria equivalente à atualização parcial da identidade). É o princípio da não identidade, ausente na lógica clássica, mas aqui colocada em seu lugar certo no esquema das coisas, o que possibilita este resultado. Lupasco também notou a analogia com o Princípio da Exclusão de Pauli (que parcialmente inspirou esta abordagem) a que a lógica padrão parece ter dado pouca atenção. A crítica que o Axioma da Escolha trata de conjuntos infinitos e o Princípio físico de Pauli, necessariamente, com conjuntos finitos, não é válida já que o principal número quântico de uma partícula pode ser um número inteiro com valores de um ao infinito, e que a estrutura lógica contraditória do Axioma da Escolha e o Princípio de Pauli é a mesma. Este entendimento do Axioma da Escolha deveria mostrar que LIR poderia se aplicar a outros problemas matemáticos e não matemáticos.

Referências

Longo, Giuseppe, 1999. The Mathematical Continuum. In *Naturalizing Phenomenology*. Issues *in Contemporary Phenomenology and Cognitive Science*, eds. J. Petitot et al. Stanford: Stanford University Press.

Lupasco, Stéphane. 1987. *Le principe d'antagonisme el la logique de l'énergie*. Paris: Editiions du Rocher (originally published in Paris. Éditions Hermann, 1951).

Priest, Graham. 2001. Paraconsistent Belief Revision. *Theoria* 01:214.

Suppes Patrick. 1972. *Axiomatic Set Theory*. New York: Dover.

Apêndice 2

O PONTO DE VISTA DOS SISTEMAS

1 – A BASE ONTOLÓGICA DOS SISTEMAS NA REALIDADE

Para ilustrar ainda mais a tese deste livro, pode-se usar uma outra abordagem ontológica sobre a realidade cuja descrição começa por seus aspectos mais simples, a existência de mais de uma coisa, de muitas coisas e sua coleção em grupos ou sistemas mais ou menos estáveis. Vou definir sistemas como elementos ligados por alguma propriedade interna ou por forças ou operações que expressem, das quais sejam agentes ou possam vir a ser. Pela visão da realidade dinâmica aqui discutida, o aparecimento de um princípio de contradição (ou seu equivalente) nesta linha de argumentação, que é semelhante àquela derivada da consideração dos aspectos dualísticos da energia como tal, defende a ideia de que há algo de fundamental importância teórica sobre a contradição ou antagonismo, oposição dinâmica física, em toda a natureza.

1.1 – A relação de antagonismo

A primeira afirmação axiomática que determina a possibilidade de todos os sistemas, é a seguinte: não é possível haver a existência de sistemas sem que haja uma força de repulsão ou exclusão entre os elementos que impeça sua "aglomeração" em uma massa indiferenciada, e também não é possível se nada atrair ou associar dois ou mais elementos; eles se dispersariam, por assim dizer. (Considero aqui que a repulsão, exclusão e dissociação são termos equivalentes.) Consequentemente, para que um sistema se forme e exista, seus constituintes, por sua natureza expressa nas leis que os governam, precisam ser capazes de tanto atrair como repelir-se mutuamente, associar-se e dissociar-se, integrar-se e desintegrar-se. Todo sistema é, portanto, uma função de duas forças antagônicas, ligadas umas às outras, constituindo uma relação de antagonismo (Lupasco 1986). Segundo Lupasco, um sistema *s* é uma função da relação de antagonismo de $\overleftrightarrow{R}$ que é uma função de dois dinamismos antagônicos, *d*, que podem, em princípio, ser medidos e qualificados, dado que haja um algoritmo adequado, em uma quantidade de antagonismo *Q*, como se segue:

$$s = f\left(\overleftrightarrow{R}\right) = f(d\bar{d}) \qquad \text{(Ap.2.1)}$$

$$\overleftrightarrow{Q} = d\bar{d} \qquad \text{(Ap.2.2)}$$

Esta quantidade está no seu máximo quando *d* e *d* são iguais. É possível, inclusive, dizer que esta quantidade mede a dinâmica do sistema. Todo sistema, seja ele nuclear, atômico, molecular ou no nível de objetos macroscópicos de nossos sentidos, é sempre, de acordo com esta visão, uma função, na sua constituição, desta relação de forças antagônicas ou opostas. Os sistemas que tendem a uma igualdade de tensão, tal como o núcleo de um átomo, será mais estável e resistente à desintegração do que aqueles nos quais um dos dinamismos seja maciçamente mais favorecido do que o outro.

1.2 – *A relação da contradição*

A segunda determinação axiomática tem uma forma de argumento semelhante à primeira: um sistema não seria possível se todos seus constituintes ou elementos fossem exatamente idênticos, exatamente aqui significando também em relação a sua locação e configuração no espaço/tempo. Eles se confundiriam na mesma continuidade ou homogeneidade. Nenhum sistema seria possível, tampouco, se todos os elementos fossem totalmente heterogêneos, sem nenhum grau de homogeneidade que os impediria esta diversidade não só de serem um sistema, e nem mesmo uma classe ou conjunto.

Todo sistema implica homogeneidade e heterogeneidade ao mesmo tempo. Pode-se, portanto, escrever a equação (Ap.2.3), onde *i* quer dizer identidade, homogeneidade ou capacidade de negentropia ou entropia negativa, na qual estes dois coeficientes são definidos mutuamente por uma *relação de contradição,* C, devido à existência no mesmo elemento da identidade lógica e não identidade:

$$s = f\left[(d\bar{d})(i\bar{i})\right] = f(\vec{Q}.C\bar{C}) \qquad \text{(Ap.2.3)}$$

A relação de contradição está no máximo da identidade e da aproximação da equalidade diversificada. A relação de não contradição, assim, depende dos níveis tanto de antagonismo quanto de identidade. À medida que o antagonismo diminui, o não-antagonismo aumenta e a contradição diminui. Porém, para o ponto de contradição máxima temos a equação (Ap.2.4):

$$\vec{Q}_{\text{max}} = s = f\left[(d = \bar{d}).(i = \bar{i})\right] = f(C_{\text{max}}.\bar{C} = 0) \qquad \text{(Ap.2.4)}$$

A relação inversa, onde C = 0, é impossível nesta teoria.

1.3 – O princípio do antagonismo aplicado à energia

A terceira determinação axiomática, que coloca algumas noções prévias no contexto de sistemas, é baseada no conceito de que todo sistema requer uma energia envolvida nas relações dinâmicas de maneira a poder existir. Todos os seus constituintes e elementos, de acordo com a equivalência de massa, energia e informação, precisam ser constituídos de energia,[11] como já sugeri. Lupasco desenvolveu sua "álgebra lógica de energia" como uma corrente de implicações que expressam o acima descrito, com o acréscimo de um outro conceito chave. Toda energia (ou fenômeno) passando de um estado potencial a um estado atual se encontra, necessariamente, em um certo momento do estado T intermediário, chamado de estado T, onde se conflita com a energia antagônica que está passando de um estado de atualização A para um de potencialização P, que pode ser resumido como se segue (como no Capítulo 2):

$$e_A \supset \bar{e}_P,\ e_T \supset \bar{e}_T,\ \bar{e}_A \supset e_P \qquad \text{(App.2.5)}$$

Cada um destes três elementos é uma dualidade energética antagônica ou, alternativamente, uma conjunção antagônica. Cada um é um sistema, e sistemas cada vez mais complexos são gerados por tais dinamismos antagônicos.

---

[1] As exceções são os elementos da matemática clássica e todos os outros elementos abstratos, incluindo-se aí os elementos semânticos, tais como sentenças paradoxais, nas quais a quantidade de interação energética é nula.

Portanto, pode substituir-se nas fórmulas de sistemas acima, os valores de *d* pelos valores do elemento *e*, acrescentando-se aos coeficientes de homogeneidade e de heterogeneidade, os estados de A, P e T. Uma simples substituição demonstra que dois destes três tipos de sistemas implicam em uma atualização progressiva de não contradição e o terceiro uma atualização de contradição e potencialização de não contradição.

Estes sistemas lógicos de energia se aplicam a todos os fenômenos ou aspectos da experiência, do microscópico ao macroscópico, se se concorda que antagonismo e os valores contraditórios são irredutíveis constitutivos de todos eventos reais. Sua validade é experimental e sua lógica é a lógica do antagonismo. Tais sistemas lógicos são a base para uma geração de sistemas de sistemas, formalmente, pela extensão do conceito de atualização, potencialização e estado T até a operação de implicação em si como usada acima. Os três sistemas *S* de implicações são os seguintes:

$$s(\supset_A \supset \bar{\supset}_P),$$
$$s(\supset_T \supset \bar{\supset}_T), \qquad \text{(Ap.2.6)}$$
$$s(\bar{\supset}_A \supset \supset_P)$$

O primeiro desses, corresponde à homogenização progressiva, isto é, à Segunda Lei da Termodinâmica, a segunda à atualização progressiva da heterogeneidade, uma "sistemogênese" de matéria viva ou vida, e a terceira à situação de contradição máxima aplicada tanto no nível quântico quanto no nível mental da realidade. Finalmente, todas estas correntes de sistemas e sistemas de sistemas podem ser consideradas como constituindo uma dialética e dialética da dialética, gerada pela natureza contraditória da energia e seus princípios, como expostos acima.

2 – CIBERNÉTICA E A TEORIA DOS SISTEMAS

2.1 – *Feedback*

Como comentei na Seção 8.82, qualquer sistema cibernético (Lupasco 1979) tem a capacidade de *feedback* (em inglês no texto de Lupasco) de "contra-ação". Exemplos de sistemas cibernéticos biológicos são a consciência e o reconhecimento imunológico. O surgimento ou atualização da perturbação ou distúrbio é precedido pela potencialidade da perturbação tentando se tornar atual. A potencialidade é a informação que potencializa o funcionamento (probabilístico) normal do sistema e provoca a subsequente e consequente atualização do re-equilíbrio ou de sua regulação.[22]

É possível identificar esta informação pela operação cibernética (em seu sentido original de governar ou manobrar) uma necessidade (uma falta) ou superabundância, uma potencialidade percebida pelo sistema. "O conteúdo de toda potencialidade é estado energético que contem o que está para ser atualizado." Neste sentido, qualquer cibernética, natural ou artificial, é uma dialética, já que toda cibernética envolve uma alteração, uma perturbação pela agressão contraditória da antítese, seguida do retorno ao estado de regulação que deve prevalecer para que o sistema fique "estável". (No Capítulo 8, examinei a relação com este processo do estruturalismo dinâmico ou a teoria da catástrofe de Thom e Petitot.)[33] Em outras palavras, uma cibernética alternadamente atualiza certos fenômenos e potencializa os antagônicos, os fenômenos contraditórios por consequência.

Segundo a metodologia de LIR, é possível diferenciar entre a cibernética dos sistemas físicos, caracterizada por um retorno a uma identidade relativa, um valor constante, uma invariância, uma homogeneidade, e uma cibernética biológica que opera ou resulta predominantemente em uma variância, uma heterogeneidade. Este retorno pelo *feedback* a uma homo ou heterogeneidade é equivalente ao retorno à não contradição progressiva, relativa e parcial nos dois casos. Na dialética quântica ou nos fenômenos psíquicos

---

[2] A descrição de Lupasco dos aspectos chaves do feedback eram os seguintes:

1. Para possibilitar que um sistema se constitua, é indispensável que a energia possa voltar-se contra si mesma, o que implica na possibilidade do *feedback* de equilibrar certas forças com outras que se lhes opõem, e que precisam ser estrutural e funcionalmente capazes de tal oposição.
2. Especialmente em sistemas biológicos, todo equilíbrio envolve uma retroação pelo antagonismo, cibernética ou *feedback*.

A quantidade de energia como informação disponível, agindo como um sinalisador, desencadeando o feedback, é que corrige os desequilíbrios do sistema (cf."a troca de regimes"de Aerts para transições súbitas).

[3] As ideias de Lupasco sobre controle e cibernética foram formuladas durante o período de 1950 a 1970 e podem ser, obviamente, relacionadas às de Weiner, Shannon, von Bertalanffy e outros primeiros teóricos dos sistemas. Nicolescu aponta para uma "metodologia sistêmica transdisciplinar para ajudar a interligar as diferenças dos diversos fundamentos científicos e dos enfoques sistêmicos destes e de outros teóricos".

temos uma terceira cibernética dialética, na qual o feedback leva à semiatualização e à semipotencialização dos dois termos no estado T do meio incluído.

Pattee examina o *feedback* na categoria dos *loops* causais que incluem sistemas materiais como os ciclos autocatalíticos e os osciladores e processos cognitivos tais como a introspecção (Pattee 2000). Em minha visão, todos eles poderiam ser classificados sob o conceito dos sistemas cibernéticos, como já definido. A forma específica de autorreferência de Pattee se aplica a uma relação de *fechamento* entre o material e os aspectos simbólicos, em particular, dos organismos vivos, como vimos no Capítulo 8.

2.2 – *Teoria dos sistemas gerais*

Von Bertalanffy merece o crédito por ter examinado várias teorias que envolvem as ciências físicas, biológicas e sociais, e ter proposto algo que foi radicalmente além delas. Em seu enfoque dos Sistemas Gerais (GST – *General System Theory*) baseado em sua pesquisa fundamental da biologia e da embriologia, propôs que a única maneira significativa de se estudar organização seria estudá-la como um sistema. Tal como na lógica da/na realidade examinada aqui, a necessidade e factibilidade potencial do enfoque dos sistemas só foi reconhecida depois dos desenvolvimentos da física e da matemática teórica de meados do século XX, apesar do fato de não poderem ser plenamente formuladas matematicamente.

Acima de tudo, von Bertalanffy divisou tanto o mundo físico quanto o mundo biológico como um jogo de energias e um fluir de processos. Existem modelos claros, princípios e leis que se aplicam a sistemas generalizados e subsistemas, independentemente de seu tipo particular, da natureza de seus componentes ou das relações e forças entre eles (von Bertalanffy 1969). GST se tornaria uma nova disciplina cuja matéria era a formulação e derivação de tais princípios que eram válidos como sistemas em geral. Ele definiu os sistemas simplesmente como "complexos de elementos em interação". GST propunha-se a dar uma definição exata dos conceitos complexos e até de quantificá-los. Isto dá uma boa base para se distinguir entre homologia lógica[44] como explicação, baseada no isomorfismo na ciência, em oposição à analogia ou à metáfora. Von Bertalanffy dá uma justificação para o enfoque empírico intuitivo para o estudo

[4] Homologias são definidas como situações nas quais os fatores eficientes são diferentes, mas as leis relevantes são formalmente "idênticas".

de sistemas em contraste com o modelo mecânico de "cima para baixo" de Ashby, que começa com um conceito abstrato de todos os sistemas concebíveis, semelhante ao modelo de Jacquette que começa com a combinação de todas as coisas (clássicas) logicamente possíveis e consistentes.

Von Bertalanffy também fez uma Crítica às concepções absolutistas kantianas quando afirmou que as categorias de percepção como determinadas pela organização biofisiológica das espécies não podem ser fortuitas e arbitrárias. "O certo é que devem, de algum modo e até um certo ponto, corresponder à realidade, o que quer que isto signifique em termos metafísicos." Depois, ele sugeriu que "de algum modo" significa que um certo grau de isomorfismo existe entre o mundo da experiência (e suas categorias) e o mundo "real". Viu também que a base do todo é uma grande competição ou luta entre suas partes. Esta é uma expressão da *coincidentia oppositorum* que a realidade apresenta, porém nenhuma explicação é oferecida para isto. Sem um conceito apropriado da relação dinâmica entre o todo e as partes, von Bertalanffy é levado a afirmações como "O progresso só é possível passando-se do estado de indiferenciação do todo para o de diferenciação das partes". Ele imagina que os sistemas podem se separar formando correntes causais independentes, cujo resultado é o desaparecimento da capacidade de regulação e o desenvolvimento de processos parciais que continuam independentes uns dos outros. Este conceito está em contradição direta com minha visão de que é justamente o dualismo fundamental de qualquer sistema que garante sua (relativa) estabilidade. Von Bertalanffy estava certo quando disse que GST levantava novos problemas na ciência dos campos não-físicos, embora eu discorde de sua formulação de que estes problemas fossem metafísicos *ou* vitalistas.

Entretanto, os problemas com GST logo apareceram no tratamento que von Bertalanffy deu a eles: afirmou que sua "ciência do todo" deveria ser uma disciplina formal lógico/matemática baseada essencialmente nas equações de cálculo diferencial. Porém de que lógica ele está falando? Onde está o sistema de leis lógico/matemáticas que gostaria de aplicar e qual é a garantia que cálculo diferencial pode ser aplicado a fenômenos reais? É verdade que ele disse ficarem os conceitos de "tudo-ou-nada" da lógica tradicional muito aquém dos conceitos de continuidade, básicos para a análise matemática, porém viu sua origem na estrutura de nosso sistema nervoso central como um computador digital. Esta é a origem de nossa lógica bivalente do "sim-ou-não", o pensamento em termos de opostos e o porquê de "nossa representação mental do universo sempre espelhar só certos aspectos ou perspectivas da realidade". Disse ainda que este modo de pensar da física ocidental, não conseguia lidar com problemas do todo ou da forma e, por isso, especialmente em biologia, o que causava um "grande constrangimento" para a física.

Não obstante, confirmando minha visão sobre o isomorfismo entre os níveis microfísicos e mentais da realidade, von Bertalanffy sugeriu que: "O contraste entre a estrutura e o processo se rompe no átomo assim como no organismo vivo cuja estrutura é, ao mesmo tempo, a expressão e a portadora de um fluxo contínuo de matéria e energia. Talvez o antigo problema de corpo e mente seja de natureza semelhante, sendo estes os diferentes aspectos, hipostasiados de maneira errônea, de uma e a mesma realidade."

2.3 – *O modelo de Neuchâtel*

Schwarz (1997) apresentou um sumário do desenvolvimento das teorias dos sistemas, começando pelo GST. Ele propunha que, se a cibernética baseia-se na categoria da Relação, o GST introduziu um Sistema (ou Todo) como outra categoria básica. Entretanto, embora o GST seja capaz de mostrar que os ingredientes transcendentes vitalistas não eram necessários para que se entendesse o surgimento e evolução da vida, ele não propunha mecanismos para a emergência 'espontânea" da ordem na natureza. Um trabalho simultâneo de Prigogine e escola é bem conhecido (Prigogine e Stenger 1984). Com já observei, e também Schwarz, Prigogine contribuiu para o entendimento dos complexos sistemas de vida e outros como *estruturas dissipativas* emergentes, não equilibradas, às quais não se aplica o determinismo clássico. Entretanto, a disponibilidade de energia, em si, não explica a morfogênese. A próxima série de desenvolvimentos nas teoria dos sistemas auto-organizados, na teoria dos sistemas dinâmicos, nos dinâmicos não lineares, ou na teoria do caos não serão discutidos aqui. Em minha terminologia, estas abordagens podem ser vistas como uma tentativa de romper os laços da lógica clássica de identidade ao dar um valor filosófico fundamental à diversidade inerente aos sistemas vivos. Infelizmente, em virtude da ausência de desenvolvimento adequado da relação dinâmica no feedback por estes autores, nem o GST, nem os conceitos de Prigogine parecem ter satisfeito suas primeiras propostas. Embora von Bertalanffy tenha rejeitado todas as formas de absolutismo na filosofia e na ciência, ele não conseguiu propor uma lógica ampla o suficiente para sustentar isto. Seu conceito de sistema via relações antagônicas entre as partes em si, mas não entre as partes e o todo.

A evolução posterior sofrida pela cibernética em função das generalizações de von Foerster em busca de uma cibernética de segunda ordem, a cibernética de observação dos sistemas e a elaboração da noção de autopoiese (autoprodução) de Maturana e Varela levaram a novos e consistentes insights da "estrutura" da existência. Novamente, mas Von Foerster, no final da vida (Van de Vijver 1997), falou apenas em "causalidade circular" como fonte de desenvolvimento dinâmico e auto-organização, e não propôs, como Schawarz (ver abaixo) notou, mecanismos sobre a maneira que a ordem espontânea (sic) emerge na natureza. O "Modelo Neuchâtel" proposto por Schwarz coloca estes conceitos, além da autogênese (a autoprodução de regras de sua produção por uma entidade) em termos de planos (níveis) de estruturas, informação e totalidade. O modelo de Schwarz é útil porque objetos e leis não estão separados, e não parecem operar dentro dos limites da lógica Aristotélica estática e binária, mas formam todos complexos que são as entidades existentes (não físicas). Sua ontologia gera três categorias epistemológicas básicas para o estudo dos objetos naturais: objetos, relações e inteiros. "A prioridade não é das coisas conservadas (matéria/energia) como na física, nem das afirmações não contraditórias atemporais, como na lógica binária, mas do todo permanente, em constante mutação, autorreferenciado que emerge do diálogo ontológico entre os objetos e as relações."

Schwarz considera seu modelo "os padrões idealizados da metalinguagem" que não se aplicam diretamente aos sistemas concretos do mundo real, mas representam "processos de produção pelos quais são feitos os sistemas do mundo". LIR, por sua vez, em seus aspectos de energia de oposição, aplica-se *diretamente* ao mundo. Através da alternância da atualização e da potencialização de um fenômeno e de seus opostos, se pode dar base razoável para a dinâmica do todo, autorreferencial ou não, a que se refere Schwarz. As suposições da lógica aristotélica ainda estão presentes nos termos estáticos usados na visão da natureza que segue:

> Nas abordagens holísticas..., onde o mundo não está reduzido ao problema da realidade ou não realidade, mas onde a existência tem dois aspectos, a realidade das coisas e a validade das relações, a questão da conexão mente/corpo não é um problema, mas o estado normal das coisas. Mente e cérebro são

dois aspectos do ser humano, como (sic) as leis da natureza (o campo do possível), e o cosmo físico (o real explícito) são os dois aspectos do universo.

LIR propicia uma posição alternativa de dicotomia que foi introduzida em outro quadro holístico: há uma relação dinâmica entre os pares chave de opostos – coisas e relações, e possível e real. Mente e cérebro são, na realidade, partes ou aspectos de um ser humano individual, e LIR dá base potencial para que se compreenda a forma em que os três se relacionam. Na realidade, as relações não estão relegadas ao domínio da não realidade (como se estivemos falando da lógica proposicional abstrata, em que a validade é o critério de preservação da verdade). Em LIR, as relações ou interações entre termos é tão importante quanto os termos em si.

2.4 – *A ciência dos sistemas complexos*

A Ciência dos Sistemas se desenvolveu depois do GST a partir da interação da teoria da informação e a cibernética. Segue uma definição de Ciência dos Sistemas.[5]: "Uma nova disciplina que combina abordagens teóricas, metodológicas e práticas relativas a tópicos de pesquisa reconhecidos como muito complexos para serem acessados na forma reducionista, e que colocam problemas de (1) fronteiras, relações internas e externas e leis ou propriedades emergentes que caracterizam sistemas como tais; e (2) modos de observação, representação e construção de modelos ou simulação de uma totalidade complexa." O leitor reconhecerá nesta definição problemas abordados neste livro, de forma lógica que, felizmente, é não reducionista.

Os sistemas da ciência sobrepõem-se à ciência da complexidade, uma vez que esta última tem como base a definição de sistemas complexos que são o objeto dos sistemas da ciência, embora sob um ponto de vista menos computacional. Define-se sistema complexo, de forma ampla, como um sistema construído por um grande número de partes simples que interagem entre si, capazes de trocar estímulos com seu meio ambiente, e de adaptarem sua estrutura interna em consequência desta interação. As interações não lineares envolvidas podem dar origem a um comportamento emergente complexo com uma rica estrutura. Conceitos chave na ciência da complexidade são, por exemplo, a coexistência e a estabilidade

[5] Associação Francesa da Ciência da Cibernética, Sistemas Cognitivos e Técnicos (*AFSCET*) 1994.

e para estes conceitos LIR dá interpretação. A ciência da complexidade também estuda a dinâmica dos sistemas em transição em regiões auto-organizadas de forma crítica. Usa-se sistemas esquemáticos para investigar-se a auto-organização, mas sem a base na oposição dinâmica e potencialidade que propus como necessárias para explicar este funcionamento e também para explicar a ambiguidade da partícula 'auto'.

Como afirmado no Congresso em 2005[65], o principal objetivo dos sistemas da ciência é fornecer uma abordagem consensual e transdiciplinar para os problemas cada vez mais complexos enfrentados pelas pessoas em todas as áreas de sociedade, com a louvável intenção de 'colocar o homem no centro de suas preocupações'. Modelos e estratégias, são criados para desenvolver armas conceituais, filosóficas e operacionais efetivas.

Os sistemas da ciência incluem aspectos de tal forma diversos que é difícil resumi-los em poucas palavras. Um exemplo é a ciência dos sistemas ago-antagônicos (SAAS), desenvolvido por Bernard-Weil, que apresenta uma semelhança superficial a LIR. O SAAS pretende identificar e considerar pares de elementos ao mesmo tempo ou alternadamente. Como já demonstrei é preciso especificar melhor o sentido de 'ao mesmo tempo' e 'alternadamente', e buscar as origens dos conflitos e da colaboração potencial dos elementos do sistema.

Esta teoria, como muitas outras no âmbito dos sistemas da ciência tem aplicação prática como um passo para o entendimento do papel dos pares antagônicos nas células vivas, no corpo humano, e nos negócios. Examinando as duas áreas, a dos sistemas da ciência e a da ciência da complexidade, concluo que várias são as aplicações que se pode dar a elas em uma abordagem mais formal e física dos sistemas propostos neste livro.

---

[6] 6º Congresso Europeu de Sistemas da Ciência, Paris, setembro 19-22, 2005

Referências

Lupasco Stéphane. 1979. *L'univers psychique*. Paris. Denoël/Gonthier.

Lupasc, Stéphane. 1986. *L'énergie et la matière vivante*. Monaco: Éditions Du Rocher (originally published in Paris: Julliard, 1962).

Pattee, Howard H. 2000. Causation, Control and the Evolution of Complexity. *In Downward Causation*, eds. P. B. Anderson et al. Aarhus, Denmark: Aarhus University Press.

Prigogine, Ilya abd Isabel Stengers. 1984. *Order out of Chaos*. New York: Bantam Books.

Schwarz, Eric. 1997. Toward a Holistic Cybernetics; From Science Through Epistemology to Being. *Cybernetics and Human Knowing* 4:17-50.

Van de Vijver, Gertrudis. 1997. Conversation with Heinz von Foerster 02/06/1995. *Cybernetics and Human Konowing* 4:3-16.

Von Bertanlanffy, Ludwig. 1969. *General System Theory*. New York: George Braziller.

Referências

Aerts, Dierick. 2001.Transdisciplinarity and Integrative Sciences in Sustainable Development. In *Encyclopedia of Life Support Systems*. Oxford: Baldwin House.

Bitbol, Michel. 1991. Perspectival Realism and Quantum Mechanics. In *Symposium on the Foundations of Modern Physics 1990*, eds P. Lahti and P. Mittelstaedt. World Scientific Publishers: Singapore.

Brenner, Joseph E. 2005. Process in Reality: A Logical Offering. *Logic and Logical Philosophy* 14: 165-202.

Botta Cantcheff, M. 2002. *Hodge-Type Self (Anti-self)-duality for General p-form Fields in Arbritary Dimensions.* Frankfurt, Germany: Springer-Verlag, *EP Jdirect* C6: 1-14.

Campbell, Scott and James Franklin. 2004. Randomness and the Justification of Induction. *SYNTHESE* 138:79-99.

Cao, Tian Yu. 1997. *Conceptual Developments of 20th Century Field Theories*. Cambridge: Cambridge University Press.

Chalmers, David. 2002. On Sense and Intention. In *Philosophical Perspectives 16: Language and Mind*, ed. J. Tomberlin. Blackwell Publishers: Oxford.

Froger, Jean-François and Robert Lutz. 2007. *Fondements logiques de la physique*. Paris: Éditions DésIris.

Gill, Mary Louise. 2003. Aristotle's Distinction Between Change and Activity. In *Process Theories; Cross-disciplinary Studies in Dynamic Categories*, ed. J. Seibt. Dordrecht, The Neaderlands: Kluwer.

Gomez, César. 1995. Electric-Magnetic Duality and Effective Field Theories. *arXiv:hepth9510023*. Hall, Everest W. 1949. The Metaphysics of Logic. *The Philosophical Review*. 58: 16-25. Hartmann, Nikolai. 1953. *New Ways of Ontology*. Translated by R. C. Kuhn. Chicago, IL: Henry Regnery.

Healey, Richard. 2004. Holism and Nonseparability in Physics. In *Stanford Encyclopedia of Philosophy (Winter 2004 Edition)*, ed. Edward N. Zalta. Htpp://plato.stanford.edu./archives/win2004/entries/physics-holism.

Hougen,Jon T. and Takeshi Oka. 2005. *Science* 310: 1913-1914.

Jung, Carl-Gustav. 1971. *Two Essays on Analytical Psicology*. Translated by R. F. Hull. New York/Cleveland, OH: World Publishing (Meridian).

Krause, Décio. 2005. Separable Non-individuals. *Representaciones* 1:21-36.

Krause, Décio and Steven French. 2007. Quantum Sortal Predicates. *SYNTHESE* 154: 417-430.

Lowe, E. J. 2002. *A Survey of Metaphysics*. Oxford: Oxford University Press.

Lupasco, Stéphane. 1947. *Logique et contradiction*. Paris: Presses Universitaires de France.

Lupasco, Stéphane. 1973. *Du devenir logique et de l'affetivité*; Vol. I: *Le dualisme antagoniste. Essai d'une nouvelle théorie de la connaissance*. Paris: J. Vrin (originally published in Paris: J. Vrin, 1935).

Lupasco, Stéphane. 1987. *Le príncipe d'antagonisme et la logique de l'energie*. Paris: Éditions du Rocher (Paris: Éditions Hermann).

Majid, Shahn. 2007. Algebraic Approach to Quantum Gravity I: Relative Realism. htpp:// philsci-archive.pitt.edu/archive/00003345/.

Nicolescu, Basarab. 1999. *Le tiers inclus. De la physique quantique à l'ontologie.* In *Stéphane Lupasco: l'homme et l'œuvre,* eds H. Badescu and B. Nicolescu. Monaco: Éditions du Rocher.

Nicolescu, Basarab. 2002. *Nous, la particule et le monde.* Paris: Éditions du Rocher (originally in Paris: Éditions Le Mail, 1985).

Penrose, Roger. 1991. The Mass of the Classical Vacuum. In *The Philosophy of Vacuum.* Oxford: Oxford University Press.

Penrose, Roger. 2004. *The Road to Reality.* New York: Knopf.

Rohrlich, Daniel, Yakir Aharonov, Sandu Popescu and Lev Vaidman. 1995. Negative Knetic Energy Between Past and Future State Vectors. In *Fundamental Problems in Quantum Theory,* eds. D. M. Greenberger and A. Zeilinger. New York: Annals of New York Academy of Sciences.

Poli, Roberto. 2003. Descriptive, Formal and Formalized Ontologies. In *Husserl's Logical Investigations Reconsidered,* ed. D. Fisette. Dordrecht, The Netherlands: Kluwer, pp. 193-210.

Schmidt, H. J. 2002. Struturalism in Physics. In *Stanford Encyclopedia of Philosophy (Spring 2003 Edition),* ed. Edward N. Zalta. http://plato.stanford.edu/archives/spr2003/entries/physics-structuralism.

Schneider, Luc. 2002. Formalized Elementary Formal Ontology. *ISIB-CNR Internal Report 3/2002.* Padova: June.

Seibt, Johanna. 2002. Ontological Categories. The Explanation of Categorial Inference. In *Wahrheit-System-Struktur: Auseinandersetzungen mit Metaphysik.* Sttugart, Germany: Olma Verlag.

Seibt, Johanna. 2003. Free Process Theory. Towards a Typology of Occurrings. In *Process Theories: Cross-disciplinary Studies in Dynamic Categories,* ed. J. Seibt. Dordrecht, The Netherlands: Kluwer.

Seibt, Johanna. 2004. General Process Theory; A Descriptive Framework for Dynamic Ontologies. Paper presented at the Conference *Dynamic Ontology,* September, 8-11, in Trento, Italy.

Sklar, Lawrence. 1992. *Philosophy of Physics.* Boulder, CO/San Francisco, CA: Westview.

Smith, David Woodruff. 1999. Intentionality Naturalized? In *Naturalizing Phenomenology. Issuesin Contemporary Phenomenology and Cognitive Science,* eds. J. Petitot et al. Stanford, CA: Stanford University Press.

Thom, René. 1988. *Esquisse d'une Sémiophysique.* Paris: InterÉditions. The reference is to Aristotle's *Physics,* VIII, pp. 5, 257b, 8-9.

Werkmeister, W. H. 1990. *Nicolai Hartmann's New Ontology.* Tallahassee, FL: Florida State University Press.

Whitehead, Alfred North. 1998. *Process and Reality; Corrected Edition.* New York: Free Press.